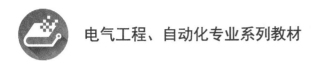

电气工程、自动化专业系列教材

U0162037

信号分析与处理

主　编　赵子健　杨西侠

电子工业出版社

Publishing House of Electronics Industry

北京·BEIJING

内 容 简 介

本教材系统地讲述了信号分析与处理的基本原理与方法，重点介绍了确定性信号和随机信号的分析方法，主要讲述了信号处理中常用的模拟滤波器和数字滤波器的基本概念与设计方法，并且介绍了自适应滤波和当前流行的小波分析等现代信号分析与处理的基本内容。

全书共 8 章：绪论、连续时间信号分析、离散时间信号分析、模拟滤波器、数字滤波器、随机信号分析、自适应滤波和时频分析与小波变换。

本教材可作为自动化、测控技术与仪器、电气工程及其自动化等非电子信息类本科专业的教材，也可作为相关专业的学生与工程技术人员的参考书。

图书在版编目（CIP）数据

信号分析与处理 / 赵子健，杨西侠主编. —北京：电子工业出版社，2023.4

ISBN 978-7-121-45481-3

Ⅰ. ①信… Ⅱ. ①赵… ②杨… Ⅲ. ①信号分析—教材②信号处理—教材 Ⅳ. ①TN911

中国国家版本馆 CIP 数据核字（2023）第 072653 号

责任编辑：杜　军　　　特约编辑：田学清

印　　刷：涿州市般润文化传播有限公司

装　　订：涿州市般润文化传播有限公司

出版发行：电子工业出版社

　　　　　北京市海淀区万寿路 173 信箱　　　邮编：100036

开　　本：787×1092　　1/16　　印张：18.25　　字数：491 千字

版　　次：2023 年 4 月第 1 版

印　　次：2023 年 11 月第 2 次印刷

定　　价：58.00 元

前　言

在当今信息时代，信号分析与处理在科学技术的各个领域都起着非常重要的作用，日常的电气系统和自动化系统都会用到各种信号分析与处理技术，比如控制对象数学模型的建立、系统状态的估计、系统测量噪声的去除，以及自适应控制、智能控制等。因此，自动化及相关专业的学生必须掌握信号分析与处理的基本概念与方法，并了解其应用技术。

近几年，很多院校的非电子信息类的本科专业增开了"信号分析与处理"这门课，其内容涉及电子信息类本科专业"信号与系统"与"数字信号处理"这两门非常重要的专业基础课。考虑到自动化、测控技术与仪器、电气工程及其自动化等本科专业开设了"自动控制原理"等课程，在这些课程中，已经详细介绍了系统的分析与设计方法，这与"信号与系统"课程中的部分内容重合，又考虑到课程学时的限制，这些专业的师生迫切需要一本更适合他们的"信号分析与处理"课程教材，编者编写了本教材。学生通过学习本教材，能够掌握信号分析与处理的基本概念、基础知识与基本方法，并对信号分析与处理的工程应用有所了解。

全书共 8 章，内容安排如下：

第 1 章为绪论，主要介绍信号、信号分析与处理等基本概念。

第 2 章为连续时间信号分析，讲述连续时间信号的时域分析和频域分析，侧重频域分析，包括周期信号的频谱分析、非周期信号的频谱分析及抽样信号的傅里叶分析等，帮助学生理解信号频谱的基本概念，为后面的学习奠定基础。

第 3 章为离散时间信号分析，首先介绍离散时间信号（序列）及序列的 z 变换，然后讨论序列的频谱分析——离散时间傅里叶变换（DTFT）、周期序列的频谱分析——离散傅里叶级数（DFS）、离散傅里叶变换（DFT）、快速傅里叶变换（FFT），最后讲述离散傅里叶变换（DFT）的应用。

第 4 章为模拟滤波器，主要介绍模拟滤波器的相关概念与设计知识。

第 5 章为数字滤波器，讨论数字滤波器的基本概念、设计及结构，主要介绍无限冲激响应（IIR）滤波器和有限冲激响应（FIR）滤波器的设计思想及方法。

第 6 章为随机信号分析，主要内容包括随机信号的时域分析、频域分析，以及平稳随机信号通过线性系统的分析。

第 7 章为自适应滤波，首先介绍线性最优滤波、Wiener（维纳）滤波和 Kalman（卡尔曼）滤波，然后介绍自适应滤波器的原理，最后介绍最小均方（LMS）和递推最小二乘（RLS）两种自适应算法。

第 8 章为时频分析与小波变换。时频分析部分主要讨论短时傅里叶变换（STFT）和 Wigner-Ville（维格纳-维尔）分布。小波变换部分主要介绍连续小波变换、离散小波变换及多分辨率分析。最后举例介绍小波变换在信号分析中的应用。

本教材具有以下特点：

（1）结构体系完整。本教材比较全面地介绍了信号分析与处理的相关知识，以及从确定性信号到随机信号，从经典信号处理到现代信号处理这样一个完整的体系，从而使学生对信号理论有比较全面的了解，为学生今后的发展打下良好的基础。

（2）在写作内容上，加强概念的陈述，使得概念清晰、条理分明、阐述合理，尽可能减少本教材对其他专业基础课或专业知识的依赖性；既重视数学原理的系统性和逻辑性，又强调概念的物理意义；内容深入浅出，理论严谨，系统性强；配合适当的例题，加深学生对概念的理解及有关性质的应用，比如在 IIR 数字滤波器的设计中，特别添加模拟滤波器的频率特性，以便学生对模拟滤波器的频率特性和数字滤波器的频率特性进行对比，分析两者的差别，加深对冲激响应不变法和双线性变换的理解；涉及系统理论方面，只介绍与本课程相关的概念，如系统函数、z 变换等。

（3）介绍了 MATLAB 及其工具箱的使用，以便学生能使用 MATLAB 解决有关信号分析与处理方面的问题。

由于编者水平和编著时间的限制，书中难免存在疏漏之处，恳请广大读者批评、指正。

编者

2022 年 11 月

目　录

绪论

1.1 信号概述

在古代，由于信使走得太慢，人们就用烟火信号和鼓声来传送情报。用烟火信号传送情报如图 1-1 所示。大约在那时，人们就开始普遍用"信号"这个词来表示专门为了传送警报、指示或情报所给出的，为人们的视觉或听觉所能感觉到的一种符号或通告。19 世纪初，人们开始研究如何利用电信号传送信息。1837 年，莫尔斯（F.B.Morse）发明了著名的通信编码和电报，二者大大提高了传送信息的速度和可靠性，并使通信在战争和防御以外的方面都获得了广泛的应用。1876 年，贝尔（A.G.Bell）申请了电话的专利权，电话可以直接将声音转变为电信号并沿导线传送。19 世纪末，人们又致力于研究用电磁波传送无线电信号。特别是 1901 年，马可尼（G.Marconi）成功地实现了横跨大西洋的无线电通信。从此，传送电信号的通信方式得到广泛应用和迅速发展。

图 1-1　用烟火信号传送情报

信号可以定义为一个传载信息的物理量函数。广义地说，一切运动或状态的变化都是一种信号。例如，语言、文字、图像或数据等都是信号。信号可以是电的、磁的、声的、光的、机械的、热的等各种形式。所谓电信号，可以是随时间变化的电压、电流，也可以是电荷、磁通及电磁波等。

人们要先获取信号，再对信号进行分析与处理，最后才能获得需要的信息。例如，医生要获得一个病人是否有心脏病的信息，往往先让病人做一个心电图检查。心电图是生物电位随时间变化的函数，最终以曲线图的形式表示出来。医生根据他的专业知识，对比心电信号，才能得出病人是否有心脏病的信息。信号中包含着人们未知的信息，但取得了信号不等于获取了信息，必须对信号进行进一步的分析与处理，才能从信号中提取所需要的信息。

1.2　信号的表示

信号是一个函数，因此可以在数学上将其表示为具有一个或几个独立变量的函数（如 $x(t) = \mathrm{e}^{-at}$，$x(t) = t$，$s(x,y) = x + 5y$ 等），也可以用图形表示。

客观存在的信号都是实数，但为了便于进行数学上的分析和处理，经常用复数或向量形式表示，如

$$x(t) = A\cos(\varOmega t + \varphi)$$

对应的复数形式为

$$s(t) = A\mathrm{e}^{\mathrm{j}(\varOmega t + \varphi)}$$

$$x(t) = \mathrm{Re}[s(t)]$$

又如，彩色电视信号是由红（r）、绿（g）、蓝（b）三个基色以不同比例合成的结果，可用向量来描述：

$$\boldsymbol{I}(x,y,t) = \begin{bmatrix} I_\mathrm{r}(x,y,t) \\ I_\mathrm{g}(x,y,t) \\ I_\mathrm{b}(x,y,t) \end{bmatrix}$$

对于余弦（正弦）函数，主要用频率、幅度和相位三个参数来描述。例如声波信号，当 $f < 20\mathrm{Hz}$ 时，称为次声波，一般人耳听不到，若声强足够大，则能被人察觉到；当 $20\mathrm{Hz} \leqslant f \leqslant 20\mathrm{kHz}$ 时，称为声波，能够被人听到；当 $f > 20\mathrm{kHz}$ 时，称为超声波，人耳听不到，但信号具有方向性。

可见，频率不同，信号的特性会有显著的差别。最简单的信号是正弦信号，它只有单一的频率，称为单色信号；具有许多不同频率正弦分量的信号称为复合信号。大多数应用场合的信号是复合信号，其重要参数为频带宽度。例如，高音质的音响信号的带宽为 20kHz，而一个视频信号的带宽为 6MHz。

1.3　信号的分类

可以从不同角度对信号进行分类。

1）确定性信号和随机信号

所谓确定性信号是指，在相同试验条件下，能够重复实现的信号，可以表示为一个确定的时间函数，如人们熟知的正弦信号等。

随机信号是指在相同试验条件下，不能够重复实现的信号，因此不能给出确切的时间函数，只可能知道它的统计特性，如在某一数值的概率。

确定性信号和随机信号有着密切的联系，在一定条件下，随机信号也会表现出某种确定性。在理论上，应该首先研究确定性信号，在此基础上，才能根据随机信号的统计规律进一步研究随机信号的特征。

2）连续时间信号和离散时间信号

如果在讨论的时间间隔内，除若干不连续点外，对于任意时间值都可给出确定的函数值，此信号就称为连续时间信号。连续时间信号的幅值可以是连续的，也可以是离散的（只取某些规定值）。时间和幅值都连续的信号称为模拟信号。在实际应用中，模拟信号与连续信号两个名词往往不予区分。时间连续、幅值离散的连续时间信号称为量化信号。与连续时间信号相对的是离散时间信号。离散时间信号在时间上是离散的，只在某些不连续的规定时刻给出函数值，在其他时间没有定义。给出函数值的离散时刻的间隔可以是均匀的，也可以是不均匀的，一般采用均匀间隔。这时，自变量用整数序号 n 表示，函数符号写作 $x(n)$，仅当 n 为整数时，$x(n)$ 才有定义。如果离散时间信号的幅值是连续的，则该信号称为抽样信号。除此之外，离散时间信号的幅值也被限定为某些离散值，此时该信号称为数字信号。信号的分类如图 1-2 所示。

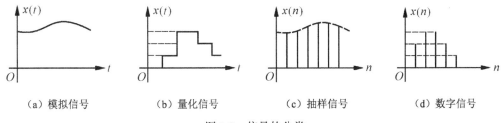

（a）模拟信号　　　　（b）量化信号　　　　（c）抽样信号　　　　（d）数字信号

图 1-2　信号的分类

实际信号可能是连续时间信号，也可能是离散时间信号。例如，电动机的转速，炉子的温度，以及 RC 网络的电压（电流）信号都是连续时间信号。而数字计算机处理的是离散时间信号，当处理对象为连续时间信号时，需要经 A/D 转换器将它转换为离散时间信号。

3）周期信号与非周期信号

所谓周期信号，就是依一定时间间隔周而复始且无始无终的信号，可以写作

$$x(t) = x(t + nT), \quad n = 0, \pm 1, \pm 2, \cdots$$

式中，T 为信号的周期。只要给出此信号在任一周期内的变化过程，便可确知它在任一时刻的数值，如图 1-3 所示。非周期信号在时间上不具有周而复始的特征，如图 1-4 所示。

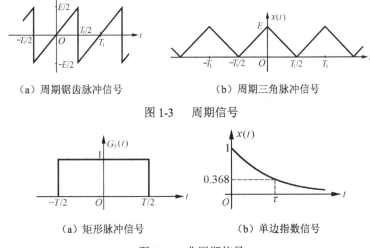

（a）周期锯齿脉冲信号　　　　（b）周期三角脉冲信号

图 1-3　周期信号

（a）矩形脉冲信号　　　　（b）单边指数信号

图 1-4　非周期信号

4）一维信号与多维信号

从数学表达式来看，信号可表示为一个或多个变量的函数。语音信号可表示为声压随时间变化的函数，这是一维信号；而一张黑白图像中的每个点（像素）是二维平面坐标系中两个变量的函数，这是二维信号。实际上，还可能出现更多维数变量的函数来表达信号，即多维信号。

5）能量信号与功率信号

若信号能量 E 有限，则该信号称为能量信号；若信号功率 P 有限，则该信号称为功率信号。信号能量 E 为

$$E = \int_{-\infty}^{\infty} |x(t)|^2 \, dt$$

$$E = \sum_{n=-\infty}^{\infty} |x(n)|^2$$

信号功率 P 为

$$P = \lim_{T \to \infty} \frac{1}{T} \int_0^T |x(t)|^2 \, dt$$

$$P = \lim_{N \to \infty} \frac{1}{N} \sum_{n=0}^{N-1} |x(n)|^2$$

周期信号及随机信号一定是功率信号，而非周期性的绝对可积（和）信号一定是能量信号。

1.4 信号分析与处理

1. 信号分析

信号分析是将一个复杂的信号分解为若干简单信号分量的叠加，用这些简单信号分量的组成情况去研究信号的特征。这样的分解，便于抓住信号的主要成分进行分析、处理和传输，使复杂问题简单化。

信号分析中最常用和最基本的方法是：将频率作为信号的自变量，并将复杂信号分解为一系列不同频率信号的叠加，通过不同频率信号的振幅和相位来研究信号的性质，也就是在频域里进行信号的频谱分析。

2. 信号处理

信号处理是对信号进行某种加工或变换，如滤波、变换、增强、压缩、估计、识别等。

信号处理的目的，或是削弱信号中多余的内容；或是滤出混杂的噪声和干扰；或是将信号变换成容易分析与识别的形式，便于提取它的特征参数等。例如，从月球测量、发来的电视信号可能被淹没在噪声之中，但是利用信号处理技术就可予以增强，在地球上得到清晰的图像。对从石油勘测、地震测量及核试验监测中所得到的数据进行分析时，都需要利用信号处理技术。信号处理技术还可以应用于心电图、脑电图的分析，语音识别，以及各种类型的数据通信等。用信号滤波器处理信号是信号处理中最基本的一种处理方式。

信号处理包括时域处理和频域处理，时域处理中最典型的是波形分析。将信号从时域变换到频域中进行分析和处理，可以获得更多的信息，因此频域处理更为重要。

信号的分析、处理与系统是密切相关的。有些系统本身（如滤波器）就是直接进行信号处理的系统。

从广义上说，系统是由相互联系、相互制约、相互作用的各部分组成的具有一定整体功能和综合行为的统一体。它所涉及的范围十分广泛。一般将对信号进行分析和处理的系统归纳为信号处理系统。

信号处理系统可分为模拟处理系统和离散处理系统两类。模拟处理系统的输入、输出信号均为模拟信号，其处理系统由模拟元件 R、L、C 及模拟电路构成。数字处理系统的核心部分是计算机或专用数字硬件，它的输入、输出信号均为数字信号。

与模拟处理系统相比，数字处理系统具有以下优点：

（1）数字处理系统可以完成许多模拟处理系统"感到"困难甚至难以完成的复杂信号处理任务。

以信号的谱分析为例，模拟处理系统通常要由大量的窄带滤波器构成，不仅处理功能有限，而且分辨力低、分析时间长。而现代数字谱分析采用快速傅里叶变换（FFT）算法，对 1024 点序列进行谱分析只需十几毫秒甚至几毫秒，实时处理能力很强，而且频谱分辨能力很强，在超低频段（1Hz）可达 1mHz 量级，在高频段（100kHz）可达 250kHz，运算及输出功能也极其丰富。

又如，在自动控制工程中需要过滤数赫兹或十数赫兹的信号时，若采用模拟滤波，其电容、电感数值可能大得惊人而不易实现目的，但采用数字滤波就显得轻而易举。

再如，图像信号处理功能正是因为数字计算机具有庞大的存储单元及复杂的运算功能才得以实现的。

（2）灵活性。

对模拟处理系统而言，它的性能取决于构成它的一些元件的参数，要改变其性能，就必须改变这些元件的参数，重新构成新系统。对数字处理系统而言，系统的性能主要取决于系统的设置及运算规则或程序，因此只要改变输入系统存储器的数据或改变运算程序，就能得到具有不同性能的系统，具有高度的灵活性。

（3）精度高。

模拟处理系统的精度主要取决于元器件的精度，一般模拟器件的精度达到 10^{-3} 已很不易。而数字处理系统的精度主要取决于字长，字长为 16 时，系统精度可达 10^{-4} 甚至更高。

（4）稳定性好。

模拟处理系统中各种器件的参数易受环境条件影响，如产生温度漂移、电磁感应、杂散效应等。而数字处理系统只有表示 0、1 的两个电平，受这些因素的影响要小得多。

数字处理系统也有不足的方面。首先是实时性问题，数字处理系统所处理的原始信号通常是连续信号，需利用 A/D 转换器、数字处理、D/A 转换器加以处理，解决问题的关键是数字处理系统的运算速度。其次是为了解决实时性问题，往往需要设计专用数字硬件系统，使得结构复杂、成本增加。

连续时间信号分析

信号分析的方法通常分为时域分析和频域分析。

时域分析：也称为波形分析，用于研究信号的稳态和瞬态分量随时间的变化情况。其中最常用的是将一个信号在时域内分解为具有不同时延的简单冲激信号的叠加，通过卷积法进行信号的时域分析。

频域分析：将一个复杂信号分解为一系列正交函数的线性组合，并将信号从时域变换到频域中进行分析，其中最基本的是将信号分解为不同频率的正弦分量的叠加，即采用傅里叶变换（傅里叶级数）的方法进行信号分析，这种方法也称频谱分析。

2.1 连续时间信号的时域分析

许多复杂的信号常常可以由一些典型的基本信号组成。因此，先介绍包括冲激信号在内的基本的连续时间信号，然后讨论时域分析方法——卷积的概念。

2.1.1 基本的连续时间信号

1. 正弦信号

正弦信号在工程技术中的应用十分广泛，在信号分析与处理中起重要作用的最基本的周期信号一般写作

$$x(t) = A\sin(\Omega t + \theta) \tag{2-1}$$

式中，A 为振幅；Ω 为是角频率；θ 为初相位。正弦信号的波形如图 2-1 所示。

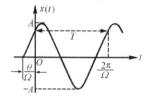

图 2-1   正弦信号的波形

正弦信号的周期 T 与角频率 Ω 、频率 f 满足以下关系式：

$$T = \frac{2\pi}{\Omega} = \frac{1}{f}$$

2. 指数信号

指数信号的表达式为

$$x(t) = Ae^{at} \tag{2-2}$$

式中，a 为实常数。若 $a > 0$，信号将随时间而增长；若 $a < 0$，信号将随时间而衰减；若 $a = 0$，信号成为直流信号。常数 A 表示指数信号在 $t = 0$ 时的初始值。指数信号的波形如图 2-2 所示。

指数 a 的绝对值（$|a|$）大小反映了信号增长或衰减的速度，$|a|$ 越大，信号增长或衰减的速度越快。通常将 $|a|$ 的倒数 $1/|a|$ 称为指数信号的时间常数，记作 τ。

实际中，较多遇到的是单边衰减指数信号，其表达式为

$$x(t) = \begin{cases} 0, & t < 0 \\ e^{-\frac{t}{\tau}}, & t \geq 0 \end{cases}$$

单边衰减指数信号的波形如图 2-3 所示。指数信号的一个重要特性是，它对时间的积分和微分仍然是指数形式。

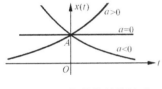

图 2-2 指数信号的波形

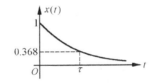

图 2-3 单边衰减指数信号的波形

3. 复指数信号

如果指数信号的指数因子为一复数，则称该指数信号为复指数信号，其表达式为

$$x(t) = Ae^{st} \tag{2-3}$$

式中，$s = \sigma + j\Omega$，σ 为复数 s 的实部，Ω 为复数 s 的虚部。

由欧拉公式有

$$\begin{cases} e^{j\Omega t} = \cos\Omega t + j\sin\Omega t \\ e^{-j\Omega t} = \cos\Omega t - j\sin\Omega t \end{cases} \tag{2-4}$$

则

$$e^{st} = e^{\sigma t}(\cos\Omega t + j\sin\Omega t) \tag{2-5}$$

此结果表明：一个复指数信号可以分解为实、虚两部分。其中，实部分包含余弦信号，虚部分包含正弦信号。指数因子的实部 σ 表征了正弦函数与余弦函数的振幅随时间变化的情况，指数因子的虚部 Ω 则表示正弦与余弦信号的角频率。若 $\sigma > 0$，则正弦与余弦信号是增幅振荡；若 $\sigma < 0$，则正弦与余弦信号是衰减振荡；若 $\sigma = 0$（s 为虚数），则正弦与余弦信号是等幅振荡。而若 $\Omega = 0$（s 为实数），则复指数信号成为一般的指数信号。若 $\sigma = 0$ 且 $\Omega = 0$（$s = 0$），则复指数信号成为直流信号。

虽然实际上不能产生复指数信号，但是它概括了多种情况，可以利用复指数信号来描述各种基本信号，如直流信号，指数信号，正弦或余弦信号，以及增长或衰减的正弦与余弦信

号。利用复指数信号，可使许多运算和分析过程得以简化。在信号分析理论中，复指数信号是一种非常重要的基本信号。

4．抽样信号

抽样信号的表达式为

$$Sa(t) = \frac{\sin t}{t} \tag{2-6}$$

抽样信号的波形如图 2-4 所示。

抽样信号是一个偶函数，在 t 的正、负两方向上，振幅都逐渐衰减，当 $t = \pm\pi, \pm2\pi, \cdots, \pm n\pi$ 时，函数值都等于零。

抽样信号还具有以下性质：

$$\int_0^\infty Sa(t)\mathrm{d}t = \frac{\pi}{2} \tag{2-7}$$

$$\int_{-\infty}^\infty Sa(t)\mathrm{d}t = \pi \tag{2-8}$$

5．钟形信号（高斯函数）

钟形信号（高斯函数）的表达式为

$$x(t) = Ee^{-\left(\frac{t}{\tau}\right)^2} \tag{2-9}$$

钟形信号的波形如图 2-5 所示。

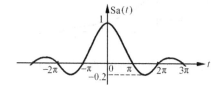

图 2-4　抽样信号的波形

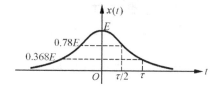

图 2-5　钟形信号的波形

令 $t = \tau$，将其代入式（2-9）得

$$x(t) = Ee^{-1} = 0.368E$$

这表明：函数式中的参数 τ 是 $x(t)$ 由最大值 E 下降为 $0.368E$ 时所占据的时间。

钟形信号在随机信号的分析中占有重要地位。

6．单位阶跃信号

单位阶跃信号的波形如图 2-6 所示，该信号通常以符号 1(t)或 ε(t)表示，ε(t)的定义式为

$$\varepsilon(t) = \begin{cases} 0, & t < 0 \\ 1, & t > 0 \end{cases} \tag{2-10}$$

在跳变点 $t = 0$ 处，函数值未定义。

常利用两个阶跃函数之差表示一个矩形脉冲信号 $G_T(t)$。

$$G_T(t) = \varepsilon\left(t + \frac{T}{2}\right) - \varepsilon\left(t - \frac{T}{2}\right) \tag{2-11}$$

矩形脉冲信号的波形如图 2-7 所示。

利用阶跃函数，还可以表示单边信号，如单边正弦信号 $\sin t \cdot \varepsilon(t)$，单边指数信号 $e^{-t} \cdot \varepsilon(t)$，单边衰减的正弦信号 $e^{-t} \sin t \cdot \varepsilon(t)$ 等，三者的波形如图 2-8 所示。

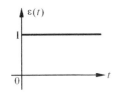

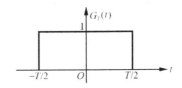

图 2-6　单位阶跃信号的波形　　　　　　　　图 2-7　矩形脉冲信号的波形

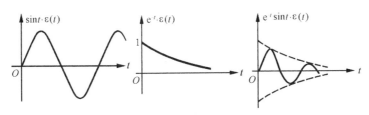

图 2-8　三个单边信号的波形

利用阶跃函数，还可以表示符号函数，符号函数 sgn (t) 的定义式为

$$\text{sgn}(t) = \begin{cases} -1, & t < 0 \\ 1, & t > 0 \end{cases} \tag{2-12}$$

符号函数的波形如图 2-9 所示。与阶跃函数类似，对于符号函数，跳变点也可不予定义。显然，可以利用阶跃函数来表示符号函数

$$\text{sgn}(t) = 2\varepsilon(t) - 1 \tag{2-13}$$

7．单位冲激信号

有一些物理现象，如力学中的爆炸、冲击、碰撞等，电学中的电闪、雷击等，它们的共同特点是持续时间极短，而取值极大。冲激函数就是对这些物理现象的科学抽象与描述，该函数在信号理论中占有非常重要的地位。

冲激函数可由不同的方式来定义。首先分析矩形脉冲如何演变为冲激函数。图 2-10 中的阴影部分为宽为 τ、高为 $1/\tau$ 的矩形脉冲，当保持矩形脉冲面积 $\tau \cdot 1/\tau = 1$ 不变，而使脉冲宽度 τ 趋近于零时，脉冲幅度 $1/\tau$ 必趋于无穷大，此极限情况下的函数即为单位冲激函数（或称为单位脉冲函数），常记作 $\delta(t)$，又称为 δ 函数。

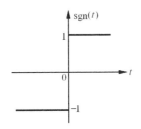

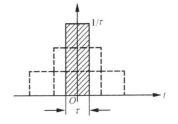

图 2-9　符号函数的波形　　　　　　　图 2-10　矩形脉冲演变为冲激函数

$$\delta(t) = \lim_{\tau \to 0} \frac{1}{\tau}\left[\varepsilon\left(t + \frac{\tau}{2}\right) - \varepsilon\left(t - \frac{\tau}{2}\right)\right] \tag{2-14}$$

冲激函数用箭头表示，如图 2-11 所示。$\delta(t)$ 表示只在 $t = 0$ 点有一"冲激"，而在 $t = 0$ 点以外各处，函数值均为零，其冲激强度（脉冲面积）是 1，若为 E，则表示一个冲激强度为 E 倍单位值的 δ 函数，即 $E\delta(t)$，以图形表示时，在箭头旁标上 E。

以上利用矩形脉冲系列的极限来定义冲激函数。为引出冲激函数，规则函数系列的选取不限于矩形，也可换用其他形式。例如，一组底为 2τ、高为 $1/\tau$ 的三角形脉冲系列，如图 2-12 所示，若保持其面积等于 1，取 $\tau \to 0$ 的极限，同样可将其定义为冲激函数。

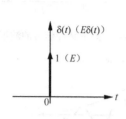

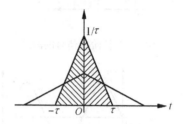

图 2-11　冲激函数　　　　　　图 2-12　三角形脉冲演变为冲激函数

此外，还可利用三角形脉冲、双边指数脉冲、钟形脉冲、抽样函数等。它们的表达式如下：

（1）三角形脉冲：

$$\delta(t) = \lim_{\tau \to 0} \frac{1}{\tau} \left\{ 1 - \frac{|t|}{\tau} \left[\varepsilon(t + \tau) - \varepsilon(t - \tau) \right] \right\} \tag{2-15}$$

（2）双边指数脉冲：

$$\delta(t) = \lim_{\tau \to 0} \left(\frac{1}{2\tau} e^{-\frac{|t|}{\tau}} \right) \tag{2-16}$$

（3）钟形脉冲：

$$\delta(t) = \lim_{\tau \to 0} \left[\frac{1}{\tau} e^{-\pi \left(\frac{t}{\tau} \right)^2} \right] \tag{2-17}$$

（4）抽样函数：

$$\delta(t) = \lim_{k \to \infty} \left[\frac{k}{\pi} \mathrm{Sa}(kt) \right] \tag{2-18}$$

狄拉克（Dirac）给出了单位冲激函数的另一种定义方式：

$$\begin{cases} \delta(t) = \begin{cases} 0, & t \neq 0 \\ \infty, & t = 0 \end{cases} \\ \int_{-\infty}^{+\infty} \delta(t) \mathrm{d}t = 1 \end{cases} \tag{2-19}$$

此定义式与上述脉冲极限的定义是一致的，因此也将单位冲激函数称为狄拉克函数。

对于在任意点 $t = t_0$ 处出现的冲激，可表示为 $\delta(t - t_0)$：

$$\begin{cases} \int_{-\infty}^{\infty} \delta(t - t_0) \mathrm{d}t = 1 \\ \delta(t - t_0) = 0, & t \neq t_0 \end{cases} \tag{2-20}$$

单位冲激函数具有以下性质：

（1）抽样特性（或筛选特性）。

当单位冲激函数 $\delta(t)$ 与一个在 $t = 0$ 处连续且有界的信号 $x(t)$ 相乘时，其积只有在 $t = 0$ 处得到 $x(0)\delta(t)$，其余各点的乘积均为零，即

$$\int_{-\infty}^{\infty} \delta(t) x(t) \mathrm{d}t = \int_{-\infty}^{\infty} \delta(t) x(0) \mathrm{d}t = x(0) \int_{-\infty}^{\infty} \delta(t) \mathrm{d}t = x(0) \tag{2-21}$$

或

$$\int_{-\infty}^{\infty} \delta(t - t_0)x(t)\mathrm{d}t = \int_{-\infty}^{\infty} \delta(t - t_0)x(t_0)\mathrm{d}t = x(t_0) \tag{2-22}$$

式（2-21）和式（2-22）表明了单位冲激函数的抽样特性（或筛选特性）。连续时间信号 $x(t)$ 与单位冲激信号 $\delta(t)$ 相乘并在 $-\infty$ 到 ∞ 时间内积分，可以得到 $x(t)$ 在点 $t = 0$（抽样时刻）处的函数值 $x(0)$，即筛选出 $x(0)$。若将单位冲激移到时刻 t_0，则样值取 $x(t_0)$。

（2）单位冲激函数是偶函数，即

$$\delta(t) = \delta(-t) \tag{2-23}$$

证明过程如下：

$$\int_{-\infty}^{\infty} \delta(-t)x(t)\mathrm{d}t = \int_{\infty}^{-\infty} \delta(\tau)x(-\tau)\mathrm{d}(-\tau)$$

$$= \int_{\infty}^{-\infty} \delta(\tau)x(0)\mathrm{d}(-\tau)$$

$$= x(0)$$

这里，用到变量置换 $\tau = -t$。将所得结果与式（2-21）对照，即可得出 $\delta(t)$ 与 $\delta(-t)$ 相等的结论。

（3）单位冲激函数的积分等于阶跃函数，即

$$\int_{-\infty}^{t} \delta(t)\mathrm{d}t = \varepsilon(t) \tag{2-24}$$

因为

$$\int_{-\infty}^{t} \delta(t)\mathrm{d}t = 1, \quad t > 0$$

$$\int_{-\infty}^{t} \delta(t)\mathrm{d}t = 0, \quad t < 0$$

将两式的结果与阶跃函数的定义式相比较，可得

$$\int_{-\infty}^{t} \delta(t)\mathrm{d}t = \varepsilon(t)$$

反过来，阶跃函数的微分应等于单位冲激函数

$$\frac{\mathrm{d}\varepsilon(t)}{\mathrm{d}t} = \delta(t)$$

对此结论可进行如下解释：阶跃函数在除 $t = 0$ 以外的各点都取固定值，其变化率都等于零。而在 $t = 0$ 处有不连续点，变化率趋于无穷大，此跳变的微分对应零点的冲激。

2.1.2　连续时间信号的运算

在信号的传输与处理过程中，往往需要进行信号的运算，它包括信号的移位（时移或延时）、反褶、尺度倍乘（压缩或扩展）、微分、积分，以及两信号的相加、相乘。我们需要熟悉运算过程中表达式对应的波形变化。

1．移位、反褶、尺度倍乘

若将 $x(t)$ 表达式的自变量 t 更换为 $t \pm t_0$，则 $x(t \pm t_0)$ 相当于 $x(t)$ 的波形在 t 轴上的整体移动。当运算符号取"+"时，波形左移；当运算符号取"−"时，波形右移，如图 2-13 所示。

在雷达、声呐及地震信号检测等问题中，容易找到信号移位现象的实例。在将发射信号经同种介质传输到不同距离的接收机时，各种接收信号相当于发射信号的移位，并具有不同的 t_0 值（同时有衰减）。在通信系统中，长距离传输电话信号时，可能听到回波，这是幅值衰减的语音延时信号。

信号的反褶是将 $x(t)$ 的自变量 t 更换为 $-t$，此时 $x(t)$ 的波形相当于将 $x(t)$ 以 $t = 0$ 为轴反褶

过来，如图 2-14 所示。此运算也称为时间轴反转。

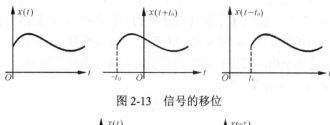

图 2-13 信号的移位

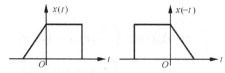

图 2-14 信号的反褶

如果将信号 $x(t)$ 表达式的自变量 t 乘以正实数系数 a，则 $x(at)$ 的波形是 $x(t)$ 波形的压缩（$a>1$）或扩展（$a<1$）。此运算也称为时间轴的尺度倍乘或尺度变换，也可简称尺度。信号的尺度变换波形示例如图 2-15 所示。

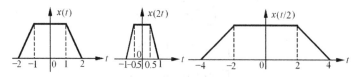

图 2-15 信号的尺度变换波形示例

若 $x(t)$ 是已录制声音的磁带，则 $x(-t)$ 表示将此磁带倒转播放产生的信号，$x(2t)$ 表示将此磁带以二倍速度加快播放的结果，$x(t/2)$ 表示将此磁带播放速度降至一半产生的信号。

综合以上三种情况，若将 $x(t)$ 的自变量 t 更换为 $at + t_0$（其中，a、t_0 是给定的实数），此时，$x(at + t_0)$ 相对于 $x(t)$ 可以是扩展（$|a|<1$）或压缩（$|a|>1$），也可能出现时间上的反褶（$a<0$）或移位（$t_0 \neq 0$），而波形整体仍保持与 $x(t)$ 相似的形状。

【例 2-1】已知信号 $x(t)$ 的波形如图 2-16（a）所示，试画出 $x(-3t-2)$ 的波形。

解：（1）首先，考虑移位的作用，求得 $x(t-2)$ 的波形，如图 2-16（b）所示。

（2）然后，对 $x(t-2)$ 进行尺度倍乘，求得 $x(3t-2)$ 的波形，如图 2-16（c）所示。

（3）最后，将 $x(3t-2)$ 反褶，给出 $x(-3t-2)$ 的波形，如图 2-16（d）所示。

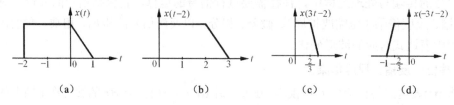

图 2-16 例 2-1 的波形

如果改变上述运算的顺序，也会得到相同的结果。

2. 微分、积分

信号 $x(t)$ 的微分运算是指 $x(t)$ 对 t 取导数，即

$$x'(t) = \frac{\mathrm{d}x(t)}{\mathrm{d}t}$$

信号 $x(t)$ 的积分运算是指 $x(\tau)$ 在 $(-\infty, t)$ 区间内的定积分，其表达式为

$$\int_{-\infty}^{t} x(\tau) \mathrm{d}\tau$$

图 2-17 与图 2-18 所示分别为微分运算与积分运算的例子。由图 2-17 可见，信号在微分运算后，突出显示了它的变化部分。在图 2-18 中，信号在积分运算后，其效果与微分运算相反，信号的突变部分可变得平滑，利用这一作用可削弱信号中混入的毛刺（噪声）的影响。

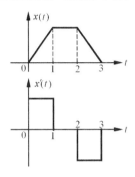

图 2-17　微分运算的例子

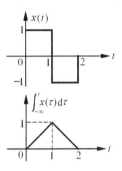

图 2-18　积分运算的例子

3．两信号的相加、相乘

下面给出两信号的相加、相乘两种运算的例子。若 $x_1(t) = \sin\Omega t$，$x_2(t) = \sin 8\Omega t$，则两信号相加和相乘的表达式分别为

$$x_1(t) + x_2(t) = \sin\Omega t + \sin 8\Omega t$$

$$x_1(t) \cdot x_2(t) = \sin\Omega t \cdot \sin 8\Omega t$$

两信号相加运算和相乘运算的波形分别如图 2-19 和图 2-20 所示。

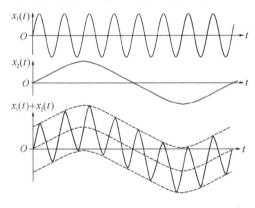

图 2-19　两信号相加运算的波形

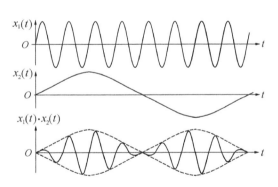

图 2-20　两信号相乘运算的波形

在通信系统的调制、解调等过程中，将经常遇到两信号相乘运算。

2.1.3　连续时间信号的分解

为了便于分析、处理，有时需要将信号分解为一些比较简单的基本信号分量之和，犹如在力学问题中将任一方向的力分解为几个分力一样。信号可以从不同角度分解。

1．直流分量与交流分量

信号平均值即信号的直流分量。从原信号去掉直流分量即得信号的交流分量。设原信号

为 $x(t)$，将其分解为直流分量 x_D 与交流分量 $x_\mathrm{A}(t)$，三者的表达式为

$$\begin{cases} x(t) = x_\mathrm{D} + x_\mathrm{A}(t) \\ x_\mathrm{D} = \dfrac{1}{T}\displaystyle\int_{t_0}^{t_0+T} x(t)\mathrm{d}t \\ x_\mathrm{A}(t) = x(t) - x_\mathrm{D} \end{cases} \tag{2-25}$$

2. 偶分量与奇分量

偶分量的定义式为

$$x_\mathrm{e}(t) = x_\mathrm{e}(-t) \tag{2-26}$$

奇分量的定义式为

$$x_\mathrm{o}(t) = -x_\mathrm{o}(-t) \tag{2-27}$$

由于任何信号都可以写成

$$\begin{aligned} x(t) &= 0.5\,[\,x(t) + x(t) + x(-t) - x(-t)\,] \\ &= 0.5\,[\,x(t) + x(-t)\,] + 0.5\,[\,x(t) - x(-t)\,] \end{aligned}$$

显然，第一部分是偶分量，第二部分是奇分量，即

$$x_\mathrm{e}(t) = 0.5\,[\,x(t) + x(-t)\,]$$
$$x_\mathrm{o}(t) = 0.5\,[\,x(t) - x(-t)\,]$$

图 2-21 所示为将信号分解为偶分量与奇分量的两个实例。

3. 脉冲分量

信号的脉冲分解如图 2-22 所示。

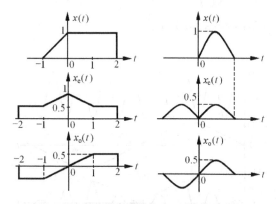

图 2-21　将信号分解为偶分量与奇分量的两个实例

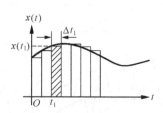

图 2-22　信号的脉冲分解

将函数 $x(t)$ 近似写作窄脉冲信号的叠加，设在 t_1 时刻被分解的矩形脉冲的高度为 $x(t_1)$，宽度为 Δt_1，于是此窄脉冲的表达式为

$$x(t_1)[\,\varepsilon(t-t_1) - \varepsilon(t-t_1-\Delta t_1)\,]$$

在 t_1 从 $-\infty$ 到 ∞ 的过程中，将许多这样的矩形脉冲单元叠加，即得 $x(t)$ 的近似表达式：

$$\begin{aligned} x(t) &\approx \sum_{t_1=-\infty}^{\infty} x(t_1)[\varepsilon(t-t_1) - \varepsilon(t-t_1-\Delta t_1)] \\ &= \sum_{t_1=-\infty}^{\infty} x(t_1)\frac{\varepsilon(t-t_1) - \varepsilon(t-t_1-\Delta t_1)}{\Delta t_1}\Delta t_1 \end{aligned} \tag{2-28}$$

取 $\Delta t_1 \to 0$ 的极限，可以得到

$$x(t) = \lim_{\Delta t \to 0} \sum_{t_1 = -\infty}^{\infty} x(t_1) \frac{\varepsilon(t - t_1) - \varepsilon(t - t_1 - \Delta t_1)}{\Delta t_1} \Delta t_1$$

$$= \lim_{\Delta t_1 \to 0} \sum_{t_1 = -\infty}^{\infty} x(t_1) \delta(t - t_1) \Delta t_1 \qquad (2\text{-}29)$$

$$= \int_{-\infty}^{\infty} x(t_1) \delta(t - t_1) \mathrm{d}t_1$$

$$= x(t) * \delta(t)$$

式（2-29）即冲激信号的抽样特性，也是函数的卷积积分表达式，表明时域里任意函数等于这一函数与单位冲激函数的卷积，卷积的几何解释也是上述一系列矩形窄脉冲的求极限过程。

目前，将信号分解为冲激信号叠加的方法应用十分广泛。

4. 实部分量与虚部分量

对于复函数信号 $x(t)$，可分解为实、虚两个部分之和，即

$$x(t) = x_r(t) + \mathrm{j}x_i(t) \qquad (2\text{-}30)$$

它的共轭复函数是

$$x^*(t) = x_r(t) - \mathrm{j}x_i(t) \qquad (2\text{-}31)$$

于是实部分量和虚部分量的表达式分别为

$$x_r(t) = [x(t) + x^*(t)] / 2$$

$$\mathrm{j}x_i(t) = [x(t) - x^*(t)] / 2$$

还可以利用 $x(t)$ 与 $x^*(t)$ 来求 $|x(t)|^2$ 的值：

$$|x(t)|^2 = x(t) x^*(t) = x_r^2(t) + x_i^2(t)$$

虽然实际产生的信号都是实信号，但在信号分析理论中，常借助复信号来研究某些实信号的问题，这样可以建立某些有益的概念或简化运算。例如，复指数常用于表示正弦、余弦信号。近年来，在通信系统、网络理论、数字信号处理等方面，复信号的应用日益广泛。

5. 正交函数分解

如果用正交函数集来表示一个信号，那么组成信号的各分量是相互正交的。例如，用各次谐波的正弦与余弦信号叠加表示一个矩形脉冲，各正弦、余弦信号就是此矩形脉冲信号的正交函数分量。

将信号分解为正交函数分量的研究方法在信号与系统理论中占有重要地位，这将是本教材讨论的主要课题之一。

2.1.4 连续时间信号的时域分析方法——卷积法

对卷积法最早的研究可追溯到 19 世纪初期的数学家欧拉（Euler）、泊松（Poisson）等人，此后许多科学家对此问题做了大量工作，其中，特别值得一提的是杜阿美尔（Duhamel）。近代，随着信号与系统理论研究的深入及计算机技术的发展，不仅卷积法得到广泛的应用，反卷积的问题也越来越受重视。在现代地震勘探、超声诊断、光学成像、系统辨识及其他诸多信号处理领域中，卷积和反卷积都有应用。

1. 卷积运算

卷积法的原理就是将信号 $x(t)$ 分解为冲激信号之和，借助系统的冲激响应 $h(t)$，求解线性系统对任意激励信号的零状态响应。

设有一线性系统，如图 2-23（a）所示，其初始条件为零，若系统的冲激响应为 $h(t)$，当输入为 $x(t)$ 时，可用卷积法求出其零状态响应 $y(t)$。首先，输入信号可分解为一系列冲激响应的叠加，如图 2-23（b）所示。然后，分别求出每个冲激信号分量的响应，如图 2-23（c）所示。最后，按照线性系统的叠加性，将各分量的响应叠加，便得到系统总的输出响应，如图 2-23（d）所示。

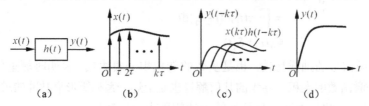

图 2-23 卷积法求解零状态响应示意图

系统的输入信号和输出信号可表示为

$$x(t) = \delta(t), \quad y(t) = h(t)$$
$$x(t) = \delta(t - \tau), \quad y(t) = h(t - \tau)$$
$$x(t) = \int_{-\infty}^{\infty} x(\tau)\delta(t - \tau)\mathrm{d}\tau, \quad y(t) = \int_{-\infty}^{\infty} x(\tau)h(t - \tau)\mathrm{d}\tau \tag{2-32}$$

式（2-32）即为卷积积分，简称［线性］卷积，一般简写为

$$y(t) = x(t) * h(t) \tag{2-33}$$

2. 卷积运算的图解

下面用图解法说明卷积运算的过程，将一些抽象的关系形象化，方便理解卷积的概念，也方便运算。

对两信号进行卷积运算需要以下 5 个步骤。

（1）变量置换：改换图形中的横坐标，即 $t \to \tau$，τ 变成函数的自变量。

（2）反褶：$h(\tau)$ 反褶，变成 $h(-\tau)$。

（3）平移：将反褶后的信号平移 t，得到 $h(t - \tau)$。在 τ 坐标系中，$t > 0$ 表示图形右移，$t < 0$ 表示图形左移。

（4）相乘：两信号重叠部分相乘，即 $x(\tau)h(t - \tau)$。

（5）积分求和：完成相乘后图形的积分。

卷积的求解过程如图 2-24 所示。

按上述步骤完成的卷积结果如下：

（1）当 $t < 0$ 时，$x(t) * h(t) = 0$。

（2）当 $0 \leqslant t < 1$ 时，$y(t) = \int_0^t x(\tau)h(t - \tau)\mathrm{d}\tau = \int_0^t 1 \times 0.5\mathrm{d}\tau = 0.5t$。

（3）当 $1 \leqslant t \leqslant 2$ 时，$y(t) = \int_{t-1}^1 x(\tau)h(t - \tau)\mathrm{d}\tau = \int_{t-1}^1 1 \times 0.5\mathrm{d}\tau = 1 - 0.5t$。

（4）当 $t > 2$ 时，$x(t) * h(t) = 0$。

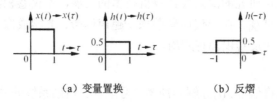

（a）变量置换　　　　　　（b）反褶

图 2-24 卷积的求解过程

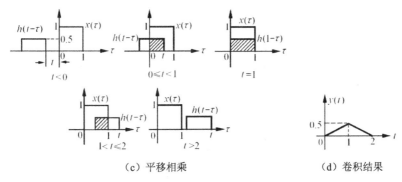

（c）平移相乘　　　　　　　　（d）卷积结果

图 2-24　卷积的求解过程（续）

由以上图解分析可以看出，卷积中积分上下限的确定取决于两个图形交叠部分的范围。卷积结果所占有的时宽等于两个函数各自时宽的总和。

3．卷积的性质

卷积作为一种数学运算，具有某些特殊性质，这些性质在信号分析中有重要作用，利用这些性质还可以简化卷积运算过程。

（1）交换率：

$$x_1(t) * x_2(t) = x_2(t) * x_1(t) \tag{2-34}$$

式（2-34）说明卷积的次序可以交换。

（2）分配率：

$$x_1(t) * [x_2(t) + x_3(t)] = x_1(t) * x_2(t) + x_1(t) * x_3(t) \tag{2-35}$$

式（2-35）说明，系统对于多个输入信号的零状态响应等于每个输入单独作用响应的叠加，如图 2-25 所示。或者，冲激响应分别为 $x_2(t)$ 及 $x_3(t)$ 的并联系统可等效为一个冲激响应为 $x_2(t) + x_3(t)$ 的系统，如图 2-26 所示。

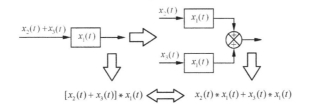

图 2-25　线性系统的叠加原理

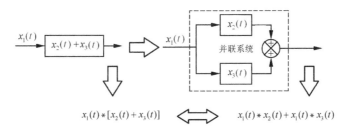

图 2-26　并联系统的冲激响应为 $x_2(t) + x_3(t)$

（3）结合率：

$$[x_1(t) * x_2(t)] * x_3(t) = x_1(t) * [x_2(t) * x_3(t)] \tag{2-36}$$

式（2-36）说明，冲激响应分别为 $x_2(t)$ 及 $x_3(t)$ 的串联系统可等效为一个冲激响应为 $x_2(t) * x_3(t)$

的系统，如图 2-27 所示。

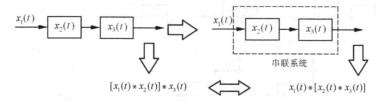

图 2-27　串联系统的冲激响应为 $x_2(t) * x_3(t)$

（4）任意函数与单位冲激函数的卷积仍为该函数本身，即

$$x(t) * \delta(t) = \int_{-\infty}^{\infty} x(\tau)\delta(t-\tau)\mathrm{d}\tau = x(t) \tag{2-37}$$

相应有

$$x(t) * \delta(t-t_0) = x(t-t_0) \tag{2-38}$$

式中，$x(t)$ 与 $\delta(t-t_0)$ 的卷积相当于 $x(t)$ 信号延时 t_0。今后将看到，在信号分析中，此性质应用广泛。

（5）任意函数 $x(t)$ 与阶跃函数 $\varepsilon(t)$ 的卷积为

$$x(t) * \varepsilon(t) = \int_{-\infty}^{t} x(\lambda)\mathrm{d}\lambda \tag{2-39}$$

（6）两函数卷积后的导数等于其中一个函数的导数与另一个函数的卷积，即

$$\frac{\mathrm{d}}{\mathrm{d}t}[x_1(t) * x_2(t)] = x_1(t) * \frac{\mathrm{d}x_2(t)}{\mathrm{d}t} = \frac{\mathrm{d}x_1(t)}{\mathrm{d}t} * x_2(t) \tag{2-40}$$

由卷积的定义可证明此关系式，即

$$\frac{\mathrm{d}}{\mathrm{d}t}[x_1(t) * x_2(t)] = \frac{\mathrm{d}}{\mathrm{d}t}\int_{-\infty}^{\infty} x_1(\tau)x_2(t-\tau)\mathrm{d}\tau$$

$$= \int_{-\infty}^{\infty} x_1(\tau)\cdot\frac{\mathrm{d}x_2(t-\tau)}{\mathrm{d}t}\cdot\mathrm{d}\tau$$

$$= x_1(t) * \frac{\mathrm{d}x_2(t)}{\mathrm{d}t}$$

（7）两函数卷积后的积分等于其中一个函数的积分与另一个函数的卷积，即

$$\int_{-\infty}^{t}[x_1(\tau) * x_2(\tau)]\mathrm{d}\tau = x_1(t) * \int_{-\infty}^{t} x_2(\tau)\mathrm{d}\tau \tag{2-41}$$

证明过程如下：

$$\int_{-\infty}^{t}[x_1(\tau) * x_2(\tau)]\mathrm{d}\tau = \int_{-\infty}^{t}\left[\int_{-\infty}^{\infty} x_1(\lambda)x_2(\tau-\lambda)\mathrm{d}\lambda\right]\mathrm{d}\tau$$

$$= \int_{-\infty}^{\infty} x_1(\lambda)\left[\int_{-\infty}^{t} x_2(\tau-\lambda)\mathrm{d}\tau\right]\mathrm{d}\lambda$$

$$= x_1(t) * \int_{-\infty}^{t} x_2(\tau)\mathrm{d}\tau$$

2.2　周期信号的频谱分析

1822 年，法国数学家傅里叶（J.Fourier）在研究热传导理论时发表了《热的分析理论》，提出并证明了将周期函数展开为正弦级数的原理，奠定了傅里叶级数的理论基础。其后，泊

松（Poisson）、高斯（Gauss）等人将这一成果应用到了电学中。虽然，在电力工程中，伴随着电机制造、交流电的产生与传输等实际问题的需要，三角函数、指数函数及傅里叶分析等数学工具早已得到广泛应用。但是，在通信系统中普遍应用这些数学工具还经历了一段过程，因为当时要找到简便而实用的方法来产生、传输、分离和变换各种频率的正弦信号还有一定的困难。直到 19 世纪末，人们才制造出用于实际工程的电容器。进入 20 世纪以后，与谐振电路、滤波器、正弦振荡器等一系列相关具体问题的解决为正弦函数与傅里叶分析的进一步应用开辟了广阔的前景。从此，人们逐渐认识到，在通信与控制系统的理论研究和实际应用中，采用频域分析方法相比经典的时域分析方法有许多突出的优点。当今，傅里叶分析方法已经成为信号分析与系统设计不可缺少的重要工具。

20 世纪 60 年代以来，由于计算机技术的普遍应用，傅里叶分析方法中出现了快速傅里叶变换（FFT），它为这一数学工具赋予了新的生命力。目前，快速傅里叶变换的研究与应用已相当成熟，而且仍在不断更新与发展。

傅里叶分析方法不仅应用于电力工程、通信和控制领域，而且在力学、光学、量子物理和各种线性系统分析等许多有关数学、物理和工程技术的领域中得到了广泛应用。

2.2.1　正交函数

信号分解为正交函数的原理与向量分解为正交向量的原理类似。本节利用二维向量空间较形象的概念引出正交函数集的定义。

1. 二维空间的正交向量

考察两个向量 x 和 y，如图 2-28（a）所示。若由向量 x 的端点做直线垂直于向量 y，则被分割的部分 cy 称为向量 x 在向量 y 上的投影或分量。如果将垂线表示为向量 v，则由三个向量 x、y、v 组成向量三角形，它们之间的关系为

$$x - cy = v \tag{2-42}$$

这表明：若用向量 cy 来近似地描述向量 x，两者之间的误差是向量 v。图 2-28（b）和图 2-28（c）中分别有向量 x 在向量 y 上的斜投影 c_1y 和 c_2y，显然，这样的斜投影分量可有无穷多个。若用向量 c_1y 或 c_2y 表示向量 x，其误差向量 v_1 和 v_2 都要大于以垂直投影表示时的误差向量 v。系数 c 标志着向量 x 和 y 相互接近的程度。当向量 x 与 y 完全重合时，$\theta = 0$，$c = 1$；随着 θ 的增大，c 减小；当 $\theta = 90°$ 时，$c = 0$，此时，称向量 x 与 y 为正交向量，向量 x 在向量 y 上没有分量。

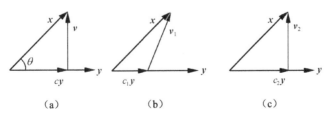

图 2-28　向量 x 在向量 y 上的分量

根据上述原理，可以将一个平面中的任意向量在直角坐标系中分解为两个正交向量的组合。为便于研究向量分解，由相互正交的两个向量组成一个二维正交向量集，这样，此平面上的任意分量都用二维正交向量集的分量组合来表示。

将此概念推广，一个三维空间中的向量可以用一个三维正交向量集来表示。上述正交向

量分解的概念可推广应用于 n 维信号向量空间。

2. 正交函数

假定，要在区间$[t_1,t_2]$内用函数 $x_2(t)$ 近似表示 $x_1(t)$，可以利用式（2-43）。

$$x_1(t) \approx c_{12}x_2(t) \tag{2-43}$$

这里的系数怎样选择才能得到最佳的近似结果？我们选择误差的方均值（或均方值）最小，这时，可以认定已经得到了最佳的近似结果。误差的均值的定义式为

$$\overline{\varepsilon^2} = \frac{1}{t_2-t_1}\int_{t_1}^{t_2}[x_1(t)-c_{12}x_2(t)]^2\mathrm{d}t \tag{2-44}$$

为求得使 $\overline{\varepsilon^2}$ 最小的 c_{12} 值，必须使

$$\frac{\mathrm{d}\overline{\varepsilon^2}}{\mathrm{d}c_{12}} = 0$$

即

$$\frac{\mathrm{d}}{\mathrm{d}c_{12}}\left\{\frac{1}{t_2-t_1}\int_{t_1}^{t_2}[x_1(t)-c_{12}x_2(t)]^2\mathrm{d}t\right\} = 0$$

交换微分与积分的次序，得到

$$\frac{1}{t_2-t_1}\int_{t_1}^{t_2}2[x_1(t)-c_{12}x_2(t)][-x_2(t)]\mathrm{d}t = 0$$

于是求出

$$c_{12} = \frac{\int_{t_1}^{t_2}x_1(t)x_2(t)\mathrm{d}t}{\int_{t_1}^{t_2}x_2^2(t)\mathrm{d}t} \tag{2-45}$$

式（2-45）表示 $x_1(t)$ 中有 $x_2(t)$ 的分量，此分量的系数是 c_{12}。如果 c_{12} 等于零，则 $x_1(t)$ 中不包含 $x_2(t)$ 的分量，这种情况称为 $x_1(t)$ 与 $x_2(t)$ 在区间$[t_1,t_2]$内正交。由式（2-45）得出两个函数在区间 $[t_1,t_2]$ 内正交的条件是

$$\int_{t_1}^{t_2}x_1(t)x_2(t)\mathrm{d}t = 0 \tag{2-46}$$

【例 2-2】试用正弦函数 $\sin t$ 在区间$[0,2\pi]$内近似表示余弦函数 $\cos t$。

解： 显然，由于

$$\int_0^{2\pi}\cos t \cdot \sin t\,\mathrm{d}t = 0$$

所以

$$c_{12} = 0$$

即余弦信号 $\cos t$ 不包含正弦信号 $\sin t$ 分量，或者说，$\cos t$ 与 $\sin t$ 两函数正交。

【例 2-3】设矩形脉冲 $x(t)$ 的定义式为

$$x(t) = \begin{cases} 1, & 0 \leqslant t \leqslant \pi \\ -1, & \pi < t < 2\pi \end{cases}$$

其波形如图 2-29 所示，试用正弦波 $\sin t$ 在区间$[0,2\pi]$内近似表示此函数，使均方误差最小。

解： 函数 $x(t)$ 在区间$[0,2\pi]$内近似表示为

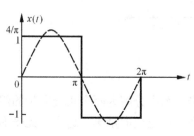

图 2-29　例 2-3 的波形

$$x(t) = c_{12} \sin t$$

为使均方误差最小，c_{12} 应满足

$$c_{12} = \frac{\int_0^{2\pi} x(t) \sin t \mathrm{d}t}{\int_0^{2\pi} \sin^2 t \mathrm{d}t} = \frac{1}{\pi}\left[\int_0^{\pi} \sin t \mathrm{d}t + \int_{\pi}^{2\pi}(-\sin t)\mathrm{d}t\right] = \frac{4}{\pi}$$

则

$$x(t) \approx \frac{4}{\pi}\sin t$$

近似波形是振幅为 $4/\pi$ 的正弦波，如图 2-29 中虚线所示。

3. 正交函数集

假设有由 n 个函数 $g_1(t), g_2(t), \cdots, g_n(t)$ 构成的一个函数集，这些函数在区间 $[t_1, t_2]$ 内满足以下正交特性：

$$\begin{cases} \int_{t_1}^{t_2} g_i(t)g_j(t)\mathrm{d}t = 0 \\ \int_{t_1}^{t_2} g_i^2(t)\mathrm{d}t = k_i \end{cases} \quad i \neq j \tag{2-47}$$

则此函数集称为正交函数集。

令任一函数 $x(t)$ 在区间 $[t_1, t_2]$ 内由这 n 个互相正交的函数线性组合近似表示，表达式为

$$x(t) = c_1 g_1(t) + c_2 g_2(t) + \cdots + c_n g_n(t) \tag{2-48}$$

为满足最佳近似的要求，可利用均方误差最小的条件求系数 $c_1, c_2, \cdots, c_n$。均方误差的表达式为

$$\overline{\varepsilon^2} = \frac{1}{t_2 - t_1}\int_{t_1}^{t_2}\left[x(t) - \sum_{i=1}^n c_i g_i(t)\right]^2 \mathrm{d}t \tag{2-49}$$

要使 $\overline{\varepsilon^2}$ 最小，应满足对于所有的 $i = 1, 2, \cdots, n$ 都存在

$$\frac{\mathrm{d}\overline{\varepsilon^2}}{\mathrm{d}c_i} = 0 \tag{2-50}$$

由此可得

$$\int_{t_1}^{t_2} 2\left[x(t) - \sum_{i=1}^n c_i g_i(t)\right][-g_i(t)]\mathrm{d}t = 0 \tag{2-51}$$

由于 $g_i(t)$ 相互正交，所以

$$\int_{t_1}^{t_2}\left[-x(t)g_i(t) + c_i g_i^2(t)\right]\mathrm{d}t = 0 \tag{2-52}$$

于是求出 c_i 的表达式

$$c_i = \frac{\int_{t_1}^{t_2} x(t)g_i(t)\mathrm{d}t}{\int_{t_1}^{t_2} g_i^2(t)\mathrm{d}t} \tag{2-53}$$

$$= \frac{1}{k_i}\int_{t_1}^{t_2} x(t)g_i(t)\mathrm{d}t, \quad i = 1, 2, \cdots, n$$

如果对某一正交函数集，$k_i = 1$，则称此正交函数集为归一化正交函数集。

4．完备的正交函数集

当式（2-49）中的 $n\to\infty$ 时，均方误差是否会趋于零呢？这取决于正交函数是否完备。完备的正交函数集有以下两种定义。

定义一 如果用正交函数集 $\{g_i(t)\}$ 在区间 $[t_1,t_2]$ 内近似表示函数 $x(t)$，即

$$x(t)\approx\sum_{i=1}^{n}c_ig_i(t) \tag{2-54}$$

其均方误差用 $\overline{\varepsilon^2}$ 表示，若令 $n\to\infty$，$\overline{\varepsilon^2}$ 的极限等于零，即

$$\lim_{n\to\infty}\overline{\varepsilon^2}=0 \tag{2-55}$$

则此函数集称为完备正交函数集。

很明显，$\overline{\varepsilon^2}=0$ 意味着 $x(t)$ 可以由无穷级数来表示，即

$$x(t)=c_1g_1(t)+c_2g_2(t)+\cdots+c_ng_n(t)+\cdots \tag{2-56}$$

定义二 如果在正交函数集 $\{g_i(t)\}$ 之外，不存在函数 $f(t)$ 满足等式

$$\int_{t_1}^{t_2}f(t)g_i(t)\mathrm{d}t=0 \tag{2-57}$$

且

$$0<\int_{t_1}^{t_2}f^2(t)\mathrm{d}t<\infty \tag{2-58}$$

则此函数集称为完备正交函数集。

如果能找到一个函数 $f(t)$，使得式（2-57）成立，即可说明 $f(t)$ 与函数集 $\{g_i(t)\}$ 中的每个函数是正交的，因而它本身就应属于此函数集。显然，不包括 $f(t)$，此函数集就不完备。

下面给出几种常用的完备正交函数集。

（1）三角函数集 $\{1,\cos\Omega_1t,\cos2\Omega_1t,\cdots,\cos n\Omega_1t,\cdots,\sin\Omega_1t,\sin2\Omega_1t,\cdots,\sin n\Omega_1t,\cdots\}$（$t\in[t_0,t_0+T]$），$\Omega_1=2\pi/T$ 称为基波角频率。

它是应用最为广泛的一种完备正交函数集。

（2）复指数函数集 $\{e^{jn\Omega t}\}$（$n=0,\pm1,\pm2,\cdots$）（$t\in[t_0,t_0+T]$），$\Omega_1=2\pi/T$ 也称基波角频率。

需要指出的是，复指数函数正交特性的定义是指复指数函数集在区间 $[t_1,t_2]$ 内满足

$$\begin{cases}\int_{t_1}^{t_2}g_i(t)g_j^*(t)\mathrm{d}t=0\\\int_{t_1}^{t_2}g_i(t)g_i^*(t)\mathrm{d}t=k_i\end{cases}\quad i\neq j \tag{2-59}$$

式中，$g_i^*(t)$ 为 $g_i(t)$ 的共轭复函数。

除此之外，还有其他多种常用完备正交函数集，如沃尔什（Walsh）函数集、勒让德（Legendre）多项式集、切比雪夫（Chebyshev）多项式集等。

数学上可以证明，当函数 $x(t)$ 在区间 $[t_1,t_2]$ 内具有连续的一阶导数和逐段连续的二阶导数时，$x(t)$ 可以用完备的正交函数集表示，这就是所谓的函数"正交分解"。

任一周期信号可表示为

$$x(t)=x(t+nT_1) \tag{2-60}$$

式中，n 为任意整数；T_1 为周期。

若周期信号满足狄利克雷条件，即在一个周期内，函数具有以下特点：

（1）函数有有限个间断点。

（2）函数有有限个极值点。

（3）函数绝对可积，即 $\int_{t_0}^{t_0+T_1}|x(t)|\mathrm{d}t<\infty$ 。

则由式（2-56）可知，任意周期函数可展成正交函数线性组合的无穷级数，若正交函数集采用三角函数集或复指数函数集，则展成的级数为傅里叶级数，分别称为三角函数形式的傅里叶级数和指数形式的傅里叶级数。

在实际工程中，一般的周期函数都能满足狄利克雷条件，因此，如无特殊需要，对此不再专门进行阐述。

2.2.2　傅里叶级数

1. 三角函数形式的傅里叶级数

设一周期函数 $x(t)$，其周期为 T_1，傅里叶级数（Fourier Series）的三角函数形式为

$$x(t)=a_0+a_1\cos\Omega_1t+b_1\sin\Omega_1t+a_2\cos2\Omega_1t+b_2\sin2\Omega_1t+\cdots+a_n\cos n\Omega_1t+b_n\sin n\Omega_1t+\cdots$$

$$=a_0+\sum_{n=1}^{\infty}(a_n\cos n\Omega_1t+b_n\sin n\Omega_1t) \tag{2-61}$$

式中，n 为正整数，表示谐波次数；常数 a_0 为函数 $x(t)$ 的平均值（直流分量）；a_n 和 b_n 分别为对应的 n 次谐波中的余弦谐波和正弦谐波的系数，即各次谐波分量的幅度；$\Omega_1=2\pi/T_1$ 表示基波角频率。

根据三角函数的正交性，满足如下关系：

$$\int_{t_0}^{t_0+T_1}\cos n\Omega_1t\cdot\cos m\Omega_1t\mathrm{d}t=\begin{cases}0, & m\neq n\\ \dfrac{T_1}{2}, & m=n\end{cases}$$

$$\int_{t_0}^{t_0+T_1}\sin n\Omega_1t\cdot\sin m\Omega_1t\mathrm{d}t=\begin{cases}0, & m\neq n\\ \dfrac{T_1}{2}, & m=n\end{cases}$$

$$\int_{t_0}^{t_0+T_1}\cos n\Omega_1t\cdot\sin m\Omega_1t\mathrm{d}t=0 \qquad（所有的 m、n）$$

系数 a_0、a_n、b_n 的计算式分别为

$$a_0=\frac{1}{T_1}\int_{t_0}^{t_0+T_1}x(t)\mathrm{d}t \tag{2-62}$$

$$a_n=\frac{2}{T_1}\int_{t_0}^{t_0+T_1}x(t)\cos n\Omega_1t\mathrm{d}t \tag{2-63}$$

$$b_n=\frac{2}{T_1}\int_{t_0}^{t_0+T_1}x(t)\sin n\Omega_1t\mathrm{d}t \tag{2-64}$$

方便起见，通常积分区间 $[t_0,t_0+T_1]$ 取 $[0,T_1]$ 或 $[-T_1/2,T_1/2]$。

式（2-61）也可以写成如下形式：

$$x(t)=c_0+\sum_{n=1}^{\infty}c_n\cos(n\Omega_1t+\varphi_n) \tag{2-65}$$

或

$$x(t)=d_0+\sum_{n=1}^{\infty}d_n\sin(n\Omega_1t+\theta_n) \tag{2-66}$$

对比式（2-61）与式（2-65）、式（2-66），不难得到

$$
\begin{cases}
a_0 = c_0 = d_0 \\
c_n = d_n = \sqrt{a_n^2 + b_n^2} \\
a_n = c_n \cos\varphi_n = d_n \sin\theta_n \\
b_n = -c_n \sin\varphi_n = d_n \cos\theta_n \\
\varphi_n = \arctan\left(-\dfrac{b_n}{a_n}\right) \\
\theta_n = \arctan\dfrac{a_n}{b_n}
\end{cases}
\tag{2-67}
$$

式（2-61）与式（2-65）、式（2-66）还表明：

（1）等式左端为一复杂信号的时域表示，等式右端则是简单的正弦信号的线性组合，利用傅里叶级数的变换，可以将复杂的问题分解成简单问题，再进行分析、处理。

（2）虽然等式左端是信号的时域表示，等式右端是信号的频域表示，但表示的是同一信号，是完全等效的。

（3）任意周期信号可以分解为直流分量和一系列正弦、余弦分量。这些正弦、余弦分量的频率必定是基波角频率 Ω_1 的整数倍。通常将频率为 Ω_1 的分量称为基波，将频率为 $2\Omega_1$、$3\Omega_1$ 等的分量分别称为二次谐波、三次谐波等。

（4）各分量的幅度 c_n 或 d_n 及相位 φ_n 或 θ_n 的大小取决于信号的时域波形，而且是频率 $n\Omega_1$ 的函数。如果将幅度 c_n 与频率 $n\Omega_1$ 的关系画成如图 2-30（a）所示的线图，就可清楚而直观地看出各频率分量的相对大小。这种图称为信号的幅度频谱，简称幅度谱。图中每条竖线都代表某一频率分量的幅度，称为谱线。连接各谱线顶点的曲线，如图 2-30 中虚线所示，该线称为包络线，它反映各分量的幅度变化情况。类似地，还可以画出反映各分量相位 φ_n 与频率 $n\Omega_1$ 关系的线图，这种图称为相位频谱，简称相位谱，如图 2-30（b）所示。

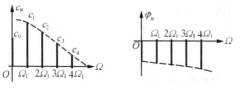

（a）幅度谱　　　　（b）相位谱

图 2-30　周期信号的频谱

（5）周期信号的频谱只会出现在 0、Ω_1、$2\Omega_1$ 等离散频率点上，这种频谱称为离散谱，它是周期信号频谱的主要特点。

2. 指数形式的傅里叶级数

将欧拉公式

$$
\cos n\Omega_1 t = \frac{e^{jn\Omega_1 t} + e^{-jn\Omega_1 t}}{2}, \quad \sin n\Omega_1 t = \frac{e^{jn\Omega_1 t} - e^{-jn\Omega_1 t}}{2j}
$$

代入三角函数形式的傅里叶级数，得到

$$
x(t) = a_0 + \sum_{n=1}^{\infty} \left(\frac{a_n - jb_n}{2} e^{jn\Omega_1 t} + \frac{a_n + jb_n}{2} e^{-jn\Omega_1 t} \right)
\tag{2-68}
$$

令

$$
X(n\Omega_1) = X_n = \frac{a_n - jb_n}{2}
\tag{2-69}
$$

考虑到 a_n 是 n 的偶函数，b_n 是 n 的奇函数［见式（2-63）、式（2-64）］，由式（2-69）可知

$$X(-n\Omega_1) = X_{-n} = \frac{a_{-n} - \mathrm{j}b_{-n}}{2} = \frac{a_n + \mathrm{j}b_n}{2}$$

将上述结果代入式（2-68），得到

$$x(t) = a_0 + \sum_{n=1}^{\infty}\left(X_n \mathrm{e}^{\mathrm{j}n\Omega_1 t} + X_{-n}\mathrm{e}^{-\mathrm{j}n\Omega_1 t}\right)$$

令 $X(0) = a_0$，考虑到

$$\sum_{n=-1}^{\infty} X_{-n}\mathrm{e}^{-\mathrm{j}n\Omega_1 t} = \sum_{n=-\infty}^{-1} X_n \mathrm{e}^{\mathrm{j}n\Omega_1 t}$$

则

$$x(t) = \sum_{n=-\infty}^{\infty} X_n \mathrm{e}^{\mathrm{j}n\Omega_1 t} \tag{2-70}$$

若将式（2-63）、式（2-64）代入式（2-69），就得到指数形式的傅里叶级数的系数 X_n，其计算式为

$$X(n\Omega_1) = X_n = \frac{1}{T_1}\int_{t_0}^{t_0+T_1} x(t)\mathrm{e}^{-\mathrm{j}n\Omega_1 t}\mathrm{d}t \tag{2-71}$$

式中，n 为从 $-\infty$ 到 ∞ 的整数。

根据导出过程，可以直接得到三角函数形式和指数形式之间各系数的关系：

$$\begin{cases} X_0 = a_0 = c_0 = d_0 \\ X_n = |X_n|\mathrm{e}^{\mathrm{j}\varphi_n} = \dfrac{1}{2}(a_n - \mathrm{j}b_n) \\ X_{-n} = |X_{-n}|\mathrm{e}^{-\mathrm{j}\varphi_n} = \dfrac{1}{2}(a_n + \mathrm{j}b_n) \\ |X_n| = |X_{-n}| = \dfrac{1}{2}\sqrt{a_n^2 + b_n^2} = \dfrac{1}{2}c_n = \dfrac{1}{2}d_n \\ \varphi_n = \arctan\left(-\dfrac{b_n}{a_n}\right) \\ \varphi_{-n} = \arctan\dfrac{b_n}{a_n} \end{cases} \tag{2-72}$$

同样，可以画出指数形式表示的信号频谱。因为 X_n 一般是复函数，所以称这种频谱为复数频谱。根据 $X_n = |X_n|\mathrm{e}^{\mathrm{j}\varphi_n}$，可以画出幅度谱 $|X_n| \sim n\Omega_1$ 与相位谱 $|\varphi_n| \sim n\Omega_1$，如图 2-31 所示。

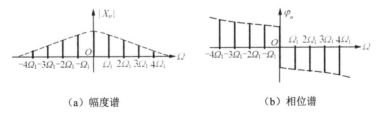

（a）幅度谱　　　　　　　　　　　（b）相位谱

图 2-31　周期信号的复数频谱

比较图 2-30 与图 2-31 可以看出，这两种频谱表示方法实质上是一样的，其不同之处仅在于图 2-30 中的每条谱线代表一个分量的幅度，而图 2-31 中的每个分量的幅度一分为二，在正、负频率相对应的位置上各为一半，所以，只有将正、负频率上对应的这两条谱线向量加起来，才代表一个分量的幅度。应该指出，在复数频谱中出现的负频率是由于将 $\sin n\Omega_1 t$、

$\cos n\Omega_1 t$ 写成指数形式时，从数学的观点自然分成 $e^{jn\Omega_1 t}$ 及 $e^{-jn\Omega_1 t}$ 两项，所以负频率的出现完全是数学运算的结果，并没有任何物理意义，只有将负频率项与正频率项成对地合并起来，才是实际的频谱函数。

3．函数的对称性与傅里叶系数的关系

函数的对称性有两类，一类是对整周期对称，如偶函数和奇函数；另一类是对半周期对称，如奇谐函数。

1）偶函数

若信号波形相对于纵轴是对称的，即满足

$$x(t) = x(-t)$$

此时，$x(t)$ 是偶函数。

这样，式（2-63）、式（2-64）中的 $x(t)\cos n\Omega_1 t$ 为偶函数，$x(t)\sin n\Omega_1 t$ 为奇函数，于是傅里叶级数中的系数为

$$\begin{cases} a_n = \dfrac{4}{T_1}\displaystyle\int_0^{T_1/2} x(t)\cos n\Omega_1 t \mathrm{d}t \\ b_n = 0 \end{cases} \tag{2-73}$$

由式（2-67）、式（2-72），可以得到

$$c_n = d_n = a_n = 2X_n$$
$$X_n = X_{-n} = a_n/2$$
$$\varphi_n = 0$$
$$\theta_n = \pi/2$$

所以，偶函数的 X_n 为实数。在偶函数的傅里叶级数中，不会含有正弦项，只可能含有直流项和余弦项。

2）奇函数

若信号波形相对于原点是反对称的，即满足

$$x(t) = -x(-t)$$

此时，$x(t)$ 是奇函数。

由式（2-63）、式（2-64）可以看出，傅里叶级数中的系数为

$$\left.\begin{array}{l} a_0 = a_n = 0 \\ b_n = \dfrac{4}{T_1}\displaystyle\int_0^{T_1/2} x(t)\sin n\Omega_1 t \mathrm{d}t \end{array}\right\} \tag{2-74}$$

由式（2-67）、式（2-72）可以得到

$$c_n = d_n = b_n = 2\mathrm{j}\,X_n$$
$$X_n = -X_{-n} = -\mathrm{j}b_n/2$$
$$\varphi_n = -\pi/2$$
$$\theta_n = 0$$

所以，奇函数的 X_n 为虚数。在奇函数的傅里叶级数中，不会含有余弦项，只可能含有正弦项。如果在奇函数上加上直流成分，它将不再是奇函数，但在它的傅里叶级数中，仍然不会含有正弦项。

3）奇谐函数

若信号波形沿时间轴平移半个周期并相对于时间轴上下翻转，此时波形不发生变化，即满足

$$x(t) = -x(\,t \pm T_1/2)$$

这样的函数称为半波对称函数或奇谐函数，如图 2-32（a）所示。

由图 2-32（a）可以明显地看出，直流分量 a_0 必等于零。为了说明半波对称对傅里叶系数 a_n、b_n 的影响，在图 2-32（b）、图 2-32（c）、图 2-32（d）、图 2-32（e）中，用虚线分别画出了 $\cos\Omega_1 t$、$\sin\Omega_1 t$、$\cos2\Omega_1 t$、$\sin2\Omega_1 t$ 的波形。

从图 2-32 中可以定性地看出被积函数 $x(t)\cos n\Omega_1 t$、$x(t)\sin n\Omega_1 t$ 的形状。显然，$x(t)\cos\Omega_1 t$ 和 $x(t)\sin\Omega_1 t$ 积分存在，而 $x(t)\cos2\Omega_1 t$ 和 $x(t)\sin2\Omega_1 t$ 积分为零。这样可以得到：

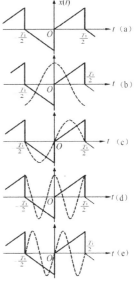

图 2-32 奇谐函数举例

$$a_1 = \frac{4}{T_1}\int_0^{T_1/2} x(t)\cos\Omega_1 t\,\mathrm{d}t$$

$$b_1 = \frac{4}{T_1}\int_0^{T_1/2} x(t)\sin\Omega_1 t\,\mathrm{d}t$$

$$a_2 = 0$$

$$b_2 = 0$$

以此类推，可以得到

$$\begin{cases} a_0 = 0 \\ a_n = b_n = 0 & n\text{为偶数} \\ a_n = \dfrac{4}{T_1}\int_0^{T_1/2} x(t)\cos n\Omega_1 t\,\mathrm{d}t & n\text{为奇数} \\ b_n = \dfrac{4}{T_1}\int_0^{T_1/2} x(t)\sin n\Omega_1 t\,\mathrm{d}t & n\text{为奇数} \end{cases} \tag{2-75}$$

可见，在半波对称周期函数的傅里叶级数中，只会含有基波和奇次谐波的正弦项、余弦项，而不会含有偶次谐波项，这也是"奇谐函数"名称的由来。

由上可见，当波形满足某种对称关系时，傅里叶级数中的某些项将不出现。在熟悉傅里叶级数这种性质后，可以对波形应包含哪些谐波成分迅速做出判断，以简化傅里叶系数的计算。在允许的情况下，可以移动函数的坐标，使波形具有某种对称性，以简化运算过程。

2.2.3 典型周期信号的傅里叶级数

1. 周期矩形脉冲信号

设周期矩形脉冲信号 $x(t)$ 的脉冲宽度为 τ，脉冲幅度为 E，周期为 T_1，波形如图 2-33 所示。

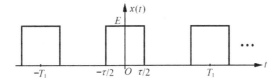

图 2-33 周期矩形脉冲信号的波形

1）展成三角函数形式的傅里叶级数

由于 $x(t)$ 是偶函数，因此 $b_n = 0$。

$$a_0 = \frac{1}{T_1}\int_{-\frac{T_1}{2}}^{\frac{T_1}{2}} x(t)\mathrm{d}t = \frac{1}{T_1}\int_{-\frac{\tau}{2}}^{\frac{\tau}{2}} E\mathrm{d}t = \frac{E\tau}{T_1} \tag{2-76}$$

$$\begin{aligned} a_n &= \frac{2}{T_1}\int_{-\tau/2}^{\tau/2} E\cos n\Omega_1 t\,\mathrm{d}t \\ &= \frac{2E}{n\Omega_1 T_1}2\sin n\Omega_1\frac{\tau}{2} \\ &= \frac{2E\tau}{T_1}\cdot\frac{\sin n\Omega_1\dfrac{\tau}{2}}{n\Omega_1\dfrac{\tau}{2}} \\ &= \frac{2E\tau}{T_1}\mathrm{Sa}\left(n\Omega_1\frac{\tau}{2}\right) \end{aligned} \tag{2-77}$$

从而，周期矩形脉冲信号的三角函数形式的傅里叶级数为

$$x(t) = \frac{E\tau}{T_1} + \frac{2E\tau}{T_1}\sum_{n=1}^{\infty}\mathrm{Sa}\left(n\Omega_1\frac{\tau}{2}\right)\cos n\Omega_1 t \tag{2-78}$$

2）展成指数形式的傅里叶级数

$$X_n = \frac{1}{T_1}\int_{-\frac{T_1}{2}}^{\frac{T_1}{2}} x(t)\mathrm{e}^{-jn\Omega_1 t}\mathrm{d}t = \frac{1}{T_1}\int_{-\frac{\tau}{2}}^{\frac{\tau}{2}} E\mathrm{e}^{-jn\Omega_1 t}\mathrm{d}t = \frac{E\tau}{T_1}\mathrm{Sa}\left(n\Omega_1\frac{\tau}{2}\right) \tag{2-79}$$

所以

$$x(t) = \sum_{n=-\infty}^{\infty} X_n\mathrm{e}^{jn\Omega_1 t} = \frac{E\tau}{T_1}\sum_{n=-\infty}^{\infty}\mathrm{Sa}\left(n\Omega_1\frac{\tau}{2}\right)\mathrm{e}^{jn\Omega_1 t} \tag{2-80}$$

图 2-34（a）和图 2-34（b）所示分别为幅度谱 c_n 和 φ_n 的图形，考虑到这里 c_n 是实数，因此一般将幅度谱 c_n、相位谱 φ_n 合画在一幅图上，如图 2-34（c）所示。同样，也可画出复数频谱 X_n，如图 2-34（d）所示。

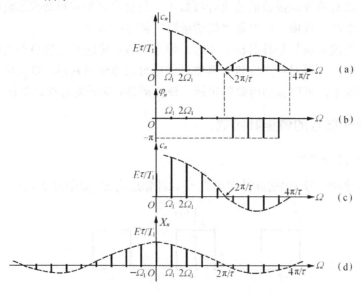

图 2-34　周期矩形信号的频谱

从图 2-34 中不难看出：

（1）这是一个离散谱，谱线间隔为 Ω_1（$\Omega_1 = 2\pi/T_1$），谱线间隔取决于 T_1 的值。

（2）各谱线的长度正比于脉冲幅度 E 和脉冲宽度 τ，反比于周期 T_1，即 $\propto E\tau/T_1$，各谱线的幅度按抽样函数 $\mathrm{Sa}(n\Omega_1\tau/2)$ 包络线的规律变化。

（3）当 $\Omega = m\cdot 2\pi/\tau$（$m = 1,2,\cdots$）时，谱线的包络线经过零点。

（4）谱线有无限条，但能量集中在第一零点以内。在允许一定失真的条件下，传输信号往往只传输 $\Omega \leqslant 2\pi/\tau$ 范围内的各个频谱分量，而舍弃 $\Omega > 2\pi/\tau$ 的分量。通常，将 $\Omega = 0 \sim 2\pi/\tau$ 这段频率范围称为频带宽度，记作 Ω_b，于是

$$\Omega_b = 2\pi/\tau \text{（或 } f_b = 1/\tau\text{）}$$

（5）时域参数对频谱的影响。

时域主要参数：信号幅度 E，脉冲宽度 τ，信号周期 T_1。

E：只影响频谱的大小。

T_1：由于谱间隔 $\Omega_1 = 2\pi/T_1$，所以 T_1 增大，Ω_1 减小，谱线变密，而且 $c_n \propto 1/T_1$，即谱幅度减小，如图 2-35（a）和图 2-35（b）所示。

τ：当 τ 增大时，$\Omega_b = 2\pi/\tau$ 减小；当 τ 减小时，Ω_b 增大。

另外，由 $c_n \propto E\tau/T_1$ 可知，τ 减小，则 c_n 减小；τ 增大，则 c_n 增大，如图 2-35（c）所示。上述结果实际上是由能量守恒定律决定的。

极端情况：①若 $T_1 \to \infty$，在时域中，周期函数→非周期函数；在频域中，$\Omega_1 \to 0$，离散频谱→连续频谱。

②若 $T_1 \to \infty$，$\tau \to 0$，带宽 $\Omega_b \to \infty$，即矩形脉冲→冲激函数，其频谱为白色谱。

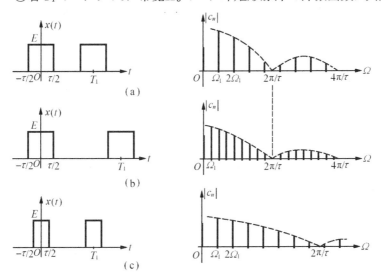

图 2-35　时域参数对频谱的影响

2. 对称方波信号

对称方波信号的波形和频谱如图 2-36 所示。对称方波信号是矩形脉冲信号的一种特殊情况，对称方波信号有以下特点：

（1）它是正、负交替的信号，其直流分量等于零。

（2）它的脉冲宽度恰好等于周期的一半，即 $\tau = T_1/2$。

（3）它是偶函数，也是奇谐函数。

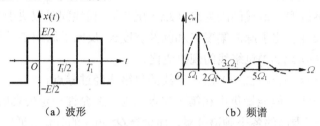

（a）波形　　　　　　　　　　　　（b）频谱

图 2-36　对称方波信号的波形和频谱

这样，由周期矩形脉冲信号的傅里叶级数可以直接得到对称方波信号的傅里叶级数，它是

$$x(t) = \frac{2E}{\pi}\left(\cos\Omega_1 t - \frac{1}{3}\cos 3\Omega_1 t + \frac{1}{5}\cos 5\Omega_1 t - \cdots\right)$$

$$= \frac{2E}{\pi}\sum_{n=1}^{\infty}\frac{1}{n}\sin\frac{n\pi}{2}\cos n\Omega_1 t \tag{2-81}$$

3．周期锯齿脉冲信号

周期锯齿脉冲信号的波形如图 2-37 所示。显然，它是奇函数，因此 $a_0 = 0$，$a_n = 0$，且由式（2-64）可以求出傅里叶级数的系数 b_n。这样，便可得到周期锯齿脉冲信号的傅里叶级数为

$$x(t) = \frac{E}{\pi}\left(\sin\Omega_1 t - \frac{1}{2}\sin 2\Omega_1 t + \frac{1}{3}\sin 3\Omega_1 t - \cdots\right)$$

$$= \frac{E}{\pi}\sum_{n=1}^{\infty}(-1)^{n+1}\frac{1}{n}\sin n\Omega_1 t \tag{2-82}$$

周期锯齿脉冲信号的频谱只包含正弦分量，谐波的幅值以 $1/n$ 的规律收敛。

4．周期三角脉冲信号

周期三角脉冲信号的波形如图 2-38 所示。显然，它是偶函数，去直流后是奇谐函数，因而 $b_n = 0$。可以求出傅里叶级数的系数 a_0、a_n。这样，该信号的傅里叶级数为

$$x(t) = \frac{E}{2} + \frac{4E}{\pi^2}\left(\cos\Omega_1 t + \frac{1}{3^2}\cos 3\Omega_1 t + \frac{1}{5^2}\cos 5\Omega_1 t - \cdots\right)$$

$$= \frac{E}{2} + \frac{4E}{\pi^2}\sum_{n=1}^{\infty}\frac{1}{n^2}\sin^2\frac{n\pi}{2}\cos n\Omega_1 t \tag{2-83}$$

周期三角脉冲信号的频谱只包含直流、基波及余弦奇次谐波分量，谐波分量的幅值以 $1/n^2$ 的规律收敛。

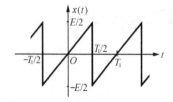

图 2-37　周期锯齿脉冲信号的波形

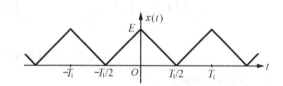

图 2-38　周期三角脉冲信号的波形

5．周期半波余弦信号

周期半波余弦信号的波形如图 2-39 所示。显然，它是偶函数，因而 $b_n = 0$。可以求出傅里叶级数的系数 a_0、a_n。这样，该信号的傅里叶级数为

$$x(t) = \frac{E}{\pi} + \frac{E}{2}\left(\cos\Omega_1 t + \frac{4}{3\pi}\cos 2\Omega_1 t - \frac{4}{15\pi}\cos 4\Omega_1 t - \cdots\right)$$

$$= \frac{E}{\pi} - \frac{2E}{\pi}\sum_{n=1}^{\infty}\frac{1}{n^2-1}\cos\frac{n\pi}{2}\cos n\Omega_1 t \tag{2-84}$$

周期半波余弦信号的频谱只包含直流、基波及余弦偶次谐波分量，谐波分量的幅值以 $1/n^2$ 的规律收敛。

6．周期全波余弦信号

令余弦信号

$$x_1(t) = E\cos\Omega_0 t$$

式中，$\Omega_0 = 2\pi/T_0$。

此时，周期全波余弦信号为

$$x(t) = |x_1(t)| = E|\cos\Omega_0 t|$$

周期全波余弦信号的波形如图 2-40 所示。

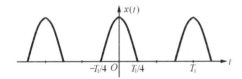

图 2-39 周期半波余弦信号的波形

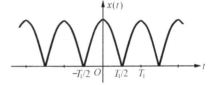

图 2-40 周期全波余弦信号的波形

由图 2-40 可见，$x(t)$ 的周期（T）是 $x_1(t)$ 的周期（T_0）的一半，即 $T=T_0/2$，而频率 $\Omega_1=2\pi/T=2\Omega_0$。因为 $x(t)$ 是偶函数，所以 $b_n=0$。可以求出傅里叶级数的系数 a_0、a_n。这样，便可得到周期全波余弦信号的傅里叶级数为

$$x(t) = \frac{2E}{\pi} + \frac{4E}{3\pi}\cos\Omega_1 t - \frac{4E}{15\pi}\cos 2\Omega_1 t + \frac{4E}{35\pi}\cos 3\Omega_1 t - \cdots$$

$$= \frac{2E}{\pi} + \frac{4E}{\pi}\sum_{n=1}^{\infty}(-1)^{n+1}\frac{1}{4n^2-1}\cos 2n\Omega_0 t \tag{2-85}$$

可见，周期全波余弦信号的频谱包含直流分量、Ω_1 的基波和各次余弦谐波分量。

2.2.4 吉布斯现象

用傅里叶级数表示一个周期信号 $x(t)$ 时，需要无限多项才能完全逼近。但在实际应用中，经常取有限项，这将造成误差。如果所取的是级数的前（$N+1$）项，则

$$x(t) = c_0 + \sum_{n=1}^{N}c_n\cos(n\Omega_1 t + \varphi_n) \tag{2-86}$$

均方误差为

$$\overline{\varepsilon_N^2} = \frac{1}{T_1}\int_{t_0}^{t_0+T_1}\left[x(t) - c_0 - \sum_{n=1}^{N}c_n\cos(n\Omega_1 t + \varphi_n)\right]^2 \mathrm{d}t \tag{2-87}$$

一般情况下，N 值越大，$\overline{\varepsilon_N^2}$ 就越小。根据要求的 $\overline{\varepsilon_N^2}$，可选定项数 N。下面以图 2-41（a）所示的对称方波为例，说明取不同的项数时有限级数对原函数的逼近情况，并计算由此引起的均方误差。这样可以比较直观地了解傅里叶级数的含义，并观察到级数中各种频率分量对

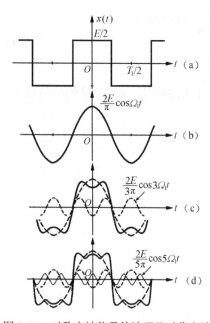

图 2-41 对称方波信号的波形及对称方波

信号的傅里叶级数在取有限项时的波形

波形的影响。

由式（2-81）可知，对称方波信号的傅里叶级数为

$$x(t) = \frac{2E}{\pi}\left(\cos\Omega_1 t - \frac{1}{3}\cos 3\Omega_1 t + \frac{1}{5}\cos 5\Omega_1 t - \cdots\right)$$

$$= \frac{2E}{\pi}\sum_{n=1}^{\infty}\frac{1}{n}\sin\frac{n\pi}{2}\cos n\Omega_1 t$$

图 2-41 所示为对称方波信号的傅里叶级数在取有限项时的波形，其中，图 2-41（b）所示为只取基波分量一项时的波形；图 2-41（c）所示为取基波和三次谐波两项时的波形；图 2-41（d）所示为取基波、三次谐波和五次谐波这三项时的波形。

若仅取第一项，则均方误差为 $0.05E^2$；若取前两项，则均方误差为 $0.02E^2$；若取前三项，则均方误差为 $0.015E^2$。从图 2-41 中不难看出：

（1）所取的项数越多，波形越逼近原函数。当 $N\rightarrow\infty$ 时，波形才会与原函数一致。

（2）当 $x(t)$ 为脉冲信号时，高频分量主要影响脉冲的跳变沿，而低频分量主要影响脉冲的顶部。一个信号的波形变化越剧烈，其所含的高频分量就越多；反之，一个信号的波形变化越缓慢，其所含的低频分量就越多。

（3）当信号中任一频谱分量的幅度或相位发生相对变化时，输出波形都有可能发生失真。

在选取傅里叶级数的项数时，如果信号不连续，则存在一种现象：选取的项数越多，合成波形中的峰就越靠近不连续点，当所取项数足够大时，该峰趋于一常数，约为跳变值的 9%，并从不连续点开始以振荡的形式逐渐衰减。这种现象称为吉布斯现象（Gibbs Phenomenon）。图 2-42 所示为矩形波所呈现的吉布斯现象。

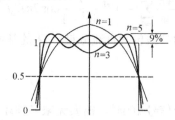

图 2-42 矩形波所呈现的吉布斯现象

【例 2-4】求正弦信号在对称限幅后输出信号（见图 2-43）的基波，以及二次谐波和三次谐波的幅值。

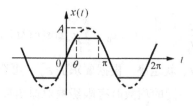

图 2-43 例 2-4 的信号

解：由图 2-43 可知，该信号是奇函数，则 $a_0 = a_n = 0$。此时，$\Omega_1 = \dfrac{2\pi}{T_1} = 1$，有

$$b_n = \frac{4}{T_1} \int_0^{T_1/2} x(t) \sin n\Omega_1 t \mathrm{d}t = \frac{4}{2\pi} \int_0^\pi x(t) \sin nt \mathrm{d}t$$

当 $n = 1$ 时，$x(t)$、$\sin t$ 在 $(0,\pi)$ 区间，以 $\pi/2$ 为偶对称，则有

$$
\begin{aligned}
b_1 &= \frac{4}{\pi} \int_0^{\pi/2} x(t) \sin t \mathrm{d}t \\
&= \frac{4}{\pi} \left(\int_0^\theta A \sin t \sin t \mathrm{d}t + \int_\theta^{\pi/2} A \sin\theta \sin t \mathrm{d}t \right) \\
&= \frac{4A}{\pi} \left(\int_0^\theta \frac{1 - \cos 2t}{2} \mathrm{d}t + \int_\theta^{\pi/2} \sin\theta \sin t \mathrm{d}t \right) \\
&= \frac{4A}{\pi} \left[\left(\frac{t}{2} - \frac{\sin 2t}{4} \right)\Big|_0^\theta + \sin\theta(-\cos t)\Big|_\theta^{\pi/2} \right] \\
\therefore \quad b_1 &= \frac{2A}{\pi}(2\theta + \sin 2\theta)
\end{aligned}
$$

当 $n = 2$ 时，$x(t)$ 是奇谐函数，$x(t)$ 在 $(0,\pi)$ 区间，以 $\pi/2$ 为偶对称；$\sin 2t$ 在 $(0,\pi)$ 区间，以 $\pi/2$ 为奇对称。所以，$b_2 = 0$。若进行计算，也能证明其值为 0。

$$
\begin{aligned}
b_2 &= \frac{2}{\pi} \left(\int_0^\theta A \sin t \sin 2t \mathrm{d}t + \int_\theta^{\pi-\theta} A \sin\theta \sin 2t \mathrm{d}t + \int_{\pi-\theta}^\pi A \sin t \sin 2t \mathrm{d}t \right) \\
&= \frac{4A}{\pi} \left(\int_0^\theta \frac{\cos t - \cos 3t}{2} \mathrm{d}t + \int_\theta^{\pi-\theta} \sin\theta \sin nt \mathrm{d}t + \int_{\pi-\theta}^\pi \frac{\cos t - \cos 3t}{2} \mathrm{d}t \right) \\
&= \frac{4A}{\pi} \left[\left(\frac{1}{2}\sin t - \frac{1}{6}\sin 3t \right)\Big|_0^\theta + \frac{1}{n}\sin\theta(-\cos 2t)\Big|_\theta^{\pi-\theta} + \left(\frac{1}{2}\sin t - \frac{1}{6}\sin 3t \right)\Big|_{\pi-\theta}^\pi \right] \\
&= \frac{4A}{\pi} \left[\left(\frac{1}{2}\sin\theta - \frac{1}{6}\sin 3\theta \right) + \left(-\frac{1}{2}\sin\theta\cos 2\theta + \frac{1}{2}\sin\theta\cos 2\theta \right) - \frac{1}{2}\sin\theta + \frac{1}{6}\sin 3\theta \right] \\
&= 0
\end{aligned}
$$

当 $n = 3$ 时，$x(t)$、$\sin 3t$ 在 $(0,\pi)$ 区间，以 $\pi/2$ 为偶对称，则有

$$
\begin{aligned}
b_3 &= \frac{4}{\pi} \int_0^{\pi/2} x(t) \sin 3t \mathrm{d}t \\
&= \frac{4}{\pi} \left(\int_0^\theta A \sin t \sin nt \mathrm{d}t + \int_\theta^{\pi/2} A \sin\theta \sin nt \mathrm{d}t \right) \\
&= \frac{4A}{\pi} \left[\int_0^\theta \frac{\cos(nt-t) - \cos(nt+t)}{2} \mathrm{d}t + \int_\theta^{\pi/2} \sin\theta \sin nt \mathrm{d}t \right] \\
&= \frac{4A}{\pi} \left\{ \left[\frac{1}{2(n-1)}\sin(nt-t) - \frac{1}{2(n+1)}\sin(nt+t) \right]\Big|_0^\theta + \frac{1}{n}\sin\theta(-\cos nt)\Big|_\theta^{\pi/2} \right\} \\
&= \frac{4A}{\pi} \left[\frac{1}{2(n-1)}\sin(n-1)\theta - \frac{1}{2(n+1)}\sin(n+1)\theta - \frac{1}{n}\sin\theta\cos\frac{n\pi}{2} + \frac{1}{n}\sin\theta\cos n\theta \right] \\
\therefore \quad b_3 &= \frac{4A}{\pi} \left(\frac{1}{4}\sin 2\theta - \frac{1}{8}\sin 4\theta + \frac{1}{3}\sin\theta\cos 3\theta \right) = \frac{A}{3\pi} \left(\sin 2\theta + \frac{1}{2}\sin 4\theta \right)
\end{aligned}
$$

【例 2-5】将 $x_1(t)$ 作为激励信号经过线性定常系统（线性时不变系统），从理论上讲，可否

产生 $x_2(t)$ 或 $x_3(t)$ 的波形（见图 2-44）？为什么？

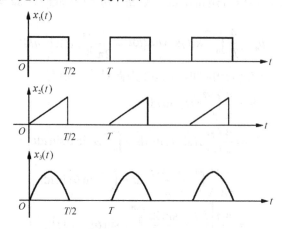

图 2-44 例 2-5 的波形

解：都不能产生。

由图 2-44 可见，$x_1(t)$、$x_2(t)$ 和 $x_3(t)$ 具有相同的 T。但是，$x_1(t)$ 的波形去直流后为奇谐函数，其频谱只有奇次谐波分量，而 $x_2(t)$ 和 $x_3(t)$ 都不是奇谐函数，其频谱必然含有偶次谐波分量。

对于线性时不变系统，输出信号是不会产生新的频率分量的。

故将 $x_1(t)$ 作为激励信号经过线性时不变系统，不能产生 $x_2(t)$ 和 $x_3(t)$ 的波形。

在 MATLAB 中，可以通过符号运算工具箱实现连续信号的时域运算、变换，也能实现周期信号的傅里叶分析。

【例 2-6】用 MATLAB 编程，求典型周期信号中对称方波信号的级数，并画出 $E=1$ 时的频谱图。

```
% 例 2-6 的 MATLAB 程序
syms E T n x;
pi=sym('pi');
a0=2/T*int(-E/2,t,-T/2,-T/4)+2/T*int(E/2,t,-T/4,T/4)+2/T*int(-E/2,t,T/4,T/2)
an=2/T*int(-E/2*cos(2*pi*n*t/T),t,-T/2,-T/4)+2/T*int(E/2*cos(2*pi*n*t/T),t,-T/4,
T/4)...
    +2/T*int(-E/2*cos(2*pi*n*t/T),t,T/4,T/2)
bn=2/T*int(-E/2*sin(2*pi*n*t/T),t,-T/2,-T/4)+2/T*int(E/2*sin(2*pi*n*t/T),t,-T/4,
T/4)...
    +2/T*int(-E/2*sin(2*pi*n*t/T),t,T/4,T/2)
ann=simple(an)
bnn=simple(bn)
```

程序的运行结果如下：

```
 a0 = 0
 an =E*(sin(1/2*pi*n)-sin(pi*n))/pi/n+sin(1/2*pi*n)*E/pi/n
 bn =0
 ann = E*(2*sin(1/2*pi*n)-sin(pi*n))/pi/n
% 求出 E=1 时各谐波分量的幅度
syms E T n x c
an = E*2*c;
E=1;
```

```
c=sin(pi*n/2)/pi/n;
an=subs(an,'[E c]',[E c])
n=1:1:8
for n=1:8
    an=2* sin(pi*n/2)/pi/n;
    A(n)=double(vpa(an));
End
n=1:8
stem(n,A(n))
```

程序运行后，例 2-6 中周期方波信号的频谱如图 2-45 所示。

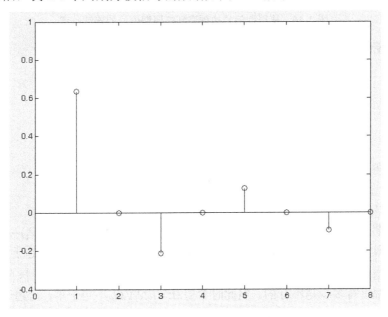

图 2-45　例 2-6 中周期方波信号的频谱

2.3　非周期信号的频谱分析

　　若信号不是周期出现的，而只是持续一段时间，将这一类信号称为非周期信号。分析非周期信号的思路是：在时域中，当周期 $T_1 \to \infty$ 时，周期信号成为非周期信号；在频域中，周期信号的频谱在 $T_1 \to \infty$ 时的极限变为非周期信号的频谱，即傅里叶变换。

2.3.1　傅里叶变换

　　仍以周期矩形脉冲信号为例，由图 2-46 可见，当周期 T_1 无限增大时，周期信号就转化为非周期性的单脉冲信号。所以，可以将非周期信号看成是周期 $T_1 \to \infty$ 时的周期信号。2.2.3 节已经指出，当周期信号的周期增大时，谱线间隔 $\Omega_1 = 2\pi/T_1$ 变小，若周期 $T_1 \to \infty$，则谱线间隔趋于无限小，这样，离散频谱就变成连续频谱了。同时，$X_n \propto E\tau/T_1$，由于周期 $T_1 \to \infty$，频线的长度 $X(n\Omega_1) \to 0$。这就不能用周期信号的傅里叶级数的频谱来描述非周期信号的频谱特征了，必须引入一个新的量——频谱密度函数。

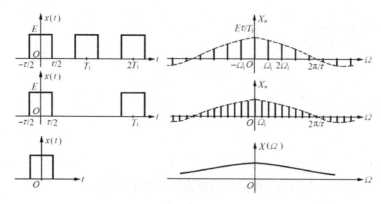

图 2-46　从周期信号的频谱到非周期信号的连续频谱

设有一周期信号 $x(t)$ 展成指数形式的傅里叶级数，它是

$$x(t) = \sum_{n=-\infty}^{\infty} X(n\Omega_1)e^{jn\Omega_1 t}$$

而频谱

$$X(n\Omega_1) = X_n = \frac{1}{T_1}\int_{-T_1/2}^{T_1/2} x(t)e^{-jn\Omega_1 t}dt$$

两边乘以 T_1，得到

$$X(n\Omega_1)T_1 = 2\pi\frac{X(n\Omega_1)}{\Omega_1} = \int_{-T_1/2}^{T_1/2} x(t)e^{-jn\Omega_1 t}dt \tag{2-88}$$

对于非周期信号，重复周期 $T_1 \to \infty$，重复频率 $\Omega_1 \to 0$，谱线间隔 $\Delta(n\Omega_1) \to d\Omega$，而离散频率 $n\Omega_1$ 变成连续频率 Ω。在这种极限情况下，$X(n\Omega_1) \to 0$，由于频谱幅度趋于 0，因此仍采用原来的幅度频谱的概念将产生困难。事实上，由于频谱已转变为连续谱，因此说明频谱上某一点频率上的幅度有多少是不行的。但此时希望 $2\pi X(n\Omega_1)/\Omega_1$ 不趋于零，而趋于有限值，且变成一个连续函数，记作 $X(\Omega)$ 或 $X(j\Omega)$，即

$$X(\Omega) = \lim_{\Omega_1 \to 0} 2\pi\frac{X(n\Omega_1)}{\Omega_1} = \lim_{T_1 \to \infty} X(n\Omega_1)T_1 \tag{2-89}$$

式（2-89）表示单位频带上的频谱值——频谱密度的概念。这同一根质量连续分布细棒的质量密度的定义十分相似。因此，$X(\Omega)$ 称为原函数 $x(t)$ 的频谱密度函数，简称频谱密度。

这样，式（2-88）在非周期情况下将变成

$$\begin{aligned}X(\Omega) &= \lim_{T_1 \to \infty}\int_{-T_1/2}^{T_1/2} x(t)e^{-jn\Omega_1 t}dt \\ &= \int_{-\infty}^{\infty} x(t)e^{-j\Omega t}dt\end{aligned} \tag{2-90}$$

同样，傅里叶级数

$$x(t) = \sum_{n=-\infty}^{\infty} X(n\Omega_1)e^{jn\Omega_1 t}$$

可改写成

$$x(t) = \sum_{n=-\infty}^{\infty} \frac{X(n\Omega_1)}{\Omega_1}e^{jn\Omega_1 t}\cdot\Omega_1$$

当 $T_1 \to \infty$ 时，$\Omega_1 \to d\Omega$，$n\Omega_1 \to \Omega$，$\dfrac{X(n\Omega_1)}{\Omega_1} \to \dfrac{X(\Omega)}{2\pi}$，则

$$x(t) = \frac{1}{2\pi}\int_{-\infty}^{\infty} X(\Omega)\mathrm{e}^{\mathrm{j}\Omega t}\mathrm{d}\Omega \tag{2-91}$$

式（2-90）、式（2-91）是用周期信号的傅里叶级数通过极限方法导出的非周期信号频谱的表达式。通常，式（2-90）称为傅里叶正变换，式（2-91）称为傅里叶逆变换。为书写方便，习惯上采用如下形式表示：

$$X(\Omega) = F[x(t)] = \int_{-\infty}^{\infty} x(t)\mathrm{e}^{-\mathrm{j}\Omega t}\mathrm{d}t \qquad \text{——傅里叶正变换}$$

$$x(t) = F^{-1}[X(\Omega)] = \frac{1}{2\pi}\int_{-\infty}^{\infty} X(\Omega)\mathrm{e}^{\mathrm{j}\Omega t}\mathrm{d}\Omega \qquad \text{——傅里叶逆变换}$$

式中，$X(\Omega)$ 为 $x(t)$ 的频谱密度函数，它一般是复函数，可以写作

$$X(\Omega) = |X(\Omega)|\mathrm{e}^{\mathrm{j}\varphi(\Omega)}$$

习惯上，将 $|X(\Omega)|$ 与 Ω 的关系称为幅度谱，将 $\varphi(\Omega)$ 与 Ω 的关系称为相位谱。

非周期信号和周期信号一样，也可以分解成许多不同频率的复指数分量。不同的是，由于非周期信号的周期趋于无穷大，基波趋于无限小，于是它包含了从零到无穷大的所有频率分量。

非周期信号是否存在傅里叶变换，需要根据狄利克雷条件来判断，具体如下：

（1）信号绝对可积，即

$$\int_{-\infty}^{\infty} |x(t)|\mathrm{d}t < \infty$$

（2）在任意有限区间内，信号 $x(t)$ 只有有限个最大值和最小值。

（3）在任意有限区间内，信号 $x(t)$ 仅有有限个不连续点，而且在这些点处都必须是有限值。

上述 3 个条件中，条件（1）是充分条件，条件（2）、（3）则是必要条件。

在傅里叶变换中引入冲激函数后，原先许多不满足绝对可积条件的信号、周期信号等也可能进行傅里叶变换了。

2.3.2　典型非周期信号的频谱

1. 单位冲激信号 $\delta(t)$

单位冲激函数的频谱为

$$X(\Omega) = \int_{-\infty}^{\infty} \delta(t)\mathrm{e}^{-\mathrm{j}\Omega t}\mathrm{d}t = 1 \tag{2-92}$$

可见，单位冲激函数的频谱等于常数，也就是说，在整个频率范围内，频谱是均匀分布的。显然，在时域中，变化异常剧烈的冲激信号包含着极丰富的高频分量，所有频率分量幅度都是相等的。因此，这种频谱常称为"白色谱"或"均匀谱"，如图 2-47 所示。

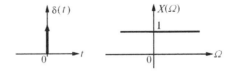

图 2-47　单位冲激信号及频谱

2. 矩形脉冲信号 $G_\tau(t)$

矩形脉冲信号的波形及频谱如图 2-48 所示，E 为脉冲幅度，τ 为脉冲宽度。矩形脉冲信号的傅里叶变换为

$$F[G_\tau(t)] = \int_{-\infty}^{\infty} x(t)\mathrm{e}^{-\mathrm{j}\Omega t}\mathrm{d}t$$

$$= \int_{-\tau/2}^{\tau/2} E\mathrm{e}^{-\mathrm{j}\Omega t}\mathrm{d}t$$

$$= \frac{2E}{\Omega}\sin\frac{\Omega\tau}{2} \qquad (2\text{-}93)$$

$$= E\tau \cdot \mathrm{Sa}\left(\frac{\Omega\tau}{2}\right)$$

其幅度谱和相位谱分别为

$$|X(\Omega)| = E\tau \cdot \left|\mathrm{Sa}\left(\frac{\Omega\tau}{2}\right)\right|$$

$$\varphi(\Omega) = \begin{cases} 0, & \dfrac{4n\pi}{\tau} < |\Omega| < \dfrac{2(2n+1)\pi}{\tau} \\[3mm] \pi, & \dfrac{2(2n+1)\pi}{\tau} < |\Omega| < \dfrac{4(n+1)\pi}{\tau} \end{cases}$$

式中，$n = 0, 1, 2, \cdots$。

因为 $X(\Omega)$ 在这里是实函数，通常用一条曲线同时表示幅度谱 $|X(\Omega)|$ 和相位谱 $\varphi(\Omega)$，如图 2-48 所示。

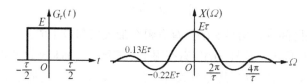

图 2-48　矩形脉冲信号的波形及频谱

由图 2-48 可见，单个矩形脉冲信号的频谱是一抽样函数，与周期矩形脉冲信号频谱的包络线相似，仅相差因子 $1/T_1$，这是一般性的规律。矩形脉冲在时域上是有限的，在频域上是无限的，但是其主要的信号能量集中在 $f = 0 \sim 1/\tau$ 范围内，因此矩形脉冲的带宽为

$$\Omega_\mathrm{b} = \frac{2\pi}{\tau} \quad (\text{或} f_\mathrm{b} = \frac{1}{\tau})$$

3. 直流信号

直流信号的时域波形如图 2-49（a）所示。它不满足绝对可积的条件，但可以把时域上的直流信号看作是脉冲宽度为 τ 的矩形脉冲在 $\tau \to \infty$ 时的极限，则频谱也是其频域上相应的极限，这样直流信号的傅里叶变换为

$$F[E] = \lim_{\tau \to \infty} E\tau \cdot \mathrm{Sa}\left(\frac{\Omega\tau}{2}\right) = 2\pi E \lim_{\tau \to \infty} \frac{\tau/2}{\pi} \cdot \mathrm{Sa}\left(\frac{\Omega\tau}{2}\right) \qquad (2\text{-}94)$$

单位冲激函数的定义式为

$$\delta(t) = \lim_{k \to \infty}\left[\frac{k}{\pi}\mathrm{Sa}(kt)\right]$$

比较以上两式可以得到

$$F[E] = 2\pi E\delta(\Omega) \qquad (2\text{-}95)$$

$$F[1] = 2\pi\delta(\Omega)$$

直流信号的频谱如图 2-49（b）所示。直流信号是时域中最均匀的函数，对应的频谱是一

个只在 $\Omega=0$ 处存在的冲激。通过对 $\delta(t)$ 和直流信号的频谱分析，可以看出：在时域中，信号变化越尖锐，其频域对应的高频分量就越多；反之，在时域中，信号变化越缓慢，其频域对应的低频分量就越多。

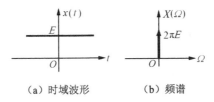

（a）时域波形　　　　（b）频谱

图 2-49　直流信号的时域波形及频谱

4. 单边指数信号 $e^{-at}\cdot\varepsilon(t)$

单边指数信号的时域波形如图 2-50（a）所示。已知单边指数信号的表达式为

$$x(t)=\begin{cases}e^{-at}, & t\geqslant 0\\ 0, & t<0\end{cases}$$

式中，a 为正实数。

其傅里叶变换为

$$F[e^{-at}\cdot\varepsilon(t)]=\int_0^\infty e^{-at}e^{-j\Omega t}\mathrm{d}t=\frac{1}{a+j\Omega} \tag{2-96}$$

幅度谱

$$|X(\Omega)|=\frac{1}{\sqrt{a^2+\Omega^2}}$$

相位谱

$$\varphi(\Omega)=-\arctan\frac{\Omega}{a}$$

单边指数信号的频谱如图 2-50（b）和图 2-50（c）所示。

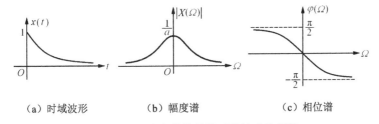

（a）时域波形　　　　（b）幅度谱　　　　（c）相位谱

图 2-50　单边指数信号的时域波形及频谱

5. 双边指数信号 $e^{-a|t|}$

双边指数信号的表达式为

$$x(t)=e^{-a|t|}, \quad -\infty<t<\infty, \quad a>0$$

双边指数信号的傅里叶变换为

$$\begin{aligned}F[e^{-a|t|}]&=\int_{-\infty}^\infty e^{-a|t|}e^{-j\Omega t}\mathrm{d}t\\ &=\int_{-\infty}^0 e^{at}e^{-j\Omega t}\mathrm{d}t+\int_0^\infty e^{-at}e^{-j\Omega t}\mathrm{d}t\\ &=\frac{1}{a-j\Omega}+\frac{1}{a+j\Omega}\\ &=\frac{2a}{a^2+\Omega^2}\end{aligned} \tag{2-97}$$

这是一个正实数频谱，其幅度谱$|X(\Omega)| = X(\Omega)$，而相位谱$\varphi(\Omega) = 0$。双边指数信号的波形及频谱如图 2-51 所示。

图 2-51　双边指数信号的波形及频谱

6. 符号函数 sgn(t)

符号函数的定义式为

$$\text{sgn}(t) = \begin{cases} 1, & t > 0 \\ -1, & t < 0 \end{cases} \quad (2\text{-}98)$$

显然，这种信号不满足绝对可积条件，但它可以通过极限写成

$$\text{sgn}(t) = \lim_{a \to 0}\left[-e^{at}\varepsilon(-t) + e^{-at}\varepsilon(t)\right]$$

故其傅里叶变换为

$$\begin{aligned}
X(\Omega) &= \int_{-\infty}^{\infty} \text{sgn}(t)e^{-j\Omega t}dt \\
&= \lim_{a \to 0}\left(\int_{-\infty}^{0} -e^{at}e^{-j\Omega t}dt + \int_{0}^{\infty} e^{-at}e^{-j\Omega t}dt\right) \\
&= \lim_{a \to 0}\left(\frac{-1}{a - j\Omega} + \frac{1}{a + j\Omega}\right) \\
&= \frac{2}{j\Omega}
\end{aligned} \quad (2\text{-}99)$$

$$|X(\Omega)| = \frac{2}{|\Omega|}$$

$$\varphi(\Omega) = \begin{cases} -\dfrac{\pi}{2}, & \Omega > 0 \\ \dfrac{\pi}{2}, & \Omega < 0 \end{cases}$$

符号函数的波形及频谱如图 2-52 所示。

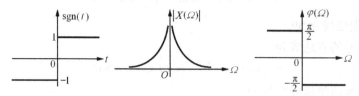

图 2-52　符号函数的波形及频谱

7. 阶跃信号 ε(t)

阶跃信号不满足绝对可积的条件，但它可以表示为

$$\varepsilon(t) = \frac{1}{2}\text{sgn}(t) + \frac{1}{2}$$

故其傅里叶变换为

$$F[\varepsilon(t)] = F\left[\frac{1}{2}\mathrm{sgn}(t)\right] + F\left[\frac{1}{2}\right] = \frac{1}{j\Omega} + \pi\delta(\Omega) \tag{2-100}$$

单位阶跃信号的波形及频谱如图 2-53 所示。

图 2-53　单位阶跃信号的波形及频谱

可见，单位阶跃函数 $\varepsilon(t)$ 的频谱在 $\Omega = 0$ 点存在一个冲激函数，因 $\varepsilon(t)$ 含有直流分量，不是纯直流信号，它在 $t = 0$ 点有跳变，所以在频谱中还会出现其他频率分量。

这一结果也可由 $\mathrm{e}^{-at} \cdot \varepsilon(t)$ 当 $a \to 0$ 时的极限而求得。单边指数信号的频谱为

$$X(\Omega) = \frac{1}{a + j\Omega}$$

$$= \frac{a}{a^2 + \Omega^2} - j\frac{\Omega}{a^2 + \Omega^2}$$

$$= \mathrm{Re}(\Omega) + j\mathrm{Im}(\Omega)$$

$$\lim_{a \to 0}\mathrm{Im}(\Omega) = \lim_{a \to 0}\left(-\frac{\Omega}{a^2 + \Omega^2}\right) = -\frac{1}{\Omega}$$

$$\lim_{a \to 0}\mathrm{Re}(\Omega) = \lim_{a \to 0}\frac{a}{a^2 + \Omega^2} = \begin{cases} 0, & \Omega \neq 0 \\ \infty, & \Omega = 0 \end{cases}$$

$$\lim_{a \to 0}\int_{-\infty}^{\infty}\mathrm{Re}(\Omega)\mathrm{d}\Omega = \lim_{a \to 0}\int_{-\infty}^{\infty}\frac{\mathrm{d}(\Omega/a)}{1 + (\Omega/a)^2} = \lim_{a \to 0}\arctan\frac{\Omega}{a}\Big|_{-\infty}^{\infty} = \pi$$

$$\therefore \quad \lim_{a \to 0}\mathrm{Re}(\Omega) = \pi\delta(\Omega)$$

因此，阶跃信号的频谱为

$$F[\varepsilon(t)] = \pi\delta(\Omega) - j\frac{1}{\Omega} \tag{2-101}$$

2.3.3　傅里叶变换的性质

傅里叶正、逆变换对反映了信号时域和频域之间对应转换的密切关系。在信号分析的理论研究与实践设计工作中，经常需要了解信号在时域进行了某种运算后，在频域发生何种变化，或者反过来，从频域的运算推测时域的变动。因此，这就要熟悉和掌握傅里叶变换的一些基本性质。

1. 线性性质

若 $F[x_i(t)] = X_i(\Omega)$（$i = 1, 2, \cdots, n$），则

$$F\left[\sum_{i=1}^{n}a_ix_i(t)\right] = \sum_{i=1}^{n}a_iX_i(\Omega) \tag{2-102}$$

式中，a_i 为常数；n 为正整数。

由傅里叶变换的定义式很容易证明上述结论。显然，傅里叶变换是一种线性运算，它满足叠加原理。所以，相加信号的频谱等于各个单独信号的频谱之和。

2. 奇偶性

若信号 $x(t)$ 为实函数，则幅频 $|X(\Omega)|$ 为偶函数，相频 $\varphi(\Omega)$ 为奇函数，实频 $\mathrm{Re}(\Omega)$ 为偶函数，虚频 $\mathrm{Im}(\Omega)$ 为奇函数。

证明：已知 $x(t)$ 为实函数，故

$$X(\Omega) = \int_{-\infty}^{\infty} x(t)\mathrm{e}^{-\mathrm{j}\Omega t}\mathrm{d}t$$

$$= \int_{-\infty}^{\infty} x(t)\cos\Omega t\mathrm{d}t - \mathrm{j}\int_{-\infty}^{\infty} x(t)\sin\Omega t\mathrm{d}t$$

$$= \mathrm{Re}(\Omega) + \mathrm{j}\,\mathrm{Im}(\Omega)$$

$$= |X(\Omega)|\mathrm{e}^{\mathrm{j}\varphi(\Omega)}$$

有

$$\begin{cases} \mathrm{Re}(\Omega) = \int_{-\infty}^{\infty} x(t)\cos\Omega t\mathrm{d}t \\ \mathrm{Im}(\Omega) = -\int_{-\infty}^{\infty} x(t)\sin\Omega t\mathrm{d}t \end{cases} \tag{2-103}$$

$$\begin{cases} |X(\Omega)| = \sqrt{\mathrm{Re}^2(\Omega) + \mathrm{Im}^2(\Omega)} \\ \varphi(\Omega) = \arctan\dfrac{\mathrm{Im}(\Omega)}{\mathrm{Re}(\Omega)} \end{cases} \tag{2-104}$$

显然有

$$\begin{cases} \mathrm{Re}(\Omega) = \mathrm{Re}(-\Omega) \\ \mathrm{Im}(\Omega) = -\mathrm{Im}(-\Omega) \end{cases} \tag{2-105}$$

$$\begin{cases} |X(\Omega)| = |X(-\Omega)| \\ \varphi(\Omega) = -\varphi(-\Omega) \end{cases} \tag{2-106}$$

幅频 $|X(\Omega)|$ 为偶函数，相频 $\varphi(\Omega)$ 为奇函数，实频 $\mathrm{Re}(\Omega)$ 为偶函数，虚频 $\mathrm{Im}(\Omega)$ 为奇函数。

3. 对偶性

若 $F[x(t)] = X(\Omega)$，则

$$F[X(t)] = 2\pi x(-\Omega) \tag{2-107}$$

证明：$\because \quad x(t) = \dfrac{1}{2\pi}\int_{-\infty}^{\infty} X(\Omega)\mathrm{e}^{\mathrm{j}\Omega t}\mathrm{d}\Omega$

$$\therefore \quad x(-t) = \dfrac{1}{2\pi}\int_{-\infty}^{\infty} X(\Omega)\mathrm{e}^{-\mathrm{j}\Omega t}\mathrm{d}\Omega$$

使式中变量 t 与 Ω 互换符号，可得

$$2\pi x(-\Omega) = \int_{-\infty}^{\infty} X(t)\mathrm{e}^{-\mathrm{j}\Omega t}\mathrm{d}t = F[X(t)]$$

$$F[X(t)] = 2\pi x(-\Omega)$$

若 $x(t)$ 是偶函数，则式（2-107）变成

$$F[X(t)] = 2\pi x(\Omega) \tag{2-108}$$

式（2-108）表明：若偶函数 $x(t)$ 的频谱为 $X(\Omega)$，则波形与 $X(\Omega)$ 相同的时域信号 $X(t)$，其频谱形状与时域信号 $x(t)$ 相同，其表达式为 $x(\Omega)$。对称性显示了时域函数与频域函数之间的对应关系。若 $x(t)$ 不为偶函数，仍具有一定的对称性。显然，矩形脉冲的频谱为 Sa 函数，而 Sa 形脉冲的频谱必然为矩形函数。同样，直流信号的频谱为冲激函数，而冲激函数的频谱必然为直流函数等，如图 2-54 和图 2-55 所示。

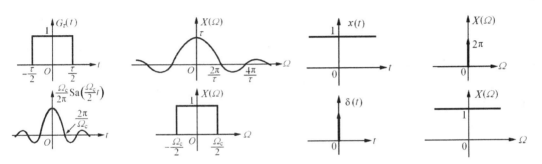

图 2-54 时间函数与频谱函数的对称性举例（一）　图 2-55 时间函数与频谱函数的对称性举例（二）

4. 尺度变换特性

若 $F[x(t)] = X(\Omega)$，则

$$F[x(at)] = \frac{1}{|a|} X\left(\frac{\Omega}{a}\right)，\quad a \text{ 为非零的实常数} \tag{2-109}$$

证明：

$$F[x(at)] = \int_{-\infty}^{\infty} x(at) e^{-j\Omega t} dt$$

令 $u = at$，当 $a > 0$ 时，有

$$F[x(at)] = \frac{1}{a} \int_{-\infty}^{\infty} x(u) e^{-j\frac{\Omega}{a}u} du = \frac{1}{a} X\left(\frac{\Omega}{a}\right)$$

当 $a < 0$ 时，有

$$F[x(at)] = \int_{-\infty}^{\infty} x(at) e^{-j\Omega t} dt$$

$$= -\frac{1}{a} \int_{-\infty}^{\infty} x(u) e^{-j\frac{\Omega}{a}u} du$$

$$= -\frac{1}{a} X\left(\frac{\Omega}{a}\right)$$

$$F[x(at)] = \frac{1}{|a|} X\left(\frac{\Omega}{a}\right)$$

为了说明尺度变换特性，在图 2-56 中画出了矩形脉冲的几种情况。

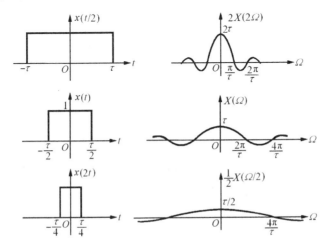

图 2-56 尺度变换特性的举例说明

由上可见，信号在时域中压缩（$a > 1$）等效于在频域中扩展；反之，信号在时域中扩展（$a < 1$）则等效于在频域中压缩。该结论不难理解，因为信号的波形压缩为原来的 $1/a$，信号随时间的变化速度提升为原来的 a 倍，所以它包含的频率分量提高为原来的 a 倍，也就是说，频谱展宽 a 倍。根据能量守恒定律，各频率分量的大小必然缩小为原来的 $1/a$。

显然，要压缩信号的持续时间，必须以展宽频带作为代价，所以在通信技术中，通信速度与占有频带宽度是相互矛盾的。

5. 时移特征

若 $F[x(t)] = X(\Omega)$，则

$$F[x(t-t_0)] = X(\Omega) \cdot \mathrm{e}^{-\mathrm{j}\Omega t_0} \tag{2-110}$$

证明：

$$F[x(t-t_0)] = \int_{-\infty}^{\infty} x(t-t_0)\mathrm{e}^{-\mathrm{j}\Omega t}\mathrm{d}t$$

$$= \mathrm{e}^{-\mathrm{j}\Omega t_0} \int_{-\infty}^{\infty} x(t-t_0)\mathrm{e}^{-\mathrm{j}\Omega(t-t_0)}\mathrm{d}(t-t_0)$$

$$= X(\Omega) \cdot \mathrm{e}^{-\mathrm{j}\Omega t_0}$$

由式（2-110）可以看出，信号在时域中沿时间轴右移 t_0 等效于在频域上将其频谱乘以因子 $\mathrm{e}^{-\mathrm{j}\Omega t_0}$，这意味着，信号在时域中右移后，其幅度谱不变，而相位谱产生附加的线性变化 $-\Omega t_0$。

简单来说，信号在时域中的时延对应频域中的相移。

不难证明

$$F[x(at-t_0)] = \frac{1}{|a|} X\left(\frac{\Omega}{a}\right) \cdot \mathrm{e}^{-\mathrm{j}\frac{\Omega t_0}{a}}$$

【例 2-7】矩形脉冲及延时 $t_0 = \tau/2$ 后的波形如图 2-57 所示，求其频谱。

解：由时移特性可知，矩形脉冲延时后，幅频不变，相频则产生一个附加的线性相移 $-\Omega t_0$，如图 2-57 所示。

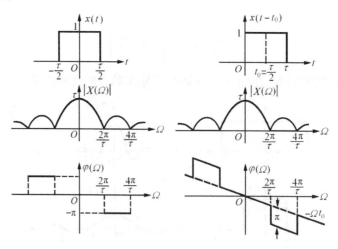

图 2-57　时移特性举例

【例 2-8】求图 2-58 所示三脉冲信号的频谱。

解：令 $x_0(t)$ 表示矩形单脉冲信号，其频谱为

$$X_0(\Omega) = E\tau \cdot \mathrm{Sa}\left(\frac{\Omega \tau}{2}\right)$$

$$x(t) = x_0(t) + x_0(t-T) + x_0(t+T)$$

由时移特性可知，$x(t)$ 的频谱 $X(\Omega)$ 为

$$X(\Omega) = X_0(\Omega)\left(1 + \mathrm{e}^{-\mathrm{j}\Omega T} + \mathrm{e}^{\mathrm{j}\Omega T}\right)$$

$$= E\tau \cdot \mathrm{Sa}\left(\frac{\Omega\tau}{2}\right)(1 + 2\cos\Omega T)$$

三脉冲信号的频谱如图 2-59 所示。

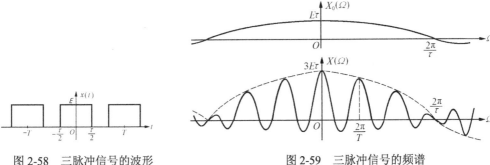

图 2-58　三脉冲信号的波形　　　　　　图 2-59　三脉冲信号的频谱

6. 频移特性

若 $F[x(t)] = X(\Omega)$，则

$$F[x(t)\mathrm{e}^{\pm\mathrm{j}\Omega_0 t}] = X(\Omega \mp \Omega_0) \tag{2-111}$$

式中，Ω_0 为实常数。

证明：

$$F[x(t)\mathrm{e}^{\pm\mathrm{j}\Omega_0 t}] = \int_{-\infty}^{\infty} x(t)\mathrm{e}^{\pm\mathrm{j}\Omega_0 t}\mathrm{e}^{-\mathrm{j}\Omega t}\mathrm{d}t$$

$$= \int_{-\infty}^{\infty} x(t)\mathrm{e}^{-\mathrm{j}(\Omega \mp \Omega_0)t}\mathrm{d}t$$

$$= X(\Omega \mp \Omega_0)$$

可见，若时域信号 $x(t)$ 乘以 $\mathrm{e}^{\pm\mathrm{j}\Omega_0 t}$，等效于 $x(t)$ 的频谱 $X(\Omega)$ 沿频率轴右（左）移 Ω_0。

频移特性也称为调制特性，其在通信系统中得到了广泛应用，调幅、同步解调、变频等过程都是在频移的基础上完成的。在实际应用中，通常将时域信号 $x(t)$ 乘以正弦或余弦信号，在时域上，用 $x(t)$（调制信号）改变正弦或余弦信号（载波信号）的幅度，形成调幅信号，在频域上使 $x(t)$ 的频谱产生左、右平移。

由

$$\begin{cases} \cos\Omega_0 t = \dfrac{\mathrm{e}^{\mathrm{j}\Omega_0 t} + \mathrm{e}^{-\mathrm{j}\Omega_0 t}}{2} \\ \sin\Omega_0 t = \dfrac{\mathrm{e}^{\mathrm{j}\Omega_0 t} - \mathrm{e}^{-\mathrm{j}\Omega_0 t}}{2\mathrm{j}} \end{cases}$$

有

$$\begin{cases} F[x(t)\cos\Omega_0 t] = \dfrac{X(\Omega - \Omega_0) + X(\Omega + \Omega_0)}{2} \\ F[x(t)\sin\Omega_0 t] = \dfrac{X(\Omega - \Omega_0) - X(\Omega + \Omega_0)}{2\mathrm{j}} \end{cases} \tag{2-112}$$

所以，调幅信号的频谱是将 $X(\Omega)$ 一分为二，沿频率轴向左和向右各平移 Ω_0。

【例 2-9】已知矩形调幅信号

$$x(t) = G(t)\cos\Omega_0 t$$

其中，$G(t)$ 为矩形脉冲，其脉冲幅度为 E，脉冲宽度为 τ，如图 2-60 中虚线所示。试求其频谱。

解：已知矩形脉冲的频谱为

$$G(\Omega) = E\tau \cdot \mathrm{Sa}\left(\frac{\Omega\tau}{2}\right)$$

根据式（2-112）的频移特性，矩形调幅信号 $x(t)$ 的频谱为

$$F[G(t)\cos\Omega_0 t] = \frac{G(\Omega - \Omega_0) + G(\Omega + \Omega_0)}{2}$$

$$= \frac{E\tau}{2}\left\{\mathrm{Sa}\left(\frac{(\Omega - \Omega_0)\tau}{2}\right) + \mathrm{Sa}\left(\frac{(\Omega + \Omega_0)\tau}{2}\right)\right\}$$

矩形调幅信号 $x(t)$ 的频谱如图 2-61 所示。

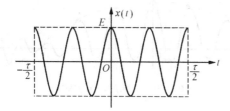
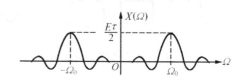

图 2-60　矩形调幅信号的波形　　　　　图 2-61　矩形调幅信号 $x(t)$ 的频谱

7. 卷积定理

1）时域卷积定理

若 $F[x_1(t)] = X_1(\Omega)$，$F[x_2(t)] = X_2(\Omega)$，则

$$F[x_1(t) * x_2(t)] = X_1(\Omega)X_2(\Omega) \tag{2-113}$$

证明：

$$x_1(t) * x_2(t) = \int_{-\infty}^{\infty} x_1(\tau)x_2(t-\tau)\mathrm{d}\tau$$

$$F[x_1(t) * x_2(t)] = \int_{-\infty}^{\infty}\left[\int_{-\infty}^{\infty} x_1(\tau)x_2(t-\tau)\mathrm{d}\tau\right]\mathrm{e}^{-\mathrm{j}\Omega t}\mathrm{d}t$$

$$= \int_{-\infty}^{\infty} x_1(\tau)\left[\int_{-\infty}^{\infty} x_2(t-\tau)\mathrm{e}^{-\mathrm{j}\Omega t}\mathrm{d}t\right]\mathrm{d}\tau$$

$$= \int_{-\infty}^{\infty} x_1(\tau)[X_2(\Omega)\mathrm{e}^{-\mathrm{j}\Omega\tau}]\mathrm{d}\tau$$

$$= X_2(\Omega)\int_{-\infty}^{\infty} x_1(\tau)\mathrm{e}^{-\mathrm{j}\Omega\tau}\mathrm{d}\tau$$

$$= X_2(\Omega)X_1(\Omega)$$

2）频域卷积定理

若 $F[x_1(t)] = X_1(\Omega)$，$F[x_2(t)] = X_2(\Omega)$，则

$$F[x_1(t)x_2(t)] = \frac{1}{2\pi}X_1(\Omega) * X_2(\Omega) \tag{2-114}$$

式中，$X_1(\Omega) * X_2(\Omega) = \int_{-\infty}^{\infty} X_1(\lambda)X_2(\Omega - \lambda)\mathrm{d}\lambda$。

其证明过程类似于时域卷积定理的证明过程（略）。

卷积性质有着广泛的应用，特别是任意信号与冲激信号相卷积的规律给信号分析带来相当大的便利，比如

$$F[x(t) * \delta(t - t_0)] = X(\Omega) \cdot \mathrm{e}^{-\mathrm{j}\Omega t_0}$$

$$F[x(t - t_0)] = X(\Omega) \cdot \mathrm{e}^{-\mathrm{j}\Omega t_0}$$

则

$$x(t) * \delta(t - t_0) = x(t - t_0) \tag{2-115}$$

同理

$$x(t) * \delta(t) = x(t) \tag{2-116}$$

$$x(t - t_1) * \delta(t - t_2) = x(t - t_1 - t_2) \tag{2-117}$$

【例 2-10】 在周期余弦信号 $x(t) = \cos\Omega_0 t$ 中，截取 $-\tau/2 \leqslant t \leqslant \tau/2$ 一段，试求截断后的有限长信号 $x_1(t)$ 的频谱。

解：可以将信号 $x_1(t)$ 看成周期余弦信号 $x(t)$ 与矩形脉冲信号 $G_\tau(t)$ 的乘积，$G_\tau(t)$ 的表达式为

$$G_\tau(t) = \begin{cases} 1, & -\tau/2 \leqslant t \leqslant \tau/2 \\ 0, & t\text{取其他值} \end{cases}$$

$$x_1(t) = x(t) \cdot G_\tau(t)$$

$x(t)$ 的时域波形如图 2-62（a）所示。

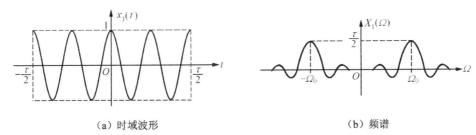

（a）时域波形　　　　　　　　　　　（b）频谱

图 2-62　$x(t)$ 的时域波形和频谱

$$X(\Omega) = F[\cos\Omega_0 t] = \pi[\delta(\Omega + \Omega_0) + \delta(\Omega - \Omega_0)]$$

$$G_\tau(\Omega) = F[G_\tau(t)] = \tau \mathrm{Sa}\left(\frac{\Omega\tau}{2}\right)$$

由频域卷积定理可得 $x_1(t)$ 的频谱为

$$X_1(\Omega) = \frac{1}{2\pi} X(\Omega) * G_\tau(\Omega)$$

$$= \frac{1}{2\pi} \pi[\delta(\Omega + \Omega_0) + \delta(\Omega - \Omega_0)] * \tau \mathrm{Sa}\left(\frac{\Omega\tau}{2}\right)$$

$$= \frac{\tau}{2}\left\{ \mathrm{Sa}\left((\Omega + \Omega_0)\frac{\tau}{2}\right) + \mathrm{Sa}\left((\Omega - \Omega_0)\frac{\tau}{2}\right) \right\}$$

$x(t)$ 的频谱如图 2-62（b）所示。

由图 2-62 可见，无限长余弦信号被截短后，频谱由原来在 $\pm\Omega_0$ 处的两个冲激谱变为在 $\pm\Omega_0$ 处的两个呈抽样函数状的频谱。

【例 2-11】 在图 2-63 所示的系统中，$x_1(t) = \dfrac{\sin\pi t}{\pi t}$，$x_2(t) = \cos 2\pi t$，$h(t) = \dfrac{\sin 2\pi t}{2\pi t}$，试推导 $y(t)$ 的表达式。

解：

$$y(t) = h(t) * x_3(t)$$

$$= h(t) * [x_1(t)\, x_2(t)]$$

$$x_1(t) = \frac{\sin\pi t}{\pi t}, \quad X_1(\Omega) = G_{2\pi}(\Omega)$$

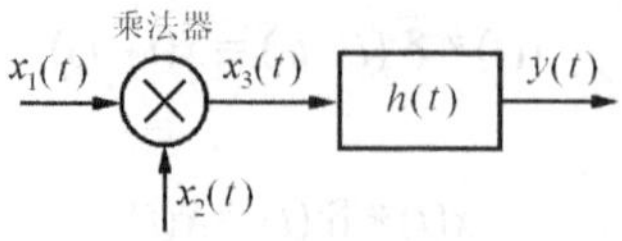

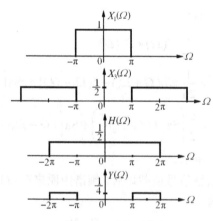

图 2-63　系统框图

其频谱为脉冲宽度为 2π 的矩形脉冲函数。

$$h(t) = \frac{\sin 2\pi t}{2\pi t}, \quad H(\Omega) = 0.5G_{4\pi}(\Omega)$$

$$x_3(t) = x_1(t)\,x_2(t) = \frac{\sin \pi t}{\pi t} \cdot \cos 2\pi t = \mathrm{Sa}(\pi t) \cdot \frac{\mathrm{e}^{\mathrm{j}2\pi t} + \mathrm{e}^{-\mathrm{j}2\pi t}}{2}$$

由频移特性可得

$$X_3(\Omega) = \frac{1}{2}[G_{2\pi}(\Omega - 2\pi) + G_{2\pi}(\Omega + 2\pi)]$$

而

$$
\begin{aligned}
Y(\Omega) &= H(\Omega)X_3(\Omega) \\
&= \frac{1}{2}G_{4\pi}(\Omega) \cdot \frac{1}{2}[G_{2\pi}(\Omega - 2\pi) + G_{2\pi}(\Omega + 2\pi)] \\
&= \frac{1}{4}\left[G_\pi\left(\Omega + \frac{3\pi}{2}\right) + G_\pi\left(\Omega - \frac{3\pi}{2}\right)\right]
\end{aligned}
$$

从而得到

$$y(t) = \frac{1}{4}\left[\frac{1}{2}\mathrm{Sa}\left(\frac{\pi}{2}t\right)\mathrm{e}^{-\mathrm{j}\frac{3\pi}{2}t} + \frac{1}{2}\mathrm{Sa}\left(\frac{\pi}{2}t\right)\mathrm{e}^{\mathrm{j}\frac{3\pi}{2}t}\right] = \frac{1}{4}\mathrm{Sa}\left(\frac{\pi}{2}t\right)\cos\left(\frac{3\pi}{2}t\right)$$

求解过程如图 2-64 所示。

图 2-64　求解过程

8. 微分特性

若 $F[x(t)] = X(\Omega)$，则

$$F\left[\frac{\mathrm{d}^n x(t)}{\mathrm{d}t^n}\right] = (\mathrm{j}\Omega)^n X(\Omega) \tag{2-118}$$

证明：
$$\because \quad x(t) = \frac{1}{2\pi}\int_{-\infty}^{\infty} X(\Omega)\mathrm{e}^{\mathrm{j}\Omega t}\mathrm{d}\Omega$$

两边对 t 求导，得

$$\frac{\mathrm{d}x(t)}{\mathrm{d}t} = \frac{1}{2\pi}\int_{-\infty}^{\infty}X(\Omega)\mathrm{j}\Omega\mathrm{e}^{\mathrm{j}\Omega t}\mathrm{d}\Omega$$

$$F\left[\frac{\mathrm{d}x(t)}{\mathrm{d}t}\right] = (\mathrm{j}\Omega)X(\Omega)$$

如果重复求导，上述结论可推广到

$$F\left[\frac{\mathrm{d}^n x(t)}{\mathrm{d}t^n}\right] = (\mathrm{j}\Omega)^n X(\Omega)$$

类似地，可以导出频域的微分特性为

$$F^{-1}\left[\frac{\mathrm{d}X(\Omega)}{\mathrm{d}\Omega}\right] = (-\mathrm{j}t)x(t)$$

$$F^{-1}\left[\frac{\mathrm{d}^n X(\Omega)}{\mathrm{d}\Omega^n}\right] = (-\mathrm{j}t)^n x(t)$$

9．积分特性

若 $F[x(t)] = X(\Omega)$，则

$$F\left[\int_{-\infty}^{t}x(\tau)\mathrm{d}\tau\right] = \pi X(0)\delta(\Omega) + \frac{1}{\mathrm{j}\Omega}X(\Omega) \tag{2-119}$$

若 $X(0) = 0$，则

$$F\left[\int_{-\infty}^{t}x(\tau)\mathrm{d}\tau\right] = \frac{1}{\mathrm{j}\Omega}X(\Omega)$$

证明：首先需要证明

$$\int_{-\infty}^{t}x(\tau)\mathrm{d}\tau = x(t) * \varepsilon(t)$$

式中，$\varepsilon(t)$ 为阶跃函数。

$$\begin{aligned}
\int_{-\infty}^{t}x(\tau)\mathrm{d}\tau &= \int_{-\infty}^{t}x(\tau) * \delta(\tau)\mathrm{d}\tau \\
&= \int_{-\infty}^{t}\left[\int_{-\infty}^{\infty}x(\lambda)\delta(\tau-\lambda)\mathrm{d}\lambda\right]\mathrm{d}\tau \\
&= \int_{-\infty}^{\infty}x(\lambda)\left[\int_{-\infty}^{t}\delta(\tau-\lambda)\mathrm{d}\tau\right]\mathrm{d}\lambda \\
&= \int_{-\infty}^{\infty}x(\lambda)\varepsilon(t-\lambda)\mathrm{d}\lambda \\
&= x(t) * \varepsilon(t)
\end{aligned}$$

由时域卷积定理有

$$\begin{aligned}
F\left[\int_{-\infty}^{t}x(\tau)\mathrm{d}\tau\right] &= F[x(t) * \varepsilon(t)] \\
&= X(\Omega) \cdot E(\Omega) \\
&= X(\Omega) \cdot \left[\frac{1}{\mathrm{j}\Omega} + \pi\delta(\Omega)\right] \\
&= \pi X(0)\delta(\Omega) + \frac{1}{\mathrm{j}\Omega}X(\Omega)
\end{aligned}$$

【例 2-12】已知三角脉冲信号

$$x(t) = \begin{cases} E\left(1 - \dfrac{2|t|}{\tau}\right), & |t| \leqslant \tau/2 \\ 0, & |t| > \tau/2 \end{cases}$$

其时域波形如图 2-65（a）所示，求其频谱。

解法 1：可用定义求解。（略）

解法 2：利用卷积定理求解。

将上述三角脉冲信号看成两个宽度和幅度分别为 $\dfrac{\tau}{2}$ 和 $\sqrt{\dfrac{2E}{\tau}}$ 的相同矩形脉冲 $G(t)$ 的卷积，即

$$x(t) = G(t) * G(t)$$

而矩形脉冲的频谱为

$$G(\Omega) = \sqrt{\frac{2E}{\tau}} \cdot \frac{\tau}{2} \mathrm{Sa}\left(\frac{\Omega \tau}{4}\right)$$

由时域卷积定理可得

$$X(\Omega) = G(\Omega)G(\Omega) = \frac{E\tau}{2} \mathrm{Sa}^2\left(\frac{\Omega \tau}{4}\right)$$

相应的频谱如图 2-65（b）所示。

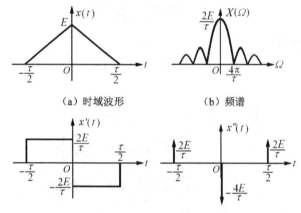

（a）时域波形   （b）频谱

（c）时域信号的一阶导数波形   （d）时域信号的二阶导数波形

图 2-65   例 2-12 的时域波形和频谱

解法 3：利用微分特性求解。

分别求出 $x(t)$ 的一阶、二阶导数，为

$$x'(t) = \begin{cases} \dfrac{2E}{\tau}, & -\tau/2 < t < 0 \\ -\dfrac{2E}{\tau}, & 0 < t < \tau/2 \\ 0, & |t| > \tau/2 \end{cases}$$

$$x''(t) = \frac{2E}{\tau}\left[\delta\left(t + \frac{\tau}{2}\right) + \delta\left(t - \frac{\tau}{2}\right) - 2\delta(t)\right]$$

它们的形状如图 2-65（c）和图 2-65（d）所示。利用微分特性可得

$$(j\Omega)^2 X(\Omega) = \frac{2E}{\tau}\left(e^{j\frac{\Omega\tau}{2}} + e^{-j\frac{\Omega\tau}{2}} - 2\right) = \frac{2E}{\tau}\left(2\cos\frac{\Omega\tau}{2} - 2\right)$$

$$X(\Omega) = \frac{E\tau}{2}\mathrm{Sa}^2\left(\frac{\Omega\tau}{4}\right)$$

【例 2-13】 一升余弦脉冲信号的波形如图 2-66 所示。升余
弦脉冲信号的表达式为

$$x(t) = \begin{cases} \dfrac{1}{2}[1+\cos t], & -\pi < t < \pi \\ 0, & |t| \geqslant \pi \end{cases}$$

试求其频谱。

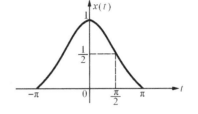

图 2-66　一升余弦脉冲信号的波形

解：升余弦脉冲信号在数字信号处理中常作为窗函数，
了解其傅里叶变换很有意义。

解法 1：直接利用傅里叶变换的定义求解。（略）

解法 2：利用频移特性求解。

把升余弦脉冲信号看成是周期信号 $(1+\cos t)/2$ 与脉冲宽度为 2π 的矩形脉冲 $G_{2\pi}(t)$ 相乘，即

$$x(t) = \frac{1}{2}(1+\cos t)\cdot G_{2\pi}(t)$$

$$= \frac{1}{2}G_{2\pi}(t) + \frac{1}{2}\cos t\cdot G_{2\pi}(t)$$

$G_{2\pi}(t)$ 的傅里叶变换为

$$G_{2\pi}(\Omega) = 2\pi\,\mathrm{Sa}\,(\pi\Omega)$$

由频移特性可得

$$X(\Omega) = \pi\mathrm{Sa}(\pi\Omega) + \frac{\pi}{2}\left\{\mathrm{Sa}\left(\pi(\Omega-1)\right) + \mathrm{Sa}\left(\pi(\Omega+1)\right)\right\}$$

$$= \frac{\sin\pi\Omega}{\Omega} + \frac{1}{2}\cdot\frac{\sin\pi(\Omega-1)}{\Omega-1} + \frac{1}{2}\cdot\frac{\sin\pi(\Omega+1)}{\Omega+1}$$

$$= \frac{\sin\pi\Omega}{\Omega\left(1-\Omega^2\right)}$$

解法 3：利用卷积定理求解。

$$F[0.5(1+\cos t)] = 0.5\{2\pi\delta(\Omega) + \pi\delta(\Omega-1)\cdot\pi\delta(\Omega+1)\}$$

$$X(\Omega) = \frac{1}{2\pi}F[0.5(1+\cos t)] * G_{2\pi}(\Omega)$$

$$= \frac{1}{2\pi}\left[\pi\delta(\Omega) + 0.5\pi\delta(\Omega-1) + 0.5\pi\delta(\Omega+1)\right] * 2\pi\mathrm{Sa}(\pi\Omega)$$

$$= \pi\mathrm{Sa}(\pi\Omega) + 0.5\pi\mathrm{Sa}\left(\pi(\Omega-1)\right) + 0.5\pi\mathrm{Sa}\left(\pi(\Omega+1)\right)$$

$$= \frac{\sin\pi\Omega}{\Omega\left(1-\Omega^2\right)}$$

解法 4：利用微分特性求解。

求 $x(t)$ 的一阶、二阶及三阶导数 $x'(t)$、$x''(t)$ 及 $x^{(3)}(t)$，如图 2-67 所示。

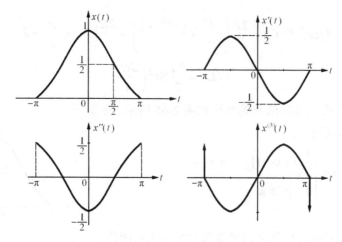

图 2-67 $x(t)$ 及其导数的波形

各阶导数的表达式为

$$x(t) = 0.5\,(1 + \cos t)\,[\,\varepsilon(t + \pi) - \varepsilon(t - \pi)\,]$$

$$x'(t) = -0.5\sin t\,[\,\varepsilon(t + \pi) - \varepsilon(t - \pi)\,]$$

$$x''(t) = -0.5(1 + \cos t)\,[\varepsilon(t + \pi) - \varepsilon(t - \pi)]\,0.5\sin t\,[\delta(t + \pi) - \delta(t - \pi)]$$

$$x^{(3)}(t) = 0.5\sin t\,[\varepsilon(t + \pi) - \varepsilon(t - \pi)\,] + 0.5\,[\delta(t + \pi) - \delta(t - \pi)]$$

$$= -x'(t) + 0.5\,[\delta(t + \pi) - \delta(t - \pi)]$$

根据微分性质，可得

$$(\mathrm{j}\Omega)^3 X(\Omega) = -(\mathrm{j}\Omega)X(\Omega) + 0.5\left(\mathrm{e}^{\mathrm{j}\pi\Omega} - \mathrm{e}^{-\mathrm{j}\pi\Omega}\right)$$

$$X(\Omega) = \frac{\sin \pi\Omega}{\Omega\left(1 - \Omega^2\right)}$$

由这个例子可以看出：傅里叶变换的性质对于简化求解未知信号的频谱非常有用。同时，同一个信号的频谱可以用多种方法求解，可以根据实际情况灵活选用解决。

【例 2-14】有一交流电路——RL 电路，如图 2-68 所示，电阻 $R=5\Omega$，其电压为 $u_\mathrm{R}(t)$；电感 $L=4\mathrm{F}$，其电压为 $u_\mathrm{L}(t)$。已知 $u_\mathrm{R}(t) = 5 - 10\sin t$，试求电感电压信号 $u_\mathrm{L}(t)$ 及其傅里叶变换。

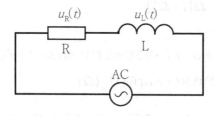

图 2-68 RL 电路

解：根据 RLC 电路的基本知识，电路的电流可以表示为

$$i_\mathrm{R}(t) = u_\mathrm{R}(t)/5$$

那么，电感的电压为

$$u_\mathrm{L}(t) = L\frac{\mathrm{d}i_\mathrm{L}(t)}{\mathrm{d}t} = 4\times(-10\cos t)\,/\,5 = -8\cos t$$

其傅里叶变换为

$$F[u_\mathrm{L}(t)] = F[-8\cos t] = -8[\pi\delta(\Omega - 1) + \pi\delta(\Omega + 1)]$$

【例 2-15】已知 $F[x(t)] = X(\Omega)$，若 $y(t) = (1-t)x(1-t)$，试求 $y(t)$ 的傅里叶变换 $Y(\Omega)$。

解：可由定义直接计算，也可以应用傅里叶变换的性质（时移特性、频域微分性质及反褶特性）得出。

解法 1：直接利用傅里叶变换的定义求解。（略）

解法 2：

$$tx(t) \qquad \Leftrightarrow \qquad j\frac{\mathrm{d}X(\Omega)}{\mathrm{d}\Omega} \qquad\qquad \text{频域微分性质}$$

$$(t+1)x(t+1) \qquad \Leftrightarrow \qquad j\frac{\mathrm{d}X(\Omega)}{\mathrm{d}\Omega}\cdot e^{j\Omega} \qquad \text{时移特性}$$

$$(-t+1)x(-t+1) \qquad \Leftrightarrow \qquad -j\frac{\mathrm{d}X(-\Omega)}{\mathrm{d}\Omega}\cdot e^{-j\Omega} \qquad \text{反褶特性}$$

$$y(t) \qquad\qquad = \qquad Y(\Omega)$$

解法 3：

$$x(t+1) \qquad \Leftrightarrow \qquad X(\Omega)\cdot e^{j\Omega} \qquad\qquad\qquad\qquad \text{时移特性}$$

$$x(-t+1) \qquad \Leftrightarrow \qquad X(-\Omega)\cdot e^{-j\Omega} \qquad\qquad\qquad\quad \text{反褶特性}$$

$$\begin{aligned} (-t+1)x(-t+1) \\ = -tx(-t+1)+x(-t+1) \end{aligned} \quad \Leftrightarrow \quad \begin{aligned} &\left[-j\frac{\mathrm{d}X(-\Omega)}{\mathrm{d}\Omega}e^{-j\Omega} - X(-\Omega)e^{-j\Omega}\right]+ \\ &X(-\Omega)\cdot e^{-j\Omega} = -j\frac{\mathrm{d}X(-\Omega)}{\mathrm{d}\Omega}\cdot e^{-j\Omega} \end{aligned} \quad \begin{aligned} &\text{频域微分性质} \\ &+ \text{线性性质} \end{aligned}$$

$$y(t) \qquad \Leftrightarrow \qquad Y(\Omega)$$

解法 4：

$$x(-t) \qquad \Leftrightarrow \qquad X(-\Omega) \qquad\qquad\qquad \text{反褶特性}$$

$$-tx(-t) \qquad \Leftrightarrow \qquad -j\frac{\mathrm{d}X(-\Omega)}{\mathrm{d}\Omega} \qquad\qquad \text{频域微分性质}$$

$$-(t-1)x[-(t-1)] \qquad \Leftrightarrow \qquad -j\frac{\mathrm{d}X(-\Omega)}{\mathrm{d}\Omega}\cdot e^{-j\Omega} \qquad \text{时移特性}$$

$$y(t) \qquad\qquad = \qquad Y(\Omega)$$

由此可以看出，图形变换有多种方法，傅里叶变换与图形变换方法是相对应的，也可以由多种方法求得。

最后，将所讨论的傅里叶变换的基本性质列在表 2-1 中，表 2-1 中的最后几个性质将在后面讨论。

表 2-1 傅里叶变换的基本性质

性　　质	时域 $x(t)$	频域 $X(\Omega)$	时域频域对应关系
1. 线性	$\sum\limits_{i=1}^{n} a_i x_i(t)$	$\sum\limits_{i=1}^{n} a_i X_i(\Omega)$	线性叠加
2. 对称性	$X(t)$	$2\pi x(-\Omega)$	对称
3. 尺度变换	$x(at)$	$\dfrac{1}{\lvert a\rvert}X\left(\dfrac{\Omega}{a}\right)$	压缩与扩展
4. 时移特性	$x(t-t_0)$	$X(\Omega)\cdot e^{-j\Omega t_0}$	时移与相移
5. 频移特性	$f(t)e^{\pm j\Omega_0 t}$	$X(\Omega \mp \Omega_0)$	调制与频移
6. 时域卷积定理	$x_1(t)*x_2(t)$	$X_1(\Omega)X_2(\Omega)$	乘积与卷积
7. 频域卷积定理	$x_1(t)x_2(t)$	$\dfrac{1}{2\pi}X_1(\Omega)*X_2(\Omega)$	

续表

性　　质	时域 $x(t)$	频域 $X(\Omega)$	时域频域对应关系
8. 积分特性	$\displaystyle\int_{-\infty}^{t}x(\tau)\mathrm{d}\tau$	$\pi X(0)\delta(\Omega)+\dfrac{1}{\mathrm{j}\Omega}X(\Omega)$	
9. 微分特性	$\dfrac{\mathrm{d}^n x(t)}{\mathrm{d}t^n}$	$(\mathrm{j}\Omega)^n X(\Omega)$	
10. 时域抽样	$\displaystyle\sum_{n=-\infty}^{\infty}x(t)\delta(t-nT_{\mathrm{s}})$	$\dfrac{1}{T_{\mathrm{s}}}\displaystyle\sum_{n=-\infty}^{\infty}X\left(\Omega-\dfrac{2\pi}{T_{\mathrm{s}}}n\right)$	抽样与重复
11. 频域抽样	$\dfrac{1}{\Omega_{\mathrm{s}}}\displaystyle\sum_{n=-\infty}^{\infty}x\left(t-\dfrac{2\pi}{\Omega_{\mathrm{s}}}n\right)$	$\displaystyle\sum_{n=-\infty}^{\infty}X(\Omega)\delta(\Omega-n\Omega_{\mathrm{s}})$	
12. 相关	$R_{12}(\tau)$ $R_{21}(\tau)$	$X_1(\Omega)X_2^*(\Omega)$ $X_1^*(\Omega)X_2(\Omega)$	
13. 自相关	$R(\tau)$	$\lvert X(\Omega)\rvert^2$	

在 MATLAB 中，可直接调用函数 fourier 和 ifourier 实现傅里叶的正、逆变换。函数的调用格式有以下 3 种：

（1）Fw = fourier(ft, t, w)。

求时域函数 ft 的傅里叶变换 Fw。ft 是以 t 为自变量的时域函数，Fw 是以 w 为自变量的频域函数。

（2）Fw = fourier(ft, w)。

求以 t 为默认自变量的符号表达式 ft(t)的傅里叶变换 Fw(w)。

（3）Fw = fourier(ft)。

求以 t 为默认自变量的符号表达式 ft(t)的傅里叶变换 Fw(w)，Fw 默认为 w 的函数。

相应地，实现傅里叶逆变换的指令 ifourier 的格式也有 3 种：

（1）ft = ifourier(Fw,w,t)。

（2）ft = ifourier(Fw,t)。

（3）ft = ifourier(Fw)。

【例 2-16】用 MATLAB 编程求图 2-69 所示的矩形脉冲信号的傅里叶变换。

```
%例 2-16 的 MATLAB 程序
  syms E t w
  syms tao positive
  xt=sym('Heaviside(t+tao/2)-Heaviside(t-tao/2)');
  Xw=fourier(E*xt,t,w)
  Xw1=simple(Xw)
  E=1;tao=2;
  Xw2=subs(Xw1,'[E,tao]',[E,tao]);
  ezplot(abs(Xw2),[-3*pi,3*pi])
```

程序的运行结果如下：

```
Xw = E*(exp(1/2*i*tao*w)*(pi*Dirac(w)-i/w)-exp(-1/2*i*tao*w)*(pi*Dirac(w)-i/w))
Xw1 =2*E*sin(1/2*tao*w)/w
```

矩形脉冲信号的频谱如图 2-70 所示。

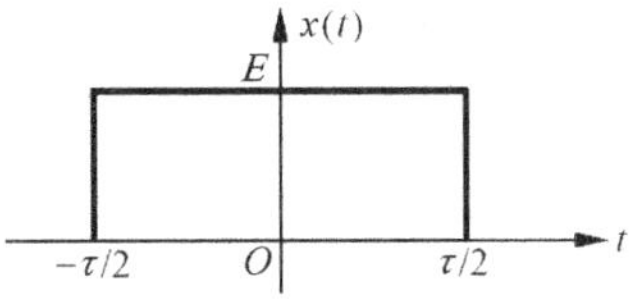

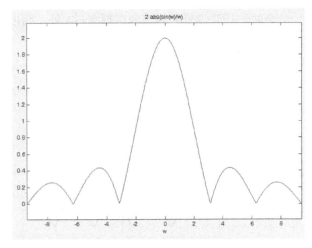

图 2-70　矩形脉冲信号的频谱

图 2-69　矩形脉冲信号

2.3.4　周期信号的傅里叶变换

前面讨论了周期信号的傅里叶级数及非周期信号的傅里叶变换问题。在推导傅里叶变换时，令周期信号的周期 T_1 趋于无穷大，这样将周期信号变成非周期信号，将傅里叶级数演变成傅里叶变换，由周期信号的离散谱过渡成连续谱。现在研究周期信号傅里叶变换的特点及它与傅里叶级数的关系，目的是力图把周期信号与非周期信号的分析方法统一起来，使傅里叶变换这一工具得到更广泛的应用，使我们对它的理解更加深入、全面。前已指出，虽然周期信号不满足绝对可积条件，但在允许冲激函数存在并认为它是有意义的前提下，绝对可积条件就成为不必要的限制了。从这种意义上说，周期信号的傅里叶变换是存在的。现在，先来求出复指数分量和正弦、余弦分量的傅里叶变换，再讨论一般周期信号的傅里叶变换问题。

1. 复指数信号、正弦信号、余弦信号的傅里叶变换

1）复指数信号 $e^{j\Omega_1 t}$ 的傅里叶变换

$$x(t) = e^{j\Omega_1 t} = 1 \cdot e^{j\Omega_1 t}$$

$$F[1] = 2\pi\delta(\Omega)$$

由频移特性可得

$$F\left[e^{j\Omega_1 t}\right] = 2\pi\delta(\Omega - \Omega_1) \tag{2-120}$$

由式（2-120）可知，复指数信号的频谱为在频率 Ω_1 处，强度为 2π 的冲激函数。

2）余弦信号 $\cos\Omega_1 t$ 的傅里叶变换

$$\begin{aligned} F[\cos\Omega_1 t] &= F\left[\frac{1}{2}\left(e^{j\Omega_1 t} + e^{-j\Omega_1 t}\right)\right] \\ &= \pi\delta(\Omega - \Omega_1) + \pi\delta(\Omega + \Omega_1) \end{aligned} \tag{2-121}$$

3）正弦信号 $\sin\Omega_1 t$ 的傅里叶变换

$$\begin{aligned} F[\sin\Omega_1 t] &= F\left[\frac{1}{2j}\left(e^{j\Omega_1 t} - e^{-j\Omega_1 t}\right)\right] \\ &= \frac{\pi}{j}\delta(\Omega - \Omega_1) - \frac{\pi}{j}\delta(\Omega + \Omega_1) \\ &= j\pi\delta(\Omega + \Omega_1) - j\pi\delta(\Omega - \Omega_1) \end{aligned} \tag{2-122}$$

余弦、正弦信号的频谱为在频率$\pm\Omega_1$处，强度为π的冲激函数，如图 2-71 所示。

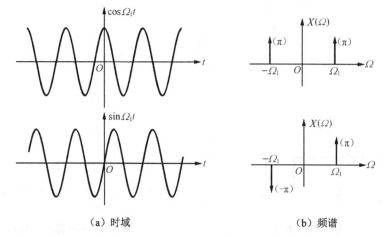

（a）时域   （b）频谱

图 2-71　余弦、正弦信号的时域和频谱

2．一般周期信号的傅里叶变换

令周期信号 $x(t)$ 的周期为 T_1，角频率为 Ω_1（$\Omega_1 = 2\pi f_1 = 2\pi/T_1$），可以将 $x(t)$ 展成傅里叶级数，即

$$x(t) = \sum_{n=-\infty}^{\infty} X_n \mathrm{e}^{jn\Omega_1 t}$$

式中，X_n 为傅里叶系数。对该式两边取傅里叶变换得

$$X(\Omega) = \sum_{n=-\infty}^{\infty} X_n \cdot 2\pi \cdot \delta(\Omega - n\Omega_1) \tag{2-123}$$

式（2-123）表明：周期信号 $x(t)$ 的傅里叶变换是由一系列冲激函数组成的，这些冲激位于离散的谐振频率（$0, \pm\Omega_1, \pm2\Omega_1, \cdots$）处，每个冲激的强度等于 $x(t)$ 的傅里叶系数 X_n 的 2π 倍，显然，周期信号的傅里叶变换是离散的冲激谱。然而，由于傅里叶变换是反映频谱密度的概念，因此周期信号的傅里叶变换不同于傅里叶级数（幅度谱），这里不是有限值，而是冲激函数，它表明在无穷小的频带范围内（谐振点处）取得了无穷大的频谱值。

3．周期信号与单周期脉冲信号频谱间的关系

已知周期信号的傅里叶级数为

$$x(t) = \sum_{n=-\infty}^{\infty} X_n \mathrm{e}^{jn\Omega_1 t}$$

式中，傅里叶系数

$$X_n = \frac{1}{T_1} \int_{-\frac{T_1}{2}}^{\frac{T_1}{2}} x(t) \mathrm{e}^{-jn\Omega_1 t} \mathrm{d}t \tag{2-124}$$

从周期信号 $x(t)$ 中截取一个周期，得到所谓的单周期信号 $x_\mathrm{d}(t)$，它的傅里叶变换 $X_\mathrm{d}(\Omega)$ 为

$$X_\mathrm{d}(\Omega) = \int_{-\infty}^{\infty} x_\mathrm{d}(t) \mathrm{e}^{-j\Omega t} \mathrm{d}t$$
$$= \int_{-\frac{T_1}{2}}^{\frac{T_1}{2}} x_\mathrm{d}(t) \mathrm{e}^{-j\Omega t} \mathrm{d}t \tag{2-125}$$

比较式（2-124）和式（2-125），可以得到

$$X_n = \frac{1}{T_1} X_d(\Omega)\Big|_{\Omega = n\Omega_1} \qquad (2\text{-}126)$$

式（2-126）说明：周期信号的傅里叶级数的系数 X_n 等于单周期脉冲信号的傅里叶变换 $X_d(\Omega)$ 在 $n\Omega_1$ 频率点的值乘以 $1/T_1$。或者说，周期信号的频谱是单（非）周期信号频谱在 $n\Omega_1$ 处的样值，仅差一系数 $1/T_1$。利用单周期脉冲信号的傅里叶变换式可以方便地求出周期信号的傅里叶系数。

【例 2-17】周期为 T_1 的周期冲激信号 $\delta_T(t) = \sum_{n=-\infty}^{\infty} \delta(t - nT_1)$，如图 2-72 所示。试求其傅里叶级数及傅里叶变换。

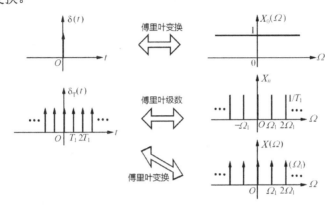

图 2-72　周期冲激信号的傅里叶系数及傅里叶变换

解：已知 $\delta(t)$ 的傅里叶变换是白色谱，即

$$X(\Omega) = 1$$

则周期冲激信号 $\delta_T(t)$ 的傅里叶级数为

$$X_n = \frac{1}{T_1} X_d(\Omega)\Big|_{\Omega = n\Omega_1} = \frac{1}{T_1}$$

周期冲激信号 $\delta_T(t)$ 的傅里叶变换为

$$X(\Omega) = \sum_{n=-\infty}^{\infty} X_n \cdot 2\pi \cdot \delta(\Omega - n\Omega_1)$$

$$= \Omega_1 \sum_{n=-\infty}^{\infty} \delta(\Omega - n\Omega_1)$$

$$= \sum_{n=-\infty}^{\infty} 2\pi \cdot \frac{1}{T_1} \cdot \delta(\Omega - n\Omega_1)$$

周期冲激信号 $\delta_T(t)$ 的傅里叶级数 X_n 及傅里叶变换 $X(\Omega)$ 如图 2-72 所示。

【例 2-18】已知周期矩形脉冲信号 $x(t)$ 的幅度为 E，脉冲宽度为 τ，周期为 T_1，基波角频率 $\Omega_1 = 2\pi/T_1$，如图 2-73 所示。求周期矩形脉冲信号的傅里叶级数与傅里叶变换。

解：从单脉冲入手，已知矩形脉冲的 $x_0(t)$ 的傅里叶变换 $X_0(\Omega)$ 为

$$X_0(\Omega) = E\tau \cdot \mathrm{Sa}\left(\frac{\Omega\tau}{2}\right)$$

由式（2-126）可以求出周期矩形脉冲信号的傅里叶系数 X_n 为

$$X_n = \frac{1}{T_1} X_d(\Omega)\Big|_{\Omega = n\Omega_1} = \frac{E\tau}{T_1} \mathrm{Sa}\left(\frac{n\Omega_1\tau}{2}\right)$$

这样，$x(t)$的傅里叶级数为

$$x(t) = \frac{E\tau}{T_1} \sum_{n=-\infty}^{\infty} \mathrm{Sa}\left(\frac{n\Omega_1\tau}{2}\right) e^{jn\Omega_1 t}$$

再根据式（2-123）便可得到 $x(t)$ 的傅里叶变换为

$$X(\Omega) = \sum_{n=-\infty}^{\infty} X_n \cdot 2\pi \cdot \delta(\Omega - n\Omega_1)$$

$$= E\tau\Omega_1 \sum_{n=-\infty}^{\infty} \mathrm{Sa}\left(\frac{n\Omega_1\tau}{2}\right) \delta(\Omega - n\Omega_1)$$

周期矩形脉冲信号的傅里叶级数与傅里叶变换如图 2-73 所示。

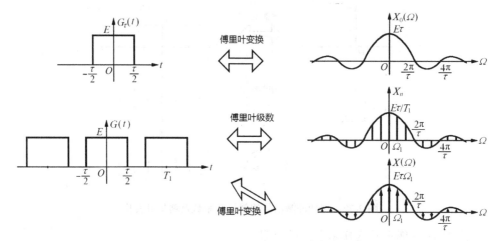

图 2-73   周期矩形脉冲信号的傅里叶级数与傅里叶变换

2.4   抽样信号的傅里叶分析

当用计算机进行信号分析与处理时，必须每隔一定的时间间隔抽取其瞬时值，得到抽样信号，若时间间隔相等，为均匀抽样，否则是非均匀抽样。最常见的是均匀抽样。抽样也可以称为采样或取样。信号的抽样过程实质上是连续信号的离散化过程。信号的抽样是联系连续信号与离散信号的桥梁。

2.4.1   时域抽样

抽样过程从原理上看，是通过抽样器来实现的。抽样器实质上是一个电子开关，其原理如图 2-74（a）所示。

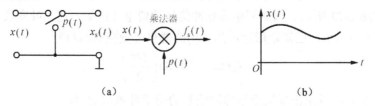

图 2-74   抽样原理

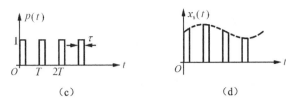

图 2-74　抽样原理（续）

电子开关每隔一定时间 T 接通一次，每次接通时间为 τ，然后接地。这一开关动作的时间过程可用矩形脉冲序列 $p(t)$ 描述，$p(t)$ 称为抽样脉冲如图 2-74（c）所示。当一连续信号 $x(t)$［见图 2-74（b）］通过开关后，将输出间隔为 T、脉冲宽度为 τ、脉冲强度与 $x(t)$ 相同的脉冲序列 $x_s(t)$，$x_s(t)$ 称为抽样信号，如图 2-74（d）所示。

从时域上看，抽样过程丢失了信号在抽样间隔处的信息，那么需要我们关心以下两个问题：

（1）抽样信号 $x_s(t)$ 的傅里叶变换是什么样子的？它和未经抽样的原连续信号 $x(t)$ 的傅里叶变换有什么联系？

（2）连续信号被抽样后，是否保留了原连续信号 $x(t)$ 的全部信息？即在什么条件下，可以从抽样信号 $x_s(t)$ 中无失真地恢复出原连续信号？

令连续信号 $x(t)$ 的傅里叶变换为

$$X(\Omega) = F[x(t)]$$

抽样脉冲序列 $p(t)$ 的傅里叶变换为

$$P(\Omega) = F[p(t)]$$

抽样信号 $x_s(t)$ 的傅里叶变换为

$$X_s(\Omega) = F[x_s(t)]$$

若采用均匀抽样，抽样周期为 T_s，抽样频率为

$$\Omega_s = 2\pi f_s = \frac{2\pi}{T_s}$$

一般情况下，抽样过程是通过抽样脉冲序列 $p(t)$ 与连续信号 $x(t)$ 相乘来完成的，即满足

$$x_s(t) = x(t) \cdot p(t) \tag{2-127}$$

因为 $p(t)$ 是周期信号，其傅里叶变换为

$$P(\Omega) = 2\pi \sum_{n=-\infty}^{\infty} P_n \cdot \delta(\Omega - n\Omega_s) \tag{2-128}$$

式中

$$P_n = \frac{1}{T_s} \int_{-\frac{T_s}{2}}^{\frac{T_s}{2}} p(t) e^{-jn\Omega_s t} dt \tag{2-129}$$

它是 $p(t)$ 的傅里叶系数。

根据频域卷积定理，可知

$$X_s(\Omega) = \frac{1}{2\pi} X(\Omega) * P(\Omega)$$

将式（2-128）代入，化简后得到抽样信号 $x_s(t)$ 的傅里叶变换为

$$X_s(\Omega) = \sum_{n=-\infty}^{\infty} P_n \cdot X(\Omega - n\Omega_s) \tag{2-130}$$

式（2-130）说明：信号在时域被抽样后，其频谱 $X_s(\Omega)$ 的形状是连续信号频谱 $X(\Omega)$ 的形状以抽样频率 Ω_s 为间隔周期地重复而得到的，在重复过程中，幅度被 $p(t)$ 的傅里叶系数 P_n 加权。因为 P_n 只是 n（而不是 Ω）的函数，所以 $X(\Omega)$ 在重复过程中，形状不会发生变化。

P_n 取决于抽样脉冲的形状，下面讨论两种典型的情况。

1. 矩形脉冲抽样

在这种情况下，抽样脉冲是矩形，令它的脉冲幅度为 1，脉冲宽度为 τ，抽样频率为 Ω_s（抽样间隔为 T_s）。这种抽样也称为自然抽样。由式（2-129）可求出

$$
\begin{aligned}
P_n &= \frac{1}{T_s} \int_{-\frac{T_s}{2}}^{\frac{T_s}{2}} p(t) e^{-jn\Omega_s t} dt \\
&= \frac{1}{T_s} \int_{-\frac{\tau}{2}}^{\frac{\tau}{2}} E e^{-jn\Omega_s t} dt \\
&= \frac{E\tau}{T_s} \mathrm{Sa}\left(\frac{n\Omega_s \tau}{2}\right)
\end{aligned}
\tag{2-131}
$$

这个结果是早已熟悉的，若将它代入式（2-130），便可得到矩形抽样信号的频谱为

$$
X_s(\Omega) = \frac{E\tau}{T_s} \sum_{n=-\infty}^{\infty} \mathrm{Sa}\left(\frac{n\Omega_s \tau}{2}\right) X(\Omega - n\Omega_s)
\tag{2-132}
$$

显然，在这种情况下，$X(\Omega)$ 在以 Ω_s 为周期的重复过程中，幅度以 $\mathrm{Sa}\left(\dfrac{n\Omega_s \tau}{2}\right)$ 的规律变化，如图 2-75 所示。

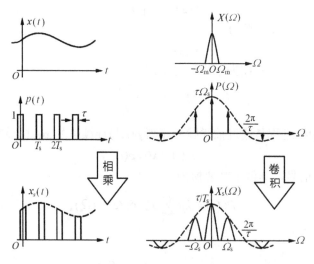

图 2-75　矩形抽样信号的频谱

2. 冲激抽样

若抽样脉冲是单位冲激序列，这种抽样则被称为冲激抽样或理想抽样。因为

$$
p(t) = \delta_T(t) = \sum_{n=-\infty}^{\infty} \delta(t - nT_s)
$$

$$
x_s(t) = x(t) \cdot \delta_T(t) = \sum_{n=-\infty}^{\infty} x(nT_s) \delta(t - nT_s)
$$

在这种情况下，抽样过程是瞬间完成的，抽样信号 $x_s(t)$ 是由一系列冲激函数构成的，每个

冲激的间隔为 T_s，而强度等于连续信号的样值 $x(nT_s)$，如图 2-76 所示。

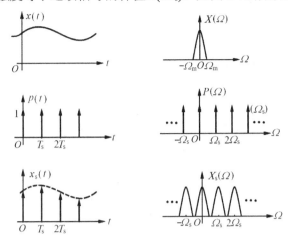

图 2-76 冲激抽样信号的频谱

由式（2-129）可以求出 $\delta_T(t)$ 的傅里叶系数：

$$P_n = \frac{1}{T_s} \int_{-\frac{T_s}{2}}^{\frac{T_s}{2}} \delta_T(t) e^{-jn\Omega_s t} \mathrm{d}t$$

$$= \frac{1}{T_s} \int_{-\frac{T_s}{2}}^{\frac{T_s}{2}} \delta(t) e^{-jn\Omega_s t} \mathrm{d}t$$

$$= \frac{1}{T_s}$$

将它代入式（2-130），得到冲激抽样序列的频谱为

$$X_s(\Omega) = \frac{1}{T_s} \sum_{n=-\infty}^{\infty} X(\Omega - n\Omega_s) \qquad (2\text{-}133)$$

式（2-133）表明：由于冲激抽样序列的傅里叶系数 P_n 为常数，所以 $X(\Omega)$ 以 Ω_s 为周期等幅地重复，如图 2-76 所示。

2.4.2 抽样定理

由时域抽样信号的频谱可知，抽样过程使连续信号在时域丢失了抽样间隔内的信息，在频域内表现为频谱中增加了以 Ω_s 为周期的无限多个高频分量。显然，要用抽样信号 $x_s(t)$ 无失真地恢复原连续信号 $x(t)$，从频域上可以看出，应使抽样信号通过一个理想低通滤波器，滤去所有高频分量，只保留一个低频分量，即在原点的第一个频谱，如图 2-77 所示。但是，这里有一个前提：假设抽样信号周期出现的频谱是互相分离的，也就是说，不存在所谓的频谱混叠现象，如图 2-78 所示。

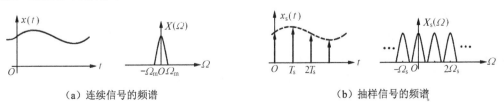

（a）连续信号的频谱　　　　　　　　　　（b）抽样信号的频谱

图 2-77 信号抽样及恢复后的频谱

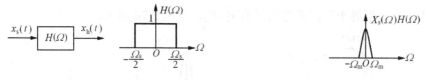

（c）理想低通滤波器的频谱 　　　　　　　　（d）信号恢复后的频谱

图 2-77　信号抽样及恢复后的频谱（续）

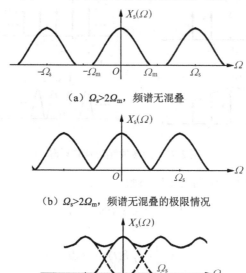

（a）$\Omega_s > 2\Omega_m$，频谱无混叠

（b）$\Omega_s > 2\Omega_m$，频谱无混叠的极限情况

（c）$\Omega_s > 2\Omega_m$，发生频谱混叠

图 2-78　冲激抽样信号的频谱混叠

从图 2-78 中可以看出，当 $\Omega_s < 2\Omega_m$ 时，各周期延拓的频谱不是分离的，而是产生互相交叠现象，即所谓的频谱混叠现象，这时抽样信号的频谱犹如在 $\Omega_s/2$ 处发生折叠一样，则 $\Omega_s/2$ 称为折叠频率。混叠后的频谱与原连续信号的频谱有了很大的差别，无法利用低通滤波过滤出原连续信号的频谱，以至不能实现无失真地恢复原信号。

理想抽样信号的频谱在两种情况下，将产生频谱混叠现象：其一，连续信号是带限信号，即信号频谱为有限带宽的，这是由抽样频率过低造成的；其二，连续信号频谱为无限带宽，频谱混叠不可避免。

由以上分析可得出抽样定理。

抽样定理： 对于一个带限信号，设 $\Omega_m(f_m)$ 为信号最高频率，抽样信号能无失真地恢复原信号的条件是

$$\Omega_s \geq 2\Omega_m (f_s \geq 2f_m) \tag{2-134}$$

即抽样频率要不小于信号最高频率的两倍。

在工程中，抽样是应用 A/D 芯片来实现的。抽样频率的选择要适当，要满足抽样定理的要求，但也不是越高越好。抽样频率越高，硬件的成本、处理的信息量和工作量将随之提高，总成本也随之提高。如果抽样频率低于抽样定理的要求值，为"欠抽样"，有可能造成频谱的混叠，应避免这一可能。对于非带限信号，若信号带宽为 Ω_b，考虑取 $\Omega_s \geq 2\Omega_b$。如果要求比较高，可采取预采样滤波，即在 A/D 变换前，加带宽为 Ω_b 的低通滤波器（称为预采样滤波器）滤去大于折叠频率的高频分量，把非带限信号转换为带限信号，实际抽样频率可取 $(2.5 \sim 3)\Omega_b$（或更高）。

小结

傅里叶级数和傅里叶变换是在频域用于分析信号特征的数学工具。傅里叶级数适用于连续周期信号的表示，它把周期信号分解为一系列正弦（或复指数）函数分量的加权和，其中，加权系数表示每个谐波分量的强度，从而建立起频谱的概念和物理含义。傅里叶变换适用于表示非周期信号的谱特征。抽样信号是连续信号频谱分析与离散信号频谱分析的桥梁。

本章的编写主要依据文献[1]～[3]，部分内容参考了文献[5]～[10]。

2.5　习题

1．画出下列各时间函数的波形图，注意它们的区别。

（1）$x_1(t) = \sin\Omega t \cdot \varepsilon(t)$。

（2）$x_2(t) = \sin[\Omega(t-t_0)] \cdot \varepsilon(t)$。

（3）$x_3(t) = \sin\Omega t \cdot \varepsilon(t-t_0)$。

（4）$x_4(t) = \sin[\Omega(t-t_0)] \cdot \varepsilon(t-t_0)$。

2．已知波形如下图所示，试画出经过下列各种运算的波形图。

（1）$x(t-2)$。

（2）$x(t+2)$。

（3）$x(2t)$。

（4）$x(t/2)$。

（5）$x(-t)$。

（6）$x(-t-2)$。

（7）$x(-t/2-2)$。

（8）$\mathrm{d}x/\mathrm{d}t$。

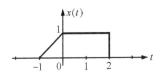

3．应用冲激函数的抽样特性，求下列表达式的函数值。

（1）$\displaystyle\int_{-\infty}^{\infty} x(t-t_0)\delta(t)\mathrm{d}t$ 。

（2）$\displaystyle\int_{-\infty}^{\infty} x(t_0-t)\delta(t)\mathrm{d}t$ 。

（3）$\displaystyle\int_{-\infty}^{\infty} \delta(t-t_0)\varepsilon\left(t-\frac{t_0}{2}\right)\mathrm{d}t$ 。

（4）$\displaystyle\int_{-\infty}^{\infty} \delta(t_0-t)\varepsilon(t-2t_0)\mathrm{d}t$ 。

（5）$\displaystyle\int_{-\infty}^{\infty} (\mathrm{e}^{-t}+t)\delta(t+2)\mathrm{d}t$ 。

（6）$\displaystyle\int_{-\infty}^{\infty} (t+\sin t)\delta\left(t-\frac{\pi}{6}\right)\mathrm{d}t$ 。

（7）$\displaystyle\int_{-\infty}^{\infty} \mathrm{e}^{-\mathrm{j}\Omega t}[\delta(t)-\delta(t-t_0)]\mathrm{d}t$ 。

4．求下列各组中函数 $x_1(t)$ 与 $x_2(t)$ 的卷积 $x_1(t) * x_2(t)$。

（1）$x_1(t) = \varepsilon(t)$ 　　　　　　　　$x_2(t) = \mathrm{e}^{-at} \cdot \varepsilon(t)$ （$a > 0$）

（2）$x_1(t) = \delta(t+1) - \delta(t-1)$ $x_2(t) = \cos(\Omega t + \pi/4) \cdot \varepsilon(t)$

（3）$x_1(t) = \varepsilon(t) - \varepsilon(t-1)$ $x_2(t) = \varepsilon(t) - \varepsilon(t-2)$

（4）$x_1(t) = \varepsilon(t-1)$ $x_2(t) = \sin t \cdot \varepsilon(t)$

5．已知周期函数 $x(t)$ 前 1/4 周期的波形如下图所示。根据下列各种情况的要求，画出 $x(t)$ 在一个周期（$0 < t < T$）内的波形。

（1）$x(t)$ 是偶函数，只含有偶次谐波分量。

（2）$x(t)$ 是偶函数，只含有奇次谐波分量。

（3）$x(t)$ 是偶函数，含有偶次和奇次谐波分量。

（4）$x(t)$ 是奇函数，只含有奇次谐波分量。

（5）$x(t)$ 是奇函数，只含有偶次谐波分量。

（6）$x(t)$ 是奇函数，含有偶次和奇次谐波分量。

6．利用信号 $x(t)$ 的对称性，定性判断下图中各周期信号的傅里叶级数中所含的频率分量。

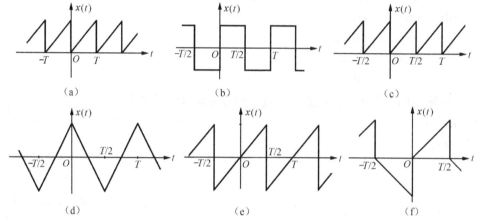

（a）　　　　　　　　　　（b）　　　　　　　　　　（c）

（d）　　　　　　　　　　（e）　　　　　　　　　　（f）

7．试画出 $x(t) = 3\cos\Omega_1 t + 5\sin 2\Omega_1 t$ 的复数谱图（幅度谱和相位谱）。

8．求下图所示对称周期矩形信号的傅里叶级数。

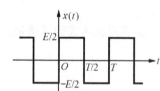

9．求下图所示周期信号的傅里叶级数。

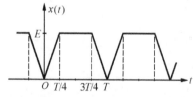

10．若已知 $F[x(t)] = X(\Omega)$，利用傅里叶变换的性质确定下列信号的傅里叶变换。

（1）$x(2t-5)$。

（2）$x(1-t)$。

（3）$x(t) \cdot \cos t$。

11．已知升余弦脉冲

$$x(t) = \frac{E}{2}\left(1 + \cos\frac{\pi t}{\tau}\right), \quad -\tau \leqslant t \leqslant \tau$$

求其傅里叶变换。

12．已知一信号如下图所示，求其傅里叶变换。

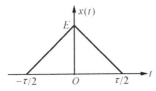

13．若已知矩形脉冲的傅里叶变换，利用时移特性求下图所示信号的傅里叶变换，并大致画出幅度谱。

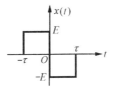

14．已知三角脉冲 $x_1(t)$ 的傅里叶变换为

$$X_1(\Omega) = \frac{E\tau}{2}\mathrm{Sa}^2\left(\frac{\Omega\tau}{4}\right)$$

试利用有关定理求 $x_2(t) = x_1(t - \tau/2) \cdot \cos\Omega_0 t$ 的傅里叶变换。

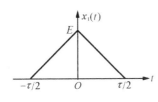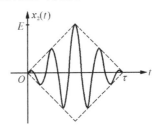

15．求下图所示 $X(\Omega)$ 的傅里叶逆变换 $x(t)$。

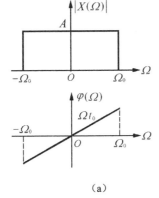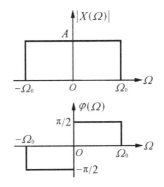

（a）　　　　　　　　　　（b）

16．确定下列信号的最低抽样率与抽样间隔。

（1）$\mathrm{Sa}(100t)$ 。

（2）$\mathrm{Sa}^2(100t)$。

（3）$\mathrm{Sa}(100t) + \mathrm{Sa}^2(100t)$。

17. 已知人的脑电波频率范围为 0～45Hz，对其进行数字处理时，可以使用的最大抽样周期 T 是多少？若以 $T=5\text{ms}$ 抽样，要使抽样信号在通过一理想低通滤波器后，能无失真地恢复原信号，则理想低通滤波器的截止频率 f_c 应满足什么条件？

18. 若 $F[x(t)] = X(\Omega)$，如下图所示，当抽样脉冲 $p(t)$ 为下列信号时，试分别求抽样后的抽样信号的频谱 $X_p(\Omega)$，并画出相应的频谱图。

（1）$p(t) = \cos t$。

（2）$p(t) = \cos 2t$。

（3）$p(t) = \sum_{n=-\infty}^{\infty} \delta(t - 2\pi n)$。

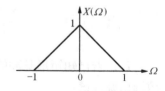

（4）$p(t) = \sum_{n=-\infty}^{\infty} \delta(t - \pi n)$。

离散时间信号分析

离散时间系统的研究开始得很早。17世纪发展起来的经典数值分析技术奠定了这方面的数学基础。20世纪40和50年代，抽样数据控制系统的研究取得了重大进展。20世纪60年代以后，计算机科学的进一步发展与应用标志着离散时间系统的理论研究和实践进入了一个新阶段。1965年，库利（J.W.Cooley）和图基（J.W.Tukey）在前人工作的基础上发表了计算傅里叶变换高效算法的文章，这种算法称为快速傅里叶变换（Fast Fourier Transform，FFT）。快速傅里叶变换的出现引起了人们的巨大兴趣，该算法也迅速得到了应用。与此同时，超大规模集成电路研制的进展使得体积小、质量轻、成本低的离散时间系统有可能实现。在信号与系统的分析、研究中，开始以一种新的观点——数字信号处理的观点来认识和分析各种问题。

20世纪末期，数字信号处理技术迅速发展，其应用日益广泛，在通信、雷达、控制、航空与航天、遥感、声呐、生物医学、地震学、核物理学、微电子学等诸多领域卓见成效。随着应用技术的发展，离散时间信号与系统自身的理论体系逐步形成，并日趋丰富和完善。

离散时间系统的优点：①精度高，可靠性好，便于实现大规模集成，在质量轻和体积小时更显其优越性；②灵活性好。在研究连续系统时，人们只注意一维变量的研究，而在离散系统中，二维或多维技术得到了广泛应用。利用可编程技术，借助软件控制，适应用户设计和修改系统的各种需要，大大改善了设备的灵活性与通用性。

但不能认为数字化技术将取代一切连续时间系统的应用。实际上，人类在自然界中遇到的待处理信号，相当一部分都是连续时间信号，借助计算机对其处理时，需A/D、D/A转换。此外，当工作频率较高时，直接采用数字集成器件尚有一些困难，有时用连续时间系统处理或许更简便。因此，模拟信号处理与传输系统仍在一定范围内发挥作用。

在许多通信与电子设备中，以及在控制系统中，经常遇到由连续时间系统与离散时间系统组合构成的混合系统。

3.1 离散时间信号

3.1.1 离散时间信号（序列）

离散时间信号只是在某些离散瞬时给出函数值，是时间上不连续的序列。一般给出函数值的离散时刻的间隔是均匀的，若此间隔为 T，以 $x(nT)$ 表示此离散时间信号，这里，nT 是函数的宗量，n 取整数（$n = 0, \pm 1, \pm 2, \cdots$）。由于可将信号放在存储器中，供随时取用，也可以"非实时"地处理，因而可以直接用 $x(n)$ 表示此序列，这里，n 表示各函数值在序列中出现的序号。也可以说，一个离散时间信号就是按一定的先后次序排列的，在时间上不连续的一组数的集合 $\{x(n)\}$。为书写简便，以 $x(n)$ 表示序列。

$x(n)$ 可写成一般闭式的表达式，也可逐个列出 $x(n)$ 值。通常，把对应某序号 n 的函数值称为第 n 个样点的样值。比如

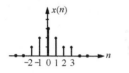

$$x(n) = \{ 1,2,\underline{3},2,1,1 \}$$

式中，$\underline{3}$ 表示 $n = 0$ 时的样值。

离散时间信号 $x(n)$ 也常用图形来表示（见图 3-1），线段的长短代表各序列值的大小。图 3-1 中的横轴虽为连续直线，但只在 n 为整数时才有意义。

图 3-1　离散时间信号 $x(n)$ 的图形表示

3.1.2　序列的运算

序列的运算包括两序列的相加、相乘，序列自身的移位、反褶、尺度倍乘，以及差分、累加等。

1．移位

设某一序列为 $x(n)$，当 m 为正数时，$x(n-m)$ 是指序列逐项依次延时（右移）m 位而给出的一个新序列，$x(n+m)$ 则是指序列逐项依次超前（左移）m 位而给出的一个新序列。序列的移位如图 3-2 所示。

2．反褶

如果序列为 $x(n)$，则 $x(-n)$ 是以 $n=0$ 的纵轴为对称轴将序列反褶。序列的反褶如图 3-3 所示。

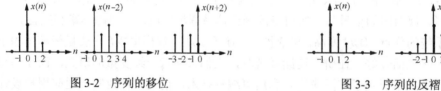

图 3-2　序列的移位　　　　　　　　　图 3-3　序列的反褶

3．尺度倍乘

对某序列 $x(n)$，若将自变量 n 乘以正整数 a，构成的 $x(an)$ 波形压缩了，构成的 $x(n/a)$ 则波形扩展了。必须注意，这时要按规律去除某些点或补足相应的零值。因此，也称这种运算为序列的重排。序列的尺度倍乘如图 3-4 所示。

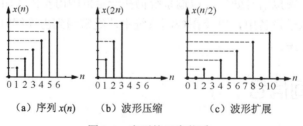

（a）序列 $x(n)$　　　（b）波形压缩　　　（c）波形扩展

图 3-4　序列的尺度倍乘

4．相加

两序列相加是指由同序号 n 的序列值逐项对应相加而构成一个新的序列，表示为

$$z(n) = x(n) + y(n)$$

5．相乘

两序列相乘是指由同序号 n 的序列值逐项对应相乘而构成一个新的序列，表示为

$$z(n) = x(n) \cdot y(n)$$

6．差分运算

前向差分：　　　　　$\Delta x(n) = x(n+1) - x(n)$

后向差分：　　　　　$\nabla x(n) = x(n) - x(n-1)$

7．累加运算

$$z(n) = \sum_{k=0}^{n} x(k)$$

8．卷积和

我们知道卷积积分是求连续线性时不变系统输出响应（零状态响应）的主要方法。而对离散系统卷积和是求离散线性时不变系统输出响应（零状态响应）的主要方法。这里，我们简单讨论卷积和的定义及运算方法。

设两序列为 $x(n)$ 和 $h(n)$，则 $x(n)$ 和 $h(n)$ 的卷积和（线性卷积）定义式为

$$y(n) = x(n) * h(n) = \sum_{m=-\infty}^{\infty} x(m)h(n-m) \tag{3-1}$$

其中，卷积和用符号"$*$"表示。卷积和的运算可分为四步：反褶、移位、相乘、相加。

【例 3-1】设

$$h(n) = \begin{cases} 4-n, & 0 \leqslant n \leqslant 3 \\ 0, & n\text{取其他值} \end{cases} \qquad x(n) = \begin{cases} n+1, & 0 \leqslant n \leqslant 3 \\ 0, & n\text{取其他值} \end{cases}$$

求 $x(n) * h(n)$。

解：　　　$y(n) = x(n) * h(n) = \sum_{m=-\infty}^{\infty} x(m)h(n-m) = \sum_{m=0}^{3} x(m)h(n-m)$

解法 1：利用公式求解。

分段考虑如下：

（1）当 $n<0$ 时，$x(m)$ 和 $h(n-m)$ 相乘，处处为零，故

$$y(n) = 0$$

（2）当 $0 \leqslant n \leqslant 6$ 时

$y(0) = x(0)h(0) = 4$

$y(1) = x(0)h(1) + x(1)h(0) = 3 + 8 = 11$

$y(2) = x(0)h(2) + x(1)h(1) + x(2)h(0) = 2 + 6 + 12 = 20$

$y(3) = x(0)h(3) + x(1)h(2) + x(2)h(1) + x(3)h(0) = 1 + 4 + 9 + 16 = 30$

$y(4) = x(1)h(3) + x(2)h(2) + x(3)h(1) = 2 + 6 + 12 = 20$

$y(5) = x(2)h(3) + x(3)h(2) = 3 + 8 = 11$

$y(6) = x(3)h(3) = 4$

（3）当 $n \geqslant 7$ 时，$x(m)$ 和 $h(n-m)$ 相乘，又处处为零，$y(n) = 0$。

因此

$$y(n) = x(n) * h(n) = \{\underline{4}, 11, 20, 30, 20, 11, 4\}$$

解法 2：表格法。卷积和的表格表示如表 3-1 所示。

表 3-1　卷积和的表格表示

m	-3	-2	-1	0	1	2	3	4	5	6	7	$y(n) = x(n) * h(n)$
$x(m)$				1	2	3	4					
$h(-m)$	1	2	3	4								$y(0) = 4$
$h(1-m)$		1	2	3	4							$y(1) = 11$
$h(2-m)$			1	2	3	4						$y(2) = 20$
$h(3-m)$				1	2	3	4					$y(3) = 30$
$h(4-m)$					1	2	3	4				$y(4) = 20$
$h(5-m)$						1	2	3	4			$y(5) = 11$
$h(6-m)$							1	2	3	4		$y(6) = 4$
$h(7-m)$								1	2	3	4	$y(7) = 0$

解法 3：图解法。卷积和的图解表示如图 3-5 所示。

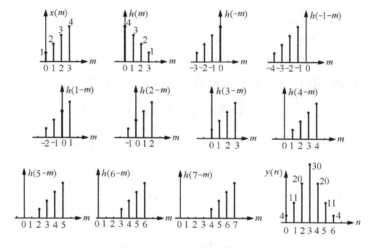

图 3-5　卷积和的图解表示

【例 3-2】已知后向差分的定义式为 $\nabla x(n) = x(n) - x(n-1)$ ，试证明

$$\nabla [x(n) * y(n)] = x(n) * \nabla y(n) = \nabla x(n) * y(n)$$

证明：

$$\nabla [x(n) * y(n)] = \nabla \left[\sum_{m=-\infty}^{+\infty} x(m) y(n-m) \right]$$

$$= \sum_{m=-\infty}^{+\infty} x(m) y(n-m) - \sum_{m=-\infty}^{+\infty} x(m) y(n-1-m)$$

$$= \sum_{m=-\infty}^{+\infty} x(m) [y(n-m) - y(n-1-m)]$$

$$= \sum_{m=-\infty}^{+\infty} x(m) \nabla y(n-m)$$

$$= x(n) * \nabla y(n)$$

同理可证

$$\nabla [x(n) * y(n)] = \nabla x(n) * y(n)$$

3.1.3 基本序列

1．单位样值序列、单位抽样序列、单位脉冲序列 $\delta(n)$（Unit Sample Sequence）

$$\delta(n) = \begin{cases} 1, & n = 0 \\ 0, & n \neq 0 \end{cases} \tag{3-2}$$

这一序列只在 $n = 0$ 处的值为 1，其余各样点都为零，单位抽样序列如图 3-6 所示。

2．单位阶跃序列 $\varepsilon(n)$（Unit Step Sequence）

$$\varepsilon(n) = \begin{cases} 1, & n \geqslant 0 \\ 0, & n < 0 \end{cases} \tag{3-3}$$

单位阶跃序列如图 3-7 所示。

3．矩形序列 $R_N(n)$（Rectangular Sequence）

$$R_N(n) = \begin{cases} 1, & 0 \leqslant n \leqslant N-1 \\ 0, & n\text{取其他值} \end{cases} \tag{3-4}$$

矩形序列如图 3-8 所示。

 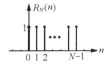

图 3-6　单位抽样序列　　图 3-7　单位阶跃序列　　图 3-8　矩形序列

以上 3 种序列之间有如下关系：

$$\varepsilon(n) = \sum_{k=0}^{\infty} \delta(n-k)$$

$$\delta(n) = \varepsilon(n) - \varepsilon(n-1)$$

$$R_N(n) = \varepsilon(n) - \varepsilon(n-N)$$

4．指数序列（Exponential Sequence）

$$x(n) = a^n \varepsilon(n) \tag{3-5}$$

当 $|a| > 1$ 时，序列是发散的；当 $|a| < 1$ 时，序列是收敛的。当 $a > 0$ 时，序列值均为正值；当 $a < 0$ 时，序列值正负摆动。指数序列如图 3-9 所示。

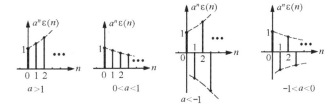

图 3-9　指数序列

5．正弦序列（Sinusoidal Sequence）

$$x(n) = \sin n\omega_0 \tag{3-6}$$

式中，ω_0 为正弦序列的频率，它反映序列值依次周期性重复的速率。例如，$\omega_0 = \pi/6$，则序列值每隔 12 个重复一次；$\omega_0 = 0.2\pi$，则序列值每隔 10 个重复一次等。正弦序列（一）如图 3-10 所示。

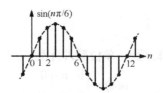

图 3-10 正弦序列（一）

6. 复指数序列（Complex Exponential Sequence）

$$x(n) = e^{jn\omega_0} = \cos n\omega_0 + j\sin n\omega_0 \tag{3-7}$$

7. 周期序列（Periodic Sequence）

对于所有整数 n，如果

$$x(n) = x(n+N)，N \text{ 为整数} \tag{3-8}$$

则称 $x(n)$ 是周期序列，周期为 N。

现在讨论上述正弦序列的周期性。若是周期序列，应有

$$\sin n\omega_0 = \sin[(n+N)\omega_0]$$

则

$$N\omega_0 = 2\pi k$$

即

$$\frac{2\pi}{\omega_0} = \frac{N}{k} \text{ 或 } N = \frac{2\pi}{\omega_0}k，N、k \text{ 必须为整数} \tag{3-9}$$

可分以下几种情况讨论：

（1）当 $\dfrac{2\pi}{\omega_0}$ 为整数时，只要 $k=1$，N 就是整数，周期即为 $\dfrac{2\pi}{\omega_0}$。例如 $\sin\dfrac{\pi}{6}n$，$\dfrac{2\pi}{\omega_0}=12$，周期即为 12，正弦序列（一）如图 3-10 所示。

（2）当 $\dfrac{2\pi}{\omega_0}$ 不是整数，而是一个有理数时，周期为 $k\dfrac{2\pi}{\omega_0}$，$k>1$。例如 $\cos\dfrac{3\pi}{7}n$，$\dfrac{2\pi}{\omega_0}=\dfrac{14}{3}$，$N=\dfrac{14}{3}k$（$k$ 取 3）$=14$，正弦序列（二）如图 3-11 所示。

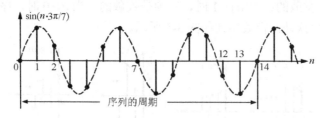

图 3-11 正弦序列（二）

（3）当 $\dfrac{2\pi}{\omega_0}$ 是无理数时，任何 k 皆不能使 N 为正整数，这时，正弦序列不是周期性的，例如 $x(n)=\cos\dfrac{\pi}{6}n$。

由此可得：正弦连续信号一定是周期函数，但正弦序列不一定是周期序列。无论正弦序列是否为周期序列，参数 ω_0 均被称为它的频率。

对于复指数序列，有

$$e^{j\omega n} = e^{j(\omega + 2\pi)n} \tag{3-10}$$

即复指数序列 $e^{j\omega n}$ 是以 2π 为周期的周期序列。换句话说，就是数字角频率 ω 的有效取值范围仅限于

$$-\pi \leqslant \omega \leqslant \pi \text{ 或 } 0 \leqslant \omega \leqslant 2\pi$$

3.2　序列的 z 变换

3.2.1　z 变换的定义

若序列为 $x(n)$，则幂级数

$$X(z) = Z[x(n)] = \sum_{n=-\infty}^{\infty} x(n)z^{-n} \tag{3-11}$$

称为序列 $x(n)$ 的 z 变换，其中，z 为复变量。用 $X(z)$ 求 $x(n)$ 称为逆 z 变换，逆 z 变换的公式为

$$x(n) = Z^{-1}[X(z)] = \frac{1}{2\pi j} \oint_C X(z)z^{n-1}\mathrm{d}z \tag{3-12}$$

式中，C 为包围 $X(z)z^{n-1}$ 所有极点的逆时针闭合路线，通常选择 z 平面收敛域内以原点为中心的圆，如图 3-12 所示。可以用留数法、幂级数法、部分分式法等求解。

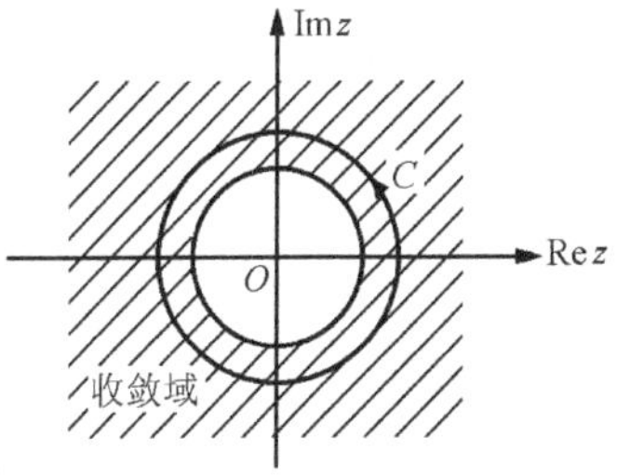

3.2.2　z 变换的收敛域

显然，只有当式（3-11）的幂级数收敛时，z 变换才有意义。

图 3-12　逆 z 变换积分围线的选择

对于任意给定的有界序列 $x(n)$，使其 z 变换收敛的所有 z 值的集合称为 z 变换 $X(z)$ 的收敛域（Region of Convergence）。

由复变函数级数理论可知，式（3-11）的级数收敛的必要且充分条件是满足绝对可和条件，即要求

$$\sum_{n=-\infty}^{\infty} \left| x(n)z^{-n} \right| = M < \infty \tag{3-13}$$

要满足此不等式，$|z|$ 值必须在一定范围内才行，这个范围就是收敛域。式（3-13）左边是一正项级数，通常可以利用两种方法——比值判定法和根值判定法来判别正项级数的收敛性。

所谓比值判定法，就是若有一正项级数 $\sum_{n=-\infty}^{\infty} |a_n|$，令它的后项与前项比值的极限等于 R，即

$$\lim_{n \to \infty} \left| \frac{a_{n+1}}{a_n} \right| = R \tag{3-14}$$

当 $R < 1$ 时，级数收敛；当 $R > 1$ 时，级数发散；当 $R = 1$ 时，级数可能收敛，也可能发散。

所谓根值判定法，是令正项级数一般项 $|a_n|$ 的 n 次根的极限等于 R，即

$$\lim_{n \to \infty} \sqrt[n]{|a_n|} = R \tag{3-15}$$

当 $R < 1$ 时，级数收敛；当 $R > 1$ 时，级数发散；当 $R = 1$ 时，级数可能收敛，也可能发散。

讨论收敛、发散的目的：只有指明 z 变换的收敛域，才能单值确定其对应的序列。例如，对下面两个不同序列，求其 z 变换：

$$x_1(n) = \begin{cases} a^n, & n \geqslant 0 \\ 0, & n < 0 \end{cases} \qquad x_2(n) = \begin{cases} 0, & n \geqslant 0 \\ -a^n, & n < 0 \end{cases}$$

$$X_1(z) = \sum_{n=-\infty}^{\infty} x_1(n)z^{-n} = \sum_{n=0}^{\infty} (az^{-1})^n$$

根据比值判定法，这一级数收敛的条件为

$$|az^{-1}| < 1$$

即

$$|z| > |a|$$

则级数收敛于

$$X_1(z) = \frac{1}{1-az^{-1}} = \frac{z}{z-a}, \quad |z| > |a|$$

用类似方法可得 $x_2(n)$ 的 z 变换 $X_2(z)$ 为

$$X_2(z) = \sum_{n=-\infty}^{\infty} x_2(n)z^{-n} = \sum_{n=-\infty}^{-1} (-a^n)z^{-n} = 1 - \sum_{n=0}^{\infty} (a^{-1}z)^n$$

同样，根据比值判定法，这一级数收敛的条件为

$$|a^{-1}z| < 1$$

即

$$|z| < |a|$$

则级数收敛于

$$X_2(z) = 1 - \frac{1}{1-a^{-1}z} = \frac{z}{z-a}, \quad |z| < |a|$$

由此可见，两个不同的序列可以对应相同的 z 变换，但收敛域不同。

不同形式的序列，收敛域的形式也不同，参见以下几种情况。

1. 有限长序列

这类序列是指，在有限范围 $n_1 \leqslant n \leqslant n_2$ 内，序列才具有非零的有限值，而在此范围外，序列值皆为零，其 z 变换为

$$X(z) = \sum_{n=n_1}^{n_2} x(n)z^{-n} \tag{3-16}$$

因此，$X(z)$ 是有限项级数之和，故只有级数的每项有界，级数才收敛，即要求

$$\left| x(n)z^{-n} \right| < +\infty, \quad n_1 \leqslant n \leqslant n_2$$

由于 $x(n)$ 有界，故要求

$$\left| z^{-n} \right| < +\infty, \quad n_1 \leqslant n \leqslant n_2 \tag{3-17}$$

显然，在 $0 < |z| < +\infty$ 范围内，都满足此条件，也就是说，收敛域至少是除 $z = 0$ 及 $z = +\infty$ 外的开域 $(0, +\infty)$ "有限 z 平面"，如图 3-13 所示。在 n_1、n_2 的特殊选择下，收敛域还可进一步扩大，即

$$0 < |z| \leqslant +\infty, \quad n_1 \geqslant 0$$
$$0 \leqslant |z| < +\infty, \quad n_2 \leqslant 0$$

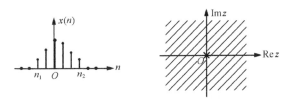

图 3-13　有限长序列及其收敛域

2. 右边序列

这类序列是指，在有限范围 $n \geq n_1$ 时，$x(n)$ 有值，而在 $n < n_1$ 时，$x(n) = 0$，其 z 变换为

$$X(z) = \sum_{n=n_1}^{\infty} x(n)z^{-n} \tag{3-18}$$

根据式（3-15），若满足

$$\lim_{n \to \infty} \sqrt[n]{\left| x(n)z^{-n} \right|} < 1$$

即

$$|z| > \lim_{n \to \infty} \sqrt[n]{\left| x(n) \right|} = R_{x1} \tag{3-19}$$

则该级数收敛。在式（3-19）中，R_{x1} 是级数的收敛半径。可见，右边序列的收敛域是半径为 R_{x1} 的圆的外部。如果 $n_1 \geq 0$，则收敛域包括 $|z| = \infty$；如果 $n_1 < 0$，则收敛域不包括 $|z| = \infty$，即 $R_{x1} < |z| \leq \infty$。显然，当 $n_1 = 0$ 时，右边序列变成因果序列，它的收敛域是 $|z| > R_{x1}$。右边序列及其收敛域如图 3-14 所示。

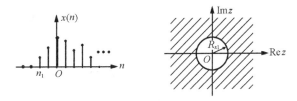

图 3-14　右边序列及其收敛域

3. 左边序列

这类序列是无始有终序列，即当 $n > n_2$ 时，$x(n) = 0$。此时，z 变换为

$$X(z) = \sum_{n=-\infty}^{n_2} x(n)z^{-n} \tag{3-20}$$

若令 $m = -n$，式（3-20）变为

$$X(z) = \sum_{m=n_2}^{\infty} x(-m)z^{m} = \sum_{n=n_2}^{\infty} x(-n)z^{n}$$

根据式（3-15），若满足

$$\lim_{n \to \infty} \sqrt[n]{\left| x(-n)z^{n} \right|} < 1$$

即

$$|z| < \frac{1}{\lim\limits_{n \to \infty} \sqrt[n]{\left| x(-n) \right|}} = R_{x2} \tag{3-21}$$

则该级数收敛。可见，左边序列的收敛域是半径为 R_{x2} 的圆的内部。如果 $n_2 > 0$，则收敛域不包括 $z = 0$，即 $0 < |z| < R_{x2}$；如果 $n_2 \leq 0$，则收敛域包括 $z = 0$，即 $|z| < R_{x2}$。左边序列及其收敛

域如图 3-15 所示。

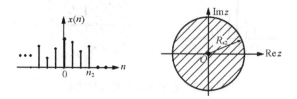

图 3-15　左边序列及其收敛域

4. 双边序列

这类序列 $x(n)$（$-\infty < n \leqslant +\infty$）为无始无终序列，其 z 变换为

$$X(z) = \sum_{n=-\infty}^{\infty} x(n)z^{-n} = \sum_{n=-\infty}^{-1} x(n)z^{-n} + \sum_{n=0}^{\infty} x(n)z^{-n} \tag{3-22}$$

显然，可以把它看成左边序列和右边序列 z 变换的叠加。左边序列的 z 变换收敛于 $|z| > R_{x1}$，而右边序列的 z 变换收敛于 $|z| < R_{x2}$。如果 $R_{x2} > R_{x1}$，则收敛域是两个级数收敛域的重叠部分，即

$$R_{x1} < |z| < R_{x2} \tag{3-23}$$

式中，$R_{x1} > 0$；$R_{x2} < \infty$。所以，双边序列的收敛域通常是环形。双边序列及其收敛域如图 3-16 所示。如果 $R_{x1} > R_{x2}$，则两个级数不存在公共收敛域，此时，$X(z)$ 不收敛。

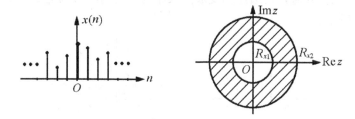

图 3-16　双边序列及其收敛域

由以上序列收敛域的讨论可以得出：序列 z 变换的收敛域与序列的类型有关，最常见的右边序列（包括因果序列），其 z 变换的收敛域均为圆外域。

3.3　序列的频谱分析——离散时间傅里叶变换（DTFT）

3.3.1　定义

序列 $x(n)$ 的 z 变换为

$$X(z) = Z[x(n)] = \sum_{n=-\infty}^{\infty} x(n)z^{-n}$$

如果 $X(z)$ 在单位圆上是收敛的，则把在单位圆上的 z 变换定义为序列的傅里叶变换，其表达式为

$$X(e^{j\omega}) = X(x)\big|_{z=e^{j\omega}} = \sum_{n=-\infty}^{\infty} x(n)e^{-j\omega n} \tag{3-24}$$

3.3.2　物理意义

根据 z 逆变换的围线积分公式

$$x(n) = \frac{1}{2\pi \mathrm{j}} \oint_C X(z) z^{n-1} \mathrm{d}z$$

把积分围线 C 取在单位圆上，则有

$$
\begin{aligned}
x(n) &= \frac{1}{2\pi \mathrm{j}} \oint_{z=\mathrm{e}^{\mathrm{j}\omega}} X(\mathrm{e}^{\mathrm{j}\omega}) \mathrm{e}^{\mathrm{j}\omega n} \mathrm{e}^{-\mathrm{j}\omega} \mathrm{d}\mathrm{e}^{\mathrm{j}\omega} \\
&= \frac{1}{2\pi} \int_{-\pi}^{\pi} X(\mathrm{e}^{\mathrm{j}\omega}) \mathrm{e}^{\mathrm{j}\omega n} \mathrm{d}\omega
\end{aligned}
\tag{3-25}
$$

连续信号的傅里叶变换为

$$x(t) = \frac{1}{2\pi} \int_{-\infty}^{\infty} X(\Omega) \mathrm{e}^{\mathrm{j}\Omega t} \mathrm{d}\Omega$$

其与式（3-25）相比，有许多相仿之处：

（1）$\mathrm{e}^{\mathrm{j}\Omega t} \Leftrightarrow \mathrm{e}^{\mathrm{j}\omega n}$，前者是连续信号不同频率的复指数分量，后者是序列不同频率的复指数分量。

（2）$\Omega \Leftrightarrow \omega$，都是频域中频率的概念，$\Omega$ 是模拟角频率，ω 是数字角频率。

（3）$x(t) \Leftrightarrow x(n)$，前者是连续信号在时域表达式，可以分解为一系列复指数分量的叠加，分量的复振幅为 $X(\Omega)$；后者是序列在时域的表达式，也可以分解为不同数字角频率分量的叠加，分量的复振幅为 $X(\mathrm{e}^{\mathrm{j}\omega})$。

（4）$X(\Omega) \Leftrightarrow X(\mathrm{e}^{\mathrm{j}\omega})$，在傅里叶变换中，前者有连续信号的频谱密度的意义，是频谱的概念；后者是序列的傅里叶变换，与 $X(\Omega)$ 在连续信号傅里叶变换中的表达式一样，起着相同的作用，可以将其看作是序列的频谱。

但两者有一个明显的区别：Ω 是模拟角频率，变化范围是没有限制的，高频部分可以趋向无穷大，而频率 ω 的变化虽然是连续的，但变化范围被限制在 $\pm\pi$ 内。

上述 $x(n)$ 和 $x(t)$ 的两个表达式都具有叠加（综合）时域信号（傅里叶逆变换）的作用，因此把式（3-25）称为序列的傅里叶逆变换，而式（3-24）由时域序列求频域分量，具有分解分析的意义，是序列的傅里叶正变换，构成了序列的傅里叶变换对，重写为

$$\mathrm{DTFT}[x(n)] = X(\mathrm{e}^{\mathrm{j}\omega}) = \sum_{n=-\infty}^{\infty} x(n) \mathrm{e}^{-\mathrm{j}\omega n} \tag{3-26}$$

$$\mathrm{IDTFT}[X(\mathrm{e}^{\mathrm{j}\omega})] = x(n) = \frac{1}{2\pi} \int_{-\pi}^{\pi} X(\mathrm{e}^{\mathrm{j}\omega}) \mathrm{e}^{\mathrm{j}\omega n} \mathrm{d}\omega \tag{3-27}$$

3.3.3　特点

根据式（3-26），序列频谱的特点是它是 $\mathrm{e}^{\mathrm{j}\omega n}$ 的函数，而 $\mathrm{e}^{\mathrm{j}\omega n}$ 是以 2π 为周期的函数，因此序列的频谱是以 2π 为周期的连续周期函数，如图 3-17 所示。

正因为 $X(\mathrm{e}^{\mathrm{j}\omega})$ 是连续周期函数，所以可以对它进行连续傅里叶级数展开，式（3-26）正是 $X(\mathrm{e}^{\mathrm{j}\omega})$ 的傅里叶级数展开式，与以前所进行的周期信号傅里叶级数展开相比，从物理意义上看，就是将时域和频域的对应关系倒换了一下，数学关系是完全一样的。

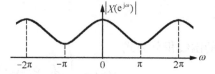

图 3-17　序列的频谱

【例 3-3】若矩形序列 $x(n) = R_5(n) = \varepsilon(n) - \varepsilon(n-5)$，求此序列的频谱。

解：
$$X(\mathrm{e}^{\mathrm{j}\omega}) = \mathrm{DTFT}[R_5(n)]$$

$$= \sum_{n=0}^{4} \mathrm{e}^{-\mathrm{j}\omega n}$$

$$= \frac{1 - \mathrm{e}^{-\mathrm{j}5\omega}}{1 - \mathrm{e}^{-\mathrm{j}\omega}}$$

$$= \frac{\mathrm{e}^{-\mathrm{j}\frac{5}{2}\omega}}{\mathrm{e}^{-\mathrm{j}\frac{\omega}{2}}} \cdot \frac{\mathrm{e}^{\mathrm{j}\frac{5}{2}\omega} - \mathrm{e}^{-\mathrm{j}\frac{5}{2}\omega}}{\mathrm{e}^{\mathrm{j}\frac{\omega}{2}} - \mathrm{e}^{-\mathrm{j}\frac{\omega}{2}}}$$

$$= \mathrm{e}^{-\mathrm{j}2\omega} \frac{\sin \dfrac{5}{2}\omega}{\sin \dfrac{\omega}{2}}$$

其幅频特性为

$$\left| X(\mathrm{e}^{\mathrm{j}\omega}) \right| = \left| \frac{\sin \dfrac{5}{2}\omega}{\sin \dfrac{\omega}{2}} \right|$$

而其相频特性为

$$\varphi(\omega) = -2\omega + \arg \left[\frac{\sin \dfrac{5}{2}\omega}{\sin \dfrac{\omega}{2}} \right]$$

图 3-18 所示为 $R_5(n)$ 及其幅频特性、相频特性。

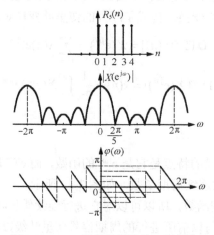

图 3-18　$R_5(n)$ 及其幅频特性、相频特性

【例 3-4】若理想低通滤波器的频率特性如图 3-19（a）所示，求它的逆变换（单位样值序列）。

解：$h(n) = \text{IDTFT}[H(e^{j\omega})]$

$$= \frac{1}{2\pi}\int_{-\pi}^{\pi} H(e^{j\omega})e^{j\omega n}\mathrm{d}\omega$$

$$= \frac{1}{2\pi}\int_{-\omega_c}^{\omega_c} e^{j\omega n}\mathrm{d}\omega$$

$$= \frac{\sin\omega_c n}{\pi n}$$

$$= \frac{\sin\dfrac{\pi}{4}n}{\pi n}, \quad \omega_c = \pi/4$$

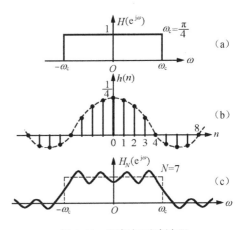

图 3-19　理想低通滤波器

图 3-19（b）所示为 $h(n)$ 的波形。取 $h(n)$ 的有限项并按正变换式求和，如 $N = 7$（从 $-N$ 到 $+N$ 共 15 个样值）的结果 $H_N(e^{j\omega})$ 如图 3-19（c）所示，可以看到，在 $\omega = \omega_c$ 不连续点处，有上冲出现，也存在吉布斯现象。

3.3.4　离散时间傅里叶变换（DTFT）存在的条件

因为序列的傅里叶变换是单位圆上的 z 变换，所以，它要存在，序列的 z 变换在单位圆上必须收敛，即

$$\left[\sum_{n=-\infty}^{\infty}\left|x(n)z^{-n}\right|\right]_{|z|=1} < \infty$$

也就是

$$\sum_{n=-\infty}^{\infty}\left|x(n)\right| < \infty$$

此时表明：序列的傅里叶变换存在的充分必要条件是序列必须绝对可和。

MATLAB 的信号处理工具箱中编有计算离散时间傅里叶变换的专用函数 freqz，该函数的调用格式为

```
[H, w]= freqz(b, a, N, 'Whole')
```

当计算序列的离散时间傅里叶变换时，b 就是序列 x，其位置向量限定从 0 开始，a 取 1。N 是把 $0 \leqslant \omega < \pi$ 分割的份数，若省略 N，默认的 N=512。'Whole' 表示要求出全部负频率的响应。

freqz 函数既可以用来计算序列的离散时间傅里叶变换，也可以用来计算离散系统的频率特性。

```
%例 3-3 的 MATLAB 程序
b=[1 1 1 1 1];
a=1;
n=[0:4];
[H, w]= freqz(b,a,'whole');
subplot(3,1,1),stem(n,b),axis([0,7,0,2]);xlabel('n');ylabel('x(n)');
subplot(3,1,2),plot(w,abs(H));xlabel('Omega(rad/s)');ylabel('幅度');
subplot(3,1,3),plot(w,angle(H));xlabel('Omega(rad/s)');ylabel('相位');
```

例 3-3 的序列及频谱如图 3-20 所示。

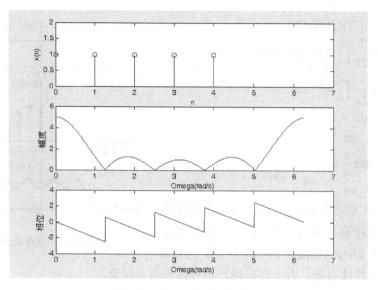

图 3-20　例 3-3 的序列及频谱

周期序列的频谱分析——离散傅里叶级数（DFS）

前面已讨论了 3 种类型信号的变换，其基本特点如下：

（1）连续非周期信号——时域连续，频域连续。

（2）连续周期信号——时域连续，频域离散。

（3）非周期序列——时域离散，频域连续。

对信号进行变换的根本目的是便于对信号进行准确、有效、快速的分析与处理，特别是应用计算机进行数字化处理。而上述 3 种信号的变换对，在时域和频域这两个域中，每对都有一个域是连续函数，无法应用计算机进行处理。为此，我们来讨论第 4 种信号的变换——离散周期序列及其频谱，其特点是时域、频域都是离散化的。

首先从以上 3 种信号在时域、频域上的对称性中总结出某些规律，定性地推断出离散周期序列频谱的基本特点，然后定量描述。

3.4.1　傅里叶变换在时域和频域中的对称规律

信号在时域、频域中的对称规律如图 3-21 所示。

连续非周期信号 $x_a(t)$ 如图 3-21（a）所示，其频谱 $X_a(\Omega)$ 是非周期连续谱，时域上的非周期对应频域上的连续，或频域上的连续对应时域上的非周期。

连续周期信号 $x_p(t)$ 如图 3-21（b）所示，其频谱 $X_p(k\Omega_1)$ 则是非周期离散谱。可以将 $x_p(t)$ 看成由 $x_a(t)$ 的周期延拓构成，因此，时域上的周期化将产生频谱的离散化。

离散非周期信号如图 3-21（c）所示，有两种描述，一是 $x_a(t)$ 抽样得到的冲激抽样信号 $x_a(nT)$，二是序列 $x(n)$。其频谱相应为 $X_s(\mathrm{e}^{-\mathrm{j}\Omega T})$ 与 $X(\mathrm{e}^{\mathrm{j}\omega})$，两者在数值上是相等的，但频率之间要满足映射关系（反映在谱图上，只是频率轴的坐标比例不同）。由此得到时域、频域的第二个对称规律：时域上的离散化将产生频谱的周期化。

根据上面的分析和图解，可以总结出各种信号傅里叶变换在时域、频域上关于离散性和周期性的一般规律：

（1）在某一个域（时域或频域）中是连续的，相应地，在另一个域（频域或时域）中肯定是非周期性的。

（2）在某一个域（时域或频域）中是离散的，相应地，在另一个域（频域或时域）中肯定是周期性的。

由上述两条规律，可以定性地得出第 4 种信号——离散周期信号的基本特点。对于这种信号，可以有两种理解：第一，在时域上，将其看作连续周期信号 $x_p(t)$ 的离散化，根据时域上的离散化将产生频谱的周期化的规律，得出其频谱是非周期离散谱 $X(k\Omega_1)$ 的周期化，即周期离散谱；第二，在时域上，将其看作是离散非周期信号 $x_a(nT)$（或 $x(n)$）的周期化，根据时域上的周期化将产生频谱的离散化的规律，也能得出离散周期信号的频谱是周期离散谱的结论。

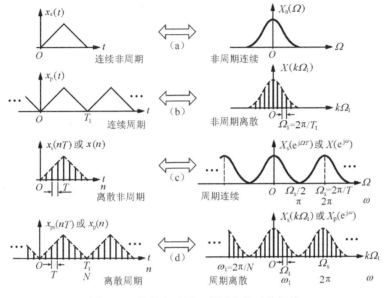

图 3-21　信号在时域、频域中的对称规律

3.4.2　离散傅里叶级数（DFS）

3.4.1 节定性地说明了离散周期信号的频谱特点，本节将用数学定义来定量描述，即离散傅里叶级数（DFS）的展开式。

公式推导的出发点：把离散周期信号看成是对离散信号进行周期化的结果。

根据图 3-21（c），抽样信号的傅里叶变换的表达式为

$$X(\mathrm{e}^{\mathrm{j}\Omega T}) = \sum_{n=-\infty}^{\infty} x(n)\mathrm{e}^{-\mathrm{j}n\Omega T} \tag{3-28}$$

$$x(nT) = \frac{1}{\Omega_s}\int_{-\Omega_s/2}^{\Omega_s/2} X(\mathrm{e}^{\mathrm{j}\Omega T})\mathrm{e}^{\mathrm{j}n\Omega T}\mathrm{d}\Omega \tag{3-29}$$

现在，由于时间函数也呈周期性，故级数取和应限制在一个周期之内，设抽样间隔为 T，一个周期 T_1 内的样点数为 N，则有

$$T_1 = NT$$

离散时间函数的时间间隔 T 与频率函数的重复周期 Ω_s 之间满足 $\Omega_s = 2\pi/T$，而离散频率函数的间隔 Ω_1 与时间函数的周期 T_1 的关系是 $\Omega_1 = 2\pi/T_1$，容易求得

$$\frac{\Omega_{\mathrm{s}}}{\Omega_1} = N \ , \quad \Omega_1 T = \frac{2\pi}{N}$$

因而由式（3-28）和式（3-29）可得离散傅里叶变换对：

$$X_{\mathrm{p}}(\mathrm{e}^{\mathrm{j}\frac{2\pi}{N}k}) = \sum_{n=0}^{N-1} x_{\mathrm{p}}(nT)\mathrm{e}^{-\mathrm{j}\frac{2\pi}{N}kn} \tag{3-30}$$

$$x_{\mathrm{p}}(nT) = \frac{\Omega_1}{\Omega_{\mathrm{s}}} \sum_{k=0}^{N-1} X_{\mathrm{p}}(\mathrm{e}^{\mathrm{j}k\Omega_1 T})\mathrm{e}^{\mathrm{j}nk\Omega_1 T} \tag{3-31}$$

$$= \frac{1}{N} \sum_{k=0}^{N-1} X_{\mathrm{p}}(\mathrm{e}^{\mathrm{j}\frac{2\pi}{N}k})\mathrm{e}^{\mathrm{j}\frac{2\pi}{N}kn}$$

把它们写成更常用的离散傅里叶变换对的表达式：

$$X_{\mathrm{p}}(k) = \mathrm{DFS}[x_{\mathrm{p}}(n)] = \sum_{n=0}^{N-1} x_{\mathrm{p}}(n)\mathrm{e}^{-\mathrm{j}\frac{2\pi}{N}kn} \tag{3-32}$$

$$x_{\mathrm{p}}(n) = \mathrm{IDFS}[X_{\mathrm{p}}(k)] = \frac{1}{N} \sum_{k=0}^{N-1} X_{\mathrm{p}}(k)\mathrm{e}^{\mathrm{j}\frac{2\pi}{N}kn} \tag{3-33}$$

式中，$X_{\mathrm{p}}(k) = X_{\mathrm{p}}(\mathrm{e}^{\mathrm{j}\frac{2\pi}{N}k})$，$x_{\mathrm{p}}(n) = x_{\mathrm{p}}(nT)$。

类似地，也可由上面提到的第二种周期性连续时间函数的抽样导出这里的变换对，则 $1/N$ 的系数将由式（3-33）处移到正变换式（3-32）处，显然这只差一个常数，对函数的形状是没有影响的。

为了证明刚刚导出的变换对的合理性，根据逆变换的表达式，导出正变换 $X_{\mathrm{p}}(k)$ 的表达式。

将式（3-33）两边同时乘以 $\mathrm{e}^{-\mathrm{j}\frac{2\pi}{N}rn}$ 后，再进行 $\sum\limits_{n=0}^{N-1}$ 运算，可得

$$\sum_{n=0}^{N-1} x_{\mathrm{p}}(n)\mathrm{e}^{-\mathrm{j}\frac{2\pi}{N}rn} = \sum_{n=0}^{N-1} \left(\frac{1}{N} \sum_{k=0}^{N-1} X_{\mathrm{p}}(k)\mathrm{e}^{\mathrm{j}\frac{2\pi}{N}kn} \right) \mathrm{e}^{-\mathrm{j}\frac{2\pi}{N}rn}$$

$$= \sum_{k=0}^{N-1} X_{\mathrm{p}}(k) \left(\frac{1}{N} \sum_{n=0}^{N-1} \mathrm{e}^{\mathrm{j}\frac{2\pi}{N}(k-r)n} \right)$$

而

$$\frac{1}{N} \sum_{n=0}^{N-1} \mathrm{e}^{\mathrm{j}\frac{2\pi}{N}(k-r)n} = \begin{cases} 1, & k = r \\ \dfrac{1}{N} \cdot \dfrac{1-\mathrm{e}^{\mathrm{j}\frac{2\pi}{N}(k-r)N}}{1-\mathrm{e}^{\mathrm{j}\frac{2\pi}{N}(k-r)}} = 0, & k \neq r \end{cases}$$

因此，有

$$\sum_{n=0}^{N-1} x_{\mathrm{p}}(n)\mathrm{e}^{-\mathrm{j}\frac{2\pi}{N}rn} = X_{\mathrm{p}}(r)$$

若将变量 r 换成 k，可得

$$X_{\mathrm{p}}(k) = \sum_{n=0}^{N-1} x_{\mathrm{p}}(n)\mathrm{e}^{-\mathrm{j}\frac{2\pi}{N}kn}$$

如果引入符号 W_N，写成

$$W_N = \mathrm{e}^{-\mathrm{j}\frac{2\pi}{N}}$$

那么将式（3-32）和式（3-33）改写为

$$X_{\mathrm{p}}(k) = \mathrm{DFS}[x_{\mathrm{p}}(n)] = \sum_{n=0}^{N-1} x_{\mathrm{p}}(n) W^{kn} \tag{3-34}$$

$$x_{\mathrm{p}}(n) = \mathrm{IDFS}[X_{\mathrm{p}}(k)] = \frac{1}{N} \sum_{k=0}^{N-1} X_{\mathrm{p}}(k) W^{-kn} \tag{3-35}$$

【例 3-5】已知序列 $x_{\mathrm{p}}(n) = \{\ 1,2,-1,3,1,2,-1,3,1,2,-1,3,\cdots\ \}$，求 $X_{\mathrm{p}}(k)$。

解：由题意可知　　　$N=4$

$$X_{\mathrm{p}}(k) = \mathrm{DFS}[x_{\mathrm{p}}(n)]$$

$$= \sum_{n=0}^{N-1} x_{\mathrm{p}}(n) W^{kn}$$

$$= x(0) + x(1)W^k + x(2)W^{2k} + x(3)W^{3k}, \quad k = 0,1,2,3$$

且

$$W_N = \mathrm{e}^{-\mathrm{j}\frac{2\pi}{4}} = -\mathrm{j}$$

当 $k = 0$ 时，$X_{\mathrm{p}}(0) = x(0) + x(1) + x(2) + x(3) = 1 + 2 - 1 + 3 = 5$

当 $k = 1$ 时，$X_{\mathrm{p}}(1) = x(0) + x(1)W + x(2)W^2 + x(3)W^3 = 1 + 2(-\mathrm{j}) + (-1)(-\mathrm{j})^2 + 3(-\mathrm{j})^3 = 2 + \mathrm{j}$

当 $k = 2$ 时，$X_{\mathrm{p}}(2) = x(0) + x(1)W^2 + x(2)W^4 + x(3)W^6 = 1 + 2(-\mathrm{j})^2 + (-1)(-\mathrm{j})^4 + 3(-\mathrm{j})^6 = -5$

当 $k = 3$ 时，$X_{\mathrm{p}}(3) = x(0) + x(1)W^3 + x(2)W^6 + x(3)W^9 = 1 + 2(-\mathrm{j})^3 + (-1)(-\mathrm{j})^6 + 3(-\mathrm{j})^9 = 2 - \mathrm{j}$

$$\therefore\quad X_{\mathrm{p}}(k) = \{\ 5,\ 2 + \mathrm{j},\ -5, 2 - \mathrm{j},\ 5,\ 2 + \mathrm{j},\ -5,\ 2 - \mathrm{j},\cdots\ \}$$

3.5　离散傅里叶变换（DFT）

3.5.1　离散傅里叶变换（DFT）的定义式

设 $x(n)$ 为有限长序列，点数为 N，即 $x(n)$ 只有在 $n = 0 \sim (N-1)$ 范围内有值；在 n 取其他值时，$x(n) = 0$。我们把它看成周期为 N 的周期序列 $x_{\mathrm{p}}(n)$ 的一个周期，而把 $x_{\mathrm{p}}(n)$ 看成 $x(n)$ 的以 N 为周期的周期延拓，即表示成

$$x(n) = \begin{cases} x_{\mathrm{p}}(n), & 0 \leqslant n \leqslant N-1 \\ 0, & n\ \text{取其他值} \end{cases} \tag{3-36}$$

$$x_{\mathrm{p}}(n) = \sum_{r=-\infty}^{\infty} x(n + rN)，\ r\ \text{取整数} \tag{3-37}$$

通常把 $x_{\mathrm{p}}(n)$ 的第一个周期 $n = 0$ 到 $n = N-1$ 定义为主值区间，故 $x(n)$ 是 $x_{\mathrm{p}}(n)$ 的主值区间序列（简称主值序列）。

利用矩形序列 $R_N(n)$，式（3-36）也可写成周期序列和一个矩形序列相乘的结果，即

$$x(n) = x_{\mathrm{p}}(n)R_N(n) \tag{3-38}$$

同理，可将对频域的周期序列 $X_{\mathrm{p}}(k)$ 看成对有限长序列 $X(k)$ 的周期延拓，而将有限长序列 $X(k)$ 看成周期序列 $X_{\mathrm{p}}(k)$ 的主值序列，即

$$X_{\mathrm{p}}(k) = \sum_{r=-\infty}^{\infty} X(k + rN) \tag{3-39}$$

$$X(k) = X_{\mathrm{p}}(k)R_N(k) \tag{3-40}$$

考察离散傅里叶变换对的表达式——式（3-32）和式（3-33），容易看出，这两个公式的

求和都只限于主值区间，因而这种变换方法可以引申到主值序列相应的有限长序列。

现在给出有限长序列离散傅里叶变换的定义。设有限长序列 $x(n)$ 的长度为 N（在 $0 \leqslant n \leqslant N-1$ 范围内），它的离散傅里叶变换 $X(k)$ 仍然是一个长度为 N（在 $0 \leqslant k \leqslant N-1$ 范围内）的频域有限长序列，正、逆变换的关系式为

$$X(k) = \mathrm{DFT}[x(n)] = \sum_{n=0}^{N-1} x(n) W_N^{nk} , \quad 0 \leqslant k \leqslant N-1 \tag{3-41}$$

$$x(n) = \mathrm{IDFT}[X(k)] = \frac{1}{N} \sum_{k=0}^{N-1} X(k) W_N^{-nk} , \quad 0 \leqslant n \leqslant N-1 \tag{3-42}$$

比较离散傅里叶变换对与离散傅里叶级数变换对的表达式不难发现，只要把 $x(n)$、$X(k)$ 分别理解为 $x_\mathrm{p}(n)$、$X_\mathrm{p}(k)$ 的主值序列，两种变换对的表达式就完全相同。实际上，离散傅里叶级数是按傅里叶分析严格定义的，而我们规定的离散傅里叶变换是一种"借用"的形式。由前面的研究已知，有限长序列 $x(n)$ 是非周期性的，故其傅里叶变换应当是连续的、周期性的频率函数；现在，人为地把 $x(n)$ 周期延拓成为 $x_\mathrm{p}(n)$，使 $x(n)$ 充当其主值序列，于是 $x_\mathrm{p}(n)$ 的变换式 $X_\mathrm{p}(k)$ 成为离散的、周期性的频率函数。

借用 $X_\mathrm{p}(k)$ 的主值序列 $X(k)$ 定义离散傅里叶变换（DFT）。这样做的目的是使傅里叶分析可以利用数字计算机。因此，凡是提到离散傅里叶变换关系时，有限长序列都是作为周期序列的主值序列出现的，都隐含着周期性的意义。

式（3-41）与式（3-42）也可以写成矩阵形式：

$$\begin{bmatrix} X(0) \\ X(1) \\ \vdots \\ X(N-1) \end{bmatrix} = \begin{bmatrix} W^0 & W^0 & \cdots & W^0 \\ W^0 & W^{1\times1} & \cdots & W^{(N-1)\times1} \\ \vdots & \vdots & & \vdots \\ W^0 & W^{1\times(N-1)} & \cdots & W^{(N-1)\times(N-1)} \end{bmatrix} \begin{bmatrix} x(0) \\ x(1) \\ \vdots \\ x(N-1) \end{bmatrix} \tag{3-43}$$

和

$$\begin{bmatrix} x(0) \\ x(1) \\ \vdots \\ x(N-1) \end{bmatrix} = \frac{1}{N} \begin{bmatrix} W^0 & W^0 & \cdots & W^0 \\ W^0 & W^{-1\times1} & \cdots & W^{-1\times(N-1)} \\ \vdots & \vdots & & \vdots \\ W^0 & W^{-(N-1)\times1} & \cdots & W^{-(N-1)(N-1)} \end{bmatrix} \begin{bmatrix} X(0) \\ X(1) \\ \vdots \\ X(N-1) \end{bmatrix} \tag{3-44}$$

式（3-43）和式（3-44）可简写为

$$X(k) = W_N^{nk} x(n) \tag{3-45}$$

$$x(n) = \frac{1}{N} W_N^{-nk} X(k) \tag{3-46}$$

此处，$X(k)$ 与 $x(n)$ 均为 N 行的列矩阵，而 W^{nk} 与 W^{-nk} 均为 $N \times N$ 的对称方阵。

【例 3-6】 用矩阵形式求矩形序列 $x(n) = R_4(n)$ 的离散傅里叶变换。再由所得 $X(k)$ 经离散傅里叶逆变换反求 $x(n)$，验证所求结果的正确性。

解：由 $N = 4$，故 $W_N = \mathrm{e}^{-\mathrm{j}\frac{2\pi}{N}} = \mathrm{e}^{-\mathrm{j}\frac{2\pi}{4}} = -\mathrm{j}$，将其代入式（3-43），可得

$$\begin{bmatrix} X(0) \\ X(1) \\ X(2) \\ X(3) \end{bmatrix} = \begin{bmatrix} W^0 & W^0 & W^0 & W^0 \\ W^0 & W^1 & W^2 & W^3 \\ W^0 & W^2 & W^4 & W^6 \\ W^0 & W^3 & W^6 & W^9 \end{bmatrix} \begin{bmatrix} x(0) \\ x(1) \\ x(2) \\ x(3) \end{bmatrix} = \begin{bmatrix} 1 & 1 & 1 & 1 \\ 1 & -\mathrm{j} & -1 & \mathrm{j} \\ 1 & -1 & 1 & -1 \\ 1 & \mathrm{j} & -1 & -\mathrm{j} \end{bmatrix} \begin{bmatrix} 1 \\ 1 \\ 1 \\ 1 \end{bmatrix} = \begin{bmatrix} 4 \\ 0 \\ 0 \\ 0 \end{bmatrix}$$

再由 $X(k)$ 求 $x(n)$，求逆变换，根据式（3-44），可得

$$
\begin{bmatrix} x(0) \\ x(1) \\ x(2) \\ x(3) \end{bmatrix} = \frac{1}{4} \begin{bmatrix} W^0 & W^0 & W^0 & W^0 \\ W^0 & W^{-1} & W^{-2} & W^{-3} \\ W^0 & W^{-2} & W^{-4} & W^{-6} \\ W^0 & W^{-3} & W^{-6} & W^{-9} \end{bmatrix} \begin{bmatrix} X(0) \\ X(1) \\ X(2) \\ X(3) \end{bmatrix} = \frac{1}{4} \begin{bmatrix} 1 & 1 & 1 & 1 \\ 1 & j & 1 & -j \\ 1 & -1 & 1 & -1 \\ 1 & -j & -1 & j \end{bmatrix} \begin{bmatrix} 4 \\ 0 \\ 0 \\ 0 \end{bmatrix} = \begin{bmatrix} 1 \\ 1 \\ 1 \\ 1 \end{bmatrix}
$$

例 3-6 的图形表示如图 3-22 所示。

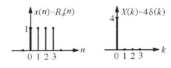

（a）$x(n)$ 的图形　（b）$X(k)$ 的图形

图 3-22　例 3-6 的图形表示

【例 3-7】已知有限长序列 $x(n) = \{1, 2, -1, 3\}$，求 $X(k)$。

解法 1：用矩阵求解。

$$
\begin{bmatrix} X(0) \\ X(1) \\ X(2) \\ X(3) \end{bmatrix} = \begin{bmatrix} W^0 & W^0 & W^0 & W^0 \\ W^0 & W^1 & W^2 & W^3 \\ W^0 & W^2 & W^4 & W^6 \\ W^0 & W^3 & W^6 & W^9 \end{bmatrix} \begin{bmatrix} x(0) \\ x(1) \\ x(2) \\ x(3) \end{bmatrix} = \begin{bmatrix} 1 & 1 & 1 & 1 \\ 1 & -j & -1 & j \\ 1 & -1 & 1 & -1 \\ 1 & j & -1 & -j \end{bmatrix} \begin{bmatrix} 1 \\ 2 \\ -1 \\ 3 \end{bmatrix} = \begin{bmatrix} 5 \\ 2+j \\ -5 \\ 2-j \end{bmatrix}
$$

解法 2：用公式求解。

$$
X(k) = \mathrm{DFT}[x(n)] = \sum_{n=0}^{N-1} x(n) W_N^{nk}, \quad 0 \leqslant k \leqslant N-1
$$

$$
W_N = \mathrm{e}^{-j\frac{2\pi}{N}} = \mathrm{e}^{-j\frac{2\pi}{4}} = -j
$$

$$
X(k) = \sum_{n=0}^{3} x(n) W_N^{nk} = x(0) + x(1)W_N^k + x(2)W_N^{2k} + x(3)W_N^{3k}
$$

当 $k=0$ 时，$X(0) = x(0) + x(1) + x(2) + x(3) = 1 + 2 - 1 + 3 = 5$

当 $k=1$ 时，$X(1) = x(0) + x(1)W + x(2)W^2 + x(3)W^3 = 1 + 2(-j) + (-1)(-j)^2 + 3(-j)^3 = 2+j$

当 $k=2$ 时，$X(2) = x(0) + x(1)W^2 + x(2)W^4 + x(3)W^6 = 1 + 2(-j)^2 + (-1)(-j)^4 + 3(-j)^6 = -5$

当 $k=3$ 时，$X(3) = x(0) + x(1)W^3 + x(2)W^6 + x(3)W^9 = 1 + 2(-j)^3 + (-1)(-j)^6 + 3(-j)^9 = 2-j$

$$
\therefore \quad X(k) = \{5, 2+j, -5, 2-j\}
$$

【例 3-8】求矩形脉冲序列 $x(n) = R_N(n)$ 的离散傅里叶变换。

解：根据定义写出

$$
X(k) = \sum_{n=0}^{N-1} R_N(n) W_N^{nk} = \sum_{n=0}^{N-1} W_N^{nk} = \sum_{n=0}^{N-1} (\mathrm{e}^{-j\frac{2\pi}{N}k})^n
$$

根据级数求和公式 $\displaystyle\sum_{n=0}^{n_2} a^n = \frac{1 - a^{n_2+1}}{1-a} (a \neq 1)$，可得

$$
X(k) = \begin{cases} N, & \mathrm{e}^{-j\frac{2\pi}{N}k} = 1 \\ \dfrac{1 - \mathrm{e}^{j\frac{2\pi}{N}kN}}{1 - \mathrm{e}^{j\frac{2\pi}{N}k}} = 0, & \mathrm{e}^{-j\frac{2\pi}{N}k} \neq 1 \end{cases}
$$

当 $k=0$ 时，对应 $e^{-j\frac{2\pi}{N}k}=1$ ，因此 $X(0)=N$。当 $k=1,2,\cdots,N-1$ 时，则有 $e^{-j\frac{2\pi}{N}k}\neq1$ ，然而，$\left(e^{-j\frac{2\pi}{N}k}\right)^N=e^{-j2\pi k}=1$ ，故对应非零 k 值的 $X(k)$ 全部等于零。

此结果表明，矩形脉冲序列的离散傅里叶变换仅在 $k=0$ 样点处取得 N 值，在其余 $(N-1)$ 个样点处都是零，可以写作

$$X(k)=N\delta(k)$$

不难想到，将 $R_N(n)$ 周期延拓（周期等于 N）成为无始无终、幅度恒为单位值的序列，取离散傅里叶级数，即 $N\delta(k)$。这种现象犹如连续时间系统分析中的直流信号，其傅里叶变换是冲激函数。

【例 3-9】试求下列有限长序列的 N 点离散傅里叶变换（闭合形式的表达式）：

（1） $x(n)=a^n R_N(n)$ 。

（2） $x(n)=nR_N(n)$ 。

解： 利用有限长序列的离散傅里叶变换的定义，即

$$X(k)=\sum_{n=0}^{N-1}x(n)W_N^{kn}, \quad 0\leqslant k\leqslant N-1$$

（1）因为 $x(n)=a^n R_N(n)$ ，所以

$$X(k)=\sum_{n=0}^{N-1}aW_N^{kn}=\sum_{n=0}^{N-1}a^n e^{-j\frac{2\pi}{N}nk}=\frac{1-a^N}{1-ae^{-j\frac{2\pi}{N}k}}$$

（2）由 $x(n)=nR_N(n)$ 可得

$$X(k)=\sum_{n=0}^{N-1}nW_N^{kn}$$

$$W_N^{kn}X(k)=\sum_{n=0}^{N-1}nW_N^{k(n+1)}$$

则

$$\begin{aligned}X(k)(1-W_N^k)&=\sum_{n=0}^{N-1}nW_N^{kn}-\sum_{n=0}^{N-1}nW_N^{k(n+1)}\\&=[W_N^k+2W_N^{2k}+3W_N^{3k}+\cdots+(N-1)W_N^{k(N-1)}]\\&\quad-[W_N^{2k}+2W_N^{3k}+\cdots+(N-2)W_N^{k(N-1)}+(N-1)W_N^{kN}]\\&=-(N-1)+\sum_{n=0}^{N-1}W_N^{kn}\\&=-(N-1)+\frac{W_N^k-1}{1-W_N^k}\\&=-N\end{aligned}$$

所以

$$X(k)=\frac{-N}{1-W_N^k}$$

3.5.2 离散傅里叶变换（DFT）与离散时间傅里叶变换（DTFT）的关系

通常把信号的傅里叶变换等同于信号的频谱。序列傅里叶变换是有限长序列的频谱，有限长序列是非周期序列，其频谱即它的傅里叶变换，应当是连续周期性的频谱；而有限长序

列的离散傅里叶变换是离散的序列，虽然也是一种傅里叶变换，但它不是有限长序列的频谱。它们两者是不同的，但又存在着联系。可以证明：有限长序列的离散傅里叶变换是这一序列频谱（序列傅里叶变换）的样值。

若有限长序列 $x(n)$ 的长度为 N 点，其 z 变换的表达式应写作

$$X(z) = \sum_{n=0}^{N-1} x(n)z^{-n}$$

一般情况下，若有限长序列满足绝对可和的条件，则其 z 变换的收敛域必定包括单位圆在内，则序列的傅里叶变换为

$$X(e^{j\omega}) = X(z)\Big|_{z=e^{j\omega}} = \sum_{n=0}^{N-1} x(n)e^{-j\omega n}$$

现以 $\omega_1 = 2\pi/N$ 为间隔，把单位圆等分为 N 个点，则在第 k 个等分点处，即在 $\omega = k\omega_1 = k\cdot 2\pi/N$ 点处，此时的值为

$$
\begin{aligned}
X(e^{j\omega})\Big|_{\omega=\frac{2\pi}{N}k} &= \sum_{n=0}^{N-1} x(n)e^{-j\frac{2\pi}{N}nk} \\
&= \mathrm{DFT}\big[x(n)\big] \\
&= X(k)
\end{aligned}
\tag{3-47}
$$

结果表明：对于序列 $x(n)$ 的 z 变换，抽选 $z = e^{j\frac{2\pi}{N}k}$ 这些特定点的样值，即可得到它的离散傅里叶变换。或者说，有限长序列 $x(n)$ 的离散傅里叶变换就是序列在单位圆上的 z 变换（序列傅里叶变换）以 $\omega_1 = 2\pi/N$ 为间隔的样值，如图 3-23 所示。

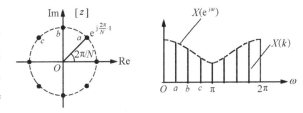

图 3-23　离散傅里叶变换和离散时间傅里叶变换的对比

举例说明：已知矩形序列 $x(n) = R_4(n)$，对应的 $\mathrm{DFT}[x(n)]=X(k)$ 及 $\mathrm{DTFT}[x(n)]=X(e^{j\omega})$，如图 3-24 所示。

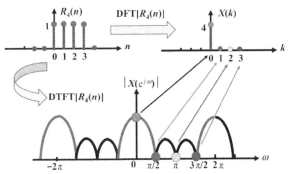

图 3-24　$R_4(n)$ 的离散傅里叶变换（DFT）与离散时间傅里叶变换（DTFT）的比对

由图 3-24 可知，矩形序列的 $\mathrm{DFT}[R_4(n)]$ 就是序列傅里叶变换 $\mathrm{DTFT}[R_4(n)]$ 以 $\omega_1 = 2\pi/4$ 为间隔的样值。

由以上分析可知，对于长度为 N 的有限长序列 $x(n)$，利用其 $\mathrm{DFT}[x(n)]$ 的 N 个样值——从单位圆上取 $X(z)$ 的 N 个样值，就可以正确恢复序列 $x(n)$。显然，也可以利用这 N 个样值正确恢复其 z 变换函数 $Z[x(n)] = X(z)$。下面导出由 $X(k)$ 确定 $X(z)$ 的表达式。

$$X(z) = \sum_{n=0}^{N-1} x(n)z^{-n}$$

其中，$x(n)$可利用离散傅里叶逆变换的形式来表示：

$$x(n) = \frac{1}{N} \sum_{k=0}^{N-1} X(k)W^{-nk}$$

$$\begin{aligned}
X(z) &= \sum_{n=0}^{N-1} \left[\frac{1}{N} \sum_{k=0}^{N-1} X(k)W^{-nk} \right] z^{-n} \\
&= \frac{1}{N} \sum_{k=0}^{N-1} X(k) \left(\sum_{n=0}^{N-1} W^{-nk} z^{-n} \right) \\
&= \frac{1}{N} \sum_{k=0}^{N-1} X(k) \left(\frac{1-W^{-Nk}z^{-N}}{1-W^{-k}z^{-1}} \right) \\
&= \sum_{k=0}^{N-1} X(k) \left(\frac{1}{N} \cdot \frac{1-z^{-N}}{1-W^{-k}z^{-1}} \right)
\end{aligned} \tag{3-48}$$

这就是由单位圆上的样点 $X(k)$ 确定 $X(z)$ 的表达式，也称内插公式，将式（3-48）中方括号部分以符号 $\varPhi_k(z)$ 表示，称为内插函数。

$$X(z) = \sum_{k=0}^{N-1} X(k)\varPhi_k(k) \tag{3-49}$$

$$\varPhi_k(k) = \frac{1}{N} \cdot \frac{1-z^{-N}}{1-W^{-k}z^{-1}} \tag{3-50}$$

令 $1-z^{-N}=0$，则

$$z = \mathrm{e}^{\mathrm{j}\frac{2\pi}{N}r}, \quad r = 0,1,\cdots,N-1 \tag{3-51}$$

$\varPhi_k(z)$ 在单位圆的 N 等分点上（N 个样点对应的位置）出现零点，但在 $W^{-k} = \mathrm{e}^{\mathrm{j}\frac{2\pi}{N}k}$ 处，分子分母都为零，此时利用洛必达法则可求得 $\varPhi_k(z) = 1$，因而内插函数 $\varPhi_k(z)$ 只在本身样点 $r=k$ 处不为零，在其他 $(N-1)$ 个样点 r（$r = 0,1,\cdots,N-1$，但 $r \neq k$）处都是零点（有 $(N-1)$ 个零点）。于是再一次证实了前面确定的关系式：

$$X(x)\big|_{z=\mathrm{e}^{\mathrm{j}\frac{2\pi}{N}k}} = X(k)$$

现在来讨论频率响应特性，即求单位圆上 $z = \mathrm{e}^{\mathrm{j}\omega}$ 的 z 变换。由式（3-49）可得

$$X(\mathrm{e}^{\mathrm{j}\omega}) = \sum_{k=0}^{N-1} X(k)\varPhi_k(\mathrm{e}^{\mathrm{j}\omega}) \tag{3-52}$$

$$\varPhi_k(\mathrm{e}^{\mathrm{j}\omega}) = \frac{1}{N} \cdot \frac{1-\mathrm{e}^{-\mathrm{j}\omega N}}{1-\mathrm{e}^{-\mathrm{j}(\omega-\frac{2\pi}{N}k)}} = \frac{1}{N} \cdot \frac{\sin\dfrac{\omega N}{2}}{\sin\dfrac{\omega - \dfrac{2\pi}{N}k}{2}} \mathrm{e}^{-\mathrm{j}\left(\frac{\omega N}{2} - \frac{\omega}{2} + \frac{k\pi}{N}\right)} \tag{3-53}$$

为将式（3-53）简化，再引入函数

$$\varPsi(\omega) = \frac{1}{N} \cdot \frac{\sin\dfrac{\omega N}{2}}{\sin\dfrac{\omega}{2}} \mathrm{e}^{-\mathrm{j}\omega\left(\frac{N-1}{2}\right)} \tag{3-54}$$

利用式（3-54），可将式（3-53）改写为

$$\Phi_k(\mathrm{e}^{\mathrm{j}\omega}) = \Psi\left(\omega - k\frac{2\pi}{N}\right) \tag{3-55}$$

于是得出

$$X(\mathrm{e}^{\mathrm{j}\omega}) = \sum_{k=0}^{N-1} X(k)\Psi\left(\omega - k\frac{2\pi}{N}\right) \tag{3-56}$$

与式（3-49）的形式类似，式（3-56）就是由单位圆上的样点 $X(k)$ 确定 $X(\mathrm{e}^{\mathrm{j}\omega})$ 的内插表达式。此处，内插函数 $\Psi(\omega)$ 的幅度特性与相位特性如图 3-25 所示（在该图中，$N=5$）。在 $\omega=0$ 点处，$\Psi(\omega)=1$，而在 $\omega=k\cdot 2\pi/N$（$k=1,2,\cdots,N-1$）处，$\Psi(\omega)=0$。式（3-56）表明：$X(\mathrm{e}^{\mathrm{j}\omega})$ 是由 N 个 $\Psi(\omega-k\cdot 2\pi/N)$ 函数组合而成的，其中，每个函数的加权系数为 $X(k)$。显然，每个样点的 $X(\mathrm{e}^{\mathrm{j}\omega})$ 值就等于该点的 $X(k)$ 值，因为其余各样点的内插函数在这里都等于零。样点之间的 $X(\mathrm{e}^{\mathrm{j}\omega})$ 值则由各内插函数延伸叠加而构成，如图 3-26 所示。现在，由频率抽样信号从频域恢复了原信号。

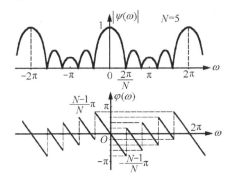

图 3-25　内插函数 $\Psi(\omega)$ 的幅度特性与相位特性　　图 3-26　由内插函数求得 $X(\mathrm{e}^{\mathrm{j}\omega})$ 的示意图

3.5.3　离散傅里叶变换（DFT）的性质

1. 线性性质

若 $X(k) = \mathrm{DFT}[x(n)]$，$Y(k) = \mathrm{DFT}[y(n)]$，则

$$\mathrm{DFT}[ax(n)+by(n)] = aX(k)+bY(k) \tag{3-57}$$

式中，a、b 为任意常数。证明从略。

如果两序列的长度不相等，那么要以最长的序列为基准，对短序列补零，使序列长度相等，才能进行线性相加。

2. 奇偶性（对称性）

1）实数序列

设 $x(n)$ 为实数序列，$X(k) = \mathrm{DFT}[x(n)]$，则

$$\begin{aligned}
X(k) &= \sum_{n=0}^{N-1} x(n)\mathrm{e}^{-\mathrm{j}\frac{2\pi}{N}nk} \\
&= \sum_{n=0}^{N-1} x(n)\cos\left(\frac{2\pi}{N}nk\right) - \mathrm{j}\sum_{n=0}^{N-1} x(n)\sin\left(\frac{2\pi}{N}nk\right) \\
&= X_{\mathrm{R}}(k) + \mathrm{j}X_{\mathrm{I}}(k)
\end{aligned} \tag{3-58}$$

这里，$X_{\mathrm{R}}(k)$ 是 $X(k)$ 的实部，$X_{\mathrm{I}}(k)$ 是 $X(k)$ 的虚部，并且

$$X_{\mathrm{R}}(k) = \sum_{n=0}^{N-1} x(n)\cos\left(\frac{2\pi}{N}nk\right) \tag{3-59}$$

$$X_I(k) = -\sum_{n=0}^{N-1} x(n) \sin\left(\frac{2\pi}{N}nk\right) \qquad (3\text{-}60)$$

显然，由于 $X_R(k)$ 和 $X_I(k)$ 分别由余弦函数和正弦函数构成，前者为 k 的偶函数，后者为 k 的奇函数。必须指出，这里所谓的偶函数和奇函数都应理解为将 $X(k)$ 周期延拓而具有周期重复性。如果认为离散傅里叶变换的定义仅限于 $0\sim(N-1)$ 范围内，那么它的奇、偶特性都应以 $N/2$ 为对称中心。在以下讨论中，对奇、偶含义的理解都遵从此规律。

以上分析表明：实数序列的离散傅里叶变换为复数，其实部是偶函数，虚部是奇函数。

$X(k)$ 的幅度和相位分别为

$$|X(k)| = \sqrt{X_R^2(k) + X_I^2(k)} \qquad (3\text{-}61)$$

$$\arg[X(k)] = \arctan\frac{X_I(k)}{X_R(k)} \qquad (3\text{-}62)$$

它们分别是 k 的偶函数与奇函数，并分别具有半周偶对称与半周奇对称的特点。设 $x(n)$ 是实序列，其离散傅里叶变换可写成

$$\begin{aligned}
X(k) &= \sum_{n=0}^{N-1} x(n) W_N^{nk} \\
&= \left[\sum_{n=0}^{N-1} x(n) W_N^{-nk}\right]^* \\
&= \left[\sum_{n=0}^{N-1} x(n) W_N^{n(N-k)}\right]^* \\
&= X^*(N-k)
\end{aligned} \qquad (3\text{-}63)$$

从而有

$$|X(k)| = |X^*(N-k)| = |X(N-k)| \qquad (3\text{-}64)$$

$$\arg[X(k)] = \arg[X^*(N-k)] = -\arg[X(N-k)] \qquad (3\text{-}65)$$

式（3-65）表明：实数序列 $x(n)$ 的离散傅里叶变换 $X(k)$，在 $0\sim N$ 范围内，关于 $N/2$ 点呈对称分布，$|X(k)|$ 满足偶对称条件，$\arg[X(k)]$ 满足奇对称条件。但由于长度为 N 的 $X(k)$ 的有值区间是 $[0,N-1]$，而在式（3-63）中增加了第 N 点的数值，因此所谓的对称性并不是很严格。

图 3-27 所示为 $N=8$ 和 $N=7$ 时 $|X(k)|$ 的分布图。如果将 $X(k)$ 分布在一个 N 等分的圆周上，那么，它就以 $k=0$ 为中心，左、右两半共轭对称。

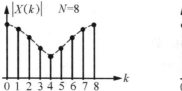
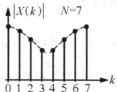

图 3-27　$N=8$ 和 $N=7$ 时 $|X(k)|$ 的分布图

举例说明：有限长序列 $x(n)=\{1,2,-1,3\}$，对应的 $X(k)=\{5,2+j,-5,2-j\}$，此时有

$$5 = X(0) = X^*(N-k) = X^*(4) = 5$$

$$2+j = X(1) = X^*(4-1) = X^*(3) = 2-j$$

$$-5 = X(2) = X^*(4-2) = X^*(2) = -5$$

满足对称性的关系。

2）复数序列

若有限长序列 $x^*(n)$ 是 $x(n)$ 的共轭复数序列，并设

$$x(n) = x_R(n) + jx_I(n)$$

$$x^*(n) = x_R(n) - jx_I(n)$$

则有

$$\text{DFT}[x^*(n)] = X^*(N-k) \qquad (3\text{-}66)$$

对于一般的复数序列，有

$$x_R(n) = \frac{1}{2}[x(n) + x^*(n)]$$

$$x_I(n) = \frac{1}{2}[x(n) - x^*(n)]$$

则

$$X_R(k) = \text{DFT}[x_R(n)] = \frac{1}{2}[X(k) + X^*(k)] \qquad (3\text{-}67)$$

$$X_I(k) = \text{DFT}[jx_I(n)] = \frac{1}{2}[X(k) - X^*(k)] \qquad (3\text{-}68)$$

$$X(k) = X_R(k) + X_I(k) \qquad (3\text{-}69)$$

将两个实序列分别作为复数序列的实部与虚部，组成一个复序列，计算此复序列的离散傅里叶变换，然后根据式（3-67）和式（3-68）就可以计算出这两个序列的离散傅里叶变换。

3．时移特性

1）圆周移位

一个有限长序列 $x(n)$ 的圆周移位是指用它的点数 N 为周期，将其延拓成周期序列 $x_p(n)$，将周期序列 $x_p(n)$ 移位，然后取主值区间（$n=0\sim(N-1)$）上的序列值。因而一个有限长序列 $x(n)$ 的圆周移位的定义式为

$$x_m(n) = x_p(n-m)\,R_N(n) \qquad (3\text{-}70)$$

这种移位方式有一个特点：有限长序列经过了周期延拓。例如，在序列的第一个周期右移 m 位后，紧靠第一个周期左边序列的序列值就依次填补了第一个周期序列右移后左边的空位，如同序列 $x(n)$ 排列在一个 N 等分圆周上，N 个点首尾衔接，圆周移 m 位相当于 $x(n)$ 在圆周上旋转 m 位。因此，这种移位方式称为圆周移位或循环移位，如图 3-28 所示。

2）时移定理

若 $\text{DFT}[x(n)] = X(k)$，则

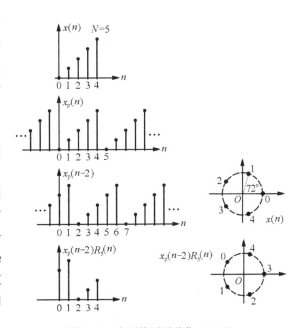

图 3-28　序列的圆周移位（$N=5$）

$$\text{DFT}[x_p(n-m)R_N(n)] = W_N^{mk}X(k) \qquad (3\text{-}71)$$

证明：$\mathrm{DFT}[x_\mathrm{p}(n-m)R_N(n)] = \sum_{n=0}^{N-1} x_\mathrm{p}(n-m)W_N^{nk}$

$$= \sum_{i=-m}^{N-m-1} x_\mathrm{p}(i)W_N^{(i+m)k} \quad （令 i = n-m）$$

$$= W_N^{mk} \sum_{i=-m}^{N-m-1} x_\mathrm{p}(i)W_N^{ik}$$

由于 $x_\mathrm{p}(i)$ 和 W^{ik} 都是以 N 为周期的周期函数，因而式中求和范围可改为从 $i=0$ 到 $i=N-1$，显然

$$\mathrm{DFT}[x_\mathrm{p}(n-m)R_N(n)] = W_N^{mk} \sum_{i=0}^{N-1} x_\mathrm{p}(i)W_N^{ik} = W_N^{mk}X(k)$$

时移定理表明：序列在时域上圆周移位，在频域上产生附加相移。

4．频移特性

若 $\mathrm{DFT}[x(n)] = X(k)$，则频移特性为

$$\mathrm{IDFT}[X_\mathrm{p}(k-l)R_N(k)] = x(n)W_N^{-ln} \tag{3-72}$$

频移特性表明：若序列在时域上乘以复指数序列 W_N^{-ln}，则在频域上，$X(k)$ 将圆周移位 l 位，可以将其看作调制信号的频谱搬移。因此，频移特性又称为调制定理。本定理的证明留给同学们自己练习。由式（3-72）还可以得出两个公式：

$$\mathrm{DFT}\left[x(n)\cos\frac{2\pi nl}{N}\right] = \frac{1}{2}[X_\mathrm{p}(k-l)+X_\mathrm{p}(k+l)]R_N(k) \tag{3-73}$$

$$\mathrm{DFT}\left[x(n)\sin\frac{2\pi nl}{N}\right] = \frac{1}{2\mathrm{j}}[X_\mathrm{p}(k-l)-X_\mathrm{p}(k+l)]R_N(k) \tag{3-74}$$

5．时域圆周卷积（圆卷积）特性

设 $x(n)$、$h(n)$ 和 $y(n)$ 都是点数为 N 的有限长序列，且 $X(k)=\mathrm{DFT}[x(n)]$，$H(k)=\mathrm{DFT}[h(n)]$，$Y(k)=\mathrm{DFT}[y(n)]$。若

$$Y(k) = X(k)H(k)$$

则

$$y(n) = \mathrm{IDFT}\big[Y(k)\big]$$

$$= \sum_{m=0}^{N-1} x(m)h_\mathrm{p}(n-m)R_N(n) \tag{3-75}$$

$$= \sum_{m=0}^{N-1} h(m)x_\mathrm{p}(n-m)R_N(n)$$

证明：$\mathrm{IDFT}[Y(k)] = \mathrm{IDFT}[X(k)H(k)]$

$$= \frac{1}{N}\sum_{k=0}^{N-1} X(k)H(k)W^{-nk} \qquad \text{离散傅里叶逆变换的定义式}$$

$$= \frac{1}{N}\sum_{k=0}^{N-1}\left[\sum_{m=0}^{N-1} x(m)W^{mk}\right]H(k)W^{-nk} \qquad \text{离散傅里叶变换的定义式}$$

$$= \sum_{m=0}^{N-1} x(m)\left[\frac{1}{N}\sum_{k=0}^{N-1} H(k)W^{(m-n)k}\right] \qquad \text{交换求和顺序}$$

其中，方括号部分相当于求 $H(k)\ W^{mk}$ 的离散傅里叶逆变换，引入时移定理，这部分可写作

$h_p(n-m)R_N(n)$，于是得到

$$y(n) = \sum_{m=0}^{N-1} x(m) h_p(n-m) R_N(n)$$

同理，也可证明

$$y(n) = \sum_{m=0}^{N-1} h(m) x_p(n-m) R_N(n)$$

此卷积过程只在 $0 \leqslant m \leqslant N-1$ 范围内进行，若 $x(m)$ 保持不移位，则 $h_p(n-m)$ 相当于 $h_p(-m)$ 的圆周移位，因而把这种卷积称作圆周卷积或圆卷积，用符号 $\circledast$ 表示，即

$$y(n) = x(n) \circledast h(n) = \sum_{m=0}^{N-1} x(m) h_p(n-m) R_N(n) = \sum_{m=0}^{N-1} h(m) x_p(n-m) R_N(n)$$

显然，此前介绍的卷积是做平移，而非做圆周移位，那种情况称为线性卷积，与此处的圆卷积有所区别。

圆卷积的特点如下：

（1）要求 $x(n)$、$h(n)$ 的长度相等。

（2）$x(n) \circledast h(n)$ 的长度与原序列相同。

（3）若两序列的长度不等，可将较短的一个补零，形成两个等长序列。

圆卷积的图解分析可按照反褶、圆移、相乘、求和的步骤进行。

【例 3-10】两个有限长序列分别为

$$x(n) = (n+1) R_4(n)$$
$$h(n) = (4-n) R_4(n)$$

试求证：圆卷积 $y(n) = x(n) \circledast h(n)$。

解：（1）对 $x(n)$、$h(n)$ 进行变量置换，分别写作 $x(m)$、$h(m)$。

（2）由 $h(m)$ 得出 $h_p(-m)R_4(m)$，$h_p(1-m) R_4(m)$，$h_p(2-m) R_4(m)$，$h_p(3-m) R_4(m)$，并将其绘于图 3-29 中。

依次将 $h_p(n-m) R_4(m)$ 与 $x(m)$ 相乘并求和，得到

$$y(0) = \sum_{m=0}^{N-1} x(m) h_p(-m) R_4(n)$$
$$= 1 \times 4 + 2 \times 1 + 3 \times 2 + 4 \times 3$$
$$= 24$$

$$y(1) = \sum_{m=0}^{N-1} x(m) h_p(1-m) R_4(n)$$
$$= 1 \times 3 + 2 \times 4 + 3 \times 1 + 4 \times 2$$
$$= 22$$

$$y(2) = \sum_{m=0}^{N-1} x(m) h_p(2-m) R_4(n)$$
$$= 1 \times 2 + 2 \times 3 + 3 \times 4 + 4 \times 1$$
$$= 24$$

$$y(3) = \sum_{m=0}^{N-1} x(m) h_p(3-m) R_4(n)$$
$$= 1 \times 1 + 2 \times 2 + 3 \times 3 + 4 \times 4$$
$$= 30$$

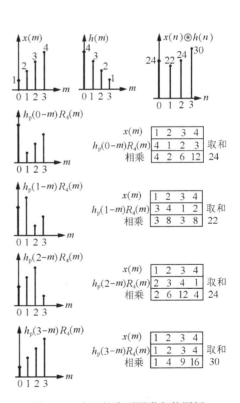

图 3-29 有限长序列圆卷积的图解

最后写出

$$y(n) = 24\delta(n) + 22\delta(n-1) + 24\delta(n-2) + 30\delta(n-3)$$

6. 频域圆卷积

若 $y(n) = x(n)\,h(n)$，则

$$
\begin{aligned}
Y(k) &= X(k) \circledast H(k) \\
&= \frac{1}{N}\sum_{l=0}^{N-1} X(l)H_{\mathrm{p}}(k-l)R_N(k) \\
&= \frac{1}{N}\sum_{l=0}^{N-1} H(l)X_{\mathrm{p}}(k-l)R_N(k)
\end{aligned}
\tag{3-76}
$$

频域圆卷积的证明方法与时域圆卷积类似。

7. 相关特性

在统计通信及信号处理中，相关特性（或称线性相关）的概念是一个十分重要的概念。相关函数和信号的功率谱有密切关系。通常利用相关函数来分析随机信号的功率谱密度，相关函数对确定性信号的分析也有一定的作用。所谓相关是指，两个确定信号或两个随机信号之间的相互关系。与有限长序列的卷积运算类似，相关函数的运算也可分为圆相关（循环相关）与线相关两种形式。通常，可借助圆相关求线相关。

当对序列 $x_1(n)$ 与 $x_2(n)$ 进行互相关运算时，所得互相关函数 $r_{12}(n)$ 的傅里叶变换 $R_{12}(k)$ 等于 $X_1(k)$ 与 $X_2^*(k)$ 的积，$X_2^*(k)$ 是 $X_2(k)$ 的共轭。

$$
\begin{cases}
r_{12}(n) = \sum\limits_{m=0}^{N-1} x_1(m)x_{2\mathrm{p}}(m-n)R_N(n) \\
R_{12}(k) = X_1(k)X_2^*(k)
\end{cases}
\tag{3-77}
$$

同理，还有以下关系：

$$
\begin{cases}
r_{21}(n) = \sum\limits_{m=0}^{N-1} x_2(m)x_{1\mathrm{p}}(m-n)R_N(n) \\
R_{21}(k) = X_2(k)X_1^*(k)
\end{cases}
\tag{3-78}
$$

离散相关特性的图形解释，相关定理的证明与离散卷积有某些类似之处，同学们可练习分析。此外，离散相关与连续时间信号的相关运算及傅里叶变换的相关定理在形式上也一一对应。

以上定理按互相关形式给出，如果 $x_1(n) = x_2(n)$，则构成自相关运算。利用自相关特性可进一步推出帕塞瓦尔（Parseval）定理。

8. 帕塞瓦尔（Parseval）定理

若 $\mathrm{DFT}[x(n)] = X(k)$，则

$$\sum_{n=0}^{N-1}\left|x(n)\right|^2 = \frac{1}{N}\sum_{k=0}^{N-1}\left|X(k)\right|^2 \tag{3-79}$$

如果 $x(n)$ 是实序列，则有

$$\sum_{n=0}^{N-1}x^2(n) = \frac{1}{N}\sum_{k=0}^{N-1}\left|X(k)\right|^2 \tag{3-80}$$

式（3-80）左端代表离散信号在时域中的能量，右端代表离散信号在频域中的能量，表明变换过程中的能量是守恒的。

表 3-2 所示为离散傅里叶变换的主要性质，以供查阅。

表 3-2　离散傅里叶变换的主要性质

性　　质	时域表示	离散傅里叶变换
	$x(n)$	$X(k)$
	$y(n)$	$Y(k)$
线性	$ax(n) + by(n)$	$aX(k) + bY(k)$
奇偶性	设 $x(n)$ 为实数序列	$X(k) = X^*(N - k)$ $\lvert X(k) \rvert = \lvert X^*(N-k) \rvert = \lvert X(N-k) \rvert$ $\arg[X(k)] = \arg[X^*(N-k)] = -\arg[X(N-k)]$
时移	$x_p(n - m)R_N(n)$	$W^{mk}X(k)$
频移	$x(n)W^{-ln}$	$X_p(k - l)R_N(k)$
时域圆卷积	$x(n) \circledast y(n)$	$X(k)\,Y(k)$
频域圆卷积	$x(n)\,y(n)$	$(1/N)\,X(k) \circledast Y(k)$
Parseval 定理	$\displaystyle\sum_{n=0}^{N-1}\lvert x(n)\rvert^2$	$\displaystyle\sum_{k=0}^{N-1}\frac{1}{N}\lvert X(k)\rvert^2$

【例 3-11】令 $X(k)$ 表示 $x(n)$ 的 N 点离散傅里叶变换，证明：

（1）如果 $x(n)$ 满足关系式

$$x(n) = -x(N-1-n) \quad （奇对称）$$

则

$$X(0) = 0$$

（2）当 N 为偶数时，如果 $x(n)$ 满足关系式

$$x(n) = x(N-1-n) \quad （偶对称）$$

则

$$X\left(\frac{N}{2}\right) = 0$$

证明：（1）由根据离散傅里叶变换的定义，有

$$X(k) = \sum_{n=0}^{N-1} x(n)W_N^{kn}$$

所以

$$X(0) = \sum_{n=0}^{N-1} x(n) \tag{①}$$

令 $n = N-1-m$，则有

$$X(0) = \sum_{m=N-1}^{0} x(N-1-m) \tag{②}$$

①+②得

$$2X(0) = \sum_{n=0}^{N-1}\left[x(n) + x(N-1-n)\right] \tag{③}$$

将已知条件 $x(n) = -x(N-1-n)$ 代入③式，有

$$X(0) = 0$$

（2）当 $x(n) = x(N-1-n)$（偶对称）时，有

$$X(k) = \sum_{n=0}^{N-1} x(n)W_N^{kn} = \sum_{n=0}^{N-1} x(N-1-n)W_N^{kn} \tag{④}$$

令 $n = N-1-m$，则④式可写成

$$X(k) = \sum_{m=N-1}^{0} x(m)W_N^{k(N-1-m)} = W_N^{k(N-1)}\sum_{m=0}^{N-1} x(m)W_N^{-km} \qquad ⑤$$

利用 $X(k)$ 的周期性，当 $k = N/2$（N 为偶数）时，将其代入⑤式，有

$$X\left(\frac{N}{2}\right) = W_N^{\frac{N}{2}(N-1)} X\left(\frac{N}{2}\right) = -X\left(\frac{N}{2}\right)$$

因此，证得

$$X\left(\frac{N}{2}\right) = 0$$

【例 3-12】若 $\mathrm{DFT}[x(n)] = X(k)$，证明能量守恒定理（Parseval 定理）：

$$\sum_{n=0}^{N-1}|x(n)|^2 = \frac{1}{N}\sum_{k=0}^{N-1}|X(k)|^2$$

证明：根据离散傅里叶变换的定义，有

$$X(k) = \sum_{n=0}^{N-1} x(n)W_N^{kn}, \quad k = 0,1,2,\cdots,N-1$$

$$x(n) = \frac{1}{N}\sum_{k=0}^{N-1} X(k)W^{-nk}, \quad n = 0,1,2,\cdots,N-1$$

$$\sum_{n=0}^{N-1}|x(n)|^2 = \sum_{n=0}^{N-1} x(n)x^*(n)$$

$$= \sum_{n=0}^{N-1} x(n)\left[\frac{1}{N}\sum_{k=0}^{N-1} X(k)W^{-nk}\right]^*$$

$$= \frac{1}{N}\sum_{k=0}^{N-1} X^*(k)\sum_{n=0}^{N-1} x(n)W^{nk}$$

$$= \frac{1}{N}\sum_{k=0}^{N-1} X^*(k)X(k)$$

$$= \frac{1}{N}\sum_{k=0}^{N-1}|X(k)|^2$$

所以

$$\sum_{n=0}^{N-1}|x(n)|^2 = \frac{1}{N}\sum_{k=0}^{N-1}|X(k)|^2$$

【例 3-13】令 $X(k)$ 表示 $x(n)$ 的 N 点离散傅里叶变换，且 N 为偶数。试利用 $X(k)$ 表示以下长度为 $2N$ 的 $x_1(n)$ 序列和 $x_2(n)$ 序列的离散傅里叶变换。

（1）$x_1(n) = \begin{cases} x(n), & 0 \leqslant n \leqslant N-1 \\ x(n-N), & N \leqslant n \leqslant 2N-1 \end{cases}$

（2）$x_2(n) = \begin{cases} x(n), & 0 \leqslant n \leqslant N-1 \\ 0, & N \leqslant n \leqslant 2N-1 \end{cases}$

解：（1）由离散傅里叶变换的定义可知

$$X_1(k) = \sum_{n=0}^{2N-1} x(n)W_{2N}^{kn} = \sum_{n=0}^{N-1} x(n)W_{2N}^{kn} + \sum_{n=N}^{2N-1} x(n)W_{2N}^{kn} = \sum_{n=0}^{N-1} x(n)W_{2N}^{kn} + \sum_{n=N}^{2N-1} x(n-N)W_{2N}^{kn}$$

对第二项进行变量代换，令 $m = n - N$，则有

$$X(k) = \sum_{n=0}^{N-1} x(n)W_N^{\frac{k}{2}n} + \sum_{m=0}^{N-1} x(m)W_N^{\frac{k}{2}(m+N)}$$

$$= X\left(\frac{k}{2}\right) + X\left(\frac{k}{2}\right)W_N^{\frac{k}{2}N}$$

$$= X\left(\frac{k}{2}\right)(1 + \cos \pi k)$$

$$= \begin{cases} 0, & k\text{为奇数} \\ 2X\left(\dfrac{k}{2}\right), & k\text{为偶数} \end{cases}$$

（2）由离散傅里叶变换的定义可知

$$X_1(k) = \sum_{n=0}^{2N-1} x(n)W_{2N}^{kn}$$

$$= \sum_{n=0}^{N-1} x(n)W_{2N}^{kn} + \sum_{n=N}^{2N-1} x(n)W_{2N}^{kn}$$

$$= \sum_{n=0}^{N-1} x(n)W_{2N}^{kn}$$

$$= \sum_{n=0}^{N-1} x(n)W_N^{\frac{k}{2}n}$$

$$= X\left(\frac{k}{2}\right)$$

进行深入剖析，当 k 取偶数时，可以由 $X(k)$ 式得到；当 k 取奇数时，$X(k)$ 是不存在的，此时的 $X(k)$ 或者通过 DFT$[x_2(n)]$ 直接求取，或者利用与 DTFT$[x_2(n)]$ 之间的关联得到。

3.6　快速傅里叶变换（FFT）

　　快速傅里叶变换（FFT）并不是一种新的变换，而是离散傅里叶变换的一种快速算法。

　　离散傅里叶变换的计算在数字信号处理中非常有用。例如，在有限冲激响应（FIR）滤波器的设计中，会遇到由 $h(n)$ 求 $H(k)$ 或由 $H(k)$ 求 $h(n)$ 的情况，这就要计算离散傅里叶变换。再有，信号的频谱分析对通信、图像传输、雷达、声呐等都是很重要的。此外，在系统分析、设计和实现中，都会用到离散傅里叶变换的计算。但是，在相当长的时间里，由于离散傅里叶变换的运算量太大，即使采用计算机，也很难对问题进行实时处理，所以离散傅里叶变换并没有得到真正的运用。直到 1965 年，J.W.Cooley（库利）和 J.W.Tukey（图基）在《计算数学》杂志上发表了名为"机器计算傅里叶级数的一种算法"的文章，提出了一种离散傅里叶变换的快速算法，后来又有 G.Sande（桑德）和 J.W.Tukey 的快速算法相继出现，情况才发生了根本的改变。经过人们对算法的改进、发展和完善，形成了一套高速、有效的运算方法，使离散傅里叶变换的运算大大简化，运算时间一般可缩短一两个数量级，从而使离散傅里叶变换的运算在实际中得到了广泛的应用。

3.6.1　直接按离散傅里叶变换（DFT）运算的问题及其改进思路

1. 直接按离散傅里叶变换（DFT）运算的问题

设 $x(n)$ 为 N 点有限长序列，其离散傅里叶变换为

$$X(k) = \sum_{n=0}^{N-1} x(n) W_N^{nk}, \quad k = 0,1,\cdots,N-1$$

每计算一个 $X(k)$ 值，需要 N 次复数乘法和 $(N-1)$ 次复数相加运算。对于 N 个 $X(k)$ 点，应重复 N 次上述运算。因此，要完成全部离散傅里叶变换运算，共需 N^2 次复数乘法运算和 $N(N-1)$ 次复数加法运算。例如 $N=4$ 的情况，为便于讨论，写出它的矩阵表达式：

$$\begin{bmatrix} X(0) \\ X(1) \\ X(2) \\ X(3) \end{bmatrix} = \begin{bmatrix} W^0 & W^0 & W^0 & W^0 \\ W^0 & W^1 & W^2 & W^3 \\ W^0 & W^2 & W^4 & W^6 \\ W^0 & W^3 & W^6 & W^9 \end{bmatrix} \begin{bmatrix} x(0) \\ x(1) \\ x(2) \\ x(3) \end{bmatrix} \qquad (3\text{-}81)$$

显然，为求得每个 $X(k)$ 值，需要 $N=4$ 次复数乘法运算和 $N-1=3$ 次复数加法运算，要得到 $N=4$ 个 $X(k)$ 值，则需要 $N^2 = 4^2 = 16$ 次复数乘法运算和 $N(N-1) = 12$ 次复数加法运算。

随着 N 值的加大，运算量将迅速增长。例如，当 $N=8$ 时，需要 64 次复数乘法运算；当 $N=10$ 时，需要 100 次复数乘法运算。而当 $N=2^{10}=1024$ 时，就需要 $N^2 = 1048576$ 次（一百多万次）复数乘法运算，假设计算机采用复数乘法运算的时间为每次 $100\ \mu s$，则总共约需 105 s。按照这种规律，在 N 较大的情况下，难以达到对信号进行实时处理所需的运算速度。

2. 改进思路

仔细观察离散傅里叶变换的运算就可看出，利用系数 W_N^{nk} 的以下固有特性，就可减少离散傅里叶变换的运算量，从而改进算法。

1）W_N^{nk} 的对称性

因为 $W_N^{N/2} = \mathrm{e}^{-j\frac{2\pi}{N}\cdot\frac{N}{2}} = -1$，于是有

$$W_N^{\left(nk+\frac{N}{2}\right)} = W_N^{nk} \cdot W_N^{N/2} = -W_N^{nk} \qquad (3\text{-}82)$$

对于 $N=4$，有 $W_4^3 = -W_4^1$，$W_4^2 = -W_4^0$。

2）W_N^{nk} 的周期性

容易证明

$$W_N^{nk} = W_N^{(n+N)k} = W_N^{(n+lN)k} = W_N^{n(k+mN)} \qquad (3\text{-}83)$$

式中，l 和 m 为整数。对于 $N=4$，有 $W_4^2 = -W_4^6$，$W_4^1 = W_4^9$。

把以上两个特性用于 $N=4$ 的矩阵，得到以下简化结果：

$$\begin{bmatrix} W^0 & W^0 & W^0 & W^0 \\ W^0 & W^1 & W^2 & W^3 \\ W^0 & W^2 & W^4 & W^6 \\ W^0 & W^3 & W^6 & W^9 \end{bmatrix} = \begin{bmatrix} W^0 & W^0 & W^0 & W^0 \\ W^0 & W^1 & W^2 & W^3 \\ W^0 & W^2 & W^0 & W^2 \\ W^0 & W^3 & W^2 & W^1 \end{bmatrix} \text{——周期性}$$

$$\qquad (3\text{-}84)$$

$$= \begin{bmatrix} W^0 & W^0 & W^0 & W^0 \\ W^0 & W^1 & -W^0 & -W^1 \\ W^0 & -W^0 & W^0 & -W^0 \\ W^0 & -W^1 & -W^0 & W^1 \end{bmatrix} \text{——对称性}$$

很明显，在利用周期性和对称性做出简化后，在 $\boldsymbol{W}$ 矩阵中，若干元素雷同，揭示出离散傅里叶变换运算中的一个重要现象：在 $\boldsymbol{W}$ 矩阵与 $x(n)$ 相乘的过程中，存在着不必要的重复计

算。避免这种重复正是简化运算的关键。

3.6.2　基 2 按时间抽取的快速傅里叶变换（FFT）算法（时析型）

1. 算法原理

对序列 $x(n)$ 取 N 点离散傅里叶变换，假设 N 是 2 的整数次方，即

$$N = 2^M \tag{3-85}$$

式中，M 为正整数。把 $x(n)$ 的离散傅里叶变换运算按 n 为偶数和 n 为奇数分解为两部分：

$$\begin{cases} g(r) = x(2n) \\ h(r) = x(2n+1) \end{cases} \tag{3-86}$$

则序列的离散傅里叶变换为

$$\begin{aligned} X(k) &= \text{DFT}[x(n)] \\ &= \sum_{n=0}^{N-1} x(n) W_N^{nk} \\ &= \sum_{\text{偶数} n} x(n) W_N^{nk} + \sum_{\text{奇数} n} x(n) W_N^{nk} \\ &= \sum_{r=0}^{\frac{N}{2}-1} g(r) W_N^{2rk} + \sum_{r=0}^{\frac{N}{2}-1} h(r) W_N^{(2r+1)k} \\ &= \sum_{r=0}^{\frac{N}{2}-1} g(r) \left(W_N^2\right)^{rk} + W_N^k \sum_{r=0}^{\frac{N}{2}-1} h(r) \left(W_N^2\right)^{rk} \end{aligned} \tag{3-87}$$

式（3-87）中的 W_N^2 可转换为 $W_{N/2}$，这是因为

$$W_N^2 = \mathrm{e}^{-\mathrm{j} 2 \frac{2\pi}{N}} = \mathrm{e}^{-\mathrm{j} \frac{2\pi}{N/2}} = W_{N/2} \tag{3-88}$$

于是式（3-87）可写作

$$X(k) = \sum_{r=0}^{\frac{N}{2}-1} g(r) W_{N/2}^{rk} + W_N^k \sum_{r=0}^{\frac{N}{2}-1} h(r) W_{N/2}^{rk}$$

$$X(k) = G(k) + W_N^k H(k) \tag{3-89}$$

式中

$$G(k) = \sum_{r=0}^{\frac{N}{2}-1} g(r) W_{N/2}^{rk} = \sum_{r=0}^{\frac{N}{2}-1} x(2r) W_{N/2}^{rk}, \quad k = 0, 1, \cdots, N/2-1 \tag{3-90}$$

$$H(k) = \sum_{r=0}^{\frac{N}{2}-1} h(r) W_{N/2}^{rk} = \sum_{r=0}^{\frac{N}{2}-1} x(2r+1) W_{N/2}^{rk}, \quad k = 0, 1, \cdots, N/2-1 \tag{3-91}$$

一个 N 点的离散傅里叶变换已被分解为两个 $N/2$ 点的离散傅里叶变换，但是，$G(k)$ 和 $H(k)$ 只有 $N/2$ 个点（$k = 0, 1, \cdots, N/2-1$），而 $X(k)$ 需要 N 个点，如果以 $G(k)$、$H(k)$ 表达全部 $X(k)$，应利用 $G(k)$ 与 $H(k)$ 的两个重复周期。由周期性可知

$$G\left(k + \frac{N}{2}\right) = G(k) \tag{3-92}$$

$$H\left(k + \frac{N}{2}\right) = H(k) \tag{3-93}$$

$$W_N^{\left(k+\frac{N}{2}\right)} = W_N^k \cdot W_N^{N/2} = -W_N^k \tag{3-94}$$

将式（3-92）～式（3-94）代入式（3-89），就可得到由 $G(k)$、$H(k)$ 决定的 $X(k)$ 的全部关系式：

$$\begin{cases} X(k) = G(k) + W_N^k H(k) & \tag{3-95} \\ X\left(k+\frac{N}{2}\right) = G(k) - W_N^k H(k) & \tag{3-96} \end{cases}$$

式中，$k = 0, 1, 2, \cdots, N/2-1$。利用式（3-95）与式（3-96）将分别求出 $X(k)$ 的前 $N/2$ 点与后 $N/2$ 点的数值，总共有 N 个值。上述运算过程可以用一流程图来表示，流程图的形状像蝴蝶，故称为蝶形图，如图 3-30 所示。

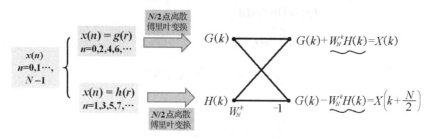

图 3-30　快速傅里叶变换的蝶形图（一）

可以看出，每个蝶形结运算需要一次复数乘法运算及两次复数加（减）法运算。

为便于理解，再以 $N=4$ 为例说明，$x(n)=\{x(0),x(1),x(2),x(3)\}$，偶数序列为 $g(r)=\{x(0),x(2)\}$，奇数序列为 $h(r)=\{x(1),x(3)\}$，此时

$$\left.\begin{array}{l} X(0) = G(0) + W_4^0 H(0) \\ X(1) = G(1) + W_4^1 H(1) \\ X(2) = G(0) - W_4^0 H(0) \\ X(3) = G(1) - W_4^1 H(1) \end{array}\right\} \tag{3-97}$$

可用流程图来表达式（3-97）的运算，如图 3-31 右半边所示，由 $G(k)$、$H(k)$ 获得 $X(k)$ 的过程共包含 $N/2$ 个蝶形结运算，因此共需 $N/2$ 次复数乘法运算和 N 次复数加（减）法运算（对于 $N=4$ 的情况，需 2 次复数乘法运算和 4 次复数加法运算）。

再看图 3-31 的左半边，为了利用 $x(n)$ 求出 $G(k)$、$H(k)$，按 n 的奇偶分别组合两个 $N/2$ 点离散傅里叶变换运算，利用式（3-90）、式（3-91）容易得到：

$$\left.\begin{array}{l} G(0) = x(0) + W_2^0 x(2) \\ G(1) = x(0) + W_2^1 x(2) = x(0) - W_2^0 x(2) \\ H(0) = x(1) + W_2^0 x(3) \\ H(1) = x(1) - W_2^0 x(3) \end{array}\right\} \tag{3-98}$$

按照同样的原理，把这些运算也画成蝶形图，于是将图 3-31 具体化为图 3-32。

很明显，图 3-32 的左半边仍然由 $N/2$ 个蝶形结组成，因此还是 $N/2$ 次乘法运算和 N 次加法运算。这样，为完成图 3-32 规定的全部运算，共需 $2 \times N/2 = 4$ 次乘法运算，$2 \times N = 8$ 次加法运算。而在直接按离散傅里叶变换运算时，全部运算量为 16 次乘法运算，$N(N-1)=12$ 次加法运算。至此初步看到，经分组简化构成的快速算法的运算量显著减少。

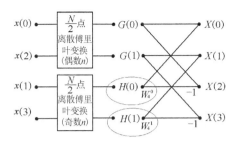

图 3-31　$N=4$ 的离散傅里叶变换的流程图

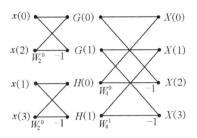

图 3-32　$N=4$ 的快速傅里叶变换的蝶形图

对于 $N=2^2=4$ 的情况，只进行了一次奇偶分解，把全部过程分为两级（两组）蝶形图（图 3-32 的左、右两半），即总共进行了两次运算，每次运算称为"级"，第一级完成 $N/2$ 点的离散傅里叶变换运算，包含两组规律相同的运算过程，每个组称为"群"，此时有两个群；第二级完成 N 点的组合运算，有一个群。$N=4$ 的快速傅里叶变换蝶形图的级、群如图 3-33 所示。每级都包含 $N/2$ 个蝶形结，但其几何图形各不相同。

对于 $N=2^M$ 的任意情况，需要把这种奇偶分解逐级进行下去。当 $N=2^3=8$ 时，分组运算的方框图如图 3-34 所示。按照同样的原理，可

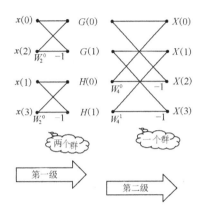

图 3-33　$N=4$ 的快速傅里叶变换蝶形图的级、群

得 $N=8$ 的快速傅里叶变换的蝶形图如图 3-35 所示。这里，共分成三级蝶形运算，每级仍需 $N/2$ 次复数乘法和 N 次复数加（减）法运算。全部运算量是 $3 \times N/2 = 12$ 次复数乘法运算和 $3N=24$ 次复数加（减）法运算；而直接按离散傅里叶变换运算的运算量是 $N^2=64$ 次复数乘法运算和 $N(N-1)=56$ 次复数加（减）法运算。（在图 3-35 中，中间数据的符号改用 X_1、X_2，不再用 G、H）。

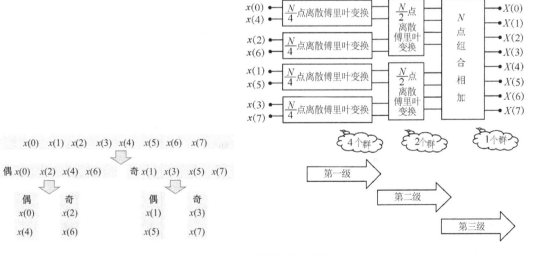

图 3-34　分组运算的方框图

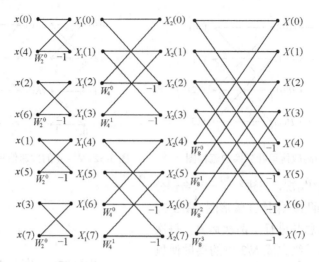

图3-35 $N=8$ 的快速傅里叶变换的蝶形图

2. 运算量

由按时间抽取的快速傅里叶变换的蝶形图可见，当 $N=2^M$ 时，共有 M 级蝶形，每级都由 $N/2$ 个蝶形结组成，每个蝶形结有一次乘法运算、两次加法运算，因而每级运算都需 $N/2$ 次乘法运算和 N 次加法运算，这样 M 级运算总共需要：

复数乘法运算： $\dfrac{N}{2}\cdot M=\dfrac{N}{2}\cdot\log_2 N$ （次）

复数加法运算： $N\cdot M=N\cdot\log_2 N$ （次）

而原始的直接按离散傅里叶变换运算的方法需要：

复数乘法运算： N^2 次

复数加法运算： $N(N-1)$ 次

表 3-3 所示为快速傅里叶变换算法和直接按离散傅里叶变换运算所需乘法运算次数的比较。从这些具体数字看到，当 N 较大时，快速傅里叶变换算法得到的改善相当可观，如 $N=2^{11}=2048$ 时，直接按离散傅里叶变换运算所需时间是采用快速傅里叶变换算法的 300 多倍。

表 3-3 快速傅里叶变换算法和直接按离散傅里叶变换运算所需乘法运算次数的比较

M	$N=2^M$	直接按离散傅里叶变换运算（N^2）	快速傅里叶变换算法（$(N/2)\cdot\log_2 N$）	改善比（离散傅里叶变换/快速傅里叶变换）
1	2	4	1	4
2	4	16	4	4
3	8	64	12	5.3
4	16	256	32	8
5	32	1024	80	12.8
6	64	4096	192	21.3
7	128	16384	448	36.6
8	256	65536	1024	64
9	512	262144	2304	113.8
10	1024	1048576	5120	204.8
11	2048	4194304	11264	372.4

3. 码位顺序与即位运算

在给出图 3-32 或图 3-35 时，输入序列 $x(n)$ 的排列不符合自然顺序，而是以 $x(0),x(2),x(1),$ $x(3)$（$N=4$）及 $x(0),x(4),x(2),x(6),x(1),x(5),x(3),x(7)$（$N=8$）的顺序进入计算机存储单元的。此

现象是由按 n 的奇、偶分组进行离散傅里叶变换运算造成的，这种排列方式称为码位倒读（倒置）的顺序。所谓倒读是指，用二进制表示的数字首尾位置颠倒，重新按十进制读取。表 3-4 所示为 $N = 8$ 时，自然顺序与码位倒读顺序的互换规律。

表 3-4　$N = 8$ 时，自然顺序与码位倒读顺序的互换规律

自然顺序	用二进制表示	码位倒读	码位倒读顺序
0	000	000	0
1	001	100	4
2	010	010	2
3	011	110	6
4	100	001	1
5	101	101	5
6	110	011	3
7	111	111	7

能否把输入序列按自然顺序排列，并进行快速傅里叶变换运算？回答是肯定的。图 3-36 和图 3-37 所示均为 $N = 4$ 的快速傅里叶变换的蝶形图。不难发现，图 3-36 所执行的运算内容和图 3-32 完全相同，区别仅在于这里的输入序列变成了自然顺序，而输出序列变成了码位倒读顺序。

在图 3-37 中，输入、输出序列都按自然顺序排列。然而，此结构的缺陷是，不能实行即位运算（原位运算、同址运算），需要较多的存储器。

什么是即位运算呢？这就是当数据输入存储器之后，每级运算结果仍然存在于原有的同一组存储器中，直到最后一级算完，中间无须增设其他存储设备。例如，图 3-32 与图 3-36 都是符合的。对于图 3-36 左上端的一个蝶形结，在由输入 $x(0)$ 与 $x(2)$ 求得 $G(0)$ 与 $G(1)$ 之后，数据 $x(0)$、$x(2)$ 即可清除，允许将 $G(0)$、$G(1)$ 送入原来存放数据 $x(0)$、$x(2)$ 的存储单元中。可将求得的 $H(0)$ 与 $H(1)$ 送入原来存放数据 $x(1)$、$x(3)$ 的存储单元。可见，在完成第一级运算的过程中，只利用原输入数据的存储器，即可获得顺序符合要求的中间数据，并立即执行下一级运算。然而，对于图 3-37，容易看出，每级运算的蝶形结发生"歪斜"，不可能实现即位运算，需附加存储器，以供中间数据使用。

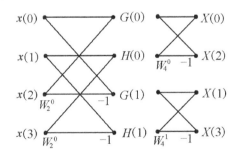

图 3-36　$N = 4$ 的快速傅里叶变换的蝶形图
（输入序列按自然顺序排列，输出序列按码位倒读顺序排列）

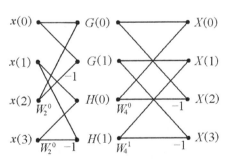

图 3-37　$N = 4$ 的快速傅里叶变换的蝶形图
（输入、输出序列都按自然顺序排列）

一般在实际运算中，总是先按自然顺序将输入序列存入存储单元，为了得到码位倒读顺序的序列，可以通过变址运算来完成。如果输入序列的序号 n 用二进制数 $n_2 n_1 n_0$ 表示，则其码位倒读二进制数 $\tilde{n}$ 就是 $n_0 n_1 n_2$，这样，在原来自然顺序时应该放 $x(n)$ 的单元，现在码位倒读后应放 $x(\tilde{n})$。例如，当 $N = 8$ 时，$x(3)$ 的标号是 $n = 3$，它的二进制数是 011，码位倒读后的二进制数是 110，即 $\tilde{n} = 6$，所以存放数据 $x(011)$ 的单元现在存放数据 $x(110)$。

把按自然顺序存放在存储单元中的数据换成快速傅里叶变换位运算要求的码位倒读的变址功能，如图 3-38 所示。当 $n = \tilde{n}$ 时，不必调换；当 $n \neq \tilde{n}$ 时，必须向原来存放数据 $x(n)$ 的存储单元调入数据 $x(\tilde{n})$，而向存放数据 $x(\tilde{n})$ 的存储单元调入 $x(n)$。为了避免把已调入数据再次调换，保证只调换一次，只需看 $\tilde{n}$ 是否比 n 小，若 $\tilde{n}$ 比 n 小，则意味着此 $x(n)$ 在前边已和 $x(\tilde{n})$ 调换过，不必再调换了。只有在 $\tilde{n}$ 比 n 大时，才将原来存放数据 $x(n)$ 及存放数据 $x(\tilde{n})$ 的存储单元内的内容互换。这样就得到输入所需的码位倒读的顺序。

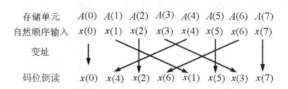

图 3-38　码位倒读的变址处理

4．流程图（蝶形图）的规律

当 $N = 2^M$ 时，输入序列为码位倒读顺序，输出序列为自然顺序的快速傅里叶变换的蝶形图排列规律如下：

（1）全部计算分解为 M 级（也称 M 次迭代）。

（2）输入序列按码位倒读顺序排列，输出序列按自然顺序排列。

（3）每级（每次迭代）都包含 $N/2$ 个蝶形结，但其几何图形各不相同。自左至右，第一级的 $N/2$ 个蝶形结分为 $N/2$ 个"群"，第二级则分为 $N/4$ 个"群"，…，最末一级只有一个"群"。

（4）每个蝶形结运算都包含乘 W_N^k，以及加法、减法各一次。

（5）同一级中各个"群"的系数 W 的分布规律完全相同。

（6）在全部 M 级蝶形运算中，每级都是即位运算。在蝶形图中，中间的运算结果不必标注。

（7）各级的 W 分布顺序自上而下按以下规律排列：

第一级：W_2^0

第二级：$W_4^0 \qquad W_4^1$

第三级：$W_8^0 \qquad W_8^1 \qquad W_8^2 \qquad W_8^3$

第 i 级：$W_{2^i}^0 \qquad W_{2^i}^1 \qquad \cdots \qquad W_{2^i}^{\frac{2^i}{2}-1}$

…

第 N 级：$W_N^0 \qquad W_N^1 \qquad W_N^2 \qquad W_N^3 \qquad \cdots \qquad W_N^{N/2-1}$

离散傅里叶变换快速算法的原理同样适用于求快速傅里叶逆变换（以 IFFT 表示），其差别仅在于，与取离散傅里叶逆变换时，加权系数改为 W^{-nk}（而不是 W^{nk}），而且运算结果都应乘以系数 $1/N$。

【例 3-14】已知有限长序列

$$x(n) = \begin{cases} 1, & n = 0 \\ 2, & n = 1 \\ -1, & n = 2 \\ 3, & n = 3 \end{cases}$$

按快速傅里叶变换的运算流程求 $X(k)$，再以所得 $X(k)$ 利用快速傅里叶逆变换反求 $x(n)$。

解：（1）画出快速傅里叶变换的蝶形图，如图 3-39 所示，逐级计算得到 $X(k)$。输入是码位倒读顺序，输出是自然顺序。

（2）画出快速傅里叶逆变换的蝶形图，如图 3-40 所示，逐级计算得到 $x(n)$。输入序列按自然顺序排列，输出序列按码位倒读顺序排列。

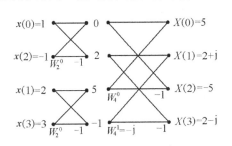

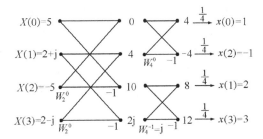

图 3-39　快速傅里叶变换的蝶形图（二）　　　　图 3-40　快速傅里叶逆变换的蝶形图

【例 3-15】已知有限长序列 $x(n) = \{1,1,1,1,0,0,0,0\}$，按快速傅里叶变换的蝶形图求 $X(k)$。

解：偶数序列 $\{1,1,0,0\}$，奇数序列 $\{1,1,0,0\}$。

快速傅里叶变换的蝶形图（三）如图 3-41 所示。

比对例 3-6、例 3-15，再把它们与 $\text{DTFT}[R_4(n)]$ 的关系结合起来考虑一下，能得到什么结论呢？

以上讨论的库利-图基快速傅里叶变换算法，按输入序列在时域的奇偶顺序分组，也称按时间抽取的快速傅里叶变换算法。与此对应的另一种方法是在频域按奇偶顺序分组的，称为按频率抽取的快速傅里叶变换算法，也称桑德-图基算法。

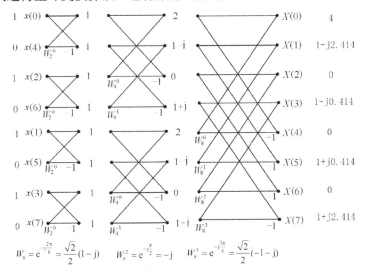

图 3-41　快速傅里叶变换的蝶形图（三）

如果样点数目 N 不是 2 的整数次幂，也可排布出快速傅里叶变换算法，称为任意因子的快速傅里叶变换运算。

从快速傅里叶变换算法诞生至今，各种改进或派生的信号处理快速算法层出不穷。详细、深入的分析可参看有关书籍。

在 MATLAB 的信号处理工具箱中，函数 fft 和 ifft 分别用于快速傅里叶变换和快速傅里叶逆变换。函数的调用格式为

$$Y = \text{fft}(x)$$

式中，x 可以是向量，也可以是矩阵。如果快速傅里叶变换是向量，Y 就是 x 的快速傅里叶变换；如果 x 是矩阵，Y 就是对矩阵每列进行傅里叶变换。

如果 x 的长度是 2 的整数次幂，函数 fft 执行高速基 2 按时间抽取的快速傅里叶变换算法；否则执行一种混合基的离散傅里叶变换算法，计算速度较慢。

函数的另一种调用格式为

$$Y = \text{fft}(x,N)$$

式中，x、Y 的意义同前；N 为任意整数。

函数执行 N 点快速傅里叶变换。若 x 为向量且长度小于 N，则函数 fft 将 x 补零至长度 N；若 x 为向量且长度大于 N，则函数将 x 截短至长度 N。若 x 为矩阵，按相同的方法对 x 进行处理。

函数 ifft 的调用和 fft 相同。

【例 3-16】若已知序列 $x(n) = \{4,3,2,6,7,8,9,0\}$，求 DFT$[x(n)]$。

解：

MATLAB 程序如下：

```
xn = [4 3 2 6 7 8 9 0];
Xk = fft(xn)
```

程序的运行结果如下：

```
Xk =
 39.0000
 -10.7782 + 6.2929i
      0 -5.0000i
  4.7782 - 7.7071i
  5.0000
  4.7782 + 7.7071i
      0 +5.0000i
 -10.7782 -6.2929i
```

离散时间信号（序列）是一类非常重要的信号。离散时间傅里叶变换（DTFT）和离散傅里叶级数（DFS）分别是离散非周期序列和离散周期序列对应的频谱。对离散时间信号谱进行频域抽样是相当重要的，离散傅里叶变换具有特殊意义。离散傅里叶变换的快速算法——快速傅里叶变换使得在频域用数字计算方法处理信号运算快于在时域进行的处理成为可能。快速傅里叶变换算法除了我们介绍的基 2 按时间抽取的算法，还有基 4 快速傅里叶变换算法、劈分-基快速傅里叶变换算法等。另外，还有其他算法，如窄带高分辨分析常用的线性调频 z 变换，数据压缩用的沃尔什变换，数字图像处理技术中的离散余弦变换（DCT）等。详细的讨论在"数字信号处理"教材中都能找到。

3.7 离散傅里叶变换（DFT）的应用

3.7.1 用快速傅里叶变换（FFT）实现快速卷积

在 3.1.2 节中曾经讨论，若对长度为 N_1 的序列 $x(n)$ 与长度为 N_2 的序列 $h(n)$ 采用线性卷积

运算，得到

$$y(n) = \sum_{m=-\infty}^{\infty} x(m)h(n-m) \qquad (3\text{-}99)$$

$y(n)$也是一个有限长序列，其长度为$N_1 + N_2 - 1$。由式（3-99）可知，在卷积运算的过程中，每个$x(n)$的样值都必须与每个$h(n)$的样值相乘，因此共需$N_1 N_2$次乘法运算，在$N_1 = N_2 = N$的情况下，需N^2次乘法运算。能否用圆卷积代替线性卷积，即采用快速傅里叶变换计算圆卷积的结果是否等于线性卷积的计算结果？圆卷积与线性卷积不同，原因：在计算线性卷积的过程中，经反褶再向右平移的序列，在左端将依次留住空位。而在计算圆卷积的过程中，经反褶做圆周移位的序列，向右移去的样值又从左端循环出现，这样就使两种情况下相乘、叠加得到的数值截然不同。例如，两序列 $x(n) = \{1,2,3,4\}$ 和 $h(n) = \{4,3,2,1\}$，它们的线性卷积和圆卷积的结果如图 3-42 所示，显然，两者结果是不同的。

如果将$x(n)$、$h(n)$的长度扩展，那么在采用圆卷积运算时，向右移去的零值，从左端出现仍取零值，这样与线性卷积的情况相同，两种卷积的结果有可能一致。若要将进行卷积的两序列的长度均加长至$N \geqslant N_1 + N_2 - 1$，然后进行圆卷积，则其圆卷积与线性卷积的结果相同。下面来证明这个结论。

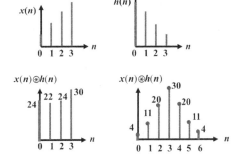

图 3-42 两序列的线性卷积和圆卷积的结果

设$x(n)$、$h(n)$分别由N_1点和N_2点通过补零加长至N点，其线性卷积为$y_1(n)$可表示为

$$y_1(n) = x(n) * h(n) = \sum_{m=0}^{N-1} x(m)h(n-m)$$

计算结果的长度可能多出一些零值，非零长度仍为$(N_1 + N_2 - 1)$点。此时，圆卷积$y_2(n)$为

$$
\begin{aligned}
y_2(n) &= x(n) \circledast h(n) \\
&= \sum_{m=0}^{N-1} x(m)h_{\mathrm{p}}(n-m)R_N(n) \\
&= \left[\sum_{m=0}^{N-1} x(m)h_{\mathrm{p}}(n-m) \right] R_N(n) \\
&= \left[\sum_{m=0}^{N-1} x(m) \sum_{r=-\infty}^{\infty} h(n+rN-m) \right] R_N(n) \\
&= \left[\sum_{r=-\infty}^{\infty} \sum_{m=0}^{N-1} x(m)h(n+rN-m) \right] R_N(n) \\
&= \sum_{r=-\infty}^{\infty} y_1(rN+n)R_N(n) \\
&= y_{1\mathrm{p}}(n)R_N(n)
\end{aligned}
$$

所以，可得

$$y_2(n) = y_{1\mathrm{p}}(n)R_N(n) \qquad (3\text{-}100)$$

式（3-100）说明：加长至N的$x(n)$、$h(n)$两序列的圆卷积$y_2(n)$，与线性卷积$y_1(n)$做周期延拓所得到的周期序列$y_{1\mathrm{p}}(n)$的主值序列$y_1(n)$相同。在这个条件下，可以通过计算序列的圆卷积来求解线性卷积。从式（3-100）的推导过程中还可以看出，如果两序列不加长至N，其线性卷积的周期延拓序列将发生重叠（因为$y_1(n)$的长度为$N_1 + N_2 - 1$），相应计算出的圆卷积也

将产生失真，圆卷积的主值序列和线性卷积就不相同。

由上述原理可以得出，快速卷积的原理框图如图 3-43 所示。

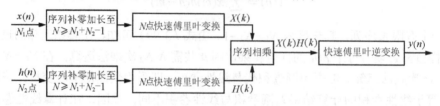

图 3-43　快速卷积的原理框图

由图 3-43 可见，在快速卷积的运算过程中，共需要两次快速傅里叶变换运算，一次快速傅里叶逆变换运算，相当于三次快速傅里叶变换运算的运算量。在一般的数字滤波器中，由 $h(n)$ 求 $H(k)$ 这一步是预先设计好的，数据已置于存储器中，故实际上只需两次快速傅里叶变换运算的运算量。如果假定 $N_1 = N_2 = N$，在补零后，点数为 $N_1 + N_2 - 1 \approx 2N$，因而需要 $2 \cdot [(2N/2)\log_2 2N]$ 次复数乘法运算。此外为完成 $X(k)$ 与 $H(k)$ 两序列的乘法运算，还需要经过 $2N$ 次复数乘法运算。全部复数乘法运算的次数为

$$2N \log_2 2N + 2N = 2N(1 + \log_2 2N) \tag{3-101}$$

显然，随着 N 值的增大，式（3-101）的计算结果与 N^2 的计算结果显著减少。例如，当 $N = 2^6 = 64$ 时，直接线性卷积需 $64 \times 64 = 4096$ 次复数乘法运算，圆卷积需 1024 次复数乘法运算；当 $N = 2^{10} = 1024$ 时，直接线性卷积需 1048576 次复数乘法运算，圆卷积需 24576 次复数乘法运算。因此，采用圆卷积方案可以快速完成卷积计算。

以上分析是针对两序列长度接近或相等的情况。如果其中一个序列较短，而另一序列很长，那么在进行圆卷积时，短序列需补零很多。于是圆卷积方案的相对运算量可能减少得不多，甚至增多。为克服这一困难，可采用分段卷积的方法。其基本原理是，将较长的一个序列（如 $x(n)$）分成许多小段，每小段的长度都与 $h(n)$ 接近，将 $x(n)$ 的每个小段分别与 $h(n)$ 进行卷积运算，最后取和。这时，仍有可能发挥快速卷积的优越性。此方案的具体实现方法不是唯一的。下面介绍重叠相加法。

假定 $h(n)$、$x(n)$ 均为因果序列。$h(n)$ 的长度为 N，$x(n)$ 的长度为 N_1，$N_1 \gg N$。现将 N_1 等分为 P 小段，每段长 M，$P = N_1/M$，以 $x_i(n)$ 表示 $x(n)$ 的第 i 小段（$0 \leqslant i \leqslant P-1$），两序列的线性卷积可表示为

$$
\begin{aligned}
y(n) &= x(n) * h(n) \\
&= \left[\sum_{i=0}^{P-1} x_i(n) \right] * h(n) \\
&= \sum_{i=0}^{P-1} [x_i(n) * h(n)] \\
&= \sum_{i=0}^{P-1} y_i(n)
\end{aligned}
\tag{3-102}
$$

这里

$$y_i(n) = x_i(n) * h(n) \tag{3-103}$$

由于 $y_i(n)$ 的长度为 $N + M - 1$，而 $x_i(n)$ 的有效长度只有 M，故相邻段的 $y_i(n)$ 必有 $(N-1)$ 长度的重叠，如图 3-44 所示。

按照上述原理，此方法的运算过程可分为两部分：首先，求每个 $x_i(n)$ 与 $h(n)$ 的圆卷积，样点数为 $N+M-1$，共需 P 次，求各 $y_i(n)$；然后，将 $y_i(n)$ 取和（实际上是重叠部分相加），即得 $y(n)$。

有时，N_1 可能很长，以至趋于无限大，如语音信号，地震波动信号，宇宙通信中产生的某些信号等，如果不采用分段卷积的方法，将迟迟不能给出结果，而且无法找到那样大的存储设备来满足 N_1 的需要。因此，即便在分段措施对速度的提升效果不显著的情况下，仍有可能采用这种方法。

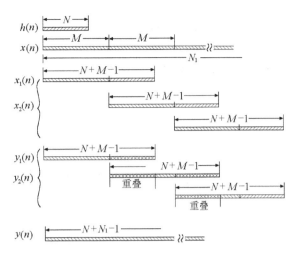

图 3-44　两序列长度相差很大时，快速卷积的重叠相加法

在 MATLAB 的信号处理工具箱中，直接实现线性卷积的函数为 conv，函数的调用格式为

$$y = \text{conv}(x, h)$$

其中，x、h 为两个有限长因果序列，y = x * h。

【例 3-17】若已知序列 $x(n) = \{1,1,1,1\}$，$h(n) = \{1,1,1\}$，求 $y = x * h$。

解：

（1）直接用线性卷积函数来求，MATLAB 程序如下：

```
x = [1,1,1,1]; h = [1,1,1];
y=conv(x,h)
```

程序的运行结果如下：

```
y = 1  2  3  3  2  1
```

（2）用快速傅里叶变换运算来求，MATLAB 程序如下：

```
x=[1,1,1,1];
h=[1,1,1];
N=length(x)+length(h)-1;
Xk=fft(x,N);
Hk=fft(h,N);
Yk=Xk.*Hk;
y=ifft(Yk,N);
subplot(3,1,1);
stem([0:length(x)-1],x);
axis([0,10,0,1])
ylabel('x(n)');
subplot(3,1,2);
stem([0:length(h)-1],h);
axis([0,10,0,1])
ylabel('h(n)');
n=0:N-1;
subplot(3,1,3);
stem(n,y);
```

```
axis([0,10,0,3])
ylabel('x(n)*h(n)');
xlabel('n');
```

例 3-17 的计算结果如图 3-45 所示。

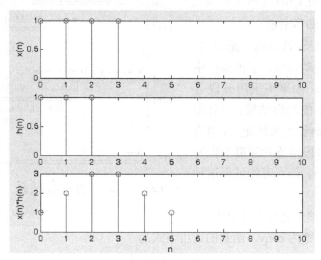

图 3-45 例 3-17 的计算结果

3.7.2 用离散傅里叶变换（DFT）逼近连续信号的频谱

信号的频谱分析在工程上有着广泛的应用，但所遇到的信号，包括传感器的输出，大多为连续非周期信号。当已知连续模拟信号的数学表达式时，信号的频谱密度可以利用解析法精确求解。当不知道连续模拟信号的数学表达式时，可以用数值计算进行近似分析。实际上，通过计算机利用离散傅里叶变换对信号进行分析与合成是主要的应用方法。

一般情况下，待研究的连续时间信号不具备离散性或周期性，也可能有无限长度，为使其适应快速傅里叶变换方法的需要，应对此波形进行抽样和截断。

连续非周期信号的傅里叶变换对为

$$X_a(\Omega) = \int_{-\infty}^{\infty} x_a(t) e^{-j\Omega t} dt \tag{3-104}$$

$$x_a(t) = \frac{1}{2\pi} \int_{-\infty}^{\infty} X_a(\Omega) e^{j\Omega t} d\Omega \tag{3-105}$$

用离散傅里叶变换方法计算这一对变换的方法如下：

（1）时域的离散化：就是对连续信号进行抽样，若抽样周期为 T，则 $t \to nT$，$dt \to T$，$\int_{-\infty}^{\infty} dt = \sum_{n=-\infty}^{\infty} T$，将处理后的频谱密度 $X(j\Omega)$ 近似表示为

$$X_a(\Omega) \approx \sum_{n=-\infty}^{\infty} x_a(nT) e^{-j\Omega nT} \cdot T \tag{3-106}$$

（2）时域的有限化：就是对连续信号沿时间轴进行截断，把时间区间由 $(-\infty, \infty)$ 限定为 $[0, T_1]$，包含 N 个样点，$T_1 = NT$，则式（3-106）变为

$$X_a(\Omega) \approx T \sum_{n=-\infty}^{\infty} x_a(nT) e^{-j\Omega nT} \tag{3-107}$$

由于是在时域上抽样，抽样频率为 $f_s = 1/T$，则在频域上产生以 f_s 为周期的周期延拓，如

果频域是带限信号，则有可能不产生混叠，成为连续周期频谱函数。

（3）为了数值计算，在频域上也要离散化，即在频域的一个周期（f_s）中也分成 N 段，取 N 个样点，每个样点间的间隔为 Ω_1，则有

$$\Omega = k\Omega_1, \quad k = 0, 1, 2, \cdots, N-1$$

则

$$\Omega_1 = \frac{\Omega_s}{N} = \frac{2\pi/T}{N} = \frac{2\pi}{NT} = \frac{2\pi}{T_1} \tag{3-108}$$

由此可得

$$
\begin{aligned}
X_a(k\Omega_1) &\approx T \cdot \sum_{n=0}^{N-1} x_a(nT) e^{-jk\frac{2\pi}{NT}nT} \\
&= T \cdot \sum_{n=0}^{N-1} x_a(nT) e^{-j\frac{2\pi}{N}kn} \\
&= T \cdot \mathrm{DFT}\big[x(n)\big] = T \cdot X(k)
\end{aligned} \tag{3-109}
$$

式（3-109）说明：$X_a(k\Omega_1)$ 与 $X(k)$ 仅相差一个系数 T。

类似地，可得

$$x(n) = x_a(t)\big|_{t=nT} \approx \frac{1}{T}\mathrm{IDFT}[X_a(k\Omega_1)] \tag{3-110}$$

有了式（3-109）和式（3-110），就把对连续信号 $x_a(t)$ 的频谱分析用 $x_a(nT)$ 的频谱分析来逼近，从而可以对其使用快速傅里叶变换算法，这就是对非周期连续信号进行数字谱分析的基本原理。

对连续非周期信号进行数字谱分析，其实质就是在有限化的基础上，对信号的波形及其频谱进行抽样。样点越密，分析的结果和原信号越接近，近似的程度越好，但误差总是存在的。

（4）误差分析。在对一非周期连续信号进行数字谱分析的过程中，要对 t 和 Ω 进行有限化和离散化处理，从频谱来看，即用一有限长序列的离散傅里叶变换来逼近无限长连续信号的频谱，其结果必然产生误差，误差主要包括混叠误差、栅栏效应和频谱泄漏 3 种。

① 栅栏效应。因为离散傅里叶变换计算频谱只限制在离散点上的频谱，只能观察到有限个（N 个）频谱值，而不是连续频率函数，这就像通过一个栅栏观看一个景物一样，只能在离散点处看到真实景物，因此把这种现象称为栅栏效应。

减弱栅栏效应的一个方法就是使频域抽样更密，即增大频域样点数 N，使样点间距更近，谱线更密，谱线变密后，原来看不到的谱分量就有可能看到了。

能够感受的频谱最小间隔值称为频谱分辨力，一般表示为[F]。

$$[F] = \frac{f_s}{N} = \frac{1}{NT} \tag{3-111}$$

NT 实际就是信号在时域上的截断长度 T_1，频谱分辨力[F]与 T_1 成反比。因此，为了减弱栅栏效应，应当增大 T_1，可用两种方法来实现：

a．通过加长数据的截断长度，即增加数据点数 N。

b．在截断得到的数据末端补零，增大 T_1。

前者加长了实际信号的长度，提高了频谱分辨力（[F]更小），能够看到更多的、加长前看不到的谱线；后者不改变原有的记录数据，在数据末端补零，使一个周期内的点数增大，可以在保持原来频谱形状不变的情况下，使谱线变密，从而看到原来看不到的频谱景象。

② 混叠误差。若信号的最高频率为 f_m，按抽样定理，抽样频率应满足［抽样之前用前置（预）滤波器，即防混叠滤波器，将频率高于 f_m 的信号分量滤除］

$$f_s \geqslant 2f_m$$

也就是抽样间隔 T 满足

$$T = \frac{1}{f_s} < \frac{1}{2f_m}$$

一般应取

$$f_s = (2.5 \sim 3.0)f_m \tag{3-112}$$

如果不满足 $f_s \geqslant 2f_m$ 的要求，将会产生频率响应的周期延拓分量相重叠的现象，也就是频率响应的混叠误差。

对离散傅里叶变换来说，对频率函数也要抽样，其抽样间隔为 Ω_1，这就是我们能得到的频谱分辨力 $[F] = \Omega_1$，由它可引出时间函数的周期，也就是所取的记录长度 T_1。

$$T_1 = \frac{1}{[F]} = NT \tag{3-113}$$

从上面 T 式和 T_1 式来看，信号的最高频率 f_m 与频谱分辨力 $[F]$ 之间存在矛盾关系。如果一味追求高频谱分辨力，T 不变，必然要增大 N，加大数据处理量，若 N 不增大，T 就需要增大，就会加重频谱的混叠。

【例 3-18】有一频谱分析用的快速傅里叶变换处理器，其样点数必须是 2 的整数幂，假定没有采用任何特殊的数据处理措施，已给条件如下：

（1）频谱分辨力不大于 10Hz。

（2）信号的最高频率不大于 4kHz。

试确定以下参量：

（a）最小记录长度 T_1。

（b）样点间的最大时间间隔 T（最小抽样频率）。

（c）一个记录中的最少点数 N。

解：（a）由频谱分辨力确定最小记录长度 T_1。

$$\because \quad \frac{1}{[F]} = \frac{1}{10} = 0.1$$

$$\therefore \quad T_1 \geqslant \frac{1}{[F]} = 0.1(\text{s})$$

（b）由信号的最高频率确定样点间的最大时间间隔 T，根据抽样定理

$$f_s \geqslant 2f_m$$

$$T \leqslant \frac{1}{2f_m} = \frac{1}{2 \times 4000} = 0.125 \times 10^{-3}(\text{s})$$

（c）一个记录中的最少点数 N 应满足

$$N > \frac{T_1}{T} = \frac{0.1}{0.125 \times 10^{-3}} = 800$$

取

$$N = 2^m = 2^{10} = 1024 > 800$$

③ 频谱泄漏（截断误差）。频谱泄漏是因为对信号进行截断，把无限长的信号限定为有限长而形成的，这种处理相当于用一个矩形窗函数乘以待分析的连续时间信号，即 $y(t) =$

$x_a(t) \cdot w(t)$，则信号被截断后的频谱为

$$Y(\Omega) = \frac{1}{2\pi} X_a(\Omega) * W(\Omega) = \frac{1}{2\pi} \int_{-\infty}^{\infty} X_a(\lambda) W(\Omega - \lambda) \mathrm{d}\lambda$$

而原信号 $x_a(t)$ 的频谱是

$$X_a(\Omega) = \frac{1}{2\pi} \int_{-\infty}^{\infty} x_a(t) e^{-j\Omega t} \mathrm{d}t$$

显然，$Y(\Omega)$ 与 $X(\Omega)$ 是不同的。比如

$$x_a(t) = \cos\Omega_0 t$$

则有

$$X_a(\Omega) = \pi[\delta(\Omega + \Omega_0) + \delta(\Omega - \Omega_0)]$$

矩形信号的频谱为

$$W(\Omega) = T_1 \mathrm{Sa}\left(\frac{\Omega T_1}{2}\right)$$

信号被截断后的频谱为

$$\begin{aligned}
Y(\Omega) &= \frac{1}{2\pi} X_a(\Omega) * W(\Omega) \\
&= \frac{1}{2} W(\Omega + \Omega_0) + \frac{1}{2} W(\Omega - \Omega_0)
\end{aligned}$$

频谱泄漏现象中输入、输出信号的波形和频谱如图 3-46 所示 。

在余弦信号被矩形窗函数截断后，两条冲激谱线变成了以 $\pm\Omega_0$ 为中心的 $\mathrm{Sa}(\cdot)$ 形的连续谱，相当于频谱从 Ω_0 处"泄漏"到其他频率处。

更复杂的信号可能会造成更复杂的"泄漏"，信号互相叠加，难以分辨。减少频谱泄漏的方法一般有两种：

① 增大截断长度 T_1。计算量大大增加。

② 改变窗口形状。数据不要突然截断，也就是不要加矩形窗，而是缓慢截断，即加各种缓变的窗（如三角窗、升余弦窗等），使得旁瓣能量更小，卷积后造成的泄漏减少。这个问题将在第 5 章中详细讨论。

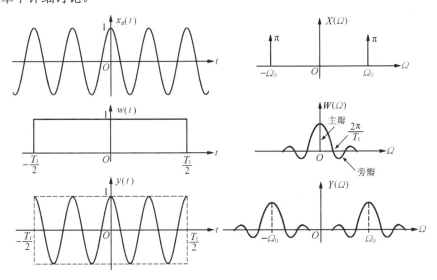

图 3-46 频谱泄漏现象中输入、输出信号的波形和频谱

（5）连续周期信号的数字谱分析。对于周期信号 $x_p(t)$，若其采样序列为 $x_p(n)$，主值序列为 $x(n)$，仿照前面的思路，根据离散傅里叶级数（离散傅里叶变换），周期信号 $x_p(t)$ 的频谱可由式（3-114）、式（3-115）近似计算：

$$X(k) \approx \frac{1}{N}\text{DFT}[x(n)] \tag{3-114}$$

$$x(n) \approx N \cdot \text{IDFT}[X(k)] \tag{3-115}$$

连续周期信号是非时限信号，若用快速傅里叶变换进行数字谱分析，必须在时域进行有限化和离散化处理。如果能够准确地判断信号的周期，则比较简单的方法是只取一个周期来计算其频率分量，这样所有频率分量的幅度可以求得很精确。实际上，要实现真正的整周期截断是很难的，那就只能将信号作为非周期信号来分析了。因此，不可避免地会产生频谱的混叠和泄漏误差。

【例 3-19】有一信号为

$$x(t) = 2\cos 2t + 0.5\sin 12t$$

数据取样频率为 $f_s = 6\text{Hz}$，试分别绘制 $N = 64$ 点和 $N = 512$ 点时的离散傅里叶变换幅频图。

解：

MATLAB 程序如下：

```
t=linspace(0,6,64);
x=2*cos(2*t)+0.5*sin(12*t);
subplot(3,1,1);
plot(t,x);
xlabel('t');
ylabel('x(t)');
fs=6;
N=64;
n=0:N;
t=n/fs;
x=2*cos(2*t)+0.5*sin(12*t);
y=fft(x,N);
mag=abs(y);
f=(0:length(y)-1)'*fs/length(y);
subplot(3,1,2);
plot(f(1:N/2),mag(1:N/2));
ylabel('Magnitude,N=64');
N=512;
n=0:N-1;
t=n/fs;
x=2*cos(2*t)+0.5*sin(12*t);
y=fft(x,N);
mag=abs(y);
f=(0:length(y)-1)'*fs/length(y);
subplot(3,1,3);
plot(f(1:N/2),mag(1:N/2));
xlabel('Frequency(Hz)');
ylabel('Magnitude,N=512');
```

例 3-19 信号的频谱如图 3-47 所示。

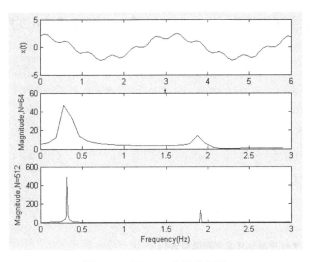

图 3-47 例 3-19 信号的频谱

3.7.3 二维离散傅里叶变换（2D-DFT）

在信号处理的实际应用中，二维信号是比较常见的，如数字图像信号。因此，有必要了解一下二维离散傅里叶变换的计算方法。假设某个二维离散信号 $\boldsymbol{x}(n,m)$ 是 $N \times N$ 方阵，则其二维离散傅里叶变换的正变换公式为

$$\boldsymbol{X}(k,v) = \sum_{n=0}^{N-1}\sum_{m=0}^{N-1}\boldsymbol{x}(n,m)\mathrm{e}^{-\mathrm{j}\frac{2\pi}{N}(nk+mv)} = \sum_{n=0}^{N-1}\sum_{m=0}^{N-1}\boldsymbol{x}(n,m)W_N^{nk+mv}, \quad 0 \leqslant k, \ v \leqslant N-1 \quad (3\text{-}116)$$

其逆变换公式为

$$\boldsymbol{x}(n,m) = \frac{1}{N^2}\sum_{k=0}^{N-1}\sum_{v=0}^{N-1}\boldsymbol{X}(k,v)\mathrm{e}^{\mathrm{j}\frac{2\pi}{N}(nk+mv)} = \frac{1}{N^2}\sum_{k=0}^{N-1}\sum_{v=0}^{N-1}\boldsymbol{X}(k,v)W_N^{-(nk+mv)}, \quad 0 \leqslant n, \ m \leqslant N-1 \quad (3\text{-}117)$$

二维离散傅里叶变换的正、逆变换都具有可分离性，即可改写为式（3-118）和式（3-119）：

$$\boldsymbol{X}(k,v) = \sum_{m=0}^{N-1}\underbrace{\left[\underbrace{\sum_{n=0}^{N-1}\boldsymbol{x}(n,m)W_N^{nk}}_{\text{一维离散傅里叶变换}}\right]W_N^{nk}}_{\text{一维离散傅里叶变换}} \quad (3\text{-}118)$$

$$\boldsymbol{x}(n,m) = \frac{1}{N^2}\sum_{v=0}^{N-1}\underbrace{\left[\underbrace{\sum_{k=0}^{N-1}\boldsymbol{X}(k,v)W_N^{-nk}}_{\text{一维离散傅里叶逆变换}}\right]W_N^{-mv}}_{\text{一维离散傅里叶逆变换}} \quad (3\text{-}119)$$

由式（3-118）和式（3-119）可以看出，二维离散傅里叶变换（或二维离散傅里叶逆变换）运算可以完全转化为两个一维离散傅里叶变换（或离散傅里叶逆变换）运算的级联形式来实现。因此，二维离散傅里叶变换可以采用先后两次一维快速傅里叶变换的算法实现快速计算，如图 3-48 所示。

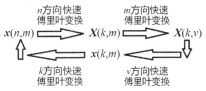

图 3-48 二维离散傅里叶变换实现快速计算的示意图

【例 3-20】有一数字图像信号 demo.jpg，试利用一维快速傅里叶变换算法求解它的二维离散傅里叶变换频谱。

解：

MATLAB 程序如下：

```
x = imread('demo.jpg');
x = rgb2gray(x);
 subplot(1,3,1);
imshow(x);
title('原始图像');
 X=fft2(x);
subplot(1,3,2);
imshow(X);
title('二维离散傅里叶变换实现求解图像频谱');
 X = fft(fft(x).').';
subplot(1,3,3);
imshow(X);
title('两个一维快速傅里叶变换实现求解图像频谱');
```

例 3-20 图像信号的频谱如图 3-49 所示。

原始图像：demo.jpg　　　　　二维离散傅里叶变换实现求解图像频谱　　　　　两个一维快速傅里叶变换实现求解图像频谱

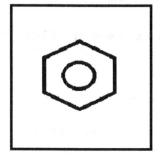 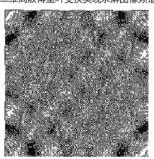 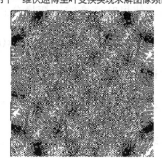

图 3-49　例 3-20 图像信号的频谱

小结

离散时间信号（序列）的处理是信号处理中一个非常重要的组成部分。离散时间傅里叶变换和离散傅里叶级数分别是序列和周期序列对应的频谱。对离散时间信号谱进行频域抽样是相当重要的，离散傅里叶变换具有特殊意义。离散傅里叶变换的快速算法——快速傅里叶变换使得在频域用数字计算方法处理信号运算快于在时域进行的处理成为可能，本章介绍了基 2 按时间抽取的快速傅里叶变换算法。

本章的编写主要依据文献[1]、[2]、[4]、[5]、[9]，部分内容参考了文献[6]~[8]、[10]。

3.8　习题

1. 求以下序列的频谱 $X(e^{j\omega})$。

（1）$\delta(n)$。

（2）$\delta(n-3)$。

（3）$0.5\delta(n+1)+\delta(n)+0.5\delta(n-1)$。

（4）$a^{n}\varepsilon(n)$，$0<a<1$。

（5）矩形序列 $R_N(n)$。

2．设 $X(e^{j\omega})$ 和 $Y(e^{j\omega})$ 分别是 $x(n)$ 和 $y(n)$ 的傅里叶变换，试求下面序列的傅里叶变换。

（1）$x(n-n_0)$。　　　　（2）$x^{*}(n)$。　　　　（3）$x(-n)$。

（4）$x(n)*y(n)$。　　　　（5）$x(n)\,y(n)$。　　　　（6）$nx(n)$。

（7）$x(2n)$。　　　　　　（8）$x^{2}(n)$。　　　　　（9）$x_{a}(n)=\begin{cases}x\left(\dfrac{n}{2}\right),&n\text{为偶数}\\ 0,&n\text{为奇数}\end{cases}$。

3．已知 $X(e^{j\omega})=\begin{cases}1,&|\omega|<\omega_0\\ 0,&\omega_0\leqslant|\omega|\leqslant\pi\end{cases}$，求 $X(e^{j\omega})$ 的傅里叶逆变换 $x(n)$。

4．周期序列信号 $x_p(n)$ 如下图所示，周期 $N=4$，求 $\mathrm{DFS}[x_p(n)]=X_p(k)$。

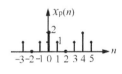

周期序列信号

5．如果 $x_p(n)$ 是一个周期为 N 的序列，也是一个周期为 $2N$ 的序列，令 $X_{p1}(k)$ 表示周期为 N 时的离散傅里叶级数系数，$X_{p2}(k)$ 是周期为 $2N$ 时的离散傅里叶级数系数。试以 $X_{p1}(k)$ 表示 $X_{p2}(k)$。

6．已知周期序列信号 $x_p(n)$ 如下图所示。由其主值序列构成一个有限长序列 $x(n)=x_p(n)R_N(n)$，求 $x(n)$ 的离散傅里叶变换 $X_{p1}(k)=\mathrm{DFT}[x(n)]$。

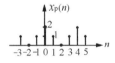

周期序列信号

7．如下图所示，为 $x_1(n)=x_p(n-2)\,R_4(n)$ 与 $x_2(n)=x_p(-n)\,R_4(n)$ 绘图。

有限长序列

8．计算下列序列的离散傅里叶变换。

（1）$R_3(n)$。

（2）$\cos\dfrac{\pi}{2}n$。

（3）$x(n)=\{\,1,2,-1,3\,\}$。

9．以下序列的长度均为 N，试计算各序列的离散傅里叶变换。

（1）$\delta(n)$。

（2）$\delta(n-3)$。

（3）a^n，$0<a<1$。

（4）$e^{ja_0 n}$。

（5）$e^{j\frac{2\pi}{N}n}$。

10．若 $x(n)$ 为矩形序列 $R_N(n)$，试求：

（1）$Z[x(n)]$。

（2）$\text{DFT}[x(n)]$。

（3）$X(e^{j\omega})$。

11．设一 $N=4$ 的有限长序列，序列值分别为 $x(0)=0.5$，$x(1)=1$，$x(2)=1$，$x(3)=0.5$。试用图解法求出：

（1）$x(n)$ 与 $x(n)$ 的线性卷积。

（2）$x(n)$ 与 $x(n)$ 的 4 点圆卷积。

（3）$x(n)$ 与 $x(n)$ 的 10 点圆卷积。

（4）若要使 $x(n)$ 与 $x(n)$ 的线性卷积与圆卷积的结果相同，求序列长度的最小值。

12．证明离散傅里叶变换的频移定理。

13．已知有限长序列 $x(n)$，$\text{DFT}[x(n)]=X(k)$，试利用频移定理求：

（1）$\text{DFT}\left[x(n)\cos\left(\dfrac{2\pi mn}{N}\right)\right]$。

（2）$\text{DFT}\left[x(n)\sin\left(\dfrac{2\pi mn}{N}\right)\right]$。

14．已知 $x(n)$ 是 N 点有限长序列，$X(k)=\text{DFT}[x(n)]$。现将长度扩大为原来的 r 倍（在 $x(n)$ 后补零实现），得到长度为 rN 的有限长序列 $y(n)$，即

$$y(n)=\begin{cases}x(n), & 0\leqslant n\leqslant N-1 \\ 0, & N\leqslant n\leqslant rN-1\end{cases}$$

求 $\text{DFT}[y(n)]$ 与 $X(k)$ 的关系。

15．证明傅里叶变换的频域圆卷积定理。

16．求证：

（1）$x(n)*\delta(n)=x(n)$。

（2）$x(n)*\delta(n-n_0)=x(n-n_0)$。

17．画出序列 $x(n)$ 的长度 $N=16$ 时的快速傅里叶变换的蝶形图。

18．求序列 $x(n)=(-1)^n$ 的 N 点（N 为偶数，$0\leqslant n\leqslant N-1$）离散傅里叶变换。

19．用微处理机对实时序列进行频谱分析，要求频谱分辨力不大于 50Hz，信号最高频率不大于 1kHz，试确定以下各参数：

（1）最小记录长度 $T_{1\min}$。

（2）最大抽样间隔 $T_{\max}$。

（3）最少样点数 $N_{\min}$。

（4）在频带宽度不变的情况下，将频谱分辨力提高一倍对应的 N 值。

第4章

模拟滤波器

4.1 模拟滤波器的基本概念及设计方法

4.1.1 模拟滤波器的基本概念

在许多实际应用中，对信号进行分析和处理时，经常会遇到一类在有用信号上叠加了无用噪声的问题，这类噪声可能与信号同时产生，也可能在传输过程中混入。有时，噪声信号大于甚至淹没有用信号，因此减弱或消除噪声信号对有用信号的干扰，是信号处理中的一种基本而重要的技术。根据有用信号与噪声不同的特性，抑制不需要的噪声或干扰，提取有用信号的过程称为滤波，所用的装置称为滤波器。当输入信号和噪声具有不同的频带时，使噪声衰减或消除，并对信号中某些需要成分进行传输而得到输出信号的滤波器称为频率选择滤波器。当噪声与有用信号的频带重叠时，使用频率选择滤波器不可能实现抑制噪声、得到有用信号的目的，这时需要采用另一类广义滤波器，如 Wiener（维纳）滤波器、Kalman（卡尔曼）滤波器等。这一类滤波器采用的技术是从统计的概念出发，对所要提取的有用信号在时域上进行估计，在统计指标最优的前提下，估计出最优逼近的有用信号，噪声也在统计指标最优的前提下得以衰减或消除。滤波器是一类特别重要的系统，本章仅仅考虑线性时不变系统的情况。

模拟滤波器处理的输入信号、输出信号均为模拟信号，如图 4-1 所示。

滤波器的传输特性可以分为频域表示和时域表示：在频域上，可用系统函数 $H(s)$ 或频率响应函数 $H(\Omega)$ 表示；在时域上，可用单位冲激响应 $h(t)$ 表示。输出信号与输入信号及系统函数之间的关系如图 4-1 所示。本章主要讨论如何设计一个性能指标符合要求的模拟滤波器。

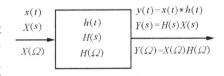

图 4-1　模拟滤波器系统框图

4.1.2 无失真传输

一个理想滤波器的特性应保证完全抑制信号无用部分，而使输入信号中的有用信号成分无失真地传输。

所谓无失真传输是指，在输入信号通过系统后，输出信号只是在大小与出现的时间上不同，输入信号没有波形上的变化，如图 4-2 所示。

因而，无失真传输的时域条件是

$$y(t) = Kx(t - t_0) \tag{4-1}$$

下面讨论为了满足式（4-1），对系统函数 $H(\Omega)$ 应提出怎样的要求？对式（4-1）两边进行傅里叶变换，借助傅里叶变换的延时定理，可以写出

$$Y(\Omega) = Ke^{-j\Omega t_0} X(\Omega) \tag{4-2}$$

从而，滤波器的频率响应函数为

$$H(\Omega) = \frac{Y(\Omega)}{X(\Omega)} = Ke^{-j\Omega t_0} \tag{4-3}$$

即

$$\begin{cases} |H(\Omega)| = K \\ \varphi(\Omega) = -\Omega t_0 \end{cases} \tag{4-4}$$

式（4-3）或式（4-4）就是对线性系统的频率特性提出的无失真传输条件。要使信号在通过滤波器这样的线性系统时不产生任何失真，必须在信号的全部频带上，系统的幅频特性是一常数，相频特性是一条通过原点的直线，如图 4-3 所示。

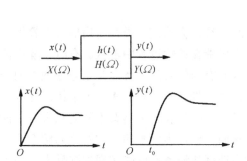

图 4-2　线性系统的无失真传输

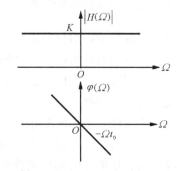

图 4-3　无失真传输系统的幅频和相频特性

式（4-4）和图 4-3 的要求可以从物理概念上得到直观的解释。由于系统函数的幅频 $|H(\Omega)|$ 为常数 K，响应中各频率分量幅度的相对大小与输入信号的情况一样，因而没有幅度失真。要保证没有相位失真，必须使响应中各频率分量与输入信号中各对应分量滞后同样的时间，这一要求反映到相位特性上，就是一条直线。

实际上，许多线性系统在信号传输的过程中，由于系统中各种因素的影响，系统响应与激励的波形不同，信号在经过系统后就产生了失真。当系统的幅频特性不是常数时，说明系统对信号各频率分量的幅度并不按同一放大系数放大或衰减，输出信号的各频率分量的相对幅度就与输入信号中的不一样，这样产生的失真为幅度失真。若系统的相频特性不满足线性相位特性的条件，则表明系统对各频率分量产生的相移与频率不成正比，结果使响应中各频率分量在时间轴上的相对位置发生变化，引起相位失真。也可能幅度失真和相位失真同时存在。但不论哪种失真，均不会产生新的频率分量，所以都属于线性失真。

设输入信号 $x(t)$ 的波形如图 4-4（a）所示。输入信号 $x(t)$ 由基波与二次谐波两个频率分量组成，表示为

$$x(t) = X_1\sin\Omega_1 t + X_2\sin2\Omega_1 t \tag{4-5}$$

输出响应的表示为

$$y(t) = KX_1\sin(\Omega_1 t - \varphi_1) + KX_2\sin(2\Omega_1 t - \varphi_2)$$

$$y = KX_1\sin\left[\Omega_1\left(t - \frac{\varphi_1}{\Omega_1}\right)\right] + KX_2\sin\left[2\Omega_1\left(t - \frac{\varphi_2}{2\Omega_1}\right)\right] \tag{4-6}$$

为了使基波与二次谐波得到相同的延迟时间，以保证不产生相位失真，应有

$$\frac{\varphi_1}{\Omega_1} = \frac{\varphi_2}{2\Omega_1} = t_0 = 常数 \tag{4-7}$$

因此，各谐波分量的相移须满足以下关系：

$$\frac{\varphi_1}{\varphi_2} = \frac{\Omega_1}{2\Omega_1} \tag{4-8}$$

这个关系很容易推广到其他高次谐波频率，于是得到结论：为使信号在传输时不产生相位失真，在信号通过线性系统时，谐波的相移必须与其频率成正比，即系统的相位特性应该是一条经过原点的直线。图 4-4 中画出了无失真传输 $y(t)$ 的波形，$y_1(t)$ 则是相位失真的情况，可以看出，$y_1(t)$ 与 $y(t)$ 的波形是不一样的。

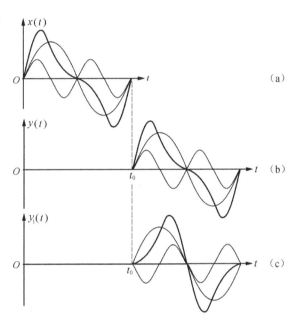

图 4-4　无失真传输与有相位失真传输的波形比较

4.1.3　滤波器的理想特性与实际特性

理想滤波器是一个理想化的系统模型，可归纳为以下几种：

（1）在有用信号频带内为无失真传输，即常数幅频、线性相频。

（2）在有用信号频带外，幅值立即下降到零，相频特性如何无关紧要。

（3）特性分为通带和阻带。

通带：信号能通过滤波器的频带。

阻带：信号受滤波器抑制的频带。

根据通带和阻带位置的不同，理想滤波器可分为四种——理想低通滤波器、理想高通滤波器、理想带通滤波器和理想带阻滤波器，四种理想滤波器的特性如图 4-5 所示。

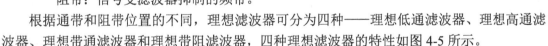

（a）理想低通滤波器的特性　　（b）理想高通滤波器的特性　　（c）理想带通滤波器的特性　　（d）理想带阻滤波器的特性

图 4-5　四种理想滤波器的特性

但是理想滤波器是一个非因果系统，是物理上不可实现的，以理想低通滤波器为例来说明这一点。理想低通滤波器的频率特性表示为

$$H(\Omega) = \begin{cases} Ke^{-j\Omega t_0}, & |\Omega| < \Omega_c \\ 0, & |\Omega| > \Omega_c \end{cases} \tag{4-9}$$

式中，t_0 为延时。

对 $H(\Omega)$ 进行傅里叶逆变换，不难求出理想低通滤波器的冲激响应 $h(t)$。简化起见，设 $K=1$，则

$$
\begin{aligned}
h(t) &= F^{-1}[H(\Omega)] \\
&= \frac{1}{2\pi}\int_{-\infty}^{\infty} H(\Omega)e^{j\Omega t}\,d\Omega \\
&= \frac{1}{2\pi}\int_{-\Omega_c}^{\Omega_c} e^{-j\Omega t_0}e^{j\Omega t}\,d\Omega \\
&= \frac{1}{2\pi}\int_{-\Omega_c}^{\Omega_c} e^{j\Omega(t-t_0)}\,d\Omega \\
&= \frac{1}{2\pi}\cdot\frac{1}{j(t-t_0)}e^{j\Omega(t-t_0)}\Big|_{-\Omega_c}^{\Omega_c} \\
&= \frac{\Omega_c}{\pi}\frac{\sin[\Omega_c(t-t_0)]}{\Omega_c(t-t_0)} \\
&= \frac{\Omega_c}{\pi}\mathrm{Sa}[\Omega_c(t-t_0)]
\end{aligned}
\tag{4-10}
$$

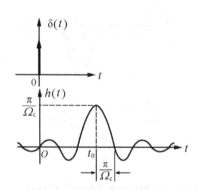

图 4-6　理想低通滤波器的冲激响应

理想低通滤波器的冲激响应如图 4-6 所示。这是一个峰值位于 t_0 时刻的 Sa 函数。

由图 4-6 可见，在 $t = 0$ 时输入 $\delta(t)$，响应在延时 t_0 后达到最大值，而且当 $t < 0$ 时，冲激响应 $h(t) \neq 0$。这意味着，在未加上激励之前，就存在冲激响应。这种情况是违反因果性的，在物理上是无法实现的。然而，有关理想滤波器的研究并不因其无法实现而失去价值，实际滤波器的分析与设计往往需要理想滤波器的理论作为指导。

另外，从图 4-6 中还可以看出，当低通滤波器的截止频率 Ω_c 很低时，响应中的 π/Ω_c 很大，谱瓣显得很宽，与输入 $\delta(t)$ 相比，失真就很大。当 Ω_c 增大时，谱瓣变窄；当 $\Omega_c \to \infty$ 时，$h(t) \to \delta(t-t_0)$。对这一问题的理解是，若输入 $\delta(t)$ 的频谱 $F[\delta(t)]$ 是白色谱，而理想低通滤波器的带宽是有限的，则信号通过理想低通滤波器输出而失真是必然的。

因果性在时域中表现为响应必须出现在激励之后。从频率特性来看，如果 $|H(\Omega)|$ 满足平方可积条件，即

$$\int_{-\infty}^{\infty} |H(\Omega)|^2\,d\Omega < \infty \tag{4-11}$$

佩利（Paley）和维纳（Wiener）证明了幅频函数 $|H(\Omega)|$ 物理可实现的必要条件是

$$\int_{-\infty}^{\infty} \frac{\big|\ln|H(\Omega)|\big|}{1+\Omega^2}\,d\Omega < \infty \tag{4-12}$$

式（4-12）称为 Paley-Wiener（佩利-维纳）准则。如果系统函数的幅频在某一限定的频带内为零，即 $|H(\Omega)|=0$，这时 $|\ln|H(\Omega)|| \to \infty$，于是式（4-12）的积分不收敛，违反了 Paley-Wiener 准则，系统是非因果的。对于物理上可实现的系统，可以允许 $|H(\Omega)|$ 在某些不连续的频率点上为

零，但不允许其在一个有限频带内为零。按此原理，理想
滤波器都是物理上不可实现的。所以，物理上可实现的
实际滤波器的特性只能是对理想特性的足够近似地逼
近，一个实际低通滤波器的幅频特性如图 4-7 所示。

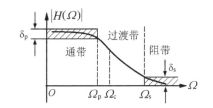

图 4-7　一个实际低通滤波器的幅频特性

由图 4-7 可见，实际低通滤波器的幅频特性除了存
在通带和阻带，在通带和阻带之间还有了过渡带，而不
是幅频突然下降。幅频特性在通带内并不是完全平直的，
而是近似于理想的幅频特性，与理想特性的偏差在规定的范围之内。在阻带内，幅频特性也
不是零值，而是衰减至规定的偏差范围之内。图 4-7 中各参数的意义：δ_p—通带公差带；Ω_p—
通带边界频率；δ_s—阻带公差带；Ω_s—阻带边界频率；Ω_c—截止频率，$|H(\Omega_c)| = 0.707$
（$20\lg|H(\Omega_c)| = -3\mathrm{dB}$）。

在实际设计时，幅频特性通常用分贝值（单位为 dB）表示，即 $20\lg|H(\Omega)|\,\mathrm{dB}$，还可用衰
减 $\delta(\Omega)$ 来表示，也就是 $\delta(\Omega) = -20\lg|H(\Omega)|\,\mathrm{dB}$。

4.1.4　模拟滤波器的一般设计方法

模拟滤波器的设计一般分两步：第一步，根据设计的技术指标（滤波器的频率特性要求），
寻找一种可实现的有理函数 $H_a(s)$，使它满足设计要求，这类问题称为逼近（Approximation）；
第二步，设计实际系统实现这一系统函数 $H_a(s)$。

对于典型可实现的 $H_a(s)$ 函数，往往是先给定幅度平方函数 $A(\Omega^2) = |H_a(\Omega)|^2$，由此寻找
$H_a(s)$。待求的 $H_a(s)$ 应满足系统稳定性要求，而且希望 $h_a(t) = L^{-1}[H_a(s)]$ 是 t 的实函数，这样
$H_a(j\Omega)$ 具有共轭对称性，$H_a(j\Omega) = H_a^*(j\Omega)$，由此可得

$$
\begin{aligned}
A(\Omega^2) &= |H_a(j\Omega)|^2 \\
&= H_a(j\Omega)\,H_a^*(j\Omega) \\
&= H_a(j\Omega)H_a(-j\Omega) \\
&= H_a(s)H_a(-s)\big|_{s=j\Omega}
\end{aligned}
\tag{4-13}
$$

$$
A(\Omega^2) = A(-s^2)\big|_{s=j\Omega}
\tag{4-14}
$$

$$
A(\Omega^2)\big|_{\Omega^2=-s^2} = A(-s^2) = H_a(s)H_a(-s)
\tag{4-15}
$$

由式（4-15）可知，当已知幅度平方函数 $A(\Omega^2)$ 时，将 $\Omega^2 = -s^2$ 代入，即可得到变量 s^2 的
有理函数 $A(-s^2)$，然后求出其零、极点，并对其做出适当分配，分别作为 $H_a(s)$ 和 $H_a(-s)$ 的零、
极点，就可以求得 $H_a(s)$。式（4-15）还表明：$H_a(s)$ 的零、极点分布关于 $j\Omega$ 轴呈镜像对称分布，
关于实轴也呈对称分布。这些零、极点中，有一半属于 $H_a(s)$，另一半属于 $H_a(-s)$。如果要求
系统稳定，则 s 左半平面的极点属于 $H_a(s)$。在挑选零点时，若不加任何限制条件，则满足 $|H_a(\Omega)|^2$
解的 $H_a(s)$ 就有多个。如果限定 $H_a(s)$ 有最小相位，则只能取所有 s 左半平面的零、极点作为 $H_a(s)$
的零、极点，这样 $H_a(s)$ 的解就是唯一的。若有零点在 $j\Omega$ 轴上，则按正实性要求，在 $j\Omega$ 轴上的
零点必须是偶阶重零点。在这种情况下，只要把 $j\Omega$ 轴上的零点阶次减半，再分配给 $H_a(s)$ 即可。

【例 4-1】给定滤波特性的幅度平方函数为

$$
A(\Omega^2) = |H_a(j\Omega)|^2 = \frac{k^2(1-\Omega^2)^2}{(4+\Omega^2)(9+\Omega^2)}
$$

试求具有最小相位特性的系统函数 $H_a(s)$。

解：将 $\Omega = s/j$ 代入题干中的公式，并结合式（4-15），可得

$$H_a(s)H_a(-s) = \frac{k^2\left(1+s^2\right)^2}{(4-s^2)(9-s^2)} = \frac{k^2\left(1+s^2\right)^2}{(s+2)(-s+2)(s+3)(-s+3)}$$

则

$$H_a(s) = \frac{k(s^2+1)}{(s+2)(s+3)}$$

【例 4-2】 设 $A(\Omega^2) = \dfrac{2+\Omega^2}{1+\Omega^4}$，试求 $H_a(s)$。

解：

$$H_a(s)H_a(-s) = \frac{2-s^2}{1+s^4} = \frac{\left(s+\sqrt{2}\right)\left(-s+\sqrt{2}\right)}{\left(s-\dfrac{1+j}{\sqrt{2}}\right)\left(s+\dfrac{1+j}{\sqrt{2}}\right)\left(s-\dfrac{1-j}{\sqrt{2}}\right)\left(s+\dfrac{1-j}{\sqrt{2}}\right)}$$

$$H_a(s) = \frac{s+\sqrt{2}}{\left(s+\dfrac{1+j}{\sqrt{2}}\right)\left(s+\dfrac{1-j}{\sqrt{2}}\right)} = \frac{s+\sqrt{2}}{s^2+\sqrt{2}s+1}$$

【例 4-3】 试导出三阶 Butterworth 低通滤波器的系统函数，设 $\Omega_c = 2$ rad/s。Butterworth 低通滤波器的幅度平方函数为

$$\left|H_a(j\Omega)\right|^2 = A(\Omega^2) = \frac{1}{1+\left(\dfrac{\Omega}{\Omega_c}\right)^{2n}}$$

解：对于三阶（$n=3$）Butterworth 低通滤波器，有

$$\left|H_a(j\Omega)\right|^2 = A(\Omega^2) = \frac{1}{1+\left(\dfrac{\Omega}{\Omega_c}\right)^6}$$

令 $j\Omega = s$，则有

$$H(s)H(-s) = \frac{1}{1+\left(\dfrac{s}{j\Omega_c}\right)^6}$$

各极点满足

$$1+\left(\frac{s}{j\Omega_c}\right)^6 = 0$$

$$s_k = (j\Omega_c)e^{j\frac{(2k+1)\pi}{6}} = \Omega_c e^{j\left[\frac{\pi}{2}+\frac{(2k+1)\pi}{6}\right]} = 2e^{j\left[\frac{\pi}{2}+\frac{(2k+1)\pi}{6}\right]}, \quad k = 0,1,2,\cdots,5$$

不难得知，当 $k=0,1,2$ 时，相应的极点 s_k 均位于 s 左半平面。

则滤波器的系统函数 $H(s)$ 的极点为

$$s_0 = 2e^{j\frac{2}{3}\pi} = -1+j\sqrt{3}$$

$$s_1 = 2e^{j\pi} = -2$$

$$s_2 = 2e^{j\frac{4}{3}\pi} = -1-j\sqrt{3}$$

因此，三阶 Butterworth 低通滤波器的系统函数为

$$H(s) = \frac{\Omega_c^3}{(s-s_0)(s-s_1)(s-s_2)} = \frac{8}{s^3 + 4s^2 + 8s + 8}$$

4.2 模拟滤波器的设计

能够物理实现的实际滤波器的幅频特性只能是理想特性的逼近，则实际幅度平方函数也将是理想幅度平方函数的近似逼近函数。解决滤波器 $H_a(s)$ 设计的关键是要找到这种逼近函数。目前已有多种逼近函数。下面介绍两种常用的滤波器，即 Butterworth（巴特沃思）滤波器和 Chebyshev（切比雪夫）滤波器。

4.2.1 Butterworth（巴特沃思）滤波器（最平响应特性滤波器）的设计

Butterworth 滤波器采用的是一种基本的逼近函数。它的幅度平方函数为

$$\left|H_a(j\Omega)\right|^2 = A(\Omega^2) = \frac{1}{1 + \left(\dfrac{\Omega}{\Omega_c}\right)^{2n}} \tag{4-16}$$

式中，n 为滤波器的阶次；Ω_c 为滤波器的截止频率。

不同阶次 n 的 Butterworth 滤波器的幅频特性如图 4-8 所示。这一幅频特性具有下列特点：

（1）最大平坦性。在 $\Omega = 0$ 点，滤波器逼近函数的前 $(2n-1)$ 阶导数等于零，表明 Butterworth 滤波器在 $\Omega = 0$ 附近是非常平直的，具有最大平坦幅频特性。

（2）通带、阻带下降的单调性。

（3）3dB 的不变性。n 越大，频带边缘下降就越陡峭，也就越接近理想特性。但不管 n 是多少，所有的特性曲线都通过 -3dB 点，即当 $\Omega = \Omega_c$ 时，$H_a(\Omega) = 0.707$（-3dB）；当 $\Omega > \Omega_c$ 时，幅频特性曲线以 $20n$ dB/dec 的速度下降。

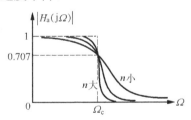

图 4-8 不同阶次 n 的 Butterworth 滤波器的幅频特性

将 $\Omega = s/j$ 代入式（4-16），可得

$$\left|H_a(j\Omega)\right|^2\bigg|_{\Omega=\frac{s}{j}} = H_a(s)H_a(-s) = \frac{1}{1 + \left(\dfrac{s}{j\Omega_c}\right)^{2n}} \tag{4-17}$$

对应的极点符合

$$1 + \left(\frac{s}{j\Omega_c}\right)^{2n} = 0$$

$$s_k = \mathrm{j}\Omega_\mathrm{c} \cdot (-1)^{\frac{1}{2n}} = \Omega_\mathrm{c} \cdot \mathrm{e}^{\mathrm{j}\left[\frac{\pi}{2} + \frac{2k+1}{2n}\pi\right]}, \quad k = 0, 1, 2, \ldots, 2n-1 \tag{4-18}$$

s_k 即为 $H_a(s)\,H_a(-s)$ 的极点，此极点的分布有下列特点：

（1）$2n$ 个极点以 π/n 为间隔均匀分布在半径为 Ω_c 的圆周上，这个圆称为 Butterworth 圆。

（2）所有极点以 $\mathrm{j}\Omega$ 轴为对称轴呈对称分布，$\mathrm{j}\Omega$ 轴上没有极点。

（3）当 n 为奇数时，实轴 $\pm\Omega_\mathrm{c}$ 上有极点；当 n 为偶数时，实轴上无极点。

图 4-9 所示为 Butterworth 滤波器 $H_a(s)\,H_a(-s)$ 的极点分布。全部零点位于 $s = \infty$ 处。

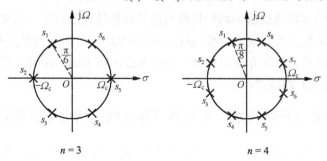

$$n = 3 \qquad\qquad n = 4$$

图 4-9　Butterworth 滤波器 $H_a(s)\,H_a(-s)$ 的极点分布

为得到稳定的 $H_a(s)$，取全部 s 左半平面的极点

$$H_a(s) = \frac{\Omega_\mathrm{c}^n}{\displaystyle\prod_{k=1}^{n}(s - s_k)} \tag{4-19}$$

为使用方便，对式（4-19）进行归一化处理，并引入归一化频率 $s' = \dfrac{s}{\Omega_\mathrm{c}}$，式（4-19）可表示成

$$H_a(s') = \frac{1}{\displaystyle\prod_{k=1}^{n}(s' - s_k')} = \frac{1}{(s')^n + a_{n-1}(s')^{n-1} + \cdots + a_1 s' + 1} \tag{4-20}$$

式中，$a_{n-1}, \cdots, a_1$ 为系统函数分母多项式的系数。对于归一化频率，任意阶 Butterworth 滤波器系统函数的极点是固定值，因此系统函数分母多项式也是固定的，制成相应的表格如表 4-1～表 4-3 所示。显然，Butterworth 低通滤波器的设计问题可以归结为确定滤波器的阶次。

表 4-1　Butterworth 滤波器分母多项式的因式形式

n	分母多项式的因式形式
1	$s + 1$
2	$s^2 + 1.4142s + 1$
3	$(s+1)(s^2 + s + 1)$
4	$(s^2 + 0.7654s + 1)(s^2 + 1.8478s + 1)$
5	$(s+1)(s^2 + 0.6180s + 1)(s^2 + 1.6180s + 1)$
6	$(s^2 + 0.5176s + 1)(s^2 + 1.4142s + 1)(s^2 + 1.9319s + 1)$
7	$(s+1)(s^2 + 0.4450s + 1)(s^2 + 1.27470s + 1)(s^2 + 1.8019s + 1)$
8	$(s^2 + 0.3902s + 1)(s^2 + 1.1111s + 1)(s^2 + 1.6629s + 1)(s^2 + 1.9616s + 1)$
9	$(s+1)(s^2 + 0.3473s + 1)(s^2 + s + 1)(s^2 + 1.5321s + 1)(s^2 + 1.8794s + 1)$
10	$(s^2 + 0.3129s + 1)(s^2 + 0.9080s + 1)(s^2 + 1.4142s + 1)(s^2 + 1.7820s + 1)(s^2 + 1.9754s + 1)$

表 4-2　1~10 阶 Butterworth 滤波器的传递函数 $H_a(s)$ 的极点

$n=1$	$n=2$	$n=3$	$n=4$	$n=5$	$n=6$	$n=7$	$n=8$	$n=9$	$n=10$
-1.0000000	-0.7071068 ±j0.7071068	-1.0000000	-0.3826834 ±j0.9238795	-1.0000000	-0.2588190 ±j0.9659258	-1.0000000	-0.1950903 ±j0.9807853	-1.0000000	-0.1564345 ±j0.9876883
		-0.5000000 ±j0.8660254	-0.9238795 ±j0.3826834	-0.3090170 ±j0.9510565	-0.7071068 ±j0.7071068	-0.2225209 ±j0.9749279	-0.5555702 ±j0.8314696	-0.1736482 ±j0.9848078	-0.4539905 ±j0.8910065
				-0.8090170 ±j0.5877852	-0.9659258 ±j0.2588190	-0.6234898 ±j0.7818315	-0.8314696 ±j0.5555702	-0.5000000 ±j0.8660254	-0.7071068 ±j0.7071068
						-0.9009689 ±j0.4338837	-0.9807853 ±j0.1950903	-0.7660444 ±j0.6427876	-0.8910065 ±j0.4539905
								-0.9396926 ±j0.3420201	-0.9876883 ±j0.1564345

表 4-3　Butterworth 滤波器分母多项式 $s^n + a_{n-1}s^{n-1} + \cdots + a_2 s^2 + a_1 s + 1$ 的各项系数

n	a_1	a_2	a_3	a_4	a_5	a_6	a_7	a_8	a_9
2	1.4142136								
3	2.0000000	2.0000000							
4	2.6131259	3.4142136	2.6131259						
5	3.2360680	5.2360680	5.2360680	3.2360680					
6	3.8637033	7.4641016	9.1416202	7.4641016	3.8637033				
7	4.4939592	10.0978347	14.5917939	14.5917939	10.0978347	4.4939592			
8	5.1258309	13.1370712	21.8461510	25.6883559	21.8461510	13.1370712	5.1258309		
9	5.7587705	16.5817187	31.1634375	41.9863857	41.9863857	31.1634375	16.5817187	5.7587705	
10	6.3924532	20.4317291	42.8020611	64.8823963	74.2334292	64.8823963	42.8020611	20.4317291	6.3924532

【例 4-4】试确定一个 Butterworth 低通滤波器的系统函数 $H_a(s)$。要求：在通带边界频率 $f_p =$ 2kHz（$\Omega_p = 2\pi \times 2 \times 10^3 \text{rad/s}$）处，衰减 $\delta_p \leqslant 3\text{dB}$；在阻带始点频率 $f_s = 4\text{kHz}$（$\Omega_s = 2\pi \times 4 \times 10^3 \text{rad/s}$）处，衰减 $\delta_s \geqslant 15\text{dB}$。

解：（1）求阶次 n。因为通带衰减为 3dB，所以通带边界频率 Ω_p 此时等于滤波器的截止频率 Ω_c。根据对阻带的要求，写出

$$\left| H_a(\Omega_s) \right| = \frac{1}{\sqrt{1 + \left(\dfrac{\Omega_s}{\Omega_c}\right)^{2n}}} \leqslant 10^{\frac{-\delta_s}{20}}$$

$$n \geqslant \frac{\lg(10^{0.1\delta_s} - 1)}{2\lg \dfrac{\Omega_s}{\Omega_c}} = \frac{\lg(10^{0.1 \times 15} - 1)}{2\lg \dfrac{2\pi \times 4 \times 10^3}{2\pi \times 2 \times 10^3}} = 2.47$$

取整后得到符合要求的阶次 $n = 3$。

（2）求滤波器的系统函数 $H_a(s)$。根据表 4-1，得到 $n = 3$ 时的归一化形式，可写出 $H_a(s)$ 的表达式：

$$H_a(s) = \frac{1}{\left(\dfrac{s}{\Omega_c} + 1\right)\left(\dfrac{s^2}{\Omega_c^2} + \dfrac{s}{\Omega_c} + 1\right)}$$

将 $\Omega_c = 2\pi \times 2 \times 10^3$ 代入，得

$$H_a(s) = \frac{1}{\left(\dfrac{s}{2\pi \times 2 \times 10^3} + 1\right)\left[\left(\dfrac{s}{2\pi \times 2 \times 10^3}\right)^2 + \dfrac{s}{2\pi \times 2 \times 10^3} + 1\right]}$$

例 4-4 Butterworth 滤波器的频率响应如图 4-10 所示。

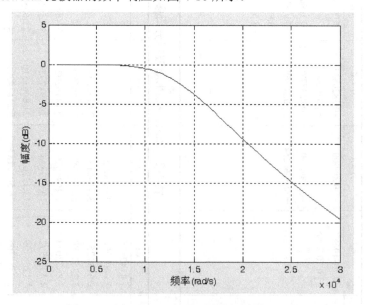

图 4-10　例 4-4 Butterworth 滤波器的频率响应

（3）物理实现。通常可采用无源网络或有源网络实现。在工业测控系统中，对于要求不太高的场合，采用 RC 无源网络居多；对于要求较高的场合，可采用有源网络。

【**例 4-5**】给定模拟滤波器的技术指标：

通带允许起伏−1dB，$0 \leqslant \Omega \leqslant 2\pi \times 10^4$ rad/s；

阻带衰减 $\delta_s \geqslant 15$dB，$\Omega \geqslant 2\pi \times 2 \times 10^4$ rad/s。

试确定 Butterworth 低通滤波器的系统函数。

解：

（1）求阶次 n。由于通带边界频率处的衰减不为 3dB，因此要同时根据对通带和阻带的衰减要求，联立方程求解 Ω_c 和 n：

$$\left| H_a(\Omega_p) \right| = \frac{1}{\sqrt{1 + \left(\dfrac{\Omega_p}{\Omega_c} \right)^{2n}}} \geqslant 10^{\frac{-\delta_p}{20}}$$

$$\left| H_a(\Omega_s) \right| = \frac{1}{\sqrt{1 + \left(\dfrac{\Omega_s}{\Omega_c} \right)^{2n}}} \leqslant 10^{\frac{-\delta_s}{20}}$$

$$n \geqslant \frac{\lg \left(\dfrac{10^{0.1\delta_s} - 1}{10^{0.1\delta_p} - 1} \right)}{2\lg \left(\dfrac{\Omega_s}{\Omega_p} \right)} = \frac{\lg \left(\dfrac{10^{0.1 \times 15} - 1}{10^{0.1} - 1} \right)}{2\lg \left(\dfrac{2\pi \times 2 \times 10^4}{2\pi \times 10^4} \right)} = 3.44$$

取整后得到符合要求的阶次 $n = 4$。

（2）求−3dB 截止频率。将 $n = 4$ 代入 $\left| H_a(\Omega_s) \right|$ 的表达式，得到

$$\left| H_a(\Omega_s) \right| = \frac{1}{\sqrt{1 + \left(\dfrac{2\pi \times 2 \times 10^4}{\Omega_c} \right)^{2 \times 4}}} = 10^{-\frac{15}{20}}$$

$$\Omega_c = 2\pi \times 1.304 \times 10^4 \quad \text{rad/s}$$

（3）求滤波器的系统函数 $H_a(s)$。根据表 4-1，得到 $n = 4$ 时的归一化形式，即可写出 $H_a(s)$ 的表达式：

$$H_a(s) = \frac{1}{\left(\dfrac{s^2}{\Omega_c^2} + 0.7654 \dfrac{s}{\Omega_c} + 1 \right) \left(\dfrac{s^2}{\Omega_c^2} + 1.8478 \dfrac{s}{\Omega_c} + 1 \right)}$$

$$= \frac{(2\pi \times 1.304 \times 10^4)^4}{(s^2 + 6.271 \times 10^4 s + 6.713 \times 10^9)(s^2 + 1.5140 \times 10^5 s + 6.713 \times 10^9)}$$

例 4-5Butterworth 滤波器的频率响应如图 4-11 所示。

在 Butterworth 滤波器的设计过程中，主要用到下面几个 MATLAB 函数：

（1）[N,Wc] = buttord(Wp, Ws,Rp,As,'s')

其中，Wp、Ws、Wc 均以 rad/s 为单位，Wp、Ws 分别是通带、阻带的边界频率；Rp、As 以 dB 为单位，分别是通带、阻带的衰减；'s'指模拟滤波器，默认时指数字滤波器。

（2）[z0, p0, k0] = buttap(N)，用于 N 阶归一化 Butterworth 原型滤波器的设计。只要输入 Butterworth 滤波器的阶次 N，它可以返回零点数组 z0、极点数组 p0 及增益 k0。

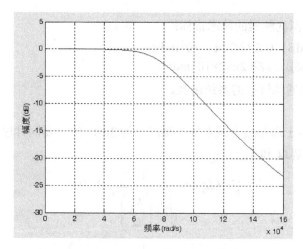

图 4-11　例 4-5Butterworth 滤波器的频率响应

设计例 4-5 的滤波器，MATLAB 程序如下：

```
Wp=2*pi*10000;                           % 滤波器的性能指标
Ws=2*pi*20000;
Rp=1;
As=15;
[N,Wc]=buttord(Wp,Ws,Rp,As,'s')         % 确定滤波器的阶次和频率
[z0,p0,k0]=buttap(N)                     % 确定滤波器归一化的零、极点和增益
[b0,a0]=zp2tf(z0,p0,k0)                  % 将系统函数由零、极点形式转化为归一化的分子、分母多项式形式
[b,a]=lp2lp(b0,a0,Wc);                   % 非归一化处理
[H,W]=freqs(b,a);                        % 模拟滤波器频率响应函数
plot(W,20*log10(abs(H)));
axis([0,160000,-30,5]);
xlabel('频率(rad/s)');
ylabel('幅度(dB)');
grid on;
```

程序的运行结果如下：

```
N=
     4
Wc=
     8.1932 × 10⁴
z0=
     [ ]
p0 =
   -0.3827 + 0.9239i
   -0.3827 - 0.9239i
   -0.9239 + 0.3827i
   -0.9239 - 0.3827i
k0 =
     1
b0 =
     0     0     0     0     1
a0 =
   1.0000    2.6131    3.4142    2.6131    1.0000
```

归一化的系统函数为

$$H_a(s) = \frac{1}{s^4 + 2.6131s^3 + 3.4142s^2 + 2.6131s + 1}$$

非归一化的系统函数为

$$H_a(s) = \frac{1}{\left(\dfrac{s}{\Omega_c}\right)^4 + 2.6131\left(\dfrac{s}{\Omega_c}\right)^3 + 3.4142\left(\dfrac{s}{\Omega_c}\right)^2 + 2.6131\left(\dfrac{s}{\Omega_c}\right) + 1}$$

$$= \frac{4.506 \times 10^{19}}{s^4 + 2.141 \times 10^5 s^3 + 2.292 \times 10^{10} s^2 + 1.437 \times 10^{15} s + 4.506 \times 10^{19}}$$

滤波器的频率响应如图 4-11 所示。

4.2.2　Chebyshev（切比雪夫）滤波器（通带等波纹滤波器）的设计

1. Chebyshev 多项式

Chebyshev 多项式的定义式为

$$C_n(x) = \cos\left[n\left(\arccos x\right)\right], \quad |x| \leqslant 1 \tag{4-21}$$

式（4-21）可以通过三项递推公式转换成多项式，令

$$\varphi = \arccos x$$

$$x = \cos\varphi$$

$$C_n(x) = \cos n\varphi$$

有三角函数公式

$$\cos(n+1)\varphi = \cos n\varphi \cos\varphi - \sin n\varphi \sin\varphi$$

$$\cos(n-1)\varphi = \cos n\varphi \cos\varphi + \sin n\varphi \sin\varphi$$

将上面两式相加，得

$$\cos(n+1)\varphi + \cos(n-1)\varphi = 2\cos n\varphi \cos\varphi$$

有

$$C_{n+1}(x) = 2xC_n(x) - C_{n-1}(x) \tag{4-22}$$

利用递推公式可求得任意阶次的 Chebyshev 多项式。表 4-4 所示为 1～10 阶 Chebyshev 多项式，图 4-12 所示为 1～4 阶 Chebyshev 多项式曲线。

表 4-4　1～10 阶 Chebyshev 多项式

n	$C_n(x)$
1	x
2	$2x^2 - 1$
3	$4x^3 - 3x$
4	$8x^4 - 8x^2 + 1$
5	$16x^5 - 20x^3 + 5x$
6	$32x^6 - 48x^4 + 18x^2 - 1$
7	$64x^7 - 112x^5 + 56x^3 - 7x$
8	$128x^8 - 256x^6 + 160x^4 - 32x^2 + 1$
9	$256x^9 - 576x^7 + 432x^5 - 120x^3 + 9x$
10	$512x^{10} - 1280x^8 + 1120x^6 - 400x^4 + 50x^2 - 1$

由表 4-4、图 4-12 可以看出 Chebyshev 多项式有以下特点：

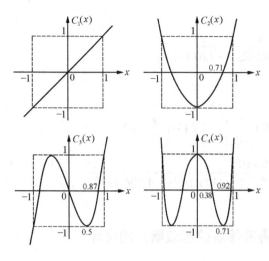

图 4-12　1~4 阶 Chebyshev 多项式曲线

（1）当 n 为偶数时，$C_n(x)$ 为偶次式；当 n 为奇数时，$C_n(x)$ 为奇次式。

（2）当 x 在 $|x|<1$ 范围内变换时，多项式的值在 $+1\sim-1$ 范围内变化，呈等起伏波动特性。当 $x=1$ 时，$C_n(x)=1$。当 $x=0$ 时，若 n 为奇数，$C_n(x)=0$；若 n 为偶数，$C_n(x)=1$ 或 -1。

（3）当 $|x|>1$ 时，$C_n(x)$ 的值随 $|x|$ 的增大而迅速增大，n 越大，$C_n(x)$ 的增长就越快。

因此，对于 $|x|>1$ 的情况，用式（4-23）表示 Chebyshev 多项式更方便。

$$C_n(x) = \mathrm{ch}(n\,\mathrm{arch}\,x),\quad |x|>1 \tag{4-23}$$

式中，$\mathrm{ch}(\cdot)$ 为双曲余弦函数。实际上，式（4-21）与式（4-23）是等价的。由复变函数理论有

$$\mathrm{ch}\,z = \cos\,\mathrm{j}z$$

令 $\mathrm{ch}\,z = \cos\,\mathrm{j}z = x$，则

$$\arccos x = \mathrm{j}z$$
$$\mathrm{arch}\,x = z$$
$$\arccos x = \mathrm{j}\,\mathrm{arch}\,x$$

因而有
$$C_n(x) = \cos(n\arccos x) = \cos(\,\mathrm{j}n\,\mathrm{arch}\,x\,) = \mathrm{ch}(n\,\mathrm{arch}\,x)$$

2. Chebyshev 滤波器的幅度平方函数

Chebyshev 滤波器的分类：若通带呈等波纹变化，阻带呈单调下降的滤波特性，则称该滤波器为 Chebyshev I 型滤波器；若通带呈单调变化，阻带呈等波纹变化的滤波特性，则称该滤波器为 Chebyshev II 型滤波器；若通带、阻带都呈等波纹变化的滤波特性，则称该滤波器为椭圆滤波器。这里只介绍 Chebyshev I 型滤波器（下面简称 Chebyshev 滤波器）。与 Butterworth 滤波器相比，Chebyshev 滤波器在通带内更为均匀，是所有滤波器中过渡带最窄的滤波器。

Chebyshev 低通滤波器的幅度平方函数为

$$\left|H_a(\mathrm{j}\Omega)\right|^2 = A(\Omega^2) = \dfrac{1}{1+\varepsilon^2 C_n^2\left(\dfrac{\Omega}{\Omega_\mathrm{c}}\right)} \tag{4-24}$$

式中，ε 为决定通带内起伏大小的波纹参数，是小于 1 的正数；$C_n\left(\dfrac{\Omega}{\Omega_\mathrm{c}}\right)$ 为 Chebyshev 多项式；n 为正整数，表示 Chebyshev 滤波器的阶次。Ω_c 为通带截止角频率，这里是指被通带波纹限制的最高频率，$\Omega_\mathrm{c} \neq \Omega_{3\mathrm{dB}}$。

图 4-13 所示为 Chebyshev 滤波特性及通带内波纹与 $C_n(\Omega')$ 的关系图。

Chebyshev 滤波器的滤波特性具有下列特点：

（1）所用曲线在 $\Omega=\Omega_\mathrm{c}$ 时通过 $\dfrac{1}{\sqrt{1+\varepsilon^2}}$ 点，因而把 Ω_c 定义为 Chebyshev 滤波器的截止频率。

（2）在通带 $\left|\dfrac{\Omega}{\Omega_\mathrm{c}}\right| \leqslant 1$ 范围内，$|H_a(\Omega)|$ 在 1 和 $\dfrac{1}{\sqrt{1+\varepsilon^2}}$ 之间变化。在通带 $\left|\dfrac{\Omega}{\Omega_\mathrm{c}}\right|>1$ 范围外，幅

频特性呈单调下降变化，下降速度 $20n$ dB/dec。

（3）若 n 为奇数，则 $H_a(0) = 1$；若 n 为偶数，则 $H_a(0) = \dfrac{1}{\sqrt{1+\varepsilon^2}}$。因为通带内的误差分布是均匀的，所以这种逼近称为最佳一致逼近。

（4）由于滤波器在通带内有起伏，使得通带内的相频特性也有相应的起伏波动，即其相位是非线性的，所以在要求群时延为常数时，不宜采用这种滤波器。

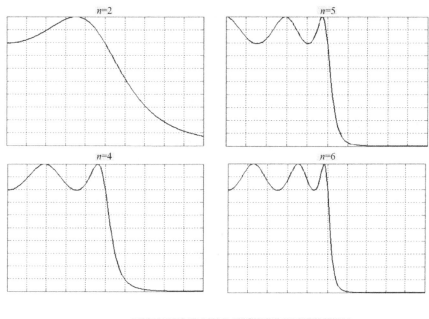

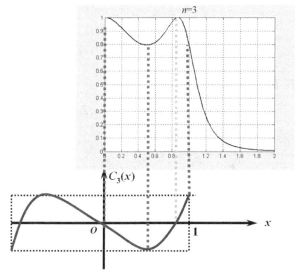

图 4-13　Chebyshev 滤波特性及通带内波纹与 $C_n(\Omega')$ 的关系图

3．Chebyshev 滤波器的系统函数

与 Butterworth 滤波器类似，这里将 $\Omega = s/j$ 代入式（4-24），可得

$$H_a(s)H_a(-s) = \frac{1}{1 + \varepsilon^2 C_n^2\left(\dfrac{s}{j\Omega_c}\right)} \tag{4-25}$$

为求极点分布，需求解方程

$$1 + \varepsilon^2 C_n^2\left(\frac{s}{\mathrm{j}\Omega_{\mathrm{c}}}\right) = 0$$

或

$$C_n\left(\frac{s}{\mathrm{j}\Omega_{\mathrm{c}}}\right) = \pm\mathrm{j}\frac{1}{\varepsilon} \tag{4-26}$$

考虑到 $s/(\mathrm{j}\Omega_{\mathrm{c}})$ 是复变量，为解出 Chebyshev 多项式，设

$$\begin{aligned}\frac{s}{\mathrm{j}\Omega_{\mathrm{c}}} &= \cos(\alpha + \mathrm{j}\beta)\\ &= \cos\alpha\cdot\cos\mathrm{j}\beta - \sin\alpha\cdot\sin\mathrm{j}\beta\\ &= \cos\alpha\cdot\mathrm{ch}\beta - \mathrm{j}\sin\alpha\cdot\mathrm{sh}\beta\end{aligned} \tag{4-27}$$

ch(·)和 sh(·)分别为双曲余弦函数和双曲正弦函数。由式（4-27）可得

$$s = \Omega_{\mathrm{c}}\sin\alpha\,\mathrm{sh}\beta + \mathrm{j}\Omega_{\mathrm{c}}\cos\alpha\,\mathrm{ch}\beta \tag{4-28}$$

为了导出 α、β 与 n、ε 的关系，把式（4-27）代入式（4-26），且考虑 $C_n(x)$ 的定义：

$$\begin{aligned}C_n\left(\frac{s}{\mathrm{j}\Omega_{\mathrm{c}}}\right) &= \cos\left(n\cdot\arccos\frac{s}{\mathrm{j}\Omega_{\mathrm{c}}}\right)\\ &= \cos[n(\alpha + \mathrm{j}\beta)]\\ &= \cos n\alpha\,\mathrm{ch}n\beta - \mathrm{j}\sin n\alpha\,\mathrm{sh}n\beta\\ &= \pm\mathrm{j}\frac{1}{\varepsilon}\end{aligned}$$

可得

$$\begin{cases}\cos n\alpha\,\mathrm{ch}n\beta = 0\\ \sin n\alpha\,\mathrm{sh}n\beta = \pm\dfrac{1}{\varepsilon}\end{cases} \tag{4-29}$$

解得满足式（4-29）的 α、β 为

$$\begin{cases}\alpha = \dfrac{2k-1}{n}\cdot\dfrac{\pi}{2}, \quad k = 1,2,\cdots,2n\\ \beta = \pm\dfrac{1}{n}\cdot\mathrm{arsh}\dfrac{1}{\varepsilon}\end{cases} \tag{4-30}$$

把式（4-30）代入式（4-28），求得极点值：

$$\begin{aligned}s_k &= \sigma_k + \mathrm{j}\Omega_k\\ &= \pm\Omega_{\mathrm{c}}\sin\left(\frac{2k-1}{2n}\pi\right)\mathrm{sh}\left[\frac{1}{n}\mathrm{arsh}\left(\frac{1}{\varepsilon}\right)\right] + \mathrm{j}\Omega_{\mathrm{c}}\cos\left(\frac{2k-1}{2n}\pi\right)\mathrm{ch}\left[\frac{1}{n}\mathrm{arsh}\left(\frac{1}{\varepsilon}\right)\right], \quad k = 1,2,\cdots,2n\end{aligned} \tag{4-31}$$

s_k 就是 Chebyshev 滤波器 $H_a(s)H_a(-s)$ 的极点，给定 n、Ω_{c}、ε，即可求出 $2n$ 个极点的分布，这些极点的分布满足

$$\frac{\sigma_k^2}{\Omega_{\mathrm{c}}^2\mathrm{sh}^2\left[\dfrac{1}{n}\mathrm{arsh}\left(\dfrac{1}{\varepsilon}\right)\right]} + \frac{\Omega_k^2}{\Omega_{\mathrm{c}}^2\mathrm{ch}^2\left[\dfrac{1}{n}\mathrm{arsh}\left(\dfrac{1}{\varepsilon}\right)\right]} = 1 \tag{4-32}$$

这是一个椭圆方程，其短轴 a 和长轴 b 分别为

$$\begin{cases} a = \Omega_c \, \text{sh}\left[\dfrac{1}{n}\text{arsh}\left(\dfrac{1}{\varepsilon}\right)\right] \\ b = \Omega_c \, \text{ch}\left[\dfrac{1}{n}\text{arsh}\left(\dfrac{1}{\varepsilon}\right)\right] \end{cases} \tag{4-33}$$

图 4-14 所示为 Chebyshev 滤波器 $H_a(s) H_a(-s)$的极点分布。极点所在的椭圆可以和半径为 a 的圆与半径为 b 的圆联系起来，这两个圆分别称为 Butterworth 小圆与 Butterworth 大圆。n 阶 Chebyshev 滤波器的极点纵坐标等于 n 阶 Butterworth 大圆的纵坐标，而极点横坐标等于 n 阶 Butterworth 小圆的横坐标。

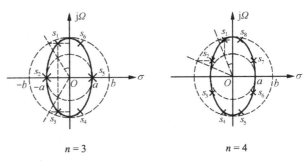

图 4-14 Chebyshev 滤波器 $H_a(s) H_a(-s)$的极点分布

取左半平面的极点

$$\begin{cases} \sigma_k = -\Omega_c \sin\left(\dfrac{2k-1}{2n}\pi\right)\text{sh}\left[\dfrac{1}{n}\text{arsh}\left(\dfrac{1}{\varepsilon}\right)\right] = -a\sin\left(\dfrac{2k-1}{2n}\pi\right) \\ \Omega_k = \Omega_c \cos\left(\dfrac{2k-1}{2n}\pi\right)\text{ch}\left[\dfrac{1}{n}\text{arsh}\left(\dfrac{1}{\varepsilon}\right)\right] = b\cos\left(\dfrac{2k-1}{2n}\pi\right) \end{cases} \tag{4-34}$$

则 Chebyshev 滤波器的系统函数为

$$H_a(s) = \frac{A}{\prod\limits_{k=1}^{n}(s - s_k)} \tag{4-35}$$

式中，$s_k = \sigma_k + j\Omega_k$。又根据式（4-25），可得

$$H_a(s) = \frac{1}{\sqrt{1 + \varepsilon^2 C_n^2\left(\dfrac{s}{j\Omega_c}\right)}} = \frac{A}{\prod\limits_{k=1}^{n}(s - s_k)} \tag{4-36}$$

考虑到 $C_n\left(\dfrac{s}{j\Omega_c}\right)$ 是 $\dfrac{s}{j\Omega_c}$ 的多项式，最高阶次系数是 2^{n-1}，因此常数 A 满足

$$A = \frac{\Omega_c^n}{\varepsilon \cdot 2^{n-1}} \tag{4-37}$$

和 Butterworth 滤波器一样，若将式（4-35）表示的 $H_a(s)$对Ω_c归一化，就得到 Chebyshev 低通原型滤波器的系统函数，即

$$H_a(s') = \frac{\dfrac{1}{\varepsilon \cdot 2^{n-1}}}{\prod\limits_{k=1}^{n}(s' - s_k')} = \frac{\dfrac{1}{\varepsilon \cdot 2^{n-1}}}{(s')^n + a_{n-1}(s')^{n-1} + \cdots + a_1 s' + a_0} \tag{4-38}$$

对于不同的 n，将式（4-38）的分母多项式及极点制成如表 4-5、表 4-6 所示的表格，供设计人员参考。由于波纹参数 ε 不同，这种表格有很多种，这里只列出 1dB、2dB、3dB 时的分母多项式与 n 的关系。

表 4-5 1~10 阶Chebyshev滤波器的传递函数 $H_a(s)$ 的极点

1dB 波纹（$\varepsilon = 0.5088471$，$\varepsilon^2 = 0.2589254$）

$n=1$	$n=2$	$n=3$	$n=4$	$n=5$	$n=6$	$n=7$	$n=8$	$n=9$	$n=10$
-1.9652267	-0.5488672 $\pm\mathrm{j}\,0.8951286$	-0.4941706	-0.1395360 $\pm\mathrm{j}\,0.9833792$	-0.2894933	-0.0621810 $\pm\mathrm{j}\,0.9934115$	-0.2054141	-0.0350082 $\pm\mathrm{j}\,0.9964513$	-0.1593305	-0.0224144 $\pm\mathrm{j}\,0.9977755$
		-0.2470853 $\pm\mathrm{j}\,0.9659987$	-0.3368697 $\pm\mathrm{j}\,0.4073290$	-0.0894584 $\pm\mathrm{j}\,0.9901071$	-0.1698817 $\pm\mathrm{j}\,0.7272275$	-0.0457089 $\pm\mathrm{j}\,0.9952839$	-0.0996950 $\pm\mathrm{j}\,0.8447506$	-0.0276674 $\pm\mathrm{j}\,0.9972297$	-0.1013166 $\pm\mathrm{j}\,0.7143284$
				-0.2342050 $\pm\mathrm{j}\,0.6119198$	-0.2320627 $\pm\mathrm{j}\,0.2661837$	-0.1280736 $\pm\mathrm{j}\,0.7981557$	-0.1492041 $\pm\mathrm{j}\,0.5644443$	-0.0796652 $\pm\mathrm{j}\,0.8769490$	-0.0650493 $\pm\mathrm{j}\,0.9001063$
						-0.1850717 $\pm\mathrm{j}\,0.4429430$	-0.1759983 $\pm\mathrm{j}\,0.1982065$	-0.1220542 $\pm\mathrm{j}\,0.6508954$	-0.1276664 $\pm\mathrm{j}\,0.4586271$
								-0.1497217 $\pm\mathrm{j}\,0.3463342$	-0.1415193 $\pm\mathrm{j}\,0.1580321$

2dB 波纹（$\varepsilon = 0.7647831$，$\varepsilon^2 = 0.5848932$）

$n=1$	$n=2$	$n=3$	$n=4$	$n=5$	$n=6$	$n=7$	$n=8$	$n=9$	$n=10$
-1.3075603	-0.4019082 $\pm\mathrm{j}\,0.6893750$	-0.3689108	-0.1048872 $\pm\mathrm{j}\,0.9579530$	-0.2183083	-0.0469732 $\pm\mathrm{j}\,0.9817052$	-0.1552958	-0.0264924 $\pm\mathrm{j}\,0.9897870$	-0.1206298	-0.0169758 $\pm\mathrm{j}\,0.9934868$
		-0.1844554 $\pm\mathrm{j}\,0.9230771$	-0.2532202 $\pm\mathrm{j}\,0.3967971$	-0.0674610 $\pm\mathrm{j}\,0.9734557$	-0.1283332 $\pm\mathrm{j}\,0.7186581$	-0.0345566 $\pm\mathrm{j}\,0.9866139$	-0.0754439 $\pm\mathrm{j}\,0.8391009$	-0.0209471 $\pm\mathrm{j}\,0.9919471$	-0.0767332 $\pm\mathrm{j}\,0.7112580$
				-0.1766151 $\pm\mathrm{j}\,0.6016287$	-0.1753064 $\pm\mathrm{j}\,0.2630471$	-0.0968253 $\pm\mathrm{j}\,0.7912029$	-0.1129098 $\pm\mathrm{j}\,0.5606693$	-0.0603149 $\pm\mathrm{j}\,0.8723036$	-0.0492657 $\pm\mathrm{j}\,0.8962374$
						-0.1399167 $\pm\mathrm{j}\,0.4390845$	-0.1331962 $\pm\mathrm{j}\,0.1968809$	-0.0924078 $\pm\mathrm{j}\,0.6474475$	-0.0966894 $\pm\mathrm{j}\,0.4566558$
								-0.1133549 $\pm\mathrm{j}\,0.3444996$	-0.1071810 $\pm\mathrm{j}\,0.1573528$

续表

3dB 波纹（$\varepsilon = 0.9976283$，$\varepsilon^2 = 0.9952623$）

$n=1$	$n=2$	$n=3$	$n=4$	$n=5$	$n=6$	$n=7$	$n=8$	$n=9$	$n=10$
-1.0023773	-0.3224498 $\pm\mathrm{j}\,0.7771576$	-0.2986202	-0.0851704 $\pm\mathrm{j}\,0.9464844$	-0.1775085	-0.0382295 $\pm\mathrm{j}\,0.9764060$	-0.1265854	-0.0215782 $\pm\mathrm{j}\,0.9867664$	-0.0982716	-0.0138320 $\pm\mathrm{j}\,0.9915418$
		-0.1493101 $\pm\mathrm{j}\,0.9038144$	-0.2056195 $\pm\mathrm{j}\,0.3920467$	-0.0548531 $\pm\mathrm{j}\,0.9659238$	-0.1044450 $\pm\mathrm{j}\,0.7147788$	-0.0281456 $\pm\mathrm{j}\,0.9826957$	-0.0614494 $\pm\mathrm{j}\,0.8365401$	-0.0170647 $\pm\mathrm{j}\,0.9895516$	-0.0401419 $\pm\mathrm{j}\,0.8944827$
				-0.1436074 $\pm\mathrm{j}\,0.5969738$	-0.1436074 $\pm\mathrm{j}\,0.5969738$	-0.0788623 $\pm\mathrm{j}\,0.7880608$	-0.0919655 $\pm\mathrm{j}\,0.5589582$	-0.0491358 $\pm\mathrm{j}\,0.8701971$	-0.0625225 $\pm\mathrm{j}\,0.7098655$
						-0.1139594 $\pm\mathrm{j}\,0.4373407$	-0.1084807 $\pm\mathrm{j}\,0.1962800$	-0.0752804 $\pm\mathrm{j}\,0.6458839$	-0.0787829 $\pm\mathrm{j}\,0.4557617$
								-0.0923451 $\pm\mathrm{j}\,0.3436677$	-0.0873316 $\pm\mathrm{j}\,0.1570448$

表 4-6　Chebyshev 滤波器分母多项式 $s^n + a_{n-1}s^{n-1} + \cdots + a_2 s^2 + a_1 s + a_0$ 的各项系数

1dB 波纹（$\varepsilon = 0.5088471$，$\varepsilon^2 = 0.2589254$）

n	a_0	a_1	a_2	a_3	a_4	a_5	a_6	a_7	a_8	a_9
1	1.9652267									
2	1.1025103	1.0977343								
3	0.4913067	1.2384092	0.9883412							
4	0.2756276	0.7426194	1.4539248	0.9528114						
5	0.1228267	0.5805342	0.9743961	1.6888160	0.9368201					
6	0.0689069	0.3070808	0.9393461	1.2021409	1.9308256	0.9282510				
7	0.0307066	0.2136712	0.5486192	1.3575440	1.4287930	2.1760778	0.9231228			
8	0.0172267	0.1073447	0.4478257	0.8468243	1.8369024	1.6551557	2.4230264	0.9198113		
9	0.0076767	0.0706048	0.2441864	0.7863109	1.2016071	2.3781188	1.8814798	2.6709468	0.9175476	
10	0.0043067	0.0344971	0.1824512	0.4553892	1.2444914	1.6129856	2.9815094	2.1078524	2.9194657	0.9159320

续表

n	a_0	a_1	a_2	a_3	a_4	a_5	a_6	a_7	a_8	a_9
				2dB 波纹（$\varepsilon = 0.7647831$，$\varepsilon^2 = 0.5848932$）						
1	1.3075603									
2	0.6367681	0.8038164								
3	0.3268901	1.0221903	0.7378216							
4	0.2057651	0.5167981	1.2564819	0.7162150						
5	0.0817225	0.4593491	0.6934770	1.4995433	0.7064606					
6	0.0514413	0.2102706	0.7714618	0.8670149	1.7458587	0.7012257				
7	0.0204228	0.1660920	0.3825056	1.1444390	1.0392203	1.9935272	0.6978929			
8	0.0128603	0.0729373	0.3587043	0.5982214	1.5795807	1.2117121	2.2422529	0.6960646		
9	0.0051076	0.0543756	0.1684473	0.6444677	0.8568648	2.0767479	1.3837464	2.4912897	0.6946793	
10	0.0032151	0.0233347	0.1440057	0.3177560	1.0389104	1.1582529	2.6362507	1.5557424	2.7406032	0.6936904
				3dB 波纹（$\varepsilon = 0.9976283$，$\varepsilon^2 = 0.9952623$）						
1	1.0023773									
2	0.7079478	0.6448996								
3	0.2505943	0.9283480	0.5972404							
4	0.1769869	0.4047679	1.1691176	0.5815799						
5	0.0626391	0.4079421	0.5488626	1.4149847	0.5744296					
6	0.0442467	0.1634299	0.6990977	0.6906098	1.6628481	0.5706976				
7	0.0156621	0.1461530	0.3000167	1.0518448	0.8314411	1.9115507	0.5684201			
8	0.0110617	0.0564813	0.3207646	0.4718990	1.4666990	0.9719473	2.1607148	0.5669476		
9	0.0039154	0.0475900	0.1313851	0.5834984	0.6789075	1.9438443	1.1122863	2.4101346	0.5659234	
10	0.0027654	0.0180313	0.1277560	0.2492043	0.9499208	0.9210659	2.4834205	1.2526467	2.6597378	0.5652218

【例 4-6】设计并实现满足下列技术指标的 Chebyshev 低通滤波器：

通带允许起伏−1dB，$0 \leqslant \Omega \leqslant 2\pi \times 10^4\,\text{rad/s}$；

阻带衰减 $\delta_s \geqslant 15\text{dB}$，$\Omega \geqslant 2\pi \times 2 \times 10^4\,\text{rad/s}$。

解：（1）求通带波纹起伏参数 ε。

$$\left| H_a(\Omega) \right| = \frac{1}{\sqrt{1+\varepsilon^2}} = 10^{-\frac{1}{20}}$$

解得 $\varepsilon = 0.50885$。

（2）求阶次 n。通带边界频率 $\Omega_c = 2\pi \times 10^4\,\text{rad/s}$，阻带起始频率 $\Omega_s = 2\pi \times 2 \times 10^4\,\text{rad/s}$，根据衰减要求，有

$$\left| H_a(\Omega_s) \right|^2 = A(\Omega_s^2) = \frac{1}{1+\varepsilon^2 C_n^2\left(\dfrac{\Omega_s}{\Omega_c}\right)} = \left(10^{-\frac{\delta_s}{20}} \right)^2$$

可得

$$C_n\left(\frac{\Omega_s}{\Omega_c} \right) = \frac{1}{\varepsilon} \cdot \sqrt{10^{0.1\delta_s}-1} = 10.8751$$

根据

$$C_n\left(\frac{\Omega_s}{\Omega_c} \right) = \text{ch}\left(n \cdot \text{arch}\,\frac{\Omega_s}{\Omega_c} \right)$$

求得

$$n = \frac{\text{arch}\left(\dfrac{1}{\varepsilon}\sqrt{\dfrac{1}{A(\Omega_s^2)}-1} \right)}{\text{arch}\left(\dfrac{\Omega_s}{\Omega_c} \right)} = \frac{\text{arch}\left(\dfrac{1}{\varepsilon}\sqrt{10^{0.1\delta_s}-1} \right)}{\text{arch}\left(\dfrac{\Omega_s}{\Omega_c} \right)} = \frac{\text{arch}\left(\dfrac{1}{0.50885}\sqrt{10^{0.1\times15}-1} \right)}{\text{arch}\left(\dfrac{2\pi \times 2 \times 10^4}{2\pi \times 10^4} \right)} = 2.34$$

取 $n = 3$。（注：$\text{arch}x = \ln\left(x + \sqrt{x^2-1} \right)$）

（3）求 $H_a(s)$。

按本题要求，即 1 dB 波纹，$n = 3$，查表 4-6，同时利用式（4-38），求得分子的值，得出归一化的 Chebyshev 逼近函数 $H_a(s')$：

$$H_a(s') = \frac{0.4913}{(s')^3 + 0.9883(s')^2 + 1.2384s' + 0.4913}$$

令 $s' = s/\Omega_c$，代入，去归一化，求得

$$H_a(s) = \frac{1.2187 \times 10^{14}}{s^3 + 6.2104s^2 + 4.8893 \times 10^9 s + 1.2187 \times 10^{14}}$$

例 4-6 Chebyshev 滤波器的频率响应如图 4-15 所示。

MATLAB 中提供了两个 Chebyshev 滤波器函数：

（1）[z0,p0,k0] = cheb1ap(N, Rp)。

该函数用于设计一个阶次为 N、通带波动为 Rp 的归一化 Chebyshev I 型原型滤波器，它在数组 z0 中返回零点，在数组 p0 中返回极点，并且返回增益 k0。

（2）[N,Wc] = cheb1ord(Wp, Ws, Rp, As, 's')。

其中，Wp、Ws 和 Wc 均以 rad/s 为单位，Wp 和 Ws 分别是通带和阻带的边界频率；Rp 和 As

以 dB 为单位，分别是通带和阻带的衰减；'s'指模拟滤波器，默认时指数字滤波器。

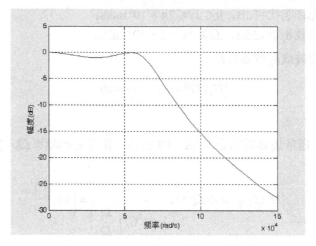

图 4-15　例 4-6 Chebyshev 滤波器的频率响应

例 4-6 的 MATLAB 程序如下：

```
Wp = 2*pi*10000;  Ws = 2*pi*20000;          % 模拟滤波器的性能指标
Rp=1;As=15;
[N,Wc] = cheb1ord(Wp,Ws, Rp, As, 's');       % 模拟滤波器的阶次和截止频率
[z0,p0,k0] = cheb1ap(N, Rp);                  % 模拟滤波器的归一化零、极点和增益
[b0, a0] = zp2tf(z0,p0,k0);                    % 零极点形式转化为分子、分母多项式形式
[b,a]=zp2tf(z,p,k);
[H,W]=freqs(b,a);                             % 模拟滤波器的频率响应函数
plot(W,20*log10(abs(H)));
axis([0,150000,-30,5]);
xlabel('频率(rad/s)');
ylabel('幅度(dB)');
grid on;
```

程序的运行结果如下：

```
N =
    3
Wc =
    6.2832e+004
z0 =
    []
p0 =
    -0.2471 + 0.9660i
    -0.4942 + 0.0000i
    -0.2471 - 0.9660i
  k0 =
    0.4913
  b0 =
      0        0        0      0.4913
  a0 =
    1.0000   0.9883   1.2384   0.4913
```

滤波器的频率响应如图 4-15 所示。

滤波是信号处理中十分常见的一种处理方法，滤波器就是实现滤波处理的一类非常重要的系统。本章介绍了两种常用的逼近函数，用于设计模拟滤波器，即 Butterworth 滤波器和 Chebyshev 滤波器。另外，还有 Chebyshev II 型滤波器、椭圆滤波器等，详细的讨论在"数字信号处理"教材中都能找到。

4.2.3 频率变换

对于 Butterworth 滤波器、Chebyshev 滤波器的设计，4.2.1 节和 4.2.2 节只讨论了低通滤波器的设计问题。在实际工程中，设计高通、带通、带阻滤波器的常用方法是，借助对应的低通原型滤波器，并利用频率变换。

所谓的频率变换是指，通过某种频率的映射（变换）关系，先将高通、带通和带阻模拟滤波器的频率响应映射为归一化（或称为原型）低通滤波器的频率响应，转换成低通原型滤波器的设计；再利用映射关系，将设计好的低通原型滤波器变换成所要求的高通、带通和带阻模拟滤波器，这就是频率变换。这种频率变换的方法又称为原型变换，变换得到的低通滤波器称为低通原型滤波器。

1. 低通至高通的变换

为寻求低通原型，用高通滤波器截止频率 Ω_c 对 $H_H(j\Omega)$ 进行归一化处理，得到归一化的高通频率特性 $H_H(j\lambda)$，归一化频率 $\lambda = \dfrac{\Omega}{\Omega_c} = \dfrac{\Omega}{\Omega_r}$，$\Omega_r$ 为参考角频率，在这里，$\Omega_r = \Omega_c$。如果取

$$\frac{s}{\Omega_c} = \frac{1}{s'} \tag{4-39}$$

当 $s = j\Omega$ 时，s' 也为虚数（$s' = j\Omega'$），且满足 $j\lambda = \dfrac{1}{j\Omega'}$，所以高通归一化频率 λ 与低通归一化频率 Ω' 的关系为

$$\lambda \cdot \Omega' = -1 \tag{4-40}$$

表 4-7 所示为高通归一化频率与低通原型归一化频率的关系。图 4-16 所示为高通到低通原型的频率转换。

表 4-7 高通归一化频率与低通原型归一化频率的关系

低通原型归一化频率 Ω'	高通归一化频率 λ
0	$\pm\infty$
∓1	±1
Ω_s'	$-1/\lambda_s$
$\pm\infty$	0

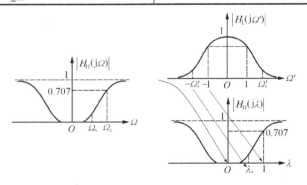

图 4-16 高通到低通原型的频率转换

根据式（4-40），就可以把高通滤波器的技术指标转化为相应的低通原型滤波器的技术指标。设计低通原型滤波器，得到 $H_L(s')$，根据式（4-39），即可求得要求设计的高通滤波器的系统函数 $H_H(\Omega_c/s)$。

【例 4-7】 给定高通滤波器的技术指标：

通带允许起伏 -1dB，$2\pi \times 1.5 \times 10^4\,\text{rad/s} \leqslant \Omega < \infty$；

阻带衰减 $\delta_s \geqslant 15\text{dB}$，$0 \leqslant \Omega \leqslant 2\pi \times 10^4\,\text{rad/s}$。

解：（1）求高通滤波器归一化的各频率。

$$
\begin{cases}
\lambda_p = \dfrac{\Omega_p}{\Omega_c} = \dfrac{1}{\Omega_c}(2\pi \times 1.5 \times 10^4) \\[3mm]
\lambda_s = \dfrac{\Omega_s}{\Omega_c} = \dfrac{1}{\Omega_c}(2\pi \times 10^4)
\end{cases}
$$

（2）求低通原型滤波器对应的频率指标。

$$
\begin{cases}
\Omega_p' = \dfrac{1}{\lambda_p} = \dfrac{\Omega_c}{2\pi \times 1.5 \times 10^4} \\[3mm]
\Omega_s' = \dfrac{1}{\lambda_s} = \dfrac{\Omega_c}{2\pi \times 10^4} \\[3mm]
\Omega_c' = 1
\end{cases}
$$

（3）求低通原型系统函数 $H_L(s')$。

$$
\left| H_L(\Omega_p') \right| = \frac{1}{\sqrt{1 + \left(\dfrac{\Omega_c}{2\pi \times 1.5 \times 10^4} \right)^{2n}}} = 10^{-\frac{1}{20}}
$$

$$
\left| H_L(\Omega_s') \right| = \frac{1}{\sqrt{1 + \left(\dfrac{\Omega_c}{2\pi \times 10^4} \right)^{2n}}} = 10^{-\frac{15}{20}}
$$

$$
n \geqslant \frac{\lg\left(\dfrac{10^{0.1\delta_s} - 1}{10^{0.1\delta_p} - 1} \right)}{2\lg\left(\dfrac{\Omega_s'}{\Omega_p'} \right)} = \frac{\lg\left(\dfrac{10^{0.1 \times 15} - 1}{10^{0.1} - 1} \right)}{2\lg\left(\dfrac{2\pi \times 1.5 \times 10^4}{2\pi \times 10^4} \right)} = 5.886
$$

取 $n = 6$，查表 4-3，可得 $H_L(s')$ 的表达式为

$$
H_L(s') = \frac{1}{(s')^6 + 3.8637(s')^5 + 7.4641(s')^4 + 9.1416(s')^3 + 7.4641(s')^2 + 3.8637s' + 1}
$$

（4）求高通滤波器的系统函数 $H_H(s)$。

通过低通原型滤波器，并利用阻带边界频率，有

$$
\Omega_c = 2\pi \times 1.33 \times 10^4\,\text{rad/s}
$$

$$
H_H(s) = H_L(s')\Big|_{s' = \frac{\Omega_c}{s}}
$$

$$
= \frac{s^6}{s^6 + 3.23 \times 10^5 s^5 + 5.21 \times 10^{10} s^4 + 5.33 \times 10^{15} s^3 + 3.64 \times 10^{20} s^2 + 1.57 \times 10^{25} s + 3.41 \times 10^{29}}
$$

例 4-7 高通滤波器的频率响应如图 4-17 所示。

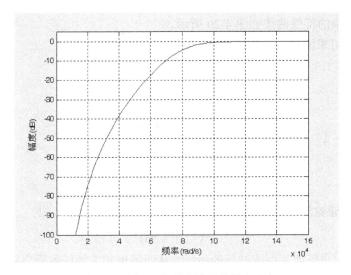

图 4-17 例 4-7 高通滤波器的频率响应

2. 低通至带通的变换

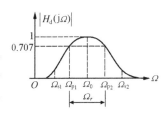

图 4-18 带通滤波器的性能

与低通至高通的变换类似，低通至带通的变换是，先把带通滤波器的频率归一化，参考频率一般取带通滤波器的频带宽度 $\Omega_r = \Omega_{p1} - \Omega_{p2}$，如图 4-18 所示。归一化后的带通滤波器的系统函数为 $H_d(j\lambda)$。表 4-8 所示为带通归一化频率与低通原型频率的关系。图 4-19 所示为低通原型与带通归一化滤波特性的对应关系。

表 4-8 带通归一化频率与低通原型频率的关系

低通原型频率 Ω'	带通归一化频率 λ
0	$\pm\lambda_0$
$\Omega_c' = 1$	λ_{p2}
$\Omega_c' = -1$	λ_{p1}
Ω_s'	λ_{s2}
$-\Omega_s'$	λ_{s1}
∞	∞
$-\infty$	0

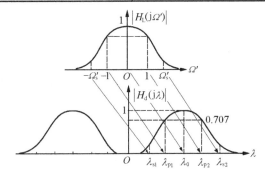

图 4-19 低通原型与带通归一化滤波特性的对应关系

满足此映射关系的 Ω' 和 λ 之间的关系为

$$\Omega' = \frac{\lambda^2 - \lambda_0^2}{\lambda}　（4-41）$$

带通Ω'与λ之间变换的特性曲线如图4-20所示。

由式（4-41）可求出带通滤波器的中心频率λ_0，过程如下：

$$\begin{cases} \Omega_c' = \dfrac{\lambda_{p2}^2 - \lambda_0^2}{\lambda_{p2}} = 1 \\[4mm] -\Omega_c' = \dfrac{\lambda_{p1}^2 - \lambda_0^2}{\lambda_{p1}} = -1 \end{cases}$$

两式相加，求得

$$\lambda_0 = \sqrt{\lambda_{p1}\lambda_{p2}} \tag{4-42}$$

这表明实际带通滤波器的中心频率是Ω_{p1}和Ω_{p2}的几何平均值，即

$$\Omega_0 = \sqrt{\Omega_{p1}\Omega_{p2}} \tag{4-43}$$

式（4-41）用来求低通原型滤波器的指标，从而得出相应的低通原型系统函数$H_L(s')$。利用式（4-41）也可求出复频率s和s'之间的关系，因为

$$H_L(j\Omega') = H_L\left(j\frac{\lambda^2 - \lambda_0^2}{\lambda}\right) = H_L\left(\frac{(j\lambda)^2 + \lambda_0^2}{j\lambda}\right)$$

所以有

$$s' = \frac{\left(\dfrac{s}{\Omega_r}\right)^2 + \left(\dfrac{\Omega_0}{\Omega_r}\right)^2}{\left(\dfrac{s}{\Omega_r}\right)} = \frac{s^2 + \Omega_0^2}{s(\Omega_{p2} - \Omega_{p1})} \tag{4-44}$$

利用式（4-41）和式（4-44），就可以通过低通原型滤波器设计出符合要求的带通滤波器。

3. 低通至带阻的变换

仿照上面讨论的原理，可导出利用低通原型滤波器设计带阻滤波器（见图4-21）的计算公式。

$$\Omega_r = \Omega_{s1} - \Omega_{s2}, \quad \Omega_0 = \sqrt{\Omega_{s1}\Omega_{s2}}$$

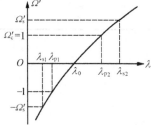

图 4-20　带通Ω'与λ之间变换的特性曲线

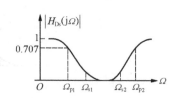

图 4-21　带阻滤波器的幅频特性及各项参数

频率变换：

$$\Omega' = \frac{\dfrac{\Omega}{\Omega_r}}{\left(\dfrac{\Omega_0}{\Omega_r}\right)^2 - \left(\dfrac{\Omega}{\Omega_r}\right)^2}$$

复变量变换：

$$s' = \frac{s\varOmega_r}{s^2 + \varOmega_0{}^2}$$

MATLAB 的信号处理工具箱提供了从归一化低通滤波器到低通、高通、带通、带阻滤波器的变换函数。

```
[numT, denT] = lp2lp(num, den, Wc)        %低通至低通的频率变换
[numT, denT] = lp2hp(num, den, Wc)        %低通至高通的频率变换
[numT, denT] = lp2bp(num, den, W0 B)      %低通至带通的频率变换
[numT, denT] = lp2bs(num, den, W0, B )    %低通至带阻的频率变换
```

其中，Wc 为待设计滤波器的边缘频率，对于低通和高通滤波器，通常取通带边缘频率，也可以取阻带边缘频率，或取通带和阻带边缘频率的平均值，这要根据工程问题的具体要求来定。

针对带通、带阻滤波器，有以下两个参数：

B 为带宽，W0 为中心频率。

另外，MATLAB 的信号处理工具箱还提供了 butter、cheby1、cheby2 和 ellip 四个函数，在知道滤波器的阶次后，就可以利用它们直接设计高通、带通和带阻滤波器。现在以 butter 函数为例，说明其使用方法。

$$[b, a] = butter(N, Wc, 'high', 's')$$

设计 N 阶高通滤波器，Wc 为它的 3dB 截止频率。's'表示模拟滤波器，默认时表示设计的是数字高通滤波器。

$$[b, a] = butter(N, Wc, 's')$$

当 Wc 为具有两个元素的向量 Wc = [W1, W2]时，设计 2N 阶带通滤波器，3dB 通带为 W1≤W≤W2。

$$[b, a] = butter(N, Wc, 'stop', 's')$$

若 Wc = [W1, W2]，则设计 2N 阶带阻滤波器，3dB 通带为 W≤W1，W≥W2。

为了设计任意的选频 butterworth 滤波器，必须知道阶次 N 和 3dB 截止频率。这可以直接利用 buttord 函数来计算。如果已知指标 Wp、Ws、Rp 和 As，则函数的调用格式为

$$[N, Wc] = buttord(Wp, Ws, Rp, As, 's')$$

对于不同类型的滤波器，参数 Wp 和 Ws 有一些限制：对于低通滤波器，Wp < Ws；对于高通滤波器，Wp > Ws；对于带通滤波器，Wp 和 Ws 分别为具有两个元素的向量 Wp = [Wp1, Wp2]和 Ws = [Ws1, Ws2]，并且 Wp1 < Wp2 < Ws1 < Ws2；对于带阻滤波器，Wp1 < Ws2 < Ws2 < Wp2。

Wp、Ws、Wc 均以为 rad/s 单位，Rp 和 As 以 dB 为单位。

【例 4-8】用 MATLAB 编程来完成例 4-7 高通滤波器的设计。

```
Wp=2*pi*15000;                     % 滤波器的性能指标
Ws=2*pi*10000;
Rp=1;
As=15;
[N,Wc]=buttord(Wp,Ws,Rp,As,'s')    % 滤波器的阶次和截止频率
[b,a]=butter(N,Wc,'high','s');     % 滤波器系统函数分子、分母多项式的系数
[H,W]=freqs(b,a);                  % 滤波器的频率特性
plot(W,20*log10(abs(H)));
axis([0,160000,-100,5]);
xlabel('频率(rad/s)');
```

```
ylabel('幅度(dB)');
grid on;
```

程序的运行结果如下：

```
N =
    6
Wc =
  8.3564e+004
```

例 4-7 高通滤波器的频率响应如图 4-17 所示。

【例 4-9】 给定带通滤波器的技术指标：

通带允许起伏−1dB，$2000\,\text{rad/s} \leqslant \Omega < 3000\,\text{rad/s}$；

阻带衰减 $\delta_s \geqslant 50\text{dB}$，$\Omega \leqslant 1500\,\text{rad/s}$，$\Omega \geqslant 3500\,\text{rad/s}$。

用 MATLAB 编程来完成例 4-9 带通滤波器的设计。

```
Wp=[2000,3000];
Ws=[1500,3500];
Rp=1;
As=50;
[N,Wc]=buttord(Wp,Ws,Rp,As,'s')
[b,a]=butter(N,Wc,'s');
[H,W]=freqs(b,a);
plot(W,20*log10(abs(H)));
axis([500,5000,-200,5]);
xlabel('频率(rad/s)');
ylabel('幅度(dB)');
grid on;
```

程序的运行结果如下：

```
N =
    12
Wc =
  1.0e+003 *
1.9584  3.0637
```

例 4-9 带通滤波器的频率响应如图 4-22 所示。

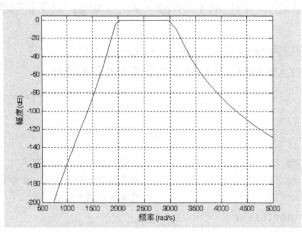

图 4-22 例 4-9 带通滤波器的频率响应

小结

滤波是信号处理中十分常见的一种处理方法，滤波器是实现滤波处理的一类非常重要的系统。本章介绍了两种常用的逼近函数，用于设计模拟滤波器，即 Butterworth 滤波器和 Chebyshev 滤波器。

本章的编写主要依据文献[2]、[4]、[5]、[9]，部分内容参考了文献[7]、[8]、[10]。

4.3 习题

1. 下列各函数是否为可实现系统的频率特性幅度平方函数？如果是，请求出相应的最小相位函数；如果不是，请说明原因。

   （1）$A(\Omega^2) = \dfrac{1}{\Omega^4 + \Omega^2 + 1}$。

   （2）$A(\Omega^2) = \dfrac{1 + \Omega^4}{\Omega^4 - 3\Omega^2 + 2}$。

   （3）$A(\Omega^2) = \dfrac{100 - \Omega^4}{\Omega^4 + 20\Omega^2 + 10}$。

2. 设计满足下列技术指标的 Butterworth 低通滤波器。

   通带允许起伏-3dB，$0 \leqslant f \leqslant 10$kHz；

   阻带衰减$\delta_s \geqslant 20$dB，$f \geqslant 20$kHz。

3. 设计满足下列技术指标的 Butterworth 低通滤波器。

   通带允许起伏-1dB，$0 \leqslant f \leqslant 10$kHz；

   阻带衰减$\delta_s \geqslant 20$dB，$f \geqslant 20$kHz。

4. 重复第 2 题的要求，用 Chebyshev 滤波器实现。

5. 重复第 3 题的要求，用 Chebyshev 滤波器实现。

6. 设计满足下列技术指标的 Butterworth 高通滤波器。

   通带允许起伏-1dB，$f \geqslant 1$MHz；

   阻带衰减$\delta_s \geqslant 20$dB，$0 \leqslant f \leqslant 500$kHz。

7. 设计满足下列技术指标的带通滤波器。

   通带允许起伏-1dB，0.95MHz$\leqslant f \leqslant 1.05$MHz；

   阻带衰减$\delta_s \geqslant 40$dB，$0 \leqslant f \leqslant 0.75$MHz，$1.25MHz\leqslant f < +\infty$。

   要求通带内具有等波纹特性。

第5章

数字滤波器

5.1 数字滤波器的基本概念

数字信号处理（Digital Signal Processing，DSP）是一门涉及许多学科而又广泛应用于许多领域的新兴学科。数字信号处理是围绕数字信号处理的理论、实现和应用等方面发展起来的。数字信号处理是以众多学科为理论基础的，它所涉及的范围极其广泛。例如，在数学领域，微积分、概率统计、随机过程、数值分析等都是数字信号处理的基本工具。数字信号处理与网络理论、信号与系统、控制论、通信理论、故障诊断信号处理等也密切相关。一些新兴的学科，如人工智能、模式识别、神经网络等，都与数字信号处理密不可分。可以说，数字信号处理把许多经典的理论体系作为自己的理论基础，同时使自己成为一系列新兴学科的基础工具。其在各个学科的应用也非常广泛：

语音处理领域：语音编码、语音合成、语音识别、语音增强、语音邮件、语音存储等。

图像／图形领域：二维和三维图形的处理、图像压缩与传输、图像识别、动画、机器人视觉、多媒体、电子地图、图像增强等。

军事领域：保密通信、雷达处理、声呐处理、卫星导航、全球卫星定位、跳频电台、搜索和反搜索等。

仪器仪表领域：频谱分析、函数发生、数据采集、地震处理等。

自动控制领域：控制、深空作业、自动驾驶、机器人控制、磁盘控制等。

医疗领域：助听、超声设备、诊断工具、病人监护、心电图等。

家用电器领域：数字音响、数字电视、可视电话、音乐合成、音调控制、玩具与游戏等。

生物医学信号处理举例：

CT：计算机 X 射线断层摄影装置。其中，发明头颅 CT 英国 EMI 公司的豪斯菲尔德获诺贝尔奖。

心电图分析：心电图（ECG）是心脏在每个心动周期中，由起搏点、心房、心室相继兴奋，伴随着生物电的变化，通过心电描记器从体表引出多种形式的电位变化的图形。心电图分析可以用来诊断是否有心脏疾病。

长期以来，信号处理技术一直用于转换或产生模拟信号或数字信号。其中，应用得最频繁的领域就是信号的滤波。此外，从数字通信、语音、音频和生物医学信号处理到检测仪器仪表和机器人技术等许多领域，都广泛地应用了数字信号处理技术。

数字信号处理已经发展成为一项成熟的技术，并且在许多应用领域，数字信号处理系统逐步代替了传统的模拟信号处理系统。

信号处理最广泛的应用是滤波。数字滤波是指输入信号、输出信号均为离散时间信号，利用离散系统特性对输入信号进行加工和变换，改变输入序列的频谱或信号波形，使有用频率的信号分量通过，抑制无用频率的信号分量输入的方法。或者说是，通过一定的运算关系改变输入信号所含频率成分的相对比例或者滤除某些频率成分的算法。因此，从概念上说，数字滤波与模拟滤波相似，只是信号的类型和实现方法不同。数字滤波器相对模拟滤波器而言，在体积、质量、精度、稳定性、可靠性、存储功能、灵活性及性能价格比等方面都具有明显的优点，而且数字滤波器除利用专用的数字硬件、专用的数字信号处理器，或采用通用的数字信号处理器实现外，还可借助计算机以软件编程方式实现。正因为这些特点，在许多情况下，可利用图 5-1 所示的间接方式处理模拟信号，舍弃传统的模拟电路处理方法。

数字滤波器是一类重要的离散时间系统，离散时间系统的结构图如图 5-2 所示。可以从时域、复数域和频域的角度来描述。

图 5-1　模拟信号的数字处理框图　　　　图 5-2　离散时间系统的结构图

一般离散时间系统可表示为 N 阶差分方程，即

$$y(n) + \sum_{k=1}^{N} a_k y(n-k) = \sum_{r=0}^{M} b_r x(n-r) \tag{5-1}$$

其系统函数可表示为

$$H(z) = \frac{\displaystyle\sum_{r=0}^{M} b_r z^{-r}}{1 + \displaystyle\sum_{k=1}^{N} a_k z^{-k}} \tag{5-2}$$

若离散系统的输入 $x(n) = \delta(n)$，则 $X(z) = 1$，系统的单位冲激响应记为 $h(n)$，此时

$$Y(z) = H(z), \quad h(n) = Z^{-1}[H(z)]$$

这表明：系统函数 $H(z)$ 与单位抽样响应序列 $h(n)$ 是一对 z 变换。

如果 $x(n)$、$y(n)$ 和 $h(n)$ 满足绝对可积条件，则相应地，$X(z)$、$Y(z)$ 和 $H(z)$ 均在单位圆上收敛，离散时间系统的频率响应函数为

$$H(e^{j\omega}) = \frac{\displaystyle\sum_{r=0}^{M} b_r e^{-j\omega r}}{1 + \displaystyle\sum_{k=1}^{N} a_k e^{-j\omega k}} = \sum_{n=-\infty}^{\infty} h(n) e^{-j\omega n} \tag{5-3}$$

（1）若 $1 \leqslant r \leqslant M$，$b_r = 0$，则只有在 $b_0 \neq 0$ 时，才有

$$H(z) = \frac{b_0}{1 + \displaystyle\sum_{k=1}^{N} a_k z^{-k}}$$

系统只含有 N 个极点，无有限零点，记作 AR 模型。这种系统的单位抽样响应为无限长序列，习惯上称之为无限冲激响应（IIR）离散系统。在系统辨识中，通常也称之为自回归模型。

（2）若 $1 \leqslant k \leqslant M$，$a_k = 0$，则有

$$H(z) = \sum_{r=0}^{M} b_r z^{-r}$$

系统只含有 M 个零点，无有限极点，记作 MA 模型。这种系统的单位抽样响应为有限长序列，习惯上称之为有限冲激响应（FIR）离散系统。在系统辨识中，通常也称之为滑动平均模型。

（3）系统同时具有零点和极点，记作 ARMA 模型，也称之为自回归滑动平均模型。

【例 5-1】一数字滤波器的差分方程为

$$y(n) = \frac{x(n) - x(n-1)}{2}$$

试求其单位抽样响应 $h(n)$ 及频率响应。

解：由差分方程可得

$$H(z) = \frac{Y(z)}{X(z)} = 0.5 - 0.5z^{-1}$$

$$h(n) = Z^{-1}[H(z)] = 0.5\delta(n) - 0.5\delta(n-1)$$

显然，$h(n)$ 是一有限长序列，是 FIR 滤波器。

频率响应为

$$H(e^{j\omega}) = 0.5 - 0.5e^{-j\omega} = je^{-j0.5\omega} \sin 0.5\omega$$

$$|H(e^{j\omega})| = \sin 0.5\omega$$

$$\varphi(\omega) = \pi/2 - 0.5\omega$$

数字滤波器的频率响应特性如图 5-3 所示。由该图可知，此数字滤波器是高通滤波器。

【例 5-2】已知一数字滤波器用差分方程表示为

$$y(n) - y(n-1) = 0.5x(n)$$

试求其单位抽样响应 $h(n)$。

解：由差分方程可得

$$H(z) = \frac{Y(z)}{X(z)} = \frac{0.5}{1 - z^{-1}} = 0.5(1 + z^{-1} + z^{-2} + \cdots)$$

从而有

$$h(n) = 0.5[\delta(n) + \delta(n-1) + \delta(n-2) + \cdots] = 0.5\varepsilon(n)$$

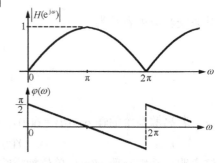

图 5-3　数字滤波器的频率响应特性

显然，$h(n)$ 是一无限长序列，该滤波器是一 IIR 数字滤波器。

数字滤波器与模拟滤波器相似，根据频幅响应的特性，也可以分为低通、高通、带通和带阻等类型，但与模拟滤波器不同，数字滤波器是一离散系统，其幅频特性 $|H(e^{j\omega})|$ 是以 2π 为周期的周期函数。因此，数字滤波器的幅频特性都是针对数字角频率 ω 在 $0 \sim \pi$ 的范围内而言的。各类理想数字滤波器的频率特性如图 5-4 所示。图 5-5 所示为数字低通滤波器设计的技术指标图，与模拟滤波器相似，设计数字滤波器的第一步仍然是寻求满足性能要求的系统函数 $H(z)$，因此这也是一个逼近问题。

IIR 数字滤波器和 FIR 数字滤波器的设计思路和方法有所不同。总体上说，IIR 数字滤波

器是对模拟滤波器的模仿，来满足滤波幅频特性的要求；而 FIR 数字滤波器是直接用理想数字滤波器的单位抽样响应 $h_d(n)$ 的逼近来设计的，能够同时保证信号传输中对幅度和相位的要求。

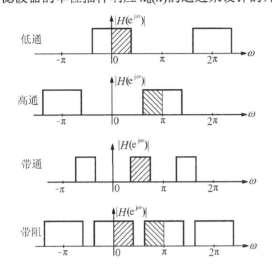

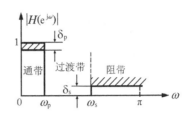

图 5-4　各类理想数字滤波器的频率特性　　　图 5-5　数字低通滤波器设计的技术指标图

5.2　IIR 数字滤波器的设计

5.2.1　引言

IIR 数字滤波器的特点是 $h(n)$ 为无限长序列，其系统函数为

$$H(z) = \frac{\sum_{r=0}^{M} b_r z^{-r}}{1 + \sum_{k=1}^{N} a_k z^{-k}} \tag{5-4}$$

一般 $M \leqslant N$。

IIR 数字滤波器的逼近问题就是求出滤波器系统函数的系数 b_r 和 a_k，使得在规定的意义上，满足通带起伏及阻带衰减的要求或采用最优化准则（最小均方差或最大误差最小要求）逼近所要求的特性。

设计方法一般有以下两种：

（1）计算机辅助设计法。这是一种最优设计法。先确定一种最优化准则，如设计出的实际频率响应幅度 $|H(e^{j\omega})|$ 与所要求的理想频率响应幅度 $|H_d(e^{j\omega})|$ 的均方误差最小准则等，然后求出在此最优化准则下滤波器系统函数的系数 b_r 和 a_k。这种设计一般得不到滤波器系数和理想频率响应的闭合形式的函数表达式，而是需要进行大量的迭代运算，因此离不开计算机。

（2）借助模拟原型滤波器导出所需数字滤波器。此方法由于模拟滤波器有简便的设计公式，有大量的设计图表可资利用，设计起来既方便又准确。这种设计方法的流程如图 5-6 所示。

由图 5-6 可以看出，此方法实际上是 s 域与 z 域之间的映射转换。为使数字滤波器保持模拟滤波器的特性，这种映射关系应满足下列条件：

① $H(z)$ 的频率响应要能模仿 $H_a(s)$ 的频率响应，即 s 平面的虚轴 $j\Omega$ 必须映射到 z 平面的

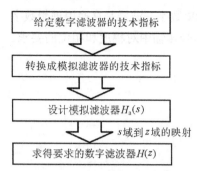

给定数字滤波器的技术指标

↓

转换成模拟滤波器的技术指标

↓

设计模拟滤波器 $H_a(s)$

↓ s域到z域的映射

求得要求的数字滤波器$H(z)$

图 5-6 IIR 滤波器间接设计流程图

单位圆 $e^{j\omega}$ 上，也就是频率轴要对应。

② 因果稳定的 $H_a(s)$ 应能映射成因果稳定的 $H(z)$。也就是说，s 平面的左半平面（$\mathrm{Re}[s]<0$）必须映射到 z 平面的单位圆内部（$|z|<1$）。

我们知道，"模拟原型"有多种设计方法，如 Butterworth 滤波器、Chebyshev 滤波器等。

从模拟滤波器映射成数字滤波器，也就是使数字滤波器能模仿模拟滤波器，有以下几种映射方法：冲激响应不变法、双线性变换法等。

5.2.2 冲激响应不变法

1. 基本原理

冲激响应不变法是模拟滤波器的单位冲激响应 $h_a(t)$ 进行等间隔抽样，其样值作为数字滤波器的单位样值响应 $h(n)$，即

$$h(n) = h_a(nT) = h_a(t)|_{t=nT} \qquad (5\text{-}5)$$

式中，T 为抽样间隔。还需注意，若 $h_a(t)$ 在零点有跳变，则 $h(n)$ 在 $n=0$ 点取此跳变值，如图 5-7 所示。对 $h(n)$ 取 z 变换，求得 $H(z)=Z[h(n)]$ 作为该滤波器的系统函数。

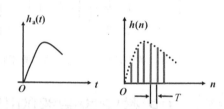

图 5-7 冲激响应不变法的基本原理

设模拟滤波器的系统函数具有单极点，其表达式为

$$H_a(s) = \frac{\sum\limits_{r=0}^{M} b_r s^r}{1 + \sum\limits_{k=1}^{N} a_k s^k} = \sum\limits_{k=1}^{N} \frac{A_k}{s-s_k} \qquad (5\text{-}6)$$

式中，A_k 为对应单极点 s_k 的留数，且

$$A_k = \lim_{s \to s_k}(s-s_k)H_a(s) \qquad (5\text{-}7)$$

对式（5-6）取逆变换，可得

$$h_a(t) = \sum\limits_{k=1}^{N} A_k e^{s_k t}\varepsilon(t) \qquad (5\text{-}8)$$

根据式（5-5）的规定，对 $h_a(t)$ 抽样并取 z 变换，即

$$h(n) = h_a(t)\big|_{t=nT} = \sum\limits_{k=1}^{N} A_k e^{s_k nT} \qquad (5\text{-}9)$$

$$H(z) = \sum\limits_{n=0}^{\infty}\left(\sum\limits_{k=1}^{N} A_k e^{s_k nT}\right)z^{-n} = \sum\limits_{k=1}^{N} \frac{A_k}{1-e^{s_k T}z^{-1}} \qquad (5\text{-}10)$$

对比式（5-6）与式（5-10）可知，冲激响应不变法的原理就是，将 $H_a(s)$ 分式中的 $\dfrac{1}{s-s_k}$ 替换为 $\dfrac{1}{1-e^{s_k T}z^{-1}}$，从而得到 $H(z)$，即

$$\frac{1}{s-s_k} \Rightarrow \frac{1}{1-e^{s_k T}z^{-1}} \qquad (5\text{-}11)$$

2. 稳定性与逼近程度

如果模拟滤波器是稳定的,那么经变换所得的数字滤波器也应是稳定的。因为当模拟滤波器稳定时,其 $H_a(s)$ 的所有极点 s_k 均在 s 左半平面,即 $\mathrm{Re}[s_k]<0$。极点 s_k 映射到 z 平面上就是位于 $z_k=\mathrm{e}^{s_kT}$ 处的极点,则有

$$\left|z_k\right|=\left|\mathrm{e}^{s_kT}\right|=\mathrm{e}^{\mathrm{Re}[s_kT]}<1$$

说明 z_k 位于单位圆内,因而数字滤波器必然是稳定的。

前面已经知道

$$
\begin{aligned}
L\left[\sum_{n=-\infty}^{\infty} h_a(t)\delta(t-nT)\right] &= \sum_{n=-\infty}^{\infty} h_a(nT)\mathrm{e}^{-nTs} \\
&= \sum_{n=-\infty}^{\infty} h_a(nT)z^{-n}\bigg|_{z=\mathrm{e}^{Ts}} \\
&= H(z)\big|_{z=\mathrm{e}^{Ts}}
\end{aligned}
\tag{5-12}
$$

如果将冲激序列 $\Sigma\delta(t{-}nT)$ 用傅里叶级数展开,取抽样信号的拉普拉斯变换,并借助 s 域频移定理,可得

$$
\begin{aligned}
L\left[h_a(t)\sum_{n=-\infty}^{\infty}\delta(t-nT)\right] &= L\left[h_a(t)\frac{1}{T}\sum_{k=-\infty}^{\infty}\mathrm{e}^{\mathrm{j}\frac{2\pi}{T}kt}\right] \\
&= \frac{1}{T}L\left[\sum_{k=-\infty}^{\infty}h_a(t)\mathrm{e}^{\mathrm{j}\frac{2\pi}{T}kt}\right] \\
&= \frac{1}{T}\sum_{k=-\infty}^{\infty}H_a\left(s+\mathrm{j}\frac{2\pi}{T}k\right)
\end{aligned}
\tag{5-13}
$$

由式(5-12)和式(5-13)的结果可得出

$$H(z)\big|_{z=\mathrm{e}^{Ts}}=\frac{1}{T}\sum_{k=-\infty}^{\infty}H_a\left(s+\mathrm{j}\frac{2\pi}{T}k\right)\tag{5-14}$$

将 $s=\mathrm{j}\varOmega,\ z=\mathrm{e}^{sT}=\mathrm{e}^{\mathrm{j}\varOmega T},\ \omega=\varOmega T$ 代入式(5-14),可得

$$H(\mathrm{e}^{\mathrm{j}\omega})=\frac{1}{T}\sum_{k=-\infty}^{\infty}H_a\left(\mathrm{j}\varOmega+\mathrm{j}\frac{2\pi}{T}k\right)\tag{5-15}$$

式(5-15)说明:数字滤波器的频率响应是模拟滤波器的频率响应的周期延拓,频率变量存在 $\omega=\varOmega T$ 的线性映射关系。因而,正如抽样定理所讨论的,只有当模拟滤波器的频率响应是限带的,也就是在限带折叠频率以外满足式(5-16)的条件,即

$$H_a(\mathrm{j}\varOmega)=0,\quad \left|\mathrm{j}\varOmega\right|\geqslant\frac{\pi}{T}=\frac{\varOmega_s}{2}\tag{5-16}$$

才能使数字滤波器的频率响应在折叠频率以内重现模拟滤波器的频率响应,而不产生混叠失真,即

$$H(\mathrm{e}^{\mathrm{j}\omega})=\frac{1}{T}H_a\left(\mathrm{j}\varOmega\right),\quad |\omega|<\pi\tag{5-17}$$

但是,任何一个实际的模拟滤波器的频率响应都不是严格限带的,变换后就会产生周期延拓分量的频谱交叠,即产生频率响应的混叠失真,如图 5-8 所示。因而,模拟滤波器的频率响应在折叠频率以上时衰减越大、越快,变换后频率响应的混叠失真就越小。

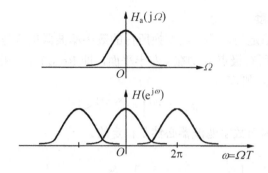

图 5-8　冲激响应不变法的频谱混叠示意图

由式（5-17）可以看出，数字滤波器的频率响应与抽样间隔 T 成反比，如果抽样频率很高，即 T 很小，则滤波器增益会很高，这很不好，因而希望数字滤波器的频率响应不随抽样频率而变化，于是做出以下修正，令

$$h(n) = T \cdot h_a(nT) \tag{5-18}$$

则有

$$H(z) = \sum_{k=1}^{N} \frac{TA_k}{1 - e^{s_k T} z^{-1}} \tag{5-19}$$

及

$$H(e^{j\omega}) = \sum_{k=-\infty}^{\infty} H_a\left(j\Omega + j\frac{2\pi}{T}k\right) \approx H_a(j\Omega), \quad |\omega| < \pi \tag{5-20}$$

综上所述，对于冲激响应不变法，可得出以下结论：

（1）可以把稳定的模拟滤波器变换成稳定的数字滤波器。

（2）在变换时，频率间呈线性关系，即 $\omega = \Omega T$。

（3）频率特性的形状基本上与模拟滤波器相同（如果混叠不严重），在时域上，两者冲激响应的形状一致。

（4）由于混叠，频率很高时，滤波响应严重失真，因而冲激响应不变法只适用于带限的模拟滤波器，并且高通滤波器和带阻滤波器不宜采用冲激响应不变法。对于低通滤波器和带通滤波器，需充分限带，阻带衰减越大，混叠效应就越小。

【例 5-3】设一模拟滤波器的系统函数为

$$H_a(s) = \frac{2}{s^2 + 4s + 3} = \frac{1}{s+1} - \frac{1}{s+3}$$

试用冲激响应不变法设计 IIR 数字滤波器。

解：利用式（5-19），可得到数字滤波器的系统函数，即

$$H(z) = \frac{T}{1 - e^{-T} z^{-1}} - \frac{T}{1 - e^{-3T} z^{-1}} = \frac{Tz^{-1}(e^{-T} - e^{-3T})}{1 - (e^{-T} + e^{-3T})z^{-1} + e^{-4T} z^{-2}}$$

当 $T = 1$ 时，有

$$H(z) = \frac{0.318z^{-1}}{1 - 0.4177z^{-1} + 0.01831z^{-2}}$$

当 $T = 0.1$ 时，有

$$H(z) = \frac{0.01640z^{-1}}{1 - 1.6457z^{-1} + 0.6703z^{-2}}$$

图 5-9 所示为例 5-3 滤波器的幅频特性，可以看出，模拟滤波器与数字滤波器的幅频特性的主要差异在 $\omega=\pi$ 处，提高抽样频率可以减小混叠效应。

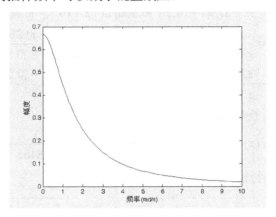

（a）模拟滤波器的幅频特性

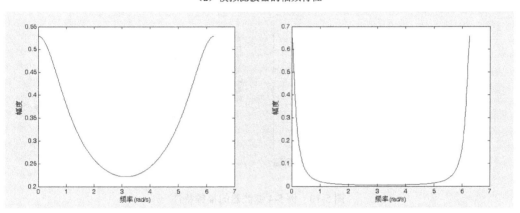

（b）$T=1$ 时数字滤波器的幅频特性　　　　　　（c）$T=0.1$ 时数字滤波器的幅频特性

图 5-9　例 5-3 滤波器的幅频特性

【例 5-4】用冲激响应不变法设计一个 Butterworth 数字滤波器，需满足以下技术指标：

　　　　通带允许起伏 −3dB，$0 \leqslant \omega \leqslant 0.4\pi$；

　　　　阻带衰减 $\delta_s \geqslant 15\text{dB}$，$0.8\pi \leqslant \omega \leqslant \pi$。

设抽样频率为 1000Hz。

解：（1）求模拟滤波器的技术指标。

$$\Omega_c = \Omega_p = \omega_p/T = 0.4\pi/T = 400\pi \text{（rad/s）}$$

$$\Omega_s = \omega_s/T = 0.8\pi/T = 800\pi \text{（rad/s）}$$

（2）设计模拟滤波器，并求出 $H_a(s)$。

$$n = \frac{\lg(10^{0.1\delta_s}-1)}{2\lg\left(\dfrac{\Omega_s}{\Omega_c}\right)} = 2.47$$

取 $n=3$，查表 4-1 可得

$$H_a(s) = \frac{1}{\left(\dfrac{s}{\Omega_c}+1\right)\left(\dfrac{s^2}{\Omega_c^2}+\dfrac{s}{\Omega_c}+1\right)}$$

（3）用冲激响应不变法求 $H(z)$。

$$H_a(s) = \frac{\Omega_c^3}{(s + \Omega_c)[s + (0.5 + j0.866)\Omega_c][s + (0.5 - j0.866)\Omega_c]}$$

$$= \frac{\Omega_c}{s + \Omega_c} + \frac{(-0.5 + j0.2887)\Omega_c}{s + (0.5 + j0.866)\Omega_c} + \frac{(-0.5 - j0.2887)\Omega_c}{s + (0.5 - j0.866)\Omega_c}$$

$$H(z) = \frac{\Omega_c T}{1 - e^{-\Omega_c T}z^{-1}} + \frac{(-0.5 + j0.2887)\Omega_c T}{1 - e^{-(0.5 + j0.866)\Omega_c T}z^{-1}} + \frac{(-0.5 - j0.2887)\Omega_c T}{1 - e^{-(0.5 - j0.866)\Omega_c T}z^{-1}}$$

将已知的 $\Omega_c = 400\pi$，$T = 0.001$ 代入，可得

$$H(z) = \frac{0.4\pi(-0.7309z^{-1} + 0.1481z^{-2})}{(1 - 0.2846z^{-1})(1 - 0.4951z^{-1} + 0.2846z^{-2})}$$

例 5-4 滤波器的幅频特性如图 5-10 所示。

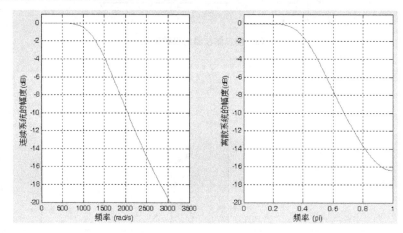

图 5-10　例 5-4 滤波器的幅频特性

如果在滤波器的技术指标中，把阻带衰减增大到 50dB，则滤波器的幅频特性如图 5-11 所示。两种情况下，数字滤波器的幅频特性逼近模拟滤波器的幅频特性程度，请同学们自己分析一下。

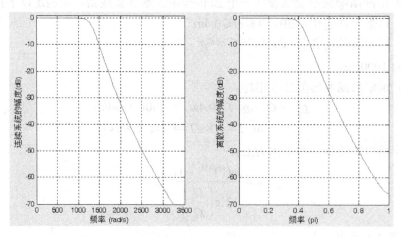

图 5-11　例 5-4 技术指标改变后滤波器的幅频特性

MATLAB 的信号处理工具箱提供了用脉冲响应不变法来实现把模拟滤波器变换为数字滤波器的语句，其调用格式为

$$[bd,ad] = \text{impinvar}(ba,aa,Fs)$$

式中，ba、aa 分别为模拟滤波器分子、分母多项式的系数向量；bd、ad 分别为数字滤波器分子、分母多项式的系数向量；Fs 为抽样频率，单位为 Hz，默认值 Fs = 1Hz。

用 MATLAB 编程实现例 5-4 数字滤波器的设计，程序如下：

```
% 数字滤波器的性能指标
    wp=0.4 *pi; ws=0.8*pi;
    Rp=3; As=15;
% 转换为模拟原型的性能指标
    Fs=1000;
    Wp=wp* Fs; Ws= ws * Fs;
% 模拟 Butterworth 原型滤波器的设计
    [N,Wc]=buttord(Wp,Ws,Rp,As,'s');
    [z0,p0,k0]=buttap(N);
    [b0,a0]=zp2tf(z0,p0,k0);
    [ba,aa]=lp2lp(b0,a0,Wc);
    [H,W]=freqs(ba,aa);subplot(1,2,1),plot(W,20*log10(abs(H)));
% 数字滤波器的设计
    [bd,ad]= impinvar(ba,aa,Fs);
    [H1,W1]=freqz(bd,ad);
    subplot(1,2,2),plot(W1/pi,20*log10(abs(H1)));
    axis([0,1,-20,1]);
    xlabel('频率 (pi)');
    ylabel('Ha(jW)幅度(dB)');grid on;
```

5.2.3　双线性变换法

1. 基本原理

双线性变换法的基本原理：使模拟滤波器与数字滤波器的输入、输出互相模仿，从而达到频率响应的相互模仿，也就是使数字滤波器的差分方程是模拟滤波器的微分方程的近似解，如图 5-12 所示。

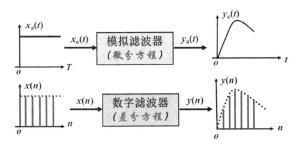

图 5-12　双线性变换法的基本原理

若模拟滤波器的系统函数为

$$H_a(s) = \sum_{k=1}^{N} \frac{A_k}{s - s_k} \tag{5-21}$$

考虑其中每个一阶微分方程对应的系统函数

$$H_k(s) = \frac{A_k}{s - s_k} \tag{5-22}$$

写作微分方程形式：

$$\frac{\mathrm{d}y(t)}{\mathrm{d}t} - s_k y(t) = A_k x(t) \tag{5-23}$$

将 $y(t)$ 用 $y'(t)$ 的积分表示：

$$y(t) = \int_{t_0}^{t} y'(\tau)\mathrm{d}\tau + y(t_0) \tag{5-24}$$

令数值抽样的步长为 T，$t = nT$，$t_0 = (n-1)T$，则

$$y(nT) = \int_{(n-1)T}^{nT} y'(\tau)\mathrm{d}\tau + y\big((n-1)T\big) \tag{5-25}$$

用梯形法逼近积分项，整理式（5-25）可以得到

$$y(nT) - y\big((n-1)T\big) = \frac{T}{2}\{y'(nT) + y'\big((n-1)T\big)\} \tag{5-26}$$

将式（5-26）等号右边各项分别用式（5-23）代入，在代入时分别取 $t = nT$ 及 $t = (n-1)T$，然后进行 z 变换，得到

$$H(z) = \frac{Y(z)}{X(z)} = \frac{A_k}{\dfrac{2}{T}\left(\dfrac{1-z^{-1}}{1+z^{-1}}\right) - s_k} \tag{5-27}$$

对照式（5-27）与式（5-22），求出 s 与 z 的对应关系，即

$$s = \frac{2}{T}\cdot\frac{1-z^{-1}}{1+z^{-1}} \tag{5-28}$$

按此规律，将模拟滤波器 $H_a(s)$ 中的变量 s 替换为式（5-28）的右半边式子，即可得到数字滤波器的系统函数 $H(z)$。式（5-28）中的分子与分母都是变量的线性函数，这就是"双线性变换"这一名称的由来。

2. 稳定性与逼近程度

求解式（5-28），还可得到

$$z = \frac{1 + \dfrac{T}{2}s}{1 - \dfrac{T}{2}s} \tag{5-29}$$

设 $s = \sigma + \mathrm{j}\Omega$，$\sigma < 0$，则

$$|z| = \sqrt{\frac{\left(1+\dfrac{T}{2}\sigma\right)^2 + \left(\dfrac{\Omega T}{2}\right)^2}{\left(1-\dfrac{T}{2}\sigma\right)^2 + \left(\dfrac{\Omega T}{2}\right)^2}} < 1$$

这表明，s 域的左半平面映射到了 z 平面单位圆内，也就是稳定的 $H_a(s)$ 可以变换成稳定的 $H(z)$。

对 s 平面的虚轴 $s = \mathrm{j}\Omega$，$\sigma = 0$，有 $|z| = 1$，且

$$\omega = 2\arctan\frac{\Omega T}{2} \tag{5-30}$$

或

$$\Omega = \frac{2}{T}\tan\frac{\omega}{2} \tag{5-31}$$

这说明，s 平面的虚轴映射到了 z 平面单位圆上，而且 $\Omega =$ $\pm\infty$ 映射为 $\omega=\pm\pi$，Ω 与 ω 呈单值映射，可以避免混叠。但式（5-30）或式（5-31）表明，双线性变换是非线性变换，如图 5-13 所示，数字滤波器的频率特性会引起非线性失真。双线性变换频率轴的这一非线性畸变问题，对大量常见的一定频段内为常数幅频特性的滤波器来说，问题并不严重，如一般的低通、高通、带通、带阻滤波器等，它们都被要求在通带内具有逼近一个衰减为零的常数特性，在阻带内具有逼近衰减趋向无穷大的特性。由图 5-13 可见，经过双线性变换，虽然频率发生了非线性畸变，但频率响应在通带和阻带内的频率响应仍接近常数幅频特性，只是通带边界频率、阻带始点频率发生了非线性变化。

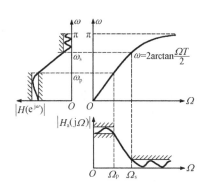

图 5-13　双线性变换中数字滤波器与模拟滤波器的频率特性关系

综上所述，对双线性变换法可得如下结论：

（1）把稳定的模拟滤波器变换成稳定的数字滤波器。

（2）变换时，频率间呈非线性关系，即 $\omega = 2\arctan\dfrac{\Omega T}{2}$。

（3）频率间是单值映射，不会出现混叠。

（4）适用于低通、高通、带通和带阻滤波器。

（5）双线性变换是非线性变换，频率特性会引起非线性失真。

【例 5-5】设有一模拟滤波器

$$H(s)=\frac{1}{s^2+s+1}$$

其采样周期 $T=2$，试用双线性变换法将它转变为数字滤波器，求系统函数 $H(z)$。

解：采用双线性变换法，其变换关系为

$$s=\frac{2}{T}\cdot\frac{1-z^{-1}}{1+z^{+1}}$$

将 $T=2$ 代入，可求得数字滤波器的系统函数：

$$
\begin{aligned}
H(z)&=H(z)\Big|_{s=\frac{1-z^{-1}}{1+z^{+1}}}\\
&=\frac{1}{\left(\dfrac{1-z^{-1}}{1+z^{+1}}\right)^2+\left(\dfrac{1-z^{-1}}{1+z^{+1}}\right)+1}\\
&=\frac{\left(1+z^{-1}\right)^2}{3+z^{-1}}
\end{aligned}
$$

【例 5-6】用双线性变换法设计一个数字滤波器。给定技术指标：

$\delta_{\mathrm{p}}\leqslant 3\mathrm{dB}$，$0\leqslant\omega\leqslant 0.318\pi$；

$\delta_{\mathrm{s}}\geqslant 20\mathrm{dB}$，$0.8\pi\leqslant\omega\leqslant\pi$。

滤波器在通带内具有等波纹特性，求此数字滤波器 $H(z)$。

解：（1）求模拟滤波器的技术指标。

由于采用双线性变换，因此在求模拟滤波器的技术指标时，频率要采用非线性变换。

$$\Omega_c = \Omega_p = \frac{2}{T} \tan \frac{\omega_p}{2} = \frac{1.0913}{T}$$

$$\Omega_s = \frac{2}{T} \tan \frac{\omega_s}{2} = \frac{6.1554}{T}$$

（2）设计模拟原型滤波器，求出 $H_a(s)$。

因为要求滤波器在通带内具有等波纹特性，所以要设计 Chebyshev 滤波器。

$$\because \quad \delta_p = 3\text{dB}$$

$$\therefore 波纹系数 \quad \varepsilon = 0.99763$$

求阶次 n：

$$n = \frac{\text{arch}\left(\frac{1}{\varepsilon}\sqrt{10^{0.1\delta_s}-1}\right)}{\text{arch}\left(\frac{\Omega_s}{\Omega_c}\right)} = \frac{\text{arch}\left(\frac{1}{0.99763}\sqrt{10^{\frac{20}{10}}-1}\right)}{\text{arch}\left(\frac{6.1554}{1.0913}\right)} = 1.24$$

取 $n = 2$，查表 4-6 可得

$$H_a(s) = \frac{0.5012}{\dfrac{s^2}{\Omega_c^2} + 0.6449\dfrac{s}{\Omega_c} + 0.7079}$$

（3）利用双线性变换求数字滤波器 $H(z)$。

$$H(z) = H_a(s)\Big|_{s=\frac{2}{T}\frac{1-z^{-1}}{1+z^{-1}}}$$

$$= \frac{0.5012}{\left(\dfrac{2}{\Omega_c T}\cdot\dfrac{1-z^{-1}}{1+z^{-1}}\right)^2 + 0.6449\dfrac{2}{\Omega_c T}\cdot\dfrac{1-z^{-1}}{1+z^{-1}} + 0.7079}$$

$$= \frac{0.5012(1+z^{-1})^2}{5.2485 - 5.3016z^{-1} + 2.8847z^{-2}}$$

例 5-6 滤波器的幅频特性如图 5-14 所示。由图 5-14 可以看出，频率轴发生了非线性畸变，引起了频率特性的失真。

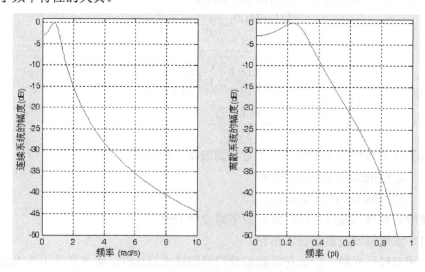

图 5-14 例 5-6 滤波器的幅频特性

MATLAB 的信号处理工具箱提供了用双线性变换法来实现把模拟滤波器变换为数字滤波器的语句，其调用格式为

$$[bd,ad] = bilinear(ba,aa,Fs)$$

式中，ba、aa 分别为模拟滤波器分子、分母多项式的系数向量；bd、ad 分别为数字滤波器分子、分母多项式的系数向量；Fs 为抽样频率，单位为 Hz，默认值 Fs = 1Hz。

用 MATLAB 编程实现例 5-6 的程序如下：

```
wp=0.318*pi;ws=0.8*pi;                      % 数字滤波器的性能指标
Rp=3;As=20;
Fs=1;
Wp=2*Fs*tan(wp/2);Ws=2*Fs*tan(ws/2);       % 转换为模拟原型滤波器的性能指标
[N,Wc]=cheb1ord(Wp,Ws,Rp,As,'s');          % 模拟 Chebyshev 原型滤波器的计算
[z0,p0,k0]=cheb1ap(N,Rp);
[ba,aa]=lp2lp(b0,a0,Wc);
[H,W]=freqs(ba,aa);
subplot(1,2,1),plot(W,20*log10(abs(H)));
axis([0,10,-50,1]);
xlabel('频率 (rad/s)');
ylabel('连续系统的幅度(dB)');grid on;
[bd,ad]= bilinear(b0,a0,Fs/Wc);            % 设计数字滤波器
[H1,W1]=freqz(bd,ad);
subplot(1,2,2),plot(W1/pi,20*log10(abs(H1)));
axis([0,1,-50,1]);
xlabel('频率 (pi)');
ylabel('离散系统的幅度(dB)');grid on;
```

5.2.4　其他类型（高通、带通、带阻）IIR 数字滤波器的设计

前面只讨论了低通数字滤波器的设计实例，对于其他类型的滤波器，一种方法是，先设计一个低通原型滤波器，然后通过模拟滤波器的频率转换，将其转换成模拟高通、带通、带阻等模拟滤波器，再转换成相应类型的数字滤波器。还有一种方法是，先设计一个低通原型滤波器，然后通过代换得到低通数字滤波器，再经过频率转换，将其转换成其他类型的数字滤波器。这里不再详细讨论。

在 MATLAB 中，把第一种方法中由低通原型滤波器转换成相应类型的数字滤波器这三步综合起来，构成 butter、cheby1 等函数，在知道滤波器的阶次后，可以直接设计高通、带通、带阻数字滤波器。模拟到数字的转换用的是双线性变换。

这里仍以 butter 函数为例说明其使用方法。

[b, a]=butter(N, wc, 'high')，设计 N 阶高通数字滤波器，wc 为它的 3dB 边缘频率，以 π 为单位，故 $0 \leqslant w \leqslant 1$。

[b, a]=butter(N, wc)，当 wc= [wc1, wc2]时，设计 2N 阶带通数字滤波器，w 的单位为 π。

[b, a]=butter(N, wc, 'stop')，当 wc= [wc1, wc2]时，设计 2N 阶带阻数字滤波器，w 的单位为 π。

如果已知滤波器的性能指标 wp、ws、Rp、As，则调用函数

$$[N , wc]=buttord(wp,ws,Rp,As)$$

可以求出相应滤波器的阶次 N 和截止频率 wc。wp、ws、wc 的单位为 π。

【例 5-7】用 MATLAB 编程得到一个高通数字滤波器。给定技术指标：

$$\delta_p \leqslant 3\text{dB}, \quad 0.8\pi \leqslant \omega \leqslant \pi;$$

$$\delta_s \geqslant 20\text{dB}, \quad 0 \leqslant \omega \leqslant 0.318\pi。$$

滤波器在通带内具有等波纹特性，求此数字滤波器 $H(z)$。

```
%例 5-7 的 MATLAB 程序
ws=0.318; wp=0.8;                      % 数字滤波器的性能指标
Rp=3; As=20;
[N,wc]=cheb1ord(wp,ws,Rp,As);          % 求滤波器的阶次和截止频率
[b, a]= cheb1(N, Rp, wc, 'high')       % 设计数字滤波器
freqz(b,a)
```

程序的运行结果如下：

```
N = 2
wc = 0.8000
b = 0.0412   -0.0824    0.0412
a = 1.0000    1.4409    0.6737
```

例 5-7 滤波器的频率响应特性如图 5-15 所示。

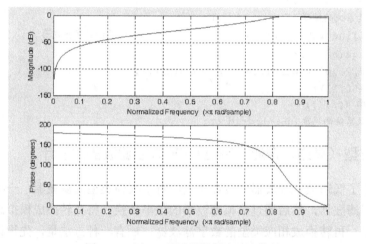

图 5-15　例 5-7 滤波器的频率响应特性

5.3　FIR 数字滤波器的设计

无限冲激响应（IIR）数字滤波器的优点是可以利用模拟滤波器设计的结果，而模拟滤波器的设计有大量图表可查，方便简单。但是，后者的设计只保证幅度响应，难以兼顾相位特性，相位特性往往为非线性的。若需得到线性相位，则要采用全通网络进行校正。我们知道，图像处理及数据传输都要求信道具有线性相位特性。而有限冲激响应（FIR）数字滤波器就可以具有严格的线性相位，同时可以具有任意的幅度特性。

5.3.1　线性相位 FIR 数字滤波器的特点

1. FIR 数字滤波器的特点

FIR 数字滤波器的单位抽样响应 $h(n)$ 是有限长的（$0 \leqslant n \leqslant N-1$），即

$$h(n) = \begin{cases} \neq 0, & 0 \leqslant n \leqslant N-1 \\ = 0, & n\text{取其他值} \end{cases} \tag{5-32}$$

其系统函数为

$$H(z) = \sum_{n=0}^{N-1} h(n)z^{-n} \tag{5-33}$$

式（5-33）是 z^{-1} 的 $(N-1)$ 阶多项式，可见，系统函数 $H(z)$ 有 $(N-1)$ 个零点，而原点处有 $(N-1)$ 阶极点，因此系统一定是稳定的。并且，由式（5-33）可以写出，FIR 数字滤波器的差分方程为

$$y(n) = h(0)\,x(n) + h(1)\,x(n-1) + \cdots + h(N-1)\,x(n-(N-1)) \tag{5-34}$$

式（5-34）又可表示为

$$y(n) = \sum_{m=0}^{N-1} h(m)x(n-m) = h(n) * x(n) \tag{5-35}$$

式（5-35）说明：FIR 数字滤波器的输出 $y(n)$ 是输入 $x(n)$ 和单位抽样响应 $h(n)$ 的卷积和，只取决于当前时刻的输入与有限个过去的输入，与过去的输出值无关。因此，又把 FIR 数字滤波器称为卷积滤波器，并且可以利用 FFT 算法进行快速卷积来加速运算，并实现滤波器功能。

2. 数字滤波器无失真传输的条件

离散滤波器的框图如图 5-16 所示，与模拟滤波器类似，在理想情况下，对于所传输的信号，若无失真，则输入、输出之间应满足下面两点：

（1）$y(n)$ 是 $x(n)$ 按比例放大（k 倍）的结果。

（2）时间上有一定延迟 τ，如图 5-17 所示。

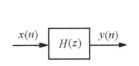

图 5-16　离散滤波器的框图

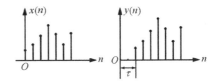

图 5-17　离散系统的无失真传输

无失真传输的条件可归纳为

$$y(n) = kx(n - \tau) \tag{5-36}$$

对式（5-36）进行 z 变换，可得

$$H(z) = \frac{Y(z)}{X(z)} = kz^{-\tau} \tag{5-37}$$

其频率特性为

$$H(\mathrm{e}^{\mathrm{j}\omega}) = k\mathrm{e}^{-\mathrm{j}\omega\tau} \tag{5-38}$$

幅频特性和相频特性分别为

$$|H(\mathrm{e}^{\mathrm{j}\omega})| = k \tag{5-39}$$

$$\varphi(\omega) = -\omega\tau \tag{5-40}$$

这表明：信号通过数字滤波器无失真传输的频域条件是，数字滤波器在有用信号的频带内，具有恒定的幅频响应和线性相位特征。

3. FIR 数字滤波器的线性相位条件

FIR 数字滤波器的频率响应函数 $H(\mathrm{e}^{\mathrm{j}\omega})$ 为

$$H(\mathrm{e}^{\mathrm{j}\omega}) = \sum_{n=0}^{N-1} h(n)\mathrm{e}^{-\mathrm{j}\omega n} \tag{5-41}$$

当 $h(n)$ 为实序列时，可将 $H(\mathrm{e}^{\mathrm{j}\omega})$ 表示成

$$H(\mathrm{e}^{\mathrm{j}\omega}) = \pm|H(\mathrm{e}^{\mathrm{j}\omega})|\,\mathrm{e}^{\mathrm{j}\varphi(\omega)} = H(\omega)\mathrm{e}^{\mathrm{j}\varphi(\omega)} \tag{5-42}$$

其中，$|H(\mathrm{e}^{\mathrm{j}\omega})|$ 是真正的幅度响应，而 $H(\omega)$ 是可正可负的实函数，有两类准确的线性相位，分别要求满足

$$\varphi(\omega) = -\tau\omega \tag{5-43}$$

$$\varphi(\omega) = \beta - \tau\omega \tag{5-44}$$

式中，τ、β 都是常数，表示相位是通过坐标原点 $\omega = 0$ 或通过 $\varphi(0) = \beta$ 的斜直线，二者的群时延都是常数 $\tau = -\mathrm{d}\varphi(\omega)/\mathrm{d}\omega$。

FIR 数字滤波器具有线性相位的充要条件是，有限长的实序列 $h(n)$ 满足偶对称条件

$$h(n) = h(N-1-n) \tag{5-45}$$

或奇对称条件

$$h(n) = -h(N-1-n) \tag{5-46}$$

即要求冲激响应序列以 $n = (N-1)/2$ 为偶对称中心或奇对称中心。

4. 线性相位 FIR 数字滤波器频率响应的特点

当有限长的实序列 $h(n)$ 满足偶对称或奇对称条件时，即可获得线性相位。若再考虑 N 为偶数和奇数时的不同情况，可以得到 4 种不同的频率响应，表 5-1 所示为 4 种线性相位 FIR 滤波特性，下面分别予以说明。

表 5-1　4 种线性相位FIR滤波特性

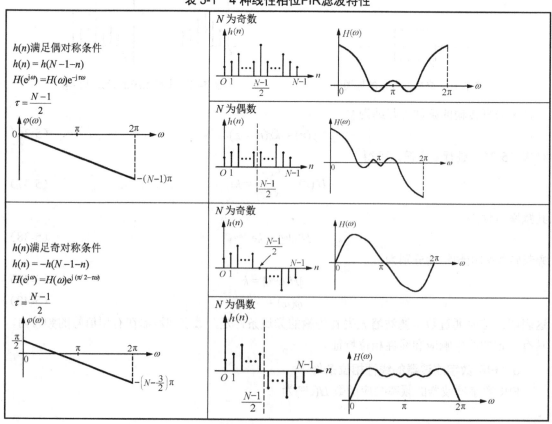

（1）$h(n)$满足偶对称条件，N 为奇数。

$$H(\mathrm{e}^{\mathrm{j}\omega}) = \sum_{n=0}^{N-1} h(n)\mathrm{e}^{-\mathrm{j}\omega n}$$

$$= \sum_{n=0}^{\frac{N-1}{2}-1} h(n)\mathrm{e}^{-\mathrm{j}\omega n} + h\left(\frac{N-1}{2}\right)\mathrm{e}^{-\mathrm{j}\omega\frac{N-1}{2}} + \sum_{n=\frac{N-1}{2}+1}^{N-1} h(n)\mathrm{e}^{-\mathrm{j}\omega n}$$

对其第三项进行变量代换，令 $m = N-1-n$，则有

$$h(\mathrm{e}^{\mathrm{j}\omega}) = \sum_{n=0}^{\frac{N-1}{2}-1} h(n)\mathrm{e}^{-\mathrm{j}\omega n} + h\left(\frac{N-1}{2}\right)\mathrm{e}^{-\mathrm{j}\omega\frac{N-1}{2}} + \sum_{m=0}^{\frac{N-1}{2}-1} h(N-1-m)\mathrm{e}^{-\mathrm{j}\omega(N-1-m)}$$

$$= \sum_{n=0}^{\frac{N-1}{2}-1} h(n)\left[\mathrm{e}^{-\mathrm{j}\omega n} + \mathrm{e}^{-\mathrm{j}\omega(N-1-n)}\right] + h\left(\frac{N-1}{2}\right)\mathrm{e}^{-\mathrm{j}\omega\frac{N-1}{2}} \qquad (5\text{-}47)$$

$$= \mathrm{e}^{-\mathrm{j}\omega\frac{N-1}{2}}\left[\sum_{n=0}^{\frac{N-1}{2}-1} 2h(n)\cos\omega\left(\frac{N-1}{2} - n\right) + h\left(\frac{N-1}{2}\right)\right]$$

设 $m = (N-1)/2 - n$，且令

$$a(m) = \begin{cases} h\left(\dfrac{N-1}{2}\right), & m = 0 \\ 2h\left(\dfrac{N-1}{2} - m\right), & m = 1, 2, \cdots, \dfrac{N-1}{2} \end{cases} \qquad (5\text{-}48)$$

则 $H(\mathrm{e}^{\mathrm{j}\omega})$ 可以写成

$$H(\mathrm{e}^{\mathrm{j}\omega}) = \mathrm{e}^{-\mathrm{j}\omega\frac{N-1}{2}}\sum_{m=0}^{\frac{N-1}{2}} a(m)\cos\omega m = H(\omega)\mathrm{e}^{\mathrm{j}\varphi(\omega)} \qquad (5\text{-}49)$$

故频率响应特性为

$$H(\omega) = \sum_{m=0}^{\frac{N-1}{2}} a(m)\cos\omega m \qquad (5\text{-}50)$$

$$\varphi(\omega) = -\frac{N-1}{2}\omega \qquad (5\text{-}51)$$

这表明：当 $h(n)$ 满足偶对称条件时，FIR 数字滤波器具有线性相位，而且相位常数 $\tau = (N-1)/2$。由式（5-50）可以看出，$H(\omega)$ 是 ω 的实函数，且在 $\omega = 0, \pi, 2\pi$ 处具有偶对称特性，随着 $a(n)$ 或 $h(n)$ 取值的不同，可以逼近各种类型的幅频特性，如表 5-1 所示。

（2）$h(n)$ 满足偶对称条件，N 为偶数。

该情况与 N 为奇数时的区别是没有 $h[(N-1)/2]$ 这一项，而且式（5-47）的频率特性可简化为

$$H(\mathrm{e}^{\mathrm{j}\omega}) = \mathrm{e}^{-\mathrm{j}\omega\frac{N-1}{2}}\left[\sum_{n=0}^{\frac{N}{2}-1} 2h(n)\cos\omega\left(\frac{N-1}{2} - n\right)\right] \qquad (5\text{-}52)$$

设 $m = N/2 - n$，且令

$$b(m) = 2h\left(\frac{N}{2} - m\right), \quad m = 1, 2, \cdots, \frac{N}{2} \qquad (5\text{-}53)$$

则 $H(e^{j\omega})$ 可以写成

$$H(e^{j\omega}) = e^{-j\omega\frac{N-1}{2}} \sum_{m=1}^{\frac{N}{2}} b(m)\cos\omega\left(m - \frac{1}{2}\right) = H(\omega)e^{j\varphi(\omega)} \tag{5-54}$$

故频率响应特性为

$$H(\omega) = \sum_{m=1}^{\frac{N}{2}} b(m)\cos\omega\left(m - \frac{1}{2}\right) \tag{5-55}$$

$$\varphi(\omega) = -\frac{N-1}{2}\omega \tag{5-56}$$

这种情况的相位常数 $\tau = (N-1)/2$，但已不是整数。$H(\omega)$ 仍是 ω 的实函数，在 $\omega = 0, \pi, 2\pi$ 处具有奇对称特性，$H(\pi) = 0$。这表明：不能由这种特性的 FIR 数字滤波器得到在 $\omega = \pi$ 处不为零的高通、带阻等类型的数字滤波器。

（3）$h(n)$ 满足奇对称条件，N 为奇数。

频率特性与偶对称相类似，只不过，此时 $h[(N-1)/2] = 0$，$h(n)$ 序列的前后部分相差一个负号，所以有

$$H(e^{j\omega}) = e^{j\omega\frac{N-1}{2}} \sum_{n=0}^{\frac{N-1}{2}-1} h(n)\left[e^{j\omega\left(\frac{N-1}{2}-n\right)} - e^{-j\omega\left(\frac{N-1}{2}-n\right)}\right]$$

$$= e^{-j\omega\frac{N-1}{2}} \cdot j \sum_{n=0}^{\frac{N-1}{2}-1} 2h(n)\sin\omega\left(\frac{N-1}{2}-n\right) \tag{5-57}$$

设 $m = (N-1)/2 - n$，且令

$$c(m) = 2h\left(\frac{N-1}{2} - m\right), \quad m = 1, 2, \cdots, \frac{N-1}{2} \tag{5-58}$$

则 $H(e^{j\omega})$ 可以写成

$$H(e^{j\omega}) = e^{j\left(\frac{\pi}{2} - \frac{N-1}{2}\omega\right)} \sum_{m=1}^{\frac{N-1}{2}} c(m)\sin\omega m = H(\omega)e^{j\varphi(\omega)} \tag{5-59}$$

故频率响应特性为

$$H(\omega) = \sum_{m=1}^{\frac{N-1}{2}} c(m)\sin\omega m \tag{5-60}$$

$$\varphi(\omega) = \frac{\pi}{2} - \frac{N-1}{2}\omega \tag{5-61}$$

这表明：$\varphi(\omega)$ 有 $\pi/2$ 的起始相移，输入信号的所有频率分量在通过该滤波器时，都将产生 $\pi/2$ 的相移，然后进行滤波。此时，延时常数 $\tau = (N-1)/2$。$H(\omega)$ 分别在 $\omega = 0, \pi, 2\pi$ 处具有奇对称特性，且在这些点处，$H(\omega) = 0$。因而，具有这种特性的 FIR 数字滤波器无法具备低通、高通、带阻滤波特性。

（4）$h(n)$ 满足奇对称条件，N 为偶数。

把情况（3）的 $H(e^{j\omega})$ 求和上限改为 $N/2 - 1$，可得

$$H(e^{j\omega}) = e^{j\left(\frac{\pi}{2} - \frac{N-1}{2}\omega\right)} \sum_{n=0}^{\frac{N}{2}-1} 2h(n)\sin\omega\left(\frac{N-1}{2}-n\right) \tag{5-62}$$

设 $m = N/2 - n$，且令

$$d(m) = 2h\left(\frac{N}{2} - m\right), \quad m = 1, 2, \cdots, \frac{N}{2} \tag{5-63}$$

则 $H(e^{j\omega})$ 可以写成

$$H(e^{j\omega}) = e^{j\left(\frac{\pi}{2} - \frac{N-1}{2}\omega\right)} \sum_{m=1}^{\frac{N}{2}} d(m) \sin\omega\left(m - \frac{1}{2}\right) = H(\omega)e^{j\varphi(\omega)} \tag{5-64}$$

故 $H(\omega)$ 和 $\varphi(\omega)$ 分别为

$$H(\omega) = \sum_{m=1}^{\frac{N}{2}} d(m) \sin\omega\left(m - \frac{1}{2}\right) \tag{5-65}$$

$$\varphi(\omega) = \frac{\pi}{2} - \frac{N-1}{2}\omega \tag{5-66}$$

与情况（3）一样，情况（4）的滤波器具有固定的 90° 相移，延时常数 $\tau = (N-1)/2$。$H(\omega)$ 分别在 $\omega = 0, 2\pi$ 处具有奇对称特性，且 $H(0) = 0$，因而这种滤波特性无法实现低通、带阻滤波器。

综上所述，$h(n)$ 只要满足偶对称或奇对称条件，它的相频特性就是线性的，而且延时常数 $\tau = (N-1)/2$。在 $h(n)$ 满足奇对称条件时，滤波器有固定的 90° 相移，这在微分器、Hilbert（希尔伯特）变换器（90° 移相器）及信号正交处理中特别有用。

线性相位 FIR 数字滤波器的设计任务就是在保证线性相位的条件下，即 $\varphi(\omega) = -\tau\omega$ 或 $\varphi(\omega) = \pi/2 - \tau\omega$，设计 $H(\omega)$，使其与要求的频域容差图在选定的逼近准则下具有最小误差。

【例 5-8】 一离散时间系统的脉冲响应序列为 $h(n) = R_5(n) = \varepsilon(n) - \varepsilon(n-5)$，试画出其频率响应特性图。

解：

解法 1：
$$H(e^{j\omega}) = \mathrm{DTFT}[R_5(n)]$$
$$= \sum_{n=0}^{4} e^{-j\omega n}$$
$$= \frac{1 - e^{-j5\omega}}{1 - e^{-j\omega}}$$
$$= \frac{e^{-j\frac{5}{2}\omega}}{e^{-j\frac{\omega}{2}}} \cdot \frac{e^{j\frac{5}{2}\omega} - e^{-j\frac{5}{2}\omega}}{e^{j\frac{\omega}{2}} - e^{-j\frac{\omega}{2}}}$$
$$= e^{j2\omega} \frac{\sin\frac{5}{2}\omega}{\sin\frac{\omega}{2}}$$

解法 2：$h(n)$ 满足偶对称条件，$N=5$ 为奇数。

$$H(e^{j\omega}) = e^{-j\omega\frac{N-1}{2}} \sum_{m=0}^{\frac{N-1}{2}} a(m) \cos\omega m = H(\omega)e^{j\varphi(\omega)}$$

$$a(m) = \begin{cases} h\left(\dfrac{N-1}{2}\right), & m = 0 \\[2mm] 2h\left(\dfrac{N-1}{2} - m\right), & m = 1, 2, \cdots, \dfrac{N-1}{2} \end{cases}$$

$$H(e^{j\omega}) = e^{-j2\omega}\sum_{m=0}^{2}a(m)\cos\omega m$$

$$= e^{-j2\omega}\left[h(2) + 2h(1)\cos\omega + 2h(0)\cos 2\omega\right]$$

$$= e^{-j2\omega}(1 + 2\cos\omega + 2\cos 2\omega)$$

故频率响应特性为

$$H(\omega) = \frac{\sin\dfrac{5}{2}\omega}{\sin\dfrac{\omega}{2}} = 1 + 2\cos\omega + 2\cos 2\omega$$

$$\varphi(\omega) = -2\omega$$

例 5-8 离散时间系统的频率响应特性如图 5-18 所示，系统为低通滤波器。$H(\omega)$ 分别在 $\omega = 0, \pi, 2\pi$ 处具有偶对称特性。

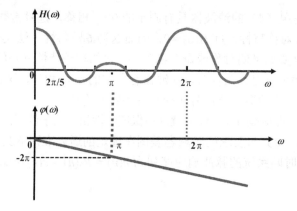

图 5-18   例 5-8 离散时间系统的频率响应特性

【例 5-9】一离散时间系统的脉冲响应序列为 $h(n) = R_4(n) = \varepsilon(n) - \varepsilon(n-4)$，试画出其频率响应特性图。

解：

解法 1：

$$H(e^{j\omega}) = \mathrm{DTFT}[R_4(n)]$$

$$= \sum_{n=0}^{3}e^{-j\omega n}$$

$$= \frac{1 - e^{-j4\omega}}{1 - e^{-j\omega}}$$

$$= \frac{e^{-j2\omega}}{e^{-j\frac{\omega}{2}}} \cdot \frac{e^{j2\omega} - e^{-j2\omega}}{e^{j\frac{\omega}{2}} - e^{-j\frac{\omega}{2}}}$$

$$= e^{-j\frac{3}{2}\omega}\frac{\sin 2\omega}{\sin\dfrac{\omega}{2}}$$

解法 2：$h(n)$ 满足偶对称条件，$N=4$ 为偶数。

$$H(e^{j\omega}) = e^{-j\omega\frac{N-1}{2}}\sum_{m=1}^{\frac{N}{2}}b(m)\cos\omega\left(m - \frac{1}{2}\right) = H(\omega)e^{j\varphi(\omega)}$$

$$b(m) = 2h\left(\frac{N}{2} - m\right), \quad m = 1, 2, \cdots, \frac{N}{2}$$

$$H(\mathrm{e}^{\mathrm{j}\omega}) = \mathrm{e}^{-\mathrm{j}\frac{3}{2}\omega} \sum_{m=1}^{2} b(m) \cos\omega\left(m - \frac{1}{2}\right)$$

$$= \mathrm{e}^{-\mathrm{j}\frac{3}{2}\omega}\left[2h(1)\cos 0.5\omega + 2h(0)\cos 1.5\omega\right]$$

$$= \mathrm{e}^{-\mathrm{j}\frac{3}{2}\omega}\left(2\cos 0.5\omega + 2\cos 1.5\omega\right)$$

故频率响应特性为

$$H(\omega) = \frac{\sin 2\omega}{\sin\dfrac{\omega}{2}} = 2\cos 0.5\omega + 2\cos 1.5\omega$$

$$\varphi(\omega) = -\frac{3}{2}\omega$$

例 5-9 离散时间系统的频率响应特性如图 5-19 所示，系统是低通滤波器。$H(\omega)$分别在 $\omega = 0, \pi, 2\pi$ 处具有奇对称特性。$H(\pi) = 0$。

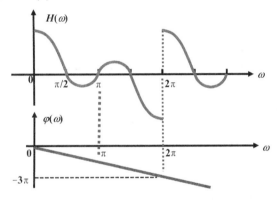

图 5-19　例 5-9 离散时间系统的频率响应特性

【例 5-10】一离散时间系统的 $h(n) = 0.5\delta(n) - 0.5\delta(n-2)$，试画出其频率响应特性图。

解：

解法 1：

$$H(\mathrm{e}^{\mathrm{j}\omega}) = \mathrm{DTFT}[h(n)]$$

$$= \sum_{n=0}^{2} h(n)\mathrm{e}^{-\mathrm{j}\omega n}$$

$$= 0.5 - 0.5\mathrm{e}^{-\mathrm{j}\omega 2}$$

$$= \mathrm{j}\mathrm{e}^{-\mathrm{j}\omega} \frac{\mathrm{e}^{\mathrm{j}\omega} - \mathrm{e}^{-\mathrm{j}\omega}}{2\mathrm{j}}$$

$$= \mathrm{e}^{\mathrm{j}\left(\frac{\pi}{2} - \omega\right)} \cdot \sin\omega$$

解法 2：$h(n)$满足奇对称条件，$N=3$ 为奇数。

$$H(\mathrm{e}^{\mathrm{j}\omega}) = \mathrm{e}^{\mathrm{j}\left(\frac{\pi}{2} - \frac{N-1}{2}\omega\right)} \sum_{m=1}^{\frac{N-1}{2}} c(m)\sin\omega m = H(\omega)\mathrm{e}^{\mathrm{j}\varphi(\omega)}$$

$$c(m) = 2h\left(\frac{N-1}{2} - m\right), \quad m = 1, 2, \cdots, \frac{N-1}{2}$$

$$H(\mathrm{e}^{\mathrm{j}\omega}) = \mathrm{e}^{\mathrm{j}\left(\frac{\pi}{2}-\omega\right)} \sum_{m=1}^{1} c(m)\sin\omega m$$

$$= \mathrm{e}^{\mathrm{j}\left(\frac{\pi}{2}-\omega\right)} \cdot 2h(0)\sin\omega$$

$$= \mathrm{e}^{\mathrm{j}\left(\frac{\pi}{2}-\omega\right)} \cdot \sin\omega$$

故频率响应特性为

$$H(\omega) = \sin\omega$$

$$\varphi(\omega) = \pi/2 - \omega$$

例 5-10 离散时间系统的频率响应特性如图 5-20 所示，系统是带通滤波器。$H(\omega)$分别在 $\omega=$ $0,\pi,2\pi$ 处具有奇对称特性，且在这些点处，$H(\omega)=0$。

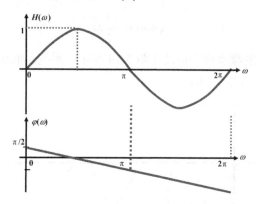

图 5-20　例 5-10 离散时间系统的频率响应特性

【**例 5-11**】一离散时间系统的 $h(n) = 0.5\delta(n) - 0.5\delta(n-1)$，试画出其频率响应特性图。

解：

解法 1：　$H(\mathrm{e}^{\mathrm{j}\omega}) = \mathrm{DTFT}[h(n)] = \sum_{n=0}^{1} h(n)\mathrm{e}^{-\mathrm{j}\omega n}$

$$= 0.5 - 0.5\mathrm{e}^{-\mathrm{j}\omega}$$

$$= \mathrm{j}\mathrm{e}^{-\mathrm{j}0.5\omega}\frac{\mathrm{e}^{\mathrm{j}0.5\omega} - \mathrm{e}^{-\mathrm{j}0.5\omega}}{2\mathrm{j}}$$

$$= \mathrm{e}^{\mathrm{j}\left(\frac{\pi}{2}-\frac{\omega}{2}\right)} \cdot \sin 0.5\omega$$

解法 2：$h(n)$满足奇对称条件，$N=2$ 为偶数。

$$H(\mathrm{e}^{\mathrm{j}\omega}) = \mathrm{e}^{\mathrm{j}\left(\frac{\pi}{2}-\frac{N-1}{2}\omega\right)} \sum_{m=1}^{\frac{N}{2}} d(m)\sin\omega\left(m-\frac{1}{2}\right) = H(\omega)\mathrm{e}^{\mathrm{j}\varphi(\omega)}$$

$$d(m) = 2h\left(\frac{N}{2}-m\right), \quad m = 1,2,\cdots,\frac{N}{2}$$

$$H(\mathrm{e}^{\mathrm{j}\omega}) = \mathrm{e}^{\mathrm{j}\left(\frac{\pi}{2}-\frac{1}{2}\omega\right)} \sum_{m=1}^{1} d(m)\sin\omega\left(m-\frac{1}{2}\right)$$

$$= \mathrm{e}^{\mathrm{j}\left(\frac{\pi}{2}-\frac{1}{2}\omega\right)} \cdot 2h(0)\sin 0.5\omega$$

$$= \mathrm{e}^{\mathrm{j}\left(\frac{\pi}{2}-\frac{1}{2}\omega\right)} \cdot \sin 0.5\omega$$

故频率响应特性为

$$H(\omega) = \sin 0.5\omega$$
$$\varphi(\omega) = \pi/2 - 0.5\omega$$

例 5-11　离散时间系统的频率响应特性如图 5-21 所示，系统是高通滤波器。$H(\omega)$ 分别在 $\omega = 0, 2\pi$ 处具有奇对称特性，$H(0) = 0$。

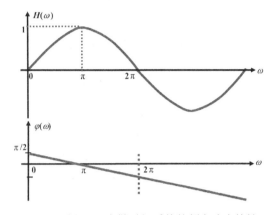

图 5-21　例 5-11 离散时间系统的频率响应特性

5.3.2　窗函数法设计 FIR 数字滤波器

1. 设计方法

如果要求设计的 FIR 数字滤波器的频率特性为 $H_{\mathrm{d}}(\mathrm{e}^{\mathrm{j}\omega})$，则它的单位样值响应为

$$h_{\mathrm{d}}(n) = \frac{1}{2\pi}\int_{-\pi}^{\pi} H_{\mathrm{d}}(\mathrm{e}^{\mathrm{j}\omega})\mathrm{e}^{\mathrm{j}\omega n}\mathrm{d}\omega \tag{5-67}$$

它有可能是无限长的，而且是非因果的。为此，要寻找一个因果序列 $h(n)$，在相应的误差准则下，最佳逼近 $h_{\mathrm{d}}(n)$。窗函数法设计的初衷是，使设计的滤波器的频率特性 $H(\mathrm{e}^{\mathrm{j}\omega})$ 与要求的频率特性 $H_{\mathrm{d}}(\mathrm{e}^{\mathrm{j}\omega})$ 在频域均方误差最小的意义下逼近，即

$$\varepsilon^2 = \frac{1}{2\pi}\int_{-\pi}^{\pi}\left[H_{\mathrm{d}}(\mathrm{e}^{\mathrm{j}\omega}) - H(\mathrm{e}^{\mathrm{j}\omega})\right]^2\mathrm{d}\omega = \min \tag{5-68}$$

则有

$$\begin{aligned}
\varepsilon^2 &= \frac{1}{2\pi}\int_{-\pi}^{\pi}\left[\sum_{n=0}^{\infty} h_{\mathrm{d}}(n)\mathrm{e}^{-\mathrm{j}\omega n} - \sum_{n=0}^{N-1} h(n)\mathrm{e}^{-\mathrm{j}\omega n}\right]^2\mathrm{d}\omega\\
&= \frac{1}{2\pi}\int_{-\pi}^{\pi}\left[\sum_{n=0}^{N-1}[h_{\mathrm{d}}(n) - h(n)]\mathrm{e}^{-\mathrm{j}\omega n} + \sum_{n=N}^{\infty} h_{\mathrm{d}}(n)\mathrm{e}^{-\mathrm{j}\omega n}\right]^2\mathrm{d}\omega\\
&= \frac{1}{2\pi}\int_{-\pi}^{\pi}\left[\sum_{n=0}^{N-1}[h_{\mathrm{d}}(n) - h(n)]\mathrm{e}^{-\mathrm{j}\omega n} + \sum_{n=N}^{\infty} h_{\mathrm{d}}(n)\mathrm{e}^{-\mathrm{j}\omega n}\right]\cdot\\
&\quad \left\{\sum_{m=0}^{N-1}[h_{\mathrm{d}}(m) - h(m)]\mathrm{e}^{-\mathrm{j}\omega m} + \sum_{m=N}^{\infty} h_{\mathrm{d}}(m)\mathrm{e}^{-\mathrm{j}\omega m}\right\}^*\mathrm{d}\omega\\
&= \min
\end{aligned} \tag{5-69}$$

对式（5-69）进行化简，可以证明：只要将无限长的 $h_{\mathrm{d}}(n)$ 截断并取其有限项 $h(n)$，即可使 ε^2 达到最小。若以 $R_N(n)$ 表示矩形序列，则所需 $h(n)$ 表示为

$$h(n) = h_{\mathrm{d}}(n)R_N(n) \tag{5-70}$$

式中，$R_N(n)$也称为矩形窗函数。

下面以一个截止频率为ω_c的线性相位理想低通滤波器为例加以讨论。设理想低通滤波器频率特性为

$$H_{\mathrm{d}}(\mathrm{e}^{\mathrm{j}\omega}) = H_{\mathrm{d}}(\omega)\mathrm{e}^{-\mathrm{j}\omega\alpha} = \begin{cases} \mathrm{e}^{-\mathrm{j}\omega\alpha}, & |\omega| \leqslant \omega_{\mathrm{c}} \\ 0, & \omega_{\mathrm{c}} < |\omega| < \pi \end{cases} \tag{5-71}$$

式中，$H_{\mathrm{d}}(\omega)$为频域可正可负的幅度特性；α为相移常数。对应的单位样值响应为

$$\begin{aligned} h_{\mathrm{d}}(n) &= \frac{1}{2\pi}\int_{-\pi}^{\pi} H_{\mathrm{d}}(\mathrm{e}^{\mathrm{j}\omega})\mathrm{e}^{\mathrm{j}\omega n}\mathrm{d}\omega \\ &= \frac{1}{2\pi}\int_{-\omega_{\mathrm{c}}}^{\omega_{\mathrm{c}}} \mathrm{e}^{-\mathrm{j}\omega\alpha}\mathrm{e}^{\mathrm{j}\omega n}\mathrm{d}\omega \\ &= \frac{\sin[\omega_{\mathrm{c}}(n-\alpha)]}{\pi(n-\alpha)} \end{aligned} \tag{5-72}$$

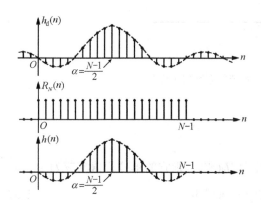

图 5-22 矩形窗对理想低通滤波器的 $h_{\mathrm{d}}(n)$ 的截断过程

按式（5-70）设计的长度为 N 的线性相位低通滤波器的单位样值响应为

$$\begin{cases} h(n) = h_{\mathrm{d}}(n)R_N(n) \\ \alpha = \dfrac{N-1}{2} \end{cases} \tag{5-73}$$

矩形窗对理想低通滤波器的 $h_{\mathrm{d}}(n)$ 的截断过程如图 5-22 所示。

$h_{\mathrm{d}}(n)$是无限长的，而且是非因果的。$h(n)$是长度为 N 且满足偶对称条件的线性相位低通滤波器的单位样值响应。由于 $h(n)$ 是对 $h_{\mathrm{d}}(n)$ 的截断，所以频率特性是 $H_{\mathrm{d}}(\mathrm{e}^{\mathrm{j}\omega})$ 对矩形序列 $R_N(n)$ 的频率特性的卷积结果。$R_N(n)$ 的傅里叶变换为

$$R_N(\mathrm{e}^{\mathrm{j}\omega}) = \sum_{n=0}^{N-1}\mathrm{e}^{-\mathrm{j}\omega n} = \mathrm{e}^{-\mathrm{j}\frac{N-1}{2}\omega}\frac{\sin\dfrac{N\omega}{2}}{\sin\dfrac{\omega}{2}} = R_N(\omega)\mathrm{e}^{-\mathrm{j}\frac{N-1}{2}\omega} \tag{5-74}$$

式中

$$R_N(\omega) = \frac{\sin\dfrac{N\omega}{2}}{\sin\dfrac{\omega}{2}} \tag{5-75}$$

低通滤波器的频率特性为

$$\begin{aligned} H(\mathrm{e}^{\mathrm{j}\omega}) &= \sum_{n=0}^{N-1} h(n)\mathrm{e}^{-\mathrm{j}\omega n} \\ &= \frac{1}{2\pi}\int_{-\pi}^{\pi} H_{\mathrm{d}}(\theta)\mathrm{e}^{-\mathrm{j}\alpha\theta}R_N(\omega-\theta)\mathrm{e}^{-\mathrm{j}\alpha(\omega-\theta)}\mathrm{d}\theta \\ &= \mathrm{e}^{-\mathrm{j}\alpha\omega}\frac{1}{2\pi}\int_{-\pi}^{\pi} H_{\mathrm{d}}(\theta)R_N(\omega-\theta)\mathrm{d}\theta \\ &= H(\omega)\mathrm{e}^{-\mathrm{j}\alpha\omega} \end{aligned} \tag{5-76}$$

其中，$H(\omega)$是 $H_{\mathrm{d}}(\omega)$ 与 $R_N(\omega)$ 卷积的结果，且有

$$H(\omega) = \frac{1}{2\pi} \int_{-\pi}^{\pi} H_d(\theta) R_N(\omega - \theta) \mathrm{d}\theta \qquad (5\text{-}77)$$

这一卷积过程及结果反映了矩形窗对理想低通滤波器的幅度特性的影响，如图 5-23 所示。

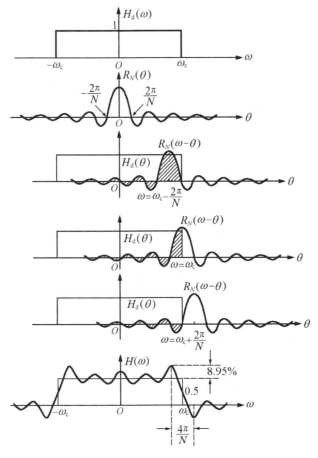

图 5-23 矩形窗对理想低通滤波器的幅度特性的影响

（1）当 $\omega = 0$ 时，$H(0)$ 是 $H_d(\theta)$ 和 $R_N(\theta)$ 两函数乘积的积分，也就是 $R_N(\theta)$ 在 $\theta = -\omega_c$ 到 $\theta = \omega_c$ 一段内的积分面积。由于一般情况下 ω_c 都满足 $\omega_c \gg 2\pi/N$，所以积分面积可以近似为 θ 从 $-\pi$ 到 π 的 $R_N(\theta)$ 全部积分面积。

（2）当 $\omega = \omega_c - 2\pi/N$ 时，$R_N(\omega - \theta)$ 的全部主瓣在 $H_d(\theta)$ 的通带 $|\omega| \leqslant \omega_c$ 内，所以卷积结果有最大值，即 $H(\omega_c - 2\pi/N)$，频率响应出现正肩峰。

（3）当 $\omega = \omega_c$ 时，$H_d(\theta)$ 正好与 $R_N(\omega - \theta)$ 的一半重叠，因此 $H(\omega_c)/H(0) = 0.5$。

（4）当 $\omega = \omega_c + 2\pi/N$ 时，$R_N(\omega - \theta)$ 的全部主瓣都在 $H_d(\theta)$ 的通带外，因此在该点形成最大的负肩峰。

（5）当 $\omega > \omega_c + 2\pi/N$ 时，随着 ω 的增大，$R_N(\omega - \theta)$ 左边旁瓣的起伏部分将扫过通带，卷积值也将随 $R_N(\omega - \theta)$ 的旁瓣在通带内面积的变化而变化，故 $H(\omega)$ 将围绕着零值波动。当 ω 由 $\omega_c - 2\pi/N$ 向通带内减小时，$R_N(\omega - \theta)$ 的右旁瓣将进入 $H_d(\omega)$ 的通带，右旁瓣的起伏导致 $H(\omega)$ 值将围绕 $H(0)$ 值摆动。

综上所述，加窗处理会对理想矩形频率响应产生以下几点影响：

（1）在 $\omega = \omega_c$ 附近形成过渡带，过渡带的宽度与两肩峰的间距 $4\pi/N$ 成正比，且小于此值。

（2）在截止频率 ω_k 的两边 $\omega = \omega_k \pm 2\pi/N$ 处，$H(\omega)$ 出现最大的肩峰值，在肩峰的两侧形成起伏振荡，其振荡幅度取决于旁瓣的相对幅度，而振荡的多少取决于旁瓣的多少。

（3）增大截取长度 N，则在主瓣附近的窗函数的频率响应为

$$R_N(\omega) = \frac{\sin\frac{N\omega}{2}}{\sin\frac{\omega}{2}} \approx \frac{\sin\frac{N\omega}{2}}{\frac{\omega}{2}} = N\frac{\sin x}{x} \tag{5-78}$$

可见，改变 N，只能改变窗函数的主瓣宽度和主瓣幅度，不能改变主瓣与旁瓣的相对比例，这个相对比例是由 $(\sin x)/x$ 决定的，或者说，只是由窗函数的形状决定的。因而，当截取长度 N 增大时，只会减小过渡带的宽度，起伏振荡变密，而不会改变肩峰的相对值（8.95%，四舍五入为9%）。这就是曾指出的吉布斯（Gibbs）现象。

（4）进入阻带的负峰值将影响阻带的衰减特性，对于矩形窗，9%的负峰值相当于 21dB 的阻带衰减，一般情况下，此数值远远不能满足阻带内衰减的要求。

2. 各种窗函数

由以上讨论可以看出，一般希望窗函数满足以下两项要求：

（1）窗谱主瓣尽可能地窄，以获得较陡的过渡带。

（2）尽量减少窗谱的最大旁瓣的相对幅度，也就是能量尽量集中于主瓣，这样使肩峰和波纹减小，就可增大阻带的衰减。

但是以上两项要求往往不能同时得到满足。若窗函数时域波形的两端平缓下降（而非突变，如三角形、升余弦形），则其频域特性的旁瓣电平减小，从而增大阻带的衰减，但其代价是增大了主瓣和过渡带的宽度。对于同一种窗函数，增大 N 值可使过渡带减小。

MATLAB 中常用的窗函数 $w(n)$ 有以下几种［时域宽度（简称时宽）都取 $0 \leqslant n \leqslant N-1$］：

（1）矩形窗函数（boxcar）。

$$w(n) = R_N(n) \tag{5-79}$$

$$W_R(e^{j\omega}) = W_R(\omega)e^{-j\frac{N-1}{2}\omega}$$

$$W_R(\omega) = \frac{\sin\frac{N\omega}{2}}{\sin\frac{\omega}{2}}$$

它的主瓣宽度为 $4\pi/N$，第一旁瓣的幅值比主瓣低 13dB。

（2）三角窗函数（triang）。

$$w(n) = \begin{cases} \dfrac{2n}{N-1}, & 0 \leqslant n \leqslant \dfrac{N-1}{2} \\ 2 - \dfrac{2n}{N-1}, & \dfrac{N-1}{2} \leqslant n \leqslant N-1 \end{cases} \tag{5-80}$$

其窗谱为

$$W(e^{j\omega}) = \frac{2}{N-1}\left[\frac{\sin\left(\frac{N-1}{4}\omega\right)}{\sin\frac{\omega}{2}}\right]^2 e^{-j\frac{N-1}{2}\omega} \tag{5-81}$$

（3）汉宁窗（升余弦窗）函数（hanning）。

$$w(n) = \frac{1}{2}\left(1 - \cos\frac{2\pi n}{N-1}\right)R_N(n) \tag{5-82}$$

$$W(e^{j\omega}) = \left\{0.5W_R(\omega) + 0.25\left[W_R\left(\omega - \frac{2\pi}{N-1}\right) + W_R\left(\omega + \frac{2\pi}{N-1}\right)\right]\right\}e^{-j\frac{N-1}{2}\omega} \tag{5-83}$$

（4）汉明窗（改进升余弦窗）函数（hamming）。

$$w(n) = \left(0.54 - 0.46\cos\frac{2\pi n}{N-1}\right)R_N(n) \tag{5-84}$$

$$W(\omega) = 0.54W_R(\omega) + 0.23\left[W_R\left(\omega - \frac{2\pi}{N-1}\right) + W_R\left(\omega + \frac{2\pi}{N-1}\right)\right] \tag{5-85}$$

（5）布莱克曼窗（二阶升余弦窗）函数（blackman）。

$$w(n) = \left(0.42 - 0.5\cos\frac{2\pi n}{N-1} + 0.08\cos\frac{4\pi n}{N-1}\right)R_N(n) \tag{5-86}$$

$$W(\omega) = 0.42W_R(\omega) + 0.25\left[W_R\left(\omega - \frac{2\pi}{N-1}\right) + W_R\left(\omega + \frac{2\pi}{N-1}\right)\right]$$
$$+ 0.04\left[W_R\left(\omega - \frac{4\pi}{N-1}\right) + W_R\left(\omega + \frac{4\pi}{N-1}\right)\right] \tag{5-87}$$

（6）凯泽窗函数（kaiser）。

$$w(n) = \frac{I_0\left[\beta\sqrt{1 - \left(1 - \frac{2n}{N-1}\right)^2}\right]}{I_0(\beta)}R_N(n) \tag{5-88}$$

式中，$I_0(\cdot)$为第一类变形零阶贝塞尔函数；β为一个可自由选择的参数，它可以同时调整主瓣宽度和旁瓣电平，一般取 $4 < \beta < 9$，此时旁瓣电平在-3dB 和-67dB 之间。给定要求的过渡带宽度$\Delta\omega$和阻带衰减δ_s，要求的滤波器阶次 N 和参数β可按下列近似公式求出：

$$\begin{cases} N = \dfrac{\delta_s - 7.95}{2.286\Delta\omega} \\[2mm] \beta = \begin{cases} 0.1102(\delta_s - 8.7), & \delta_s \geqslant 50\text{dB} \\ 0.5842(\delta_s - 21)^{0.4} + 0.07886(\delta_s - 21), & 21\text{dB} < \delta_s < 50\text{dB} \\ 0, & \delta_s \leqslant 21\text{dB} \end{cases} \end{cases}$$

表 5-2 所示为窗函数特性及加窗后相应滤波器达到的指标，可供设计人员参考。五种窗函数的时域波形和对数幅频特性如图 5-24 所示。

表 5-2 窗函数特性及加窗后相应滤波器达到的指标

窗函数	主瓣宽度 (2π/N)	旁瓣电平 (dB)	加窗后相应滤波器达到的指标	
			过渡带宽度$\Delta\omega$（2π/N）	阻带最小衰减（dB）
矩形窗函数	2	−13	0.9	21
三角窗函数	4	−25	2.1	25
汉宁窗函数	4	−31	3.1	44
汉明窗函数	4	−41	3.3	53
布莱克曼窗函数	6	−57	5.5	74
凯泽窗函数（β=7.865）		−57	5	80

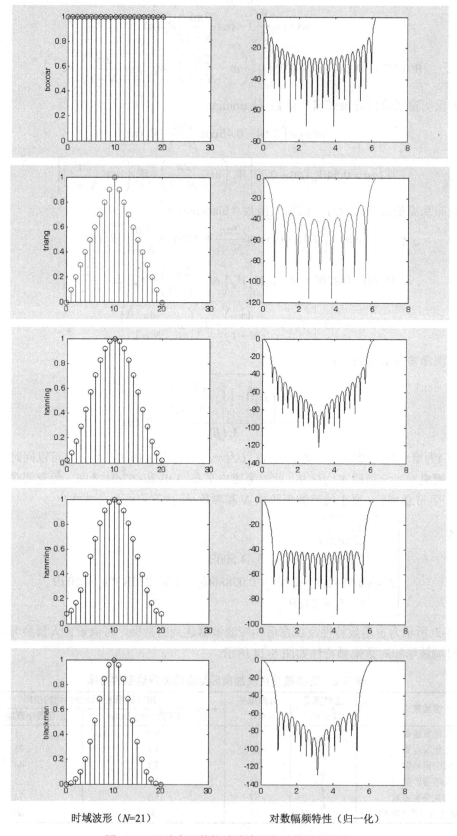

时域波形（N=21）　　　　　　　　对数幅频特性（归一化）

图 5-24　五种窗函数的时域波形和对数幅频特性

3．窗函数法的设计步骤

（1）给定要求的频率响应函数 $H_d(e^{j\omega})$，求出相应的单位冲激响应 $h_d(n)$。

（2）根据对过渡带宽度及阻带衰减的要求，选择窗函数的形状及长度 N。

（3）按所得窗函数求得 $h(n) = h_d(n)w(n)$。

（4）计算 $H(e^{j\omega}) = \text{DTFT}[h(n)] = \dfrac{1}{2\pi}[H_d(e^{j\omega}) * W(e^{j\omega})]$，检验各项指标，如不满足要求，则重新设计。

有时，给出的 $H_d(e^{j\omega})$ 比较复杂，难以用式（5-67）计算出 $h_d(n)$，在这种情况下，可以对 $H_d(e^{j\omega})$ 进行 M 点频域抽样，用离散傅里叶逆变换计算出 $h'_d(n)$：

$$h'_d(n) = \frac{1}{M}\sum_{k=0}^{M-1}H_d(k)e^{j\frac{2\pi}{M}kn} \tag{5-89}$$

由离散傅里叶变换的性质可知，$h'_d(n)$ 与 $h_d(n)$ 的关系为

$$h'_d(n) = \sum_{r=-\infty}^{\infty}h_d(n+rM) \tag{5-90}$$

由于 $h_d(n)$ 有可能是无限长的序列，因而严格来说，必须在 $M\to\infty$ 时，$h'_d(n) = h_d(n)$，才不产生混叠现象。实际上，由于 $h_d(n)$ 随着 n 的增大衰减很快，一般只要 M 足够大，即 $M>>N$，就足够了。

窗函数法设计简单实用，但缺点是过渡带及边界频率不易控制，通常需要反复计算。

4．设计举例

【例 5-12】用窗函数法设计一个线性相位数字低通滤波器。给定技术指标：

$$\text{通带允许起伏}-1\text{dB}，0\leqslant\omega\leqslant0.3\pi;$$
$$\text{阻带衰减}\delta_s\geqslant50\text{dB}，0.5\pi\leqslant\omega\leqslant\pi。$$

解：用窗函数法设计，边界频率不易准确控制，近似取理想低通滤波器的截止频率为

$$\omega_c = \frac{1}{2}(\omega_p+\omega_s) = \frac{1}{2}(0.3\pi+0.5\pi) = 0.4\pi$$

（1）按式（5-72）求得

$$h_d(n) = \frac{\sin0.4\pi(n-\alpha)}{\pi(n-\alpha)}$$

（2）确定窗函数的形状及滤波器的长度。

由于阻带衰减大于 50dB，查表 5-2，选择汉明窗，计算滤波器的长度。

$$\Delta\omega = 3.3\frac{2\pi}{N}$$

$$N = 3.3\cdot\frac{2\pi}{0.5\pi-0.3\pi} = 33$$

$$\alpha = \frac{N-1}{2} = 16$$

（3）所设计滤波器的单位样值响应为

$$h(n) = h_d(n)w(n) = \frac{\sin0.4\pi(n-16)}{\pi(n-16)}\cdot\left[0.54-0.46\cos\left(\frac{n\pi}{16}\right)\right]，\ 0\leqslant n\leqslant32$$

（4）所设计滤波器的频率响应函数为

$$H(e^{j\omega}) = \sum_{m=0}^{\frac{N-1}{2}-1} \frac{2\sin\left[\omega_c\left(m-\dfrac{N-1}{2}\right)\right]}{\pi\left(m-\dfrac{N-1}{2}\right)} \cdot \cos\left[\omega\left(m-\dfrac{N-1}{2}\right)+\dfrac{\omega_c}{\pi}\right]e^{-j\omega\frac{N-1}{2}}$$

例 5-12 FIR 低通滤波器的频率响应特性（一）如图 5-25 所示，满足原指标要求。

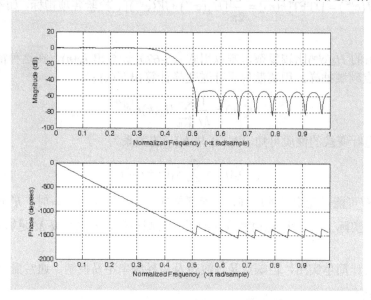

图 5-25   例 5-12 FIR 低通滤波器的频率响应特性（一）

MATLAB 提供了相应的子程序来实现本节中的窗函数，对于前面列举出的六种，分别为

```
wd = boxcar(N)             % 数组 wd 中返回 N 点矩形窗函数
wd = triang(N)             % 数组 wd 中返回 N 点三角窗函数
wd = hanning(N)            % 数组 wd 中返回 N 点汉宁窗函数
wd = hamming(N)            % 数组 wd 中返回 N 点汉明窗函数
wd = blackman(N)           % 数组 wd 中返回 N 点布莱克曼窗函数
wd = kaiser(N,Beta)        % 给定 Beta 值时 N 点凯泽窗函数
```

例 5-12 的 MATLAB 程序如下：

```
wp = 0.3 * pi;
ws = 0.5 * pi;
wc=(wp+ws)/2;
N=33;
tao=(N-1)/2;
n=[0: (N-1)];
m=n-tao+eps;
hd=sin(wc*m)./(pi*m);
wd=(hamming(N))';
b1=hd.*wd;
freqz(b1,1);
```

在图 5-26 中，做出了 N=33 时，分别用矩形窗、三角窗、汉宁窗及布莱克曼窗设计的低通滤波器对应的频率特性，请同学们自己进行分析、比较。

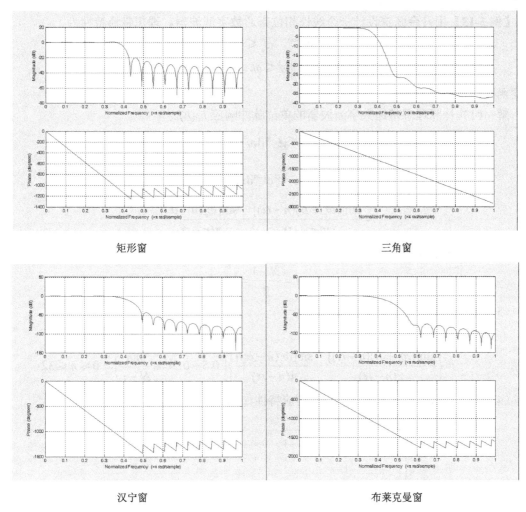

矩形窗　　　　　　　　　　　　　　三角窗

汉宁窗　　　　　　　　　　　　　布莱克曼窗

图 5-26　例 5-12 FIR 低通滤波器的频率响应特性（二）

　　另外，在图 5-27 中，做出了 $N=22$ 和 $N=55$ 时，用汉明窗设计的低通滤波器对应的频率特性，请同学们自己进行分析、比较。思考一下：

　　（1）不同的窗函数会影响滤波器的哪些指标？

　　（2）同一窗函数又会影响滤波器的什么指标？

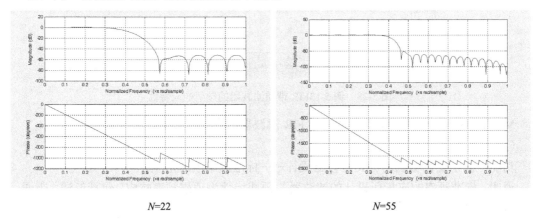

$N=22$　　　　　　　　　　　　　　$N=55$

图 5-27　例 5-12 FIR 低通滤波器的频率响应特性（汉明窗函数）

【例 5-13】用升余弦窗设计一个线性相位带通数字滤波器。理想带通特性为

$$H_d(e^{j\omega}) = \begin{cases} e^{-j\omega\alpha}, & \omega_c \leqslant |\omega| \leqslant \omega_c + B \\ 0, & |\omega| \leqslant \omega, \ \omega_c + B \leqslant |\omega| \leqslant \pi \end{cases}$$

取窗函数的长度 $N=33$。

解：（1）计算理想带通数字滤波器的单位脉冲响应 $h_d(n)$。

$$\begin{aligned} h_d(n) &= \frac{1}{2\pi} \int_{-\pi}^{\pi} H_d(e^{j\omega}) e^{j\omega n} d\omega \\ &= \frac{1}{2\pi} \left[\int_{-(\omega_c+B)}^{-\omega_c} e^{-j\omega\alpha} e^{j\omega n} d\omega + \int_{\omega_c}^{\omega_c+B} e^{-j\omega\alpha} e^{j\omega n} d\omega \right] \\ &= \frac{\sin[(\omega_c+B)(n-\alpha)]}{\pi(n-\alpha)} - \frac{\sin[\omega_c(n-\alpha)]}{\pi(n-\alpha)} \end{aligned}$$

（2）为了满足线性相位条件，取

$$\alpha = \frac{N-1}{2} = 16$$

（3）所设计滤波器的单位样值响应为

$$\begin{aligned} h(n) &= h_d(n)w(n) \\ &= \left\{ \frac{\sin[(\omega_c+B)(n-\alpha)]}{\pi(n-\alpha)} - \frac{\sin[\omega_c(n-\alpha)]}{\pi(n-\alpha)} \right\} \left(0.5 - 0.5\cos\frac{2\pi n}{N-1} \right), \quad 0 \leqslant n \leqslant 32 \end{aligned}$$

（4）例 5-13FIR 带通滤波器的频率响应特性如图 5-28 所示。

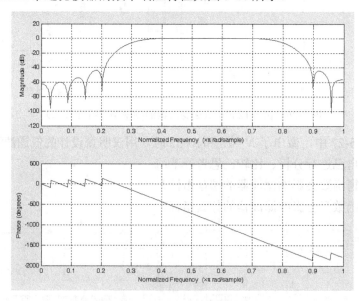

图 5-28　例 5-13FIR 带通滤波器的频率响应特性

MATLAB 还提供了基于窗函数法的 FIR 滤波器的设计函数 fir1 和 fir2。

（1）fir1。

功能：基于窗函数法的 FIR 滤波器设计——标准频率响应形状。

说明：标准频率响应指所设计的滤波器的预期特性为理想频率响应，包括低通、带通、高通或带阻特性。

格式：b = (M,wn,'type',window)

其中，b 为待设计滤波器的系数向量，其长度为 N＝M＋1；M 为所选的滤波器阶次；wn 为滤波器给定的边缘频率，可以是标量，也可以是一个数组，范围为 0～1，1 对应数字频率 π；'type' 为滤波器的类型，如高通（'high'）、带阻（'stop'）等，默认时为低通或带通；window 为选定的窗函数类型，默认时为汉明窗。

由 b＝fir1(M,wn)可得到截止频率为 wn，且满足线性相位条件的 M 阶 FIR 低通滤波器；当 wn=[wn1,wn2]时，得到的是通带为 wn1<w< wn2 的带通滤波器。

（2）fir2。

功能：基于窗函数法的 FIR 滤波器设计——任意频率响应形状。

格式：b＝fir2(M,f,m,window)

说明：fir2 函数用于设计具有任意频率响应形状的加窗线性相位 FIR 数字滤波器，其幅频特性由频率点向量 f 和幅度向量 m 给出，0≤f≤1，要求为单增向量，而且从 0 开始，到 1 结束，1 表示数字频率 w=π。m 与 f 等长度，m(k)表示频点 f(k)的幅频响应值。M 和 window 与 fir1 中的相同。

【例 5-14】试用 MATLAB 函数确定一个 50 阶 FIR 带阻滤波器的频率响应特性，阻带频率为 $0.28\pi \leqslant \omega \leqslant 0.78\pi$。

```
% 例 5-14 的 MATLAB 程序
    wn = [0.28,0.58];
    N=50;
    b= fir1(2*N,wn,'stop');
    freqz(b,1,512);
```

例 5-14 FIR 带阻滤波器的频率响应特性如图 5-29 所示。

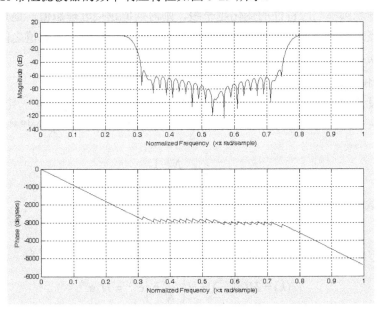

图 5-29　例 5-14 FIR 带阻滤波器的频率响应特性

5.3.3 频率抽样法设计 FIR 数字滤波器

1. 设计原理

频率抽样法基于频率抽样理论，从频域出发，对给定的理想频率响应 $H_d(e^{j\omega})$ 进行等间隔

抽样，即

$$H_d(e^{j\omega})\Big|_{\omega=\frac{2\pi}{N}k} = H_d(k)$$

然后，以此 $H_d(k)$ 作为实际 FIR 数字滤波器的频率响应的样值 $H(k)$，即令

$$H(k) = H_d(k), \quad k = 0,1,\cdots,N-1 \tag{5-91}$$

在得到 $H(k)$ 后，由离散傅里叶逆变换得到 N 点的有限长序列 $h(n)$，由 $h(n)$ 求得的频率响应函数 $H(e^{j\omega})$ 或由 3.5.2 节中 $X(z)$ 的内插公式知道，利用这 N 个频域样值 $H(k)$，同样可求得 FIR 数字滤波器的系统函数 $H(z)$ 及频率响应函数 $H(e^{j\omega})$，这个 $H(z)$ 或 $H(e^{j\omega})$ 将逼近 $H_d(z)$ 或 $H_d(e^{j\omega})$。

$H(z)$ 和 $H(e^{j\omega})$ 的内插公式为

$$H(z) = \frac{1-z^{-N}}{N}\sum_{k=0}^{N-1}\frac{H(k)}{1-W_N^{-k}z^{-1}} \tag{5-92}$$

$$H(e^{j\omega}) = \sum_{k=0}^{N-1} H(k)\Phi\left(\omega-\frac{2\pi}{N}k\right) \tag{5-93}$$

式中，$\Phi(\omega)$ 是内插函数，其表达式为

$$\Phi(\omega) = \frac{1}{N}\cdot\frac{\sin\dfrac{\omega N}{2}}{\sin\dfrac{\omega}{2}}e^{-j\omega\left(\frac{N-1}{2}\right)} \tag{5-94}$$

由式（5-93）可见，在各频率样点上，滤波器的实际频率响应是严格地和理想频率响应数值相等的，即 $H(e^{j\frac{2\pi}{N}k}) = H(k) = H_d(k) = H_d(e^{j\frac{2\pi}{N}k})$。但是，样点之间的频率响应是由各样点的加权内插函数的延伸叠加而形成的，因而有一定的逼近误差，误差大小取决于理想频率响应的曲线形状，理想频率响应特性的变化越平缓，则内插值越接近理想值，逼近误差也越小。反之，如果样点之间的理想频率响应特性的变化越陡，则内插值与理想值之间的差距越大。因而，在不连续点附近，将会出现肩峰与起伏。

2. 线性相位的约束

如果我们设计的是线性相位数字滤波器，则其样值 $H(k)$ 的幅度和相位一定要满足 5.3.1 节所讨论过的约束条件。当 $h(n)$ 为实数且具有偶对称特性时，$H(e^{j\omega}) = H(\omega)e^{j\varphi(\omega)}$，必须满足下列条件：

$$\varphi(\omega) = -\frac{N-1}{2}\omega \tag{5-95}$$

当 N 为奇数时，$H(\omega)$ 具有偶对称特性，有

$$H(\omega) = H(2\pi-\omega) \tag{5-96}$$

如果样值 $H(k) = H(e^{j\frac{2\pi}{N}k})$ 也用幅值 H_k（纯标量）与相角 θ_k 表示，则为

$$H(k) = H(e^{j\frac{2\pi}{N}k}) = H\left(\frac{2\pi}{N}k\right)e^{j\theta_k} = H_k e^{j\theta_k}$$

由式（5-95）可知，θ_k 必须为

$$\theta_k = -\frac{N-1}{2}\cdot\frac{2\pi}{N}k = -k\pi\left(1-\frac{1}{N}\right) \tag{5-97}$$

由式（5-96）可以得到

$$H_k = H(\omega)\big|_{\omega=\frac{2\pi}{N}k} = H(2\pi - \omega)\big|_{\omega=\frac{2\pi}{N}k} = H(\omega)\big|_{\omega=\frac{2\pi}{N}(N-k)} = H_{N-k} \qquad (5\text{-}98)$$

当 N 为偶数时，$H(\omega)$ 满足奇对称条件，即

$$H(\omega) = -H(2\pi - \omega) \qquad (5\text{-}99)$$

所以，这时的 H_k 也应满足奇对称条件，即

$$H_k = -H_{N-k} \qquad (5\text{-}100)$$

而 θ_k 的表达式与式（5-97）完全一样。

3．过渡带抽样的优化设计

为了提高逼近质量，使逼近误差更小，也就是减小在通带边缘由于样点的陡然变化而引起的起伏振荡。和窗函数法的平滑截断一样，这里是为理想频率响应的不连续点的边缘加上一些过渡的样点（在这些点上抽样的最佳值由计算机算出），从而增加过渡带，减小频带边缘的突变，这样也减小了起伏振荡，增大了阻带最小衰减。这些样点上的取值不同，效果就不同，由式（5-93）可以看出，因为每个频率样值都要产生一个与常数 $\sin(\omega N/2)/\sin(\omega/2)$ 成正比且在频率上位移为 $2\pi k/N$ 的频率响应，而 FIR 数字滤波器的频率响应就是各 $H(k)$ 与相应的内插函数 $\Phi(\omega - 2\pi k/N)$ 相乘后的线性组合。如果精心设计过渡带的样值，就有可能使它的有用频带（通带、阻带）的波纹减小，从而设计出较好的滤波器。一般过渡带取一、二、三点样值即可得到令人满意的结果。在低通设计中，不加过渡样点时，阻带的最小衰减为-20dB；采用一点过渡抽样的最优设计，阻带的最小衰减可提高到$-40 \sim -50$dB 采用二点过渡抽样的最优设计，阻带的最小衰减可达$-60 \sim -75$dB，而加三点过渡抽样的最优设计则可达$-80 \sim -95$dB。

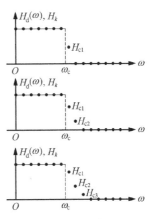

加过渡样点的示意图如图 5-30 所示。

图 5-30　加过渡样点的示意图

4．频域采样数（$h(n)$ 的长度）N 的估算

一般由过渡带宽度 $\Delta\omega$ 估算 N 值。$\Delta\omega \approx (m+1)2\pi/N$，$m$ 为过渡样点的数目。这一点从根据 $H(e^{j\omega})$ 的频域内插公式画出的 $H(e^{j\omega})$ 的幅度曲线就很容易解释。所以，N 的估算公式为

$$N = \frac{2\pi}{\Delta\omega}(m+1) \qquad (5\text{-}101)$$

显然，$\Delta\omega$ 越小或 m 越大都会使 N 值越大。

频率抽样法的优点是，可以在频域直接设计，并且适用于最优设计；缺点是，抽样频率只能等于 $2\pi/N$ 的整数倍，因而不能确保截止频率 ω_k 的自由取值。要想自由地选择截止频率，必须增大样点数 N，但这又使计算量加大。

【例 5-15】利用频率抽样法，设计一个线性相位 FIR 低通滤波器，其理想频率特性曲线是矩形的，即

$$\left| H(e^{j\omega}) \right| = \begin{cases} 1, & 0 \leqslant \omega \leqslant \omega_c \\ 0, & \omega \text{取其他值} \end{cases}$$

已知 $\omega_c = 0.5\pi$，样点数 $N = 33$，要求滤波器具有线性相位。

解：根据指标，可画出频率抽样后的 $H(k)$ 序列，如图 5-31 所示。由于 $|H(k)|$ 是关于 $\omega = \pi$ 对称的，我们只讨论 $0 \leqslant \omega \leqslant \pi$（$0 \leqslant k \leqslant 16$）的范围，则

$$|H(k)| = \begin{cases} 1, & k = 0,1,2,\cdots,8 \\ 0, & k = 9,10,\cdots,16 \end{cases}$$

将上述值代入式（5-93），得到的 FIR 低通滤波器的频率响应特性如图 5-31 所示。由该图可以看出，过渡带的宽度为 $2\pi/33$，而阻带的最小衰减约为–20dB。

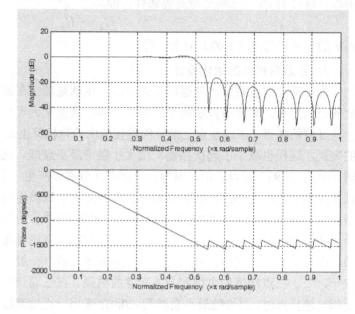

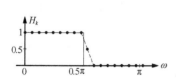

图 5-31　例 5-15FIR 低通滤波器的频率响应特性

为了改善频率响应特性，可在通带和阻带交界处安排一个或几个不等于 0 也不等于 1 的样值。在本例中，如果在 $k = 9$ 处，使$| H(9) | = 0.5$，相当于加宽了过渡带，频率响应特性如图 5-32 所示，阻带衰减约为–30dB。如果在 $k = 9$ 处，使$| H(9) | = 0.38$，则频率响应特性如图 5-33 所示，显然，阻带衰减约为–40dB。

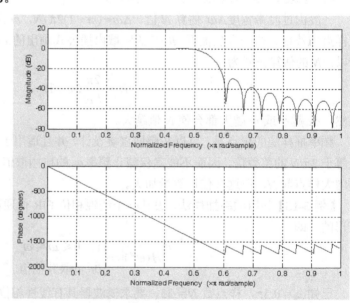

图 5-32　加过渡样点后的频率响应特性

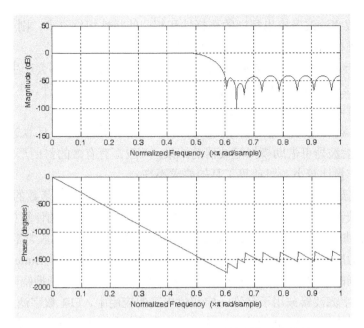

图 5-33 过渡样点 $|H(9)| = 0.38$ 时的频率响应特性

【例 5-16】利用频率抽样法，设计一个线性相位 FIR 低通滤波器，其技术指标如下：

通带允许起伏–1dB，$0 \leqslant \omega \leqslant 0.3\pi$；

阻带衰减 $\delta_s \geqslant 50$dB，$0.5\pi \leqslant \omega \leqslant \pi$。

解：

在低通设计中：

不加过渡样点时，阻带的最小衰减为 20dB；

采用一点过渡抽样的最优设计，阻带的最小衰减可达 40～50dB；

采用二点过渡抽样的最优设计，阻带的最小衰减可达 60～75dB；

采用三点过渡抽样的最优设计，阻带的最小衰减可达 80～95dB。

由于

$$N = \frac{2\pi}{\Delta\omega}(m+1)$$

如果取 $m=1$，此时计算出 $N=20$，可取 $N=21$。

如果取 $m=2$，此时计算出 $N=31$。

请同学们自己仿照例 5-15 的过程，设计滤波器。

5.3.4 IIR 数字滤波器与 FIR 数字滤波器的比较

IIR 数字滤波器与 FIR 数字滤波器的设计原理不同，可以从多个方面进行比较。

（1）IIR 数字滤波器系统函数的极点可位于单位圆内的任何地方，所以可用较低的阶次获得高选择性。IIR 数字滤波器的存储单元少，但其效率高，这是以相位的非线性为代价的。

由 FIR 数字滤波器可以得到严格的线性相位：因为极点固定在原点，所以只能用较高的阶次获得高选择性。

对于同样的滤波器设计指标，FIR 数字滤波器所要求的阶次比 IIR 数字滤波器高 5～10 倍。然而，FIR 数字滤波器的成本较高，信号延时也较大。

如果对 IIR 数字滤波器提出相同的选择性和相同的线性相位要求，则必须对 IIR 数字滤波器加全通网络进行相位校正，同样要大大增加阶次和复杂性。

（2）FIR 数字滤波器可以用非递归方法实现，有限精度的计算不会产生振荡。

IIR 数字滤波器必须采用递归结构来配置极点，因此要留心稳定性，注意极点是否位于单位圆外。另外，有限字长效应有时会引发寄生振荡。

FIR 数字滤波器可采用快速傅里叶变换算法，在相同的阶次下，运算速度可以快得多。

（3）IIR 数字滤波器可借助模拟滤波器的结果，一般都有有效的封闭形式设计公式可供准确计算，计算工作量比较小，对计算工具的要求不高。

FIR 数字滤波器没有现成的设计公式。窗函数法仅仅可以给出窗函数的计算公式，但计算通带、阻带的衰减无公式可以利用。其他大多数设计方法都需要借助计算机辅助设计。

（4）IIR 数字滤波器设计法，主要是设计规格化的，频率特性为分段常数的滤波器。而 FIR 数字滤波器易于适应某些特殊应用（如构成微分器或积分器），或用于 Butterworth、Chebyshev 等逼近不可能达到的预定指标的情况（如由于某些原因，要求三角形振幅响应等）。

因此，IIR 数字滤波器被用于允许一定相位失真的应用中，FIR 数字滤波器被用于需要线性相位的应用中。IIR 数字滤波器的设计除了建立在将模拟滤波器变换到数字域中的方法上，还可以直接在数字域中进行设计，如采用幅度平方函数设计法、帕德逼近法、波形形成滤波器法等。此外，还有 IIR 数字滤波器的最优化方法——最小均方差设计法、最小 p 误差设计法、线性规划设计法等。FIR 数字滤波器除了窗函数法、频率抽样法，还有 FIR 数字滤波器的最优化方法——最大误差最小化准则、最优等波纹设计等。此外，还有 FIR 微分器设计，Hilbert 变换的设计等。与数字滤波器设计相关的文献非常多，有关讨论在"数字信号处理"教材中都能找到。

5.4　数字滤波器的结构

5.4.1　数字滤波器结构的表示方法

前面已经讨论过，一个数字滤波器可以用系统函数表示为

$$H(z) = \frac{\sum_{k=0}^{M} b_k z^{-k}}{1 - \sum_{r=1}^{N} a_r z^{-r}} \tag{5-102}$$

直接由式（5-102）可得出表示输入、输出关系的常系数线性差分方程，即

$$y(n) = \sum_{k=0}^{M} b_k x(n-k) + \sum_{r=1}^{N} a_r y(n-r) \tag{5-103}$$

可以看出，数字滤波器的功能就是把输入序列通过一定的运算变换成输出序列。可以用以下两种方法来实现数字滤波器：一种方法是把滤波器所要完成的运算过程编成程序，并由计算机执行，也就是采用计算机软件来实现；另一种方法是设计专用的数字硬件、数字信号处理器或采用通用的数字信号处理器来实现。这需要考虑许多问题，如以下几种：

（1）计算的效率，即完成整个滤波过程所需要的乘法和加法次数。

（2）需要的存储量。

（3）滤波器系数的量化影响。

（4）运算中的舍入、截断误差、饱和及溢出等。

不同的滤波器结构可以实现同样的系统函数，但不同的算法在满足上述要求方面是有差别的，有的差别还很大。

由式（5-103）可以看出，实现一个数字滤波器需要几种基本的运算单元—加法器、延时和乘法器。这些基本的运算单元可以用结构图或信号流图表示，后者更简单方便。图 5-34 所示为信号流图中基本运算单元的表示符号。

已知一个二阶数字滤波器的表达式为

$$y(n) = a_1 y(n-1) + a_2 y(n-2) + b_0 x(n)$$

其信号流图如图 5-35 所示。

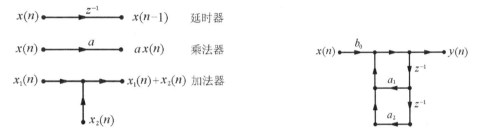

图 5-34 信号流图中基本运算单元的表示符号 图 5-35 一个二阶数字滤波器的信号流图

IIR 数字滤波器与 FIR 数字滤波器在结构上各有特点，下面分别予以讨论。

5.4.2 IIR 数字滤波器的结构

IIR 数字滤波器有以下几个特点：

（1）系统的单位冲激响应 $h(n)$ 是无限长的。

（2）系统函数 $H(z)$ 在 z 平面上有极点。

（3）结构上存在输出到输入的反馈，也就是结构上是递归型的。

实现 IIR 数字滤波器有直接 I 型、直接 II 型、级联型和并联型。

1. 直接 I 型

一个 IIR 数字滤波器的系统函数为

$$H(z) = \frac{\displaystyle\sum_{k=0}^{M} b_k z^{-k}}{1 - \displaystyle\sum_{r=1}^{N} a_r z^{-r}} = \frac{Y(z)}{X(z)} \tag{5-104}$$

表示这一系统输入、输出关系的 N 阶差分方程为

$$y(n) = \sum_{k=0}^{M} b_k x(n-k) + \sum_{r=1}^{N} a_r y(n-r) \tag{5-105}$$

这就表示了一种计算方法。$\Sigma b_k x(n-k)$ 表示由输入及延时后的输入组成的 M 节的延时网络，把每节延时抽头后加权（加权系数是 b_k），然后把结果相加，这就是一个横向网络。$\Sigma a_r y(n-r)$ 表示由输出加以延时组成的 N 节的延时网络，再将每节延时抽头后加权（加权系数是 a_k），然后把结果相加。最后的输出 $y(n)$ 是由这两个和式相加而成。由于该网络包含了输出的延时部分，因此它是个有反馈的网络。这种结构称为直接 I 型结构，其信号流图如图 5-36 所示。由

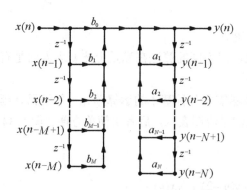

图 5-36　实现 N 差分方程的直接 I 型结构的信号流图

该图可以看出，总的网络是由上面讨论的两部分网络级联组成，第一个网络实现零点，第二个网络实现极点，共需要 $(N+M)$ 个延时单元。

2. 直接 II 型

我们知道，一个线性时不变系统，若交换其级联子系统的次序，系统函数是不变的。这样，我们可以得到另一种结构，如图 5-37 所示，它有两个级联子网络，第一个用于实现系统函数的极点，第二个用于实现系统函数的零点。可以看出，两行串行延时支路有相同的输入，因而可以把它们合并，从而得到图 5-38 所示的结构，称为直接 II 型结构。

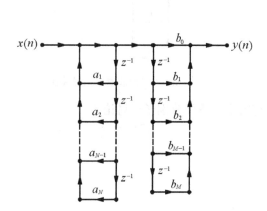

图 5-37　直接 I 型的变型，将零点、极点的级联次序互换

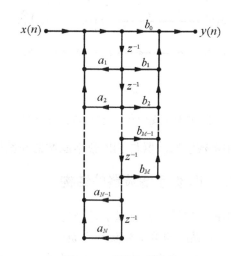

图 5-38　直接 II 型结构

直接 II 型结构，对于 N 阶差分方程，只需 N 个延时单元，比直接 I 型结构所需的延时单元少。直接 II 型结构可以节省存储单元（软件实现）或节省寄存器（硬件实现）。但是，直接型的实现方法有共同的缺点，就是系数 a_k、b_k 对滤波器的性能控制作用不明显，即 a_k、b_k 的变化将使系统所有零、极点同时变动，因而势必引起滤波器频率响应的改变，调整起来也困难。此外，这种结构的极点对系数的变化过于灵敏，从而使系统频率响应对系数的变化过于灵敏，也就是对有限精度（有限字长）的运算过于灵敏，容易出现不稳定现象或产生较大误差。所以，直接 II 型结构多用于一阶、二阶滤波器。

3. 级联型

对滤波器的系统函数 $H(z)$ 进行因式分解，整理后可用实系数二阶因子形式表示 $H(z)$，即

$$H(z) = A \cdot \prod_{i=1}^{k} \frac{1 + \beta_{1i} z^{-1} + \beta_{2i} z^{-2}}{1 - \alpha_{1i} z^{-1} - \alpha_{2i} z^{-2}} \qquad (5\text{-}106)$$

这样，滤波器可由 k 个二阶网络级联构成，这些二阶网络也称为二阶基本节。若每个二阶基本节用直接 II 型结构实现，则其整个结构如图 5-39 所示。

级联的特点：调整系数 β_{1i}、β_{2i}，就能单独调整滤波器的第 i 对零点，而不影响其他零、极点；调整系数 α_{1i}、α_{2i}，就能单独调整滤波器的第 i 对极点，而不影响其他零、极点。由此，

这种结构便于准确得到滤波器的零、极点，从而便于调整滤波器的频率响应特性。

在这种结构中，分子、分母的任一因子均可配成一个二阶基本节，其级联次序可以任意改变，对有限字长的运算来说，有可能通过改变级联次序，获得较为理想的最后运算的精度。

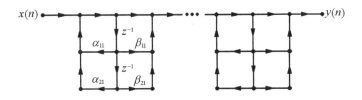

图 5-39　IIR 数字滤波器的级联型结构

4．并联型

将因式分解的 $H(z)$ 展成部分分式的形式，就得到并联型的 IIR 数字滤波器的基本结构。

$$H(z) = \sum_{k=1}^{N_1} \frac{A_k}{1 - c_k z^{-1}} + \sum_{k=1}^{N_2} \frac{\gamma_{0k} + \gamma_{1k} z^{-1}}{1 - \alpha_{1k} z^{-1} - \alpha_{2k} z^{-2}} + \sum_{k=0}^{M-N} G_k z^{-k} \qquad （5-107）$$

式中，$N = N_1 + 2N_2$；系数 γ_{0k}、γ_{1k}、α_{1k}、α_{2k}、G 均为实数。当 $M < N$ 时，式（5-107）不包含 $\sum G_k z^{-k}$；如果 $M = N$，则 $\sum G_k z^{-k}$ 变成 G_0 一项。式（5-107）表示系统是由 N_1 个一阶系统，N_2 个二阶系统，以及延时加权单元并联构成的。图 5-40 所示为三阶 IIR 数字滤波器的并联型结构。该图是由 $M = N = 3$ 得到的。

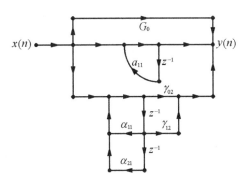

并联型结构可以用调整 α_{1k}、α_{2k} 的办法来调整一对极点的位置，但是不能像级联型结构那样单独调整零点的位置。此外，在并联型结构中，各并联基本节的误差互相之间没有影响，所以该结构一般比级联型结构的误差稍小一些。因此，在要求准确传输零点的场合，宜采用级联型结构。

图 5-40　三阶 IIR 数字滤波器的并联型结构

除了以上三种基本结构，还有一些其他的结构，这取决于线性信号流图理论中的多种运算处理方法。各种流图都保持输入到输出的传输关系不变。

5.4.3　FIR 数字滤波器的结构

FIR 数字滤波器的结构有直接型、级联型、线性相位型和频率抽样型等。

1．直接型（卷积型、横截型）

FIR 数字滤波器的 $h(n)$ 是一个有限长序列，其系统函数一般为

$$H(z) = \sum_{n=0}^{N-1} h(n) z^{-n} \qquad （5-108）$$

其差分方程为

$$y(n) = \sum_{m=0}^{N-1} h(m) x(n-m) \qquad （5-109）$$

很显然，这就是卷积和公式，也是 $x(n)$ 的延时链的横向结构，如图 5-41 所示。

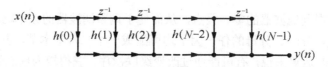
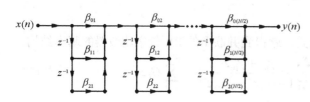

图 5-41　FIR 数字滤波器的直接型结构

2. 级联型

将 $H(z)$ 分解成实系数二阶因子的乘积形式为

$$H(z) = \prod_{k=1}^{M} (\beta_{0k} + \beta_{1k}z^{-1} + \beta_{2k}z^{-2}) \tag{5-110}$$

从而得到 FIR 数字滤波器的二阶级联型结构，如图 5-42 所示。

在这种结构中，每节控制一对零点，因而在需要控制传输零点时，可以采用它。但是，这种结构所需要的系数 β_{ik}（$i=0,1,2$；$k=1,2,\cdots,N/2$）比直接型的系数 $h(n)$ 多，因而所需的乘法次数也比直接型结构多。

图 5-42　FIR 数字滤波器的二阶级联型结构

3. 线性相位型

FIR 数字滤波器的线性相位是非常重要的，因为数据传输及图像处理都要求系统具有线性相位。如果 FIR 数字滤波器的单位冲激响应 $h(n)$ 为实数，$0 \leqslant n \leqslant N-1$，且满足以下条件：

偶对称　　　　　　　　　　$h(n) = h(N-1-n)$ 　　　　　　　　　　(5-111)

奇对称　　　　　　　　　　$h(n) = -h(N-1-n)$ 　　　　　　　　　　(5-112)

也就是说，其对称中心在 $n = (N-1)/2$ 处，则称 FIR 数字滤波器具有线性相位。当 N 为偶数时，其系统函数为

$$H(z) = \sum_{n=0}^{\frac{N}{2}-1} h(n)[z^{-n} \pm z^{-(N-1-n)}] \tag{5-113}$$

当 N 为奇数时，其系统函数为

$$H(z) = \sum_{n=0}^{\frac{N-1}{2}-1} h(n)[z^{-n} \pm z^{-(N-1-n)}] + h\left(\frac{N-1}{2}\right)z^{-\frac{N-1}{2}} \tag{5-114}$$

在式（5-113）与式（5-114）中，方括号内的"+"表示 $h(n)$ 呈偶对称，"−"表示 $h(n)$ 呈奇对称。当 $h(n)$ 呈奇对称时，必有 $h[(N-1)/2] = 0$。线性相位 FIR 数字滤波器的结构如图 5-43 所示。

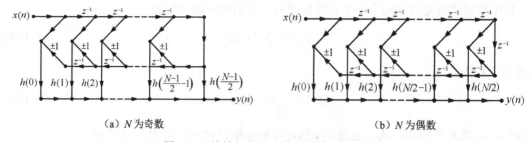

（a）N 为奇数　　　　　　　　　　　　　（b）N 为偶数

图 5-43　线性相位 FIR 数字滤波器的结构

由图 5-43 可以看出，线性相位 FIR 数字滤波器比一般直接型结构的 FIR 数字滤波器少一

4. 频率抽样型

在前面已经讲过，对一个 N 点有限长序列的 z 变换 $H(z)$ 在单位圆上进行 N 等分抽样，就得到 $h(n)$ 的离散傅里叶变换 $H(k)$。用 $H(k)$ 表示 $H(z)$ 的内插公式为

$$H(z) = \frac{1-z^{-N}}{N} \cdot \sum_{k=0}^{N-1} \frac{H(k)}{1-W_N^{-k}z^{-1}} \tag{5-115}$$

式（5-115）就为 FIR 数字滤波器提供了另外一种结构，这种结构由两个子系统级联组成，一个子系统是 $1-z^{-N}$，是一个 FIR 子系统；另一个子系统是

$$\sum_{k=0}^{N-1} \frac{H(k)}{1-W_N^{-k}z^{-1}}$$

由 N 个一阶系统并联而成，这些一阶系统为 IIR 子系统。整个系统即为 FIR 数字滤波器，其频率抽样型结构如图 5-44 所示。

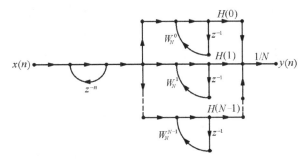

频率抽样型结构的特点是其系数 $H(k)$ 就是在 $\omega=2\pi/N$ 处的响应，因此控制滤波器的频率响应很方便。但是结构中所乘的系数 $H(k)$ 及 W_N^{-k} 都是复数，增加了乘法次数和存储量。而且子系统 $1-z^{-N}$

图 5-44　FIR 数字滤波器的频率抽样型结构

的零点在 $z=W_N^{-k}$ 处，另一个子系统的极点正好也在 $z=W_N^{-k}$ 处，它们位于单位圆上，并与子系统 $1-z^{-N}$ 的零点互相抵消。这样，当系数量化时，这些极点会移动，如果移到 z 平面单位圆外，系统就不稳定了。

为了克服系数量化后，系统可能不稳定的缺点，可以将频率抽样型结构做一点修正，即将所有零、极点都移到单位圆内某一靠近单位圆、半径为 r（r 小于或近似等于 1）的圆上，这时

$$H(z) = \frac{1-r^N z^{-N}}{N} \cdot \sum_{k=0}^{N-1} \frac{H_r(k)}{1-rW_N^{-k}z^{-1}} \tag{5-116}$$

式中，$H_r(k)$ 为新样点上的样值，但是由于 $r \approx 1$，因此有

$$H_r(k) \approx H(k)$$

即

$$H_r(k) = H(z)\big|_{z=rW_N^{-k}} \approx H(z)\big|_{z=W_N^{-k}} = H(k) \tag{5-117}$$

从而

$$H(z) \approx \frac{1-r^N z^{-N}}{N} \cdot \sum_{k=0}^{N-1} \frac{H(k)}{1-rW_N^{-k}z^{-1}} \tag{5-118}$$

上面我们讨论了 IIR 和 FIR 数字滤波器的各种结构，为了实现这些结构，需要对系统结构或差分方程的多项式进行运算，求出结构图中的滤波系数，MATLAB 就是一个十分有力的工具。

MATLAB 信号处理工具箱中有一个 tf2sos 函数，由传递函数转换为二阶环节，其调用格式为

```
[sos, G] = tf2sos(b, a)
```

其中，b、a 为系统负幂传递函数的分子、分母系数向量。

$$sos = \begin{bmatrix} b_{01} & b_{11} & b_{21} & 1 & a_{11} & a_{21} \\ b_{02} & b_{12} & b_{22} & 1 & a_{12} & a_{22} \\ \vdots & \vdots & \vdots & \vdots & \vdots & \vdots \\ b_{0L} & b_{1L} & b_{2L} & 1 & a_{1L} & a_{2L} \end{bmatrix}$$

其每行代表一个二阶环节，前三项为分子系数，后三项为分母系数。对于第 k 个环节，有

$$H_k(z) = \frac{b_{0k} + b_{1k}z^{-1} + b_{2k}z^{-2}}{1 + a_{1k}z^{-1} + a_{2k}z^{-2}}, \quad k = 1, 2, \cdots, L$$

G 则是整个系统归一化的增益。系统函数的最后形式应为

$$H(z) = G \cdot H_1(z) \cdot H_2(z) \cdots H_L(z)$$

可以看出，这个函数是适用于 IIR 系统的，因为它同时对分子、分母进行了因式分解。在将系统函数用于 FIR 系统时，只要把其分母系数 a 替换为 1 即可。

【例 5-17】设 FIR 数字滤波器的系统函数为

$$H(z) = 1 + \frac{17}{16}z^{-4} + z^{-8}$$

试确定其直接型、线性相位和级联型结构。

解：（1）直接型结构的差分方程为

$$y(n) = x(n) + 1.0625\, x(n-4) + x(n-8)$$

（2）线性相位型结构的差分方程为

$$y(n) = x(n) + x(n-8) + 1.0625\, x(n-4)$$

（3）级联型结构的滤波系数可用下述 MATLAB 程序求解。

```
b = [1, 0, 0, 0, 1.0625, 0, 0, 0, 1];
[sos, G] = tf2sos(b, 1)
```

程序的运行结果如下：

```
sos = 1.0000   2.8284   4.0000   1.0000   0   0
      1.0000  -2.8284   4.0000   1.0000   0   0
      1.0000   0.7071   0.2500   1.0000   0   0
      1.0000  -0.7071   0.2500   1.0000   0   0
G = 1
```

其传递函数应写成

$$H(z) = (1 + 2.8284\, z^{-1} + 4\, z^{-2})(1 - 2.8284\, z^{-1} + 4\, z^{-2})$$
$$(1 + 0.7071\, z^{-1} + 0.25\, z^{-2})(1 - 0.7071\, z^{-1} + 0.25\, z^{-2})$$

例 5-17FIR 数字滤波器的三种结构如图 5-45 所示。

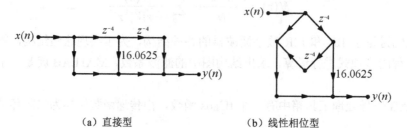

（a）直接型　　　　　　　　　（b）线性相位型

图 5-45　例 5-17FIR 数字滤波器的三种结构

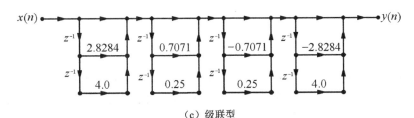

（c）级联型

图 5-45 例 5-17FIR 数字滤波器的三种结构（续）

【例 5-18】一个滤波器由下面的差分方程描述，求出它的直接 II 型及级联型结构。

$$16\,y(n) + 12\,y(n-1) + 2\,y(n-2) - 4\,y(n-3) - y(n-4)$$
$$= x(n) - 3\,x(n-1) + 11\,x(n-2) - 27\,x(n-3) + 18\,x(n-4)$$

解：

借助 MATLAB 求级联结构，程序如下：

```
b = [1, -3, 11, -27, 18];
a = [16, 12, 2, -4, -1];
[sos, G] = tf2sos(b, a)
```

程序的运行结果为

```
sos = 1.0000  -3.0000  2.0000  1.0000  -0.2500  0.1250
      1.0000  0.0000  9.0000  1.0000  1.0000  0.5000
G = 0.0625
```

由此可知，滤波器的级联型结构方程为

$$H(z) = 0.0625 \cdot \frac{1 - 3z^{-1} + 2z^{-2}}{1 - 0.25z^{-1} - 0.125z^{-2}} \cdot \frac{1 + 9z^{-2}}{1 + z^{-1} + 0.5z^{-2}}$$

例 5-18 FIR 数字滤波器的结构如图 5-46 所示。

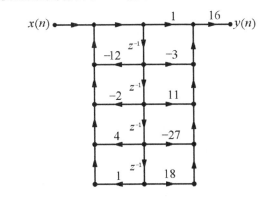

（a）直接 II 型

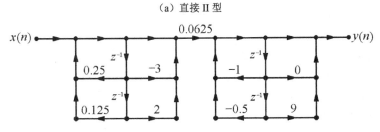

（b）级联型

图 5-46 例 5-18 FIR 数字滤波器的结构

小结

IIR 数字滤波器被用于允许一定相位失真的应用中，FIR 数字滤波器被用于需要线性相位的应用中。IIR 数字滤波器的设计除了建立在将模拟滤波器变换到数字域中的方法上，还可以直接在数学域中进行设计，如采用幅度平方函数设计法等。对于 FIR 数字滤波器的设计，则介绍了窗函数法和频率抽样法。另外，还介绍了数字滤波器实现的结构。

本章的编写主要依据文献[1]、[2]、[4]、[5]、[9]，部分内容参考了文献[7]、[8]、[10]。

5.5 习题

1．用冲激响应不变法求相应的数字滤波器的系统函数 $H(z)$。

（1） $H_a(s) = \dfrac{s+3}{s^2+3s+2}$。

（2） $H_a(s) = \dfrac{s+1}{s^2+2s+4}$。

2．设 $h_a(t)$ 表示一模拟滤波器的单位冲激响应，即

$$h_a(t) = \begin{cases} e^{-0.9t}, & t \geqslant 0 \\ 0, & t < 0 \end{cases}$$

（1）用冲激响应不变法将此模拟滤波器转换成数字滤波器，确定系统函数 $H(z)$。（以 T 为参数）

（2）证明：当 T 为任何值时，数字滤波器都是稳定的。并说明，数字滤波器近似为低通滤波器还是高通滤波器。

3．下图是由 R、C 组成的模拟滤波器，写出其系统函数 $H_a(s)$，并选用一种合适的转换方法，将 $H_a(s)$ 转换成数字滤波器 $H(z)$。

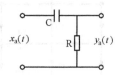

4．设模拟滤波器的系统函数为

$$H_a(s) = \frac{\Omega_c}{s + \Omega_c}$$

式中，Ω_c 是模拟滤波器的–3dB 带宽，利用双线性变换设计一个具有 0.2π 的 3dB 带宽的单极点低通数字滤波器。

5．要求通过模拟滤波器设计数字滤波器，给定指标：3dB 截止角频率 $\omega_c = \pi/2$，通带内 $\omega_p = 0.4\pi$ 处的起伏不超过–1dB，阻带内 $\omega_k = 0.8\pi$ 处的衰减不大于–20dB，用 Butterworth 滤波特性实现。

（1）采用冲激响应不变法。

（2）采用双线性变换法。

6．已知下图中的 $h_1(n)$ 是偶对称序列（$n = 8$），$h_2(n)$ 是 $h_1(n)$ 圆周移位后的序列。设

$$H_1(k) = \text{DFT}[h_1(n)], \quad H_2(k) = \text{DFT}[h_2(n)]$$

（1）$|H_1(k)| = |H_2(k)|$ 是否成立？$\theta_1(k)$ 与 $\theta_2(k)$ 有什么关系？

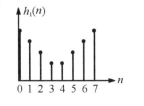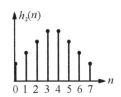

（2）由 $h_1(n)$、$h_2(n)$ 各构成一个低通滤波器，试问它们是否是线性相位的？延时是多少？

（3）这两个滤波器的性能是否相同？为什么？若不同，谁优谁劣？

7．用矩形窗设计一个近似理想频率响应的线性相位 FIR 数字滤波器

$$H_{\mathrm{d}}(\mathrm{e}^{\mathrm{j}\omega}) = \begin{cases} \mathrm{e}^{-\mathrm{j}\omega\tau}, & 0 \leqslant |\omega| \leqslant \omega_{\mathrm{c}} \\ 0, & \omega_{\mathrm{c}} < |\omega| \leqslant \pi \end{cases}$$

（1）求出与理想低通相应的单位脉冲响应 $h_{\mathrm{d}}(n)$。

（2）求出矩形窗设计法的 $h(n)$ 表达式，确定 τ 与 N 之间的关系。

（3）N 取奇数或偶数对滤波特性有什么影响？

8．用矩形窗设计一个线性相位高通 FIR 数字滤波器，且

$$H_{\mathrm{d}}(\mathrm{e}^{\mathrm{j}\omega}) = \begin{cases} \mathrm{e}^{-\mathrm{j}\omega\tau}, & \omega_{\mathrm{c}} \leqslant |\omega| \leqslant \pi \\ 0, & 0 \leqslant |\omega| < \omega_{\mathrm{c}} \end{cases}$$

（1）求出与理想高通相应的单位脉冲响应 $h_{\mathrm{d}}(n)$。

（2）求出矩形窗设计法的 $h(n)$ 表达式，确定 τ 与 N 之间的关系。

（3）N 的取值有什么限制？为什么？

9．考虑一个长度 $M = 15$ 的线性相位 FIR 滤波器，设滤波器具有对称单位样值响应，并且它的幅度响应满足条件

$$H\left(\frac{2\pi k}{15}\right) = \begin{cases} 1, & k = 0,1,2,3 \\ 0, & k = 4,5,6,7 \end{cases}$$

确定该滤波器的系数 $h(n)$。

10．设 FIR 滤波器的系统函数为

$$H(z) = 0.1\,(1 + 0.9\,z^{-1} + 2.1\,z^{-2} + 0.9\,z^{-3} + z^{-4})$$

求出该滤波器的单位样值响应 $h(n)$，判断是否具有线性相位，并求出其幅度特性和相位特性，画出其直接型结构和线性相位型结构。

11．设数字滤波器的系统函数为

$$H(z) = \frac{3 + 3.6z^{-1} + 0.6z^{-2}}{1 + 0.1z^{-1} + 0.2z^{-2}}$$

画出用直接 I 型、直接 II 型、级联型、并联型结构实现的流图。

第6章

随机信号分析

6.1 随机信号的时域分析

6.1.1 随机过程的基本概念

确定性过程的变化具有必然规律，可用确定性函数描述，即自变量时间与函数值是一一对应的，且保持不变。随机过程是一类随时间演变的随机现象。也就是说，这类事物的变化过程没有确定的变化形式，不能用一个或几个时间 t 的确定性函数描述。或者说，对事物变化的全过程进行一次观察得到的结果是一个时间 t 的函数，但对同一事物的变化过程独立地重复进行多次观察所得的结果是不同的。

在实际中遇到的大多数信号是具有随机性质的信号，此类信号可以用随机过程来描述。在信号处理领域，随机信号和随机过程经常作为同义词使用。为了对随机信号进行研究，就需要了解随机过程的相关知识。下面举一个随机过程的例子。

图 6-1 所示为电子直流放大器的零点漂移。当放大器输入 $u(t)=0$，即没有输入时，输出 $x(t)$ 应为零。但实际上，由于放大器内部各种噪声的作用和外部电磁波等各种干扰的影响，放大器的输出 $x(t)$ 并不为零，从而造成零点漂移。一般来讲，放大器的放大倍数 K 越大，零点漂移越严重。为了研究零点漂移随时间变化的过程，需要通过某种装置对放大器的零点漂移进行测量，将结果自动记录下来，并将该结果作为一次试验结果，得到一个零点漂移函数 $x_1(t)$，如图 6-1 所示。零点漂移函数无法事先确定，只有通过测量才能得到。如果在相同工

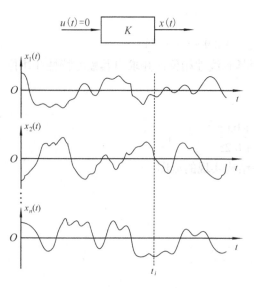

图 6-1　电子直流放大器的零点漂移

作条件下，独立地重复进行 n 次测量，则每次测量所得到的零点漂移函数各不相同，因此放

大器的零点漂移是一个随时间变化的随机过程。

实际上，我们可以把对放大器零点漂移的变化过程的观察看成一次随机试验，只是在这里，每次试验需在某个时间范围内持续进行，而相应的试验结果则是一个时间 t 的函数。

设 ω 是随机试验，$\Omega=\{\omega\}$ 是样本空间，参数 $t\in T$，T 为参数集，则随机过程 $X(\omega,t)$ 的定义为一个随机变量族。

随机过程也可以这样定义：如果对每个固定的 $\omega_i\in\Omega$，都能确定一个参数 t 的函数 $X(\omega_i,t)$。于是对于所有的 $\omega\in\Omega$，得到一族参数 t 的函数 $X(\omega,t)$，称 $X(\omega,t)$ 为随机过程。

随机过程还可以这样定义：如果对每个固定的参数 $t_j\in T$，都能得到一个 ω 的随机变量 $X(\omega,t_j)$，则对于所有参数 $t\in T$，可以得到一族随机变量 $X(\omega,t)$，称 $X(\omega,t)$ 为随机过程。

由上述定义可知，随机过程 $\{X(\omega,t),\omega\in\Omega,t\in T\}$ 是两个变量 ω 和 t 的函数。对于每个固定的参数 $t_j\in T$，$X(\omega,t_j)$ 是一个定义在 Ω 上的随机变量。工程上有时把 $X(\omega,t_j)$ 称为随机过程在 $t=t_j$ 时的状态，对于所有的 $\omega\in\Omega$，$t\in T$，$X(\omega,t)$ 所有取值的集合称为过程的状态空间。对于一个特定的试验结果 $\omega_i\in\Omega$，$X(\omega_i,t)$ 称为与 ω_i 对应的样本函数，简记为 $x_i(t)$，可将其理解为随机过程的一次实现。

简便起见，应用中经常略去随机过程表达式中的 ω，以 $\{X(t),t\in T\}$ 或 $X(t)$ 表示随机过程。在上下文意义明确的情况下，有时也采用 $x(t)$ 表示随机过程。

【例 6-1】考虑 $X(t)=a\cos(\omega t+\theta)$，$t\in(-\infty,+\infty)$，$a$ 和 ω 为常数，θ 为在 $(0,2\pi)$ 区间内服从均匀分布的随机变量。显然，对于每个固定的时刻 $t=t_1$，$X(t_1)=a\cos(\omega t_1+\theta)$ 是一个随机变量，因而 $X(t)$ 是一个随机过程，通常称之为随机相位正弦波。任取 $\theta_i\in(0,2\pi)$，即得到该随机过程的一个样本函数 $x_i(t)=a\cos(\omega t+\theta_i)$。

【例 6-2】设 $X(t)$ 表示时间间隔 $[0,t]$ 内某电话交换台接到的用户呼叫次数。显然，$X(t)$ 是一个随机变量，并且对于不同的 $t>0$，$X(t)$ 是不同的随机变量，因而 $\{X(t),t>0\}$ 是一个随机过程。

对于随机过程 $X(\omega,t)$，如果按照随机变量和参数集的类型分类，可以分为以下几类：

（1）随机变量 $X(\omega)$ 是连续的，参数集 T 是有限或无限区间。

（2）随机变量 $X(\omega)$ 是离散的，参数集 T 是有限或无限区间。

（3）随机变量 $X(\omega)$ 是连续的，参数集 T 是离散集合。

（4）随机变量 $X(\omega)$ 是离散的，参数集 T 是离散集合。

在应用中，连续（时间）参数的随机过程通常简称为连续随机过程，离散（时间）参数的随机过程通常简称为离散随机过程或随机序列。此外，参数 t 虽然通常解释为时间，但它也可以表示其他的量，如序号、距离等。

上述分类方法虽然简单，但随机过程的本质分类方法应是按照其分布特性分类。具体来讲，就是按照随机过程在不同时刻的状态之间的特殊统计依赖方式，抽象出各种不同类型的模型，如平稳过程、独立增量过程、马尔可夫（Markov）过程等。

在实际问题中，有时还必须同时研究两个或两个以上的随机过程及它们之间的联系。例如，实际系统的输入信号和噪声可能都是随机过程，此时输出也是随机过程，研究系统输出和输入之间的联系就不仅需要对各个随机过程的统计特性进行研究，而且必须将多个随机过程作为整体，研究其统计特性。

设 $X_1(t),X_2(t),\cdots,X_n(t)$ 是定义在同一样本空间 Ω 和同一参数集 T 上的随机过程，对于不

同的 $t \in T$ ，$(X_1(t), X_2(t), \cdots, X_n(t))$ 是不同的 n 维随机变量，则称 $\{(X_1(t), X_2(t), \cdots, X_n(t)), t \in T\}$ 为 n 维随机过程。

6.1.2 随机过程的统计描述

由于随机过程是一个随机变量族，其在任一时刻的状态是随机变量，因此可以利用随机变量的统计描述方法来描述随机过程的统计特性。

考虑一维随机过程 $\{X(t), t \in T\}$ ，对于每个固定的 $t \in T$ ，随机变量 $X(t)$ 的分布函数一般与 t 有关，记为

$$F(x,t) = P\{X(t) \leqslant x\}, \quad x \in \mathbf{R} \tag{6-1}$$

称它为随机过程 $\{X(t), t \in T\}$ 的一维分布函数，而 $\{F(x,t), t \in T\}$ 称为一维分布函数族。

一维分布函数族描述了随机过程在各个时刻的统计特性，为了描述随机过程在不同时刻状态之间的统计联系，对任意 $n(n = 2, 3, \cdots)$ 个不同时刻 $t_1, t_2, \cdots, t_n \in T$ ，引入 n 维随机变量 $(X_1(t), X_2(t), \cdots, X_n(t))$ ，它的分布函数记为

$$F(x_1, x_2, \cdots, x_n; t_1, t_2, \cdots, t_n) = P\{X(t_1) \leqslant x_1, X(t_2) \leqslant x_2, \cdots, X(t_n) \leqslant x_n\}, \quad x_i \in \mathbf{R}, \quad i = 1, 2, \cdots, n \tag{6-2}$$

对于固定的 n ，称 $\{F(x_1, x_2, \cdots, x_n; t_1, t_2, \cdots, t_n), t_i \in T\}$ 为随机过程 $\{X(t), t \in T\}$ 的 n 维分布函数族。

当 n 足够大时，n 维分布函数族能够近似描述随机过程的统计特性。一般可以指出有限维分布函数族，即 $\{F(x_1, x_2, \cdots, x_n; t_1, t_2, \cdots, t_n), n = 1, 2, \cdots, t_i \in T\}$ ，完全确定随机过程的统计特性。

对于二维随机过程 $\{(X(t), Y(t)), t \in T\}$ ，设

$$t_1, t_2, \cdots, t_n; \quad t_1', t_2', \cdots, t_m'$$

是 T 中任意两组实数，称 $(n+m)$ 维随机变量

$$\{X(t_1), X(t_2), \cdots, X(t_n); Y(t_1'), Y(t_2'), \cdots, Y(t_m')\}$$

的分布函数

$$F(x_1, x_2, \cdots, x_n; t_1, t_2, \cdots, t_n; y_1, y_2, \cdots, y_m; t_1', t_2', \cdots, t_m'), \quad x_i, y_j \in \mathbf{R}, \quad i = 1, 2, \cdots, n, \quad j = 1, 2, \cdots, m$$

为该二维随机过程的 $(n+m)$ 维分布函数或随机过程 $X(t)$ 与 $Y(t)$ 的 $(n+m)$ 维联合分布函数。同样，可定义二维随机过程的 $(n+m)$ 维分布函数族和有限维分布函数族。

如果对任意正整数 n 和 m ，任意数组 $t_1, t_2, \cdots, t_n \in T$ ， $t_1', t_2', \cdots, t_m' \in T$ ， $x_1, x_2, \cdots, x_n \in \mathbf{R}$ ， $y_1, y_2, \cdots, y_m \in \mathbf{R}$ ，上述 $(n+m)$ 维分布函数恒等于

$$F_1(x_1, x_2, \cdots, x_n; t_1, t_2, \cdots, t_n) F_2(y_1, y_2, \cdots, y_m; t_1', t_2', \cdots, t_m')$$

其中，F_1 和 F_2 分别为 $X(t)$ 的 n 维分布函数和 $Y(t)$ 的 m 维分布函数，则称随机过程 $X(t)$ 和 $Y(t)$ 相互独立。

当同时考虑 n（$n > 2$）个随机过程或 n 维随机过程时，可以类似地引入它们的多维分布及相互独立的定义。

上述随机过程的分布函数族能完善描述随机过程的统计特性，但在实际应用中，我们根据观察只能得到随机过程的部分样本，用它来确定有限维分布函数族是非常困难的，甚至是不可能的。因而，在多数实际应用中，并不直接研究随机过程的分布函数族，而是研究它的一些数字特征。

考虑随机过程 $\{X(t), t \in T\}$ ，对于每个固定的 $t \in T$ ，$X(t)$ 是一随机变量，它的均值一般与 t 有关，其定义式为

$$m_X(t) = E\{X(t)\} \tag{6-3}$$

称 $m_X(t)$ 为随机过程 $\{X(t), t \in T\}$ 的均值函数。$m_X(t)$ 是随机过程的所有样本函数在时刻 t 的函数值的平均值，通常称这种平均为集平均或统计平均。从几何的角度看，均值函数 $m_X(t)$ 表示随机过程 $X(t)$ 在各个时刻的摆动中心。

随机变量 $X(t)$ 的二阶原点矩记为

$$\Psi_X^2(t) = E\{X^2(t)\} \tag{6-4}$$

并称之为随机过程 $\{X(t), t \in T\}$ 的均方值函数。

随机变量 $X(t)$ 的二阶中心矩记为

$$D_X(t) = \sigma_X^2(t) = \text{Var}[X(t)] = E\{[X(t) - m_X(t)]^2\} \tag{6-5}$$

并称之为随机过程 $\{X(t), t \in T\}$ 的方差函数。方差函数的算术根 $\sigma_X(t)$ 称为随机过程的均方差函数，均方差函数表示随机过程 $X(t)$ 在时刻 t 相对于均值函数 $m_X(t)$ 的平均偏离程度。

设任意 $t_1, t_2 \in T$，将随机变量 $X(t_1)$ 和 $X(t_2)$ 的二阶原点混合矩记为

$$R_{XX}(t_1, t_2) = E\{X(t_1)X(t_2)\} \tag{6-6}$$

并称之为随机过程 $\{X(t), t \in T\}$ 的自相关函数，简称相关函数。$R_{XX}(t_1, t_2)$ 经常被简记为 $R_X(t_1, t_2)$。

随机变量 $X(t_1)$ 和 $X(t_2)$ 的二阶中心混合矩记为

$$C_{XX}(t_1, t_2) = \text{cov}[X(t_1), X(t_2)] = E\{[X(t_1) - m_X(t_1)][X(t_2) - m_X(t_2)]\} \tag{6-7}$$

并称 $C_{XX}(t_1, t_2)$ 为随机过程 $\{X(t), t \in T\}$ 的自协方差函数，简称协方差函数。$C_{XX}(t_1, t_2)$ 经常被简记为 $C_X(t_1, t_2)$。

自相关函数和自协方差函数刻画了随机过程自身在两个不同时刻状态之间统计依赖关系的数字特征。

由式（6-4）和式（6-6）可知

$$\Psi_X^2(t) = E\{X^2(t)\} = R_X(t, t) \tag{6-8}$$

将式（6-7）展开，可得

$$C_X(t_1, t_2) = R_X(t_1, t_2) - m_X(t_1)m_X(t_2) \tag{6-9}$$

特别是，当 $t_1 = t_2 = t$ 时，由式（6-9）可得

$$\sigma_X^2(t) = C_X(t, t) = R_X(t, t) - m_X^2(t) \tag{6-10}$$

由式（6-8）～式（6-10）可知，在随机过程的数字特征中，主要是均值函数和自相关函数。从理论的角度出发，仅仅研究均值函数和自相关函数不能代替对整个随机过程的研究，但是由于它们确实描述了随机过程的主要统计特性，而且远较有限维分布函数族易于观察和实际计算。因而，对实际应用而言，它们常常能起到重要作用。正是基于这一考虑，在随机过程理论中，着重研究了二阶矩过程。

在随机过程 $\{X(t), t \in T\}$ 中，如果对于每个 $t \in T$，二阶矩 $E\{X^2(t)\}$ 都存在，则称该过程为二阶矩过程。可以证明：二阶矩过程的相关函数总是存在的。

实际应用中最为重要的一类二阶矩过程是正态过程。随机过程 $\{X(t), t \in T\}$ 称为正态过程，如果它的每个有限维分布都是正态分布。正态过程的全部统计特性完全由它的均值函数和自协方差函数（或自相关函数）确定。

对于二维随机过程 $\{(X(t), Y(t)), t \in T\}$，除了 $X(t)$ 和 $Y(t)$ 各自的均值、自相关函数，$X(t)$ 和 $Y(t)$ 的二阶原点混合矩记为

$$R_{XY}(t_1,t_2) = E\{X(t_1)Y(t_2)\}, \quad t_1,t_2 \in T \tag{6-11}$$

并称之为随机过程 $X(t)$ 和 $Y(t)$ 的互相关函数。

随机过程 $X(t)$ 和 $Y(t)$ 的互协方差函数的定义式为

$$C_{XY}(t_1,t_2) = E\{[X(t_1) - m_X(t_1)][Y(t_2) - m_Y(t_2)]\}, \quad t_1,t_2 \in T \tag{6-12}$$

如果二维随机过程 $\{(X(t),Y(t)),t \in T\}$ 对任意的 $t_1,t_2 \in T$ 恒有

$$C_{XY}(t_1,t_2) = 0, \quad t_1,t_2 \in T \tag{6-13}$$

则称随机过程 $X(t)$ 和 $Y(t)$ 是不相关的。

两个随机过程如果是相互独立的，且它们的二阶矩存在，则它们必然不相关。反之，从不相关一般并不能推断它们是相互独立的。

当同时考虑 n（$n>2$）个随机过程或 n 维随机过程时，可以类似地引入它们的均值函数及两两之间的互相关函数（或互协方差函数）。

在许多实际应用中，经常需要研究几个随机过程之和（例如信号和噪声同时输入一个线性系统）的统计特性。可以证明以下结论成立：

（1）多个随机过程之和的均值函数可以表示为各个随机过程的均值函数之和。

（2）多个随机过程之和的自相关函数可以表示为各个随机过程的自相关函数及两两随机过程之间的互相关函数之和。

（3）如果多个随机过程是两两不相关的，且各自的均值函数都为零，则这多个随机过程之和的自相关函数可以表示为各个随机过程的自相关函数之和。

6.1.3 随机过程的微积分

本节介绍随机过程在均方意义下的随机分析的一些基本概念。随机过程在均方意义下的收敛性、连续性、微分和积分的定义在形式上与数学分析中的相应定义是类似的，很多性质也相同。在本节中，我们假定随机过程的一、二阶矩存在，即随机过程都是二阶矩过程。

在介绍随机分析之前，我们先介绍几个与内积空间有关的基本概念。

设 H 为线性随机向量空间，u 和 v 是该空间中的任意两个随机向量，定义它们的内积为

$$\langle u,v \rangle = E\{u^{\mathrm{T}}v\} \tag{6-14}$$

则该空间是一个内积空间。定义 u 的范数为

$$\|u\| = \sqrt{\langle u,u \rangle} \tag{6-15}$$

将非零向量 u 和 v 之间的夹角 θ 的余弦定义为

$$\cos\theta = \frac{\langle u,v \rangle}{\|u\|\|v\|} \tag{6-16}$$

若 $\langle u,v \rangle = 0$，则 $\cos\theta = 0$，此时称 u 和 v 之间正交，记为 $u \perp v$。在内积空间中，一组线性无关的向量不一定两两正交，但一组两两正交的非零向量一定是线性无关的。

随机过程的收敛性是研究随机分析的基础。考虑随机序列 $\{X_n,n=1,2,\cdots\}$ 和随机变量 X，$\|X_n\| < \infty$，$\|X\| < \infty$，若有

$$\lim_{n\to\infty}\|X_n - X\|^2 = 0 \tag{6-17}$$

即

$$\lim_{n\to\infty}E\{|X_n - X|^2\} = 0 \tag{6-18}$$

则称 X_n 均方收敛于 X，而 X 是 X_n 的均方极限，记为

$$\lim_{n \to \infty} X_n = X \tag{6-19}$$

其中，lim 的含义为"limit in mean square"。需要注意，均方极限是对随机序列而言的。

若随机过程 $\{X(t), t \in T\}$，参数集 T 连续，对于固定的 $t_0 \in T$，有

$$\lim_{t \to t_0} X(t) = X(t_0) \tag{6-20}$$

即

$$\lim_{t \to t_0} E\{|X(t) - X(t_0)|^2\} = 0 \tag{6-21}$$

则称 $X(t)$ 在 t_0 处均方连续。若 $X(t)$ 在 T 中每个 t 处都连续，则称 $X(t)$ 在 T 上均方连续。

若随机过程 $\{X(t), t \in T\}$ 在 t_0 处的下列均方极限

$$\lim_{h \to 0} \frac{X(t_0 + h) - X(t_0)}{h} \tag{6-22}$$

存在，则称此极限为 $X(t)$ 在 t_0 处的均方导数，记为 $\left. \dfrac{dX(t)}{dt} \right|_{t=t_0}$ 或 $X'(t_0)$。此时，称 $X(t)$ 在 t_0 处均方可导。若 $X(t)$ 在 T 中每点 t 上均方可导，则称 $X(t)$ 在 T 上均方可导。

给定随机过程 $\{X(t), t \in [a,b]\}$ 和普通函数 $f(t)(t \in [a,b])$，把区间 $[a,b]$ 分成 n 个子区间，分点为 $t_0, t_1, \cdots, t_n$，且有 $a = t_0 < t_1 < \cdots < t_n = b$。构造和式

$$\Phi_n = \sum_{k=1}^{n} f(u_k) X(u_k)(t_k - t_{k-1}) \tag{6-23}$$

式中，u_k 为子区间 $[t_{k-1}, t_k]$ 中的任意一点，$k = 1, 2, \cdots, n$。令 $\Delta = \max_{1 \leqslant k \leqslant n}(t_k - t_{k-1})$，若均方极限

$$\lim_{\Delta \to 0} \Phi_n \tag{6-24}$$

存在，且与子区间的分法和 u_k 的取法无关，则此极限称为 $f(t)X(t)$ 在 $[a,b]$ 区间内的均方积分，记为 $\int_a^b f(t)X(t)dt$。此时，也称 $f(t)X(t)$ 在 $[a,b]$ 区间内是均方可积的。

特别是，当 $f(t) = 1$ 时，可以证明：随机过程 $X(t)$ 在 $[a,b]$ 区间内均方可积的充分条件是自相关函数的二重积分，即

$$\int_a^b \int_a^b R_X(s,t)dsdt \tag{6-25}$$

存在。并且，此时以下等式成立：

$$E\left\{ \int_a^b X(t)dt \right\} = \int_a^b E\{X(t)\}dt \tag{6-26}$$

式（6-26）表明：随机过程 $X(t)$ 的积分的均值等于过程的均值函数的积分，即均值与积分可以交换次序。但需要注意，前者是随机过程的积分，而后者是普通的积分。

6.1.4　平稳随机过程

平稳随机过程是一类重要的随机过程，它的特点是过程的统计特性不随时间的推移而变化，即如果对于任意的 $n(n = 1, 2, \cdots)$，$t_1, t_2, \cdots, t_n \in T$ 和任意实数 h，当 $t_1 + h, t_2 + h, \cdots, t_n + h \in T$ 时，n 维随机变量

$$(X(t_1), X(t_2), \cdots, X(t_n)) \text{ 和 } (X(t_1 + h), X(t_2 + h), \cdots, X(t_n + h)) \tag{6-27}$$

具有相同的分布函数，则称随机过程 $\{(X(t), Y(t)), t \in T\}$ 具有平稳性，并称此过程为平稳随机

过程，简称平稳过程。平稳过程的参数集 T 如果定义在离散参数集上，也称该过程为平稳随机序列或平稳时间序列。

在实际问题中，确定随机过程的分布函数，并用它来判定随机过程的平稳性，一般是难以做到的。但从应用的角度出发，对一个被研究的随机过程而言，如果前后的环境和主要条件都不随时间的推移而变化，则一般可以认为随机过程是平稳的。与平稳过程相反的是非平稳过程。一般来讲，随机过程处于过渡阶段时总是非平稳的，但在实际问题中，当仅仅考虑过程的平稳阶段时，为了数学处理的方便，通常把平稳阶段的时间范围取为 $(-\infty,+\infty)$。

设平稳过程 $X(t)$ 的均值函数 $E\{X(t)\}$ 存在。对于 $n=1$，在式（6-27）中，令 $h=t_1$，根据平稳性的定义，一维随机变量 $X(t_1)$ 和 $X(0)$ 的分布相同，因而有

$$E\{X(t_1)\}=E\{X(0)\} \tag{6-28}$$

即均值函数为常数，记为 m_X。同样，$X(t)$ 的均方值函数和方差函数也为常数，分别记为 Ψ_X^2 和 σ_X^2。

设平稳过程 $X(t)$ 的自相关函数 $R_X(t_1,t_2)=E\{X(t_1)X(t_2)\}$ 存在。对于 $n=2$，在式（6-27）中，令 $h=-t_1$，根据平稳性的定义，二维随机变量 $(X(t_1),X(t_2))$ 与 $(X(0),X(t_2-t_1))$ 的分布相同，则有

$$R_X(t_1,t_2)=E\{X(t_1)X(t_2)\}=E\{X(0)X(t_2-t_1)\}=R_X(t_2-t_1) \tag{6-29}$$

或

$$R_X(t,t+\tau)=E\{X(t)X(t+\tau)\}=R_X(\tau) \tag{6-30}$$

这表明平稳过程的自相关函数仅是时间差 $\tau=t_2-t_1$ 的单变量函数，即不随时间的推移而变化。

由式（6-9）可知，协方差函数可以表示为

$$C_X(\tau)=E\{[X(t)-m_X(t)][X(t+\tau)]-m_X\}=R_X(\tau)-m_X^2 \tag{6-31}$$

特别地，令 $\tau=0$，由式（6-10）可得

$$\sigma_X^2=C_X(0)=R_X(0)-m_X^2 \tag{6-32}$$

如前所述，要确定一个随机过程的分布函数，并用它来判断随机过程的平稳性，在实际中是不易办到的。因此，通常只在二阶矩过程范围内考虑一类宽平稳过程。

给定二阶矩过程 $\{X(t),t\in T\}$，如果对任意 $t,t+\tau\in T$ 有

$$E\{X(t)\}=m_X（常数） \tag{6-33}$$

$$E\{X(t)X(t+\tau)\}=R_X(\tau) \tag{6-34}$$

则称 $\{X(t),t\in T\}$ 为宽平稳过程或广义平稳过程。与此相对应，前面按分布函数定义的平稳过程称为严平稳过程或狭义平稳过程。

由于宽平稳过程的定义只涉及与一维、二维分布有关的数字特征，所以对于一个严平稳过程，只要二阶矩存在，则它一定也是宽平稳的。反之，则一般不成立，即宽平稳过程不一定是严平稳的。但正态过程是一个重要例外，这是因为正态过程的概率密度是由均值函数和自相关函数完全确定的，因而如果均值函数和自相关函数不随时间的推移而变化，则概率密度也不随时间的推移而变化。由此一个宽平稳正态过程必定是严平稳的。

除非特别指明：以后提到的平稳过程都是指宽平稳过程。

当同时考虑两个平稳过程 $X(t)$ 和 $Y(t)$ 时，如果它们的互相关函数只是时间差的单变量函数，即

$$R_{XY}(t,t+\tau)=E\{X(t)Y(t+\tau)\}=R_{XY}(\tau) \tag{6-35}$$

则称 $X(t)$ 和 $Y(t)$ 平稳相关，或称这两个过程是联合（宽）平稳的。

6.1.5　各态历经性

如果按照数学期望的定义来计算平稳过程 $X(t)$ 的数字特征，需要事先确定 $X(t)$ 的一族样本函数或一维、二维分布函数，但这实际上是非常困难的。即使采用统计实验方法求近似值，那也需要对一个平稳过程进行重复、大量的观察，以获得数量很多的样本函数，而这会给实际应用带来很大困难。考虑到平稳过程的统计特性是不随时间推移而变化的，能否把在一段很长时间内观察得到的一个样本曲线作为得到这个随机过程数字特征的充分依据呢？理论上可以证明：如果平稳过程具有各态历经性（又称遍历性），则集平均实际上可以用一个样本函数在整个时间轴上的平均值来代替。

随机过程 $X(t)$ 沿整个时间轴上的以下两种时间平均：

$$A\{X(t)\} = \lim_{T \to +\infty} \frac{1}{2T} \int_{-T}^{T} X(t)\,\mathrm{d}t \qquad (6\text{-}36)$$

和

$$A\{X(t)X(t+\tau)\} = \lim_{T \to +\infty} \frac{1}{2T} \int_{-T}^{T} X(t)X(t+\tau)\,\mathrm{d}t \qquad (6\text{-}37)$$

式（6-36）和式（6-37）分别称为随机过程 $X(t)$ 的时间均值和时间相关函数。

对于平稳过程 $X(t)$，如果

$$A\{X(t)\} = E\{X(t)\} = m_X \qquad (6\text{-}38)$$

以概率 1 成立，则称过程 $X(t)$ 的均值具有各态历经性。如果

$$A\{X(t)X(t+\tau)\} = E\{X(t)X(t+\tau)\} = R_X(\tau) \qquad (6\text{-}39)$$

以概率 1 成立，则称过程 $X(t)$ 的自相关函数具有各态历经性。特别是，当 $\tau = 0$ 时，称均方值具有各态历经性。如果 $X(t)$ 的均值和自相关函数都具有各态历经性，则称 $X(t)$ 是（宽）各态历经过程，或称 $X(t)$ 是各态历经的。

需要指出的是，各态历经过程必须是平稳过程，但平稳过程不一定都是各态历经的。下面的定理给出了平稳过程具有各态历经性的条件。

定理 6-1　（均值各态历经定理）平稳过程 $X(t)$ 的均值具有各态历经性的充要条件是

$$\lim_{T \to +\infty} \frac{1}{T} \int_{0}^{2T} \left(1 - \frac{\tau}{2T}\right) [R_X(\tau) - m_X^2]\,\mathrm{d}\tau = 0 \qquad (6\text{-}40)$$

定理 6-2　（自相关函数各态历经定理）平稳过程 $X(t)$ 的自相关函数 $R_X(\tau)$ 具有各态历经性的充要条件是

$$\lim_{T \to +\infty} \frac{1}{T} \int_{0}^{2T} \left(1 - \frac{\tau_1}{2T}\right) [B(\tau_1) - R_X^2(\tau)]\,\mathrm{d}\tau_1 = 0 \qquad (6\text{-}41)$$

式中，$B(\tau_1) = E\{X(t)X(t+\tau)X(t+\tau_1)X(t+\tau+\tau_1)\}$。

在式（6-41）中，令 $\tau = 0$，就可以得到均方值具有各态历经性的充要条件。此外，如果在定理 6-2 中，以 $A\{X(t)Y(t+\tau)\}$ 代替 $A\{X(t)X(t+\tau)\}$，$R_{XY}(\tau)$ 代替 $R_X(\tau)$，并进行讨论，则可以得到互相关函数的各态历经定理。

在实际应用中，通常只考虑定义在 $0 \leqslant t < +\infty$ 范围内的平稳过程。此时，上面的所有时间平均都应以 $0 \leqslant t < +\infty$ 范围内的时间平均来代替，而相应的各态历经定理可以表示为下述形式。

定理 6-3 对于平稳过程 $X(t)$，等式

$$\lim_{T \to +\infty} \frac{1}{T} \int_0^T X(t) \mathrm{d}t = E\{X(t)\} = m_X$$

以概率 1 成立的充要条件是

$$\lim_{T \to +\infty} \frac{1}{T} \int_0^T \left(1 - \frac{\tau}{T}\right)[R_X(\tau) - m_X^2] \mathrm{d}\tau = 0 \tag{6-42}$$

定理 6-4 对于平稳过程 $X(t)$，等式

$$\lim_{T \to +\infty} \frac{1}{T} \int_0^T X(t)X(t+\tau) \mathrm{d}t = E\{X(t)X(t+\tau)\} = R_X(\tau)$$

以概率 1 成立的充要条件是

$$\lim_{T \to +\infty} \frac{1}{T} \int_0^T \left(1 - \frac{\tau_1}{T}\right)[B(\tau_1) - R_X^2(\tau)] \mathrm{d}\tau_1 = 0 \tag{6-43}$$

式中，$B(\tau_1) = E\{X(t)X(t+\tau)X(t+\tau_1)X(t+\tau+\tau_1)\}$。

此外，对于常用的正态平稳过程，有以下定理。

定理 6-5 对于正态平稳过程 $X(t)$，如果均值为零，自相关函数 $R_X(\tau)$ 连续，则 $X(t)$ 具有各态历经性的充分条件是

$$\int_0^{+\infty} |R_X(\tau)| \mathrm{d}\tau < +\infty \tag{6-44}$$

各态历经定理的重要价值在于它从理论上给出了如下保证：对于一个平稳过程 $X(t)$，只要它满足式（6-42）和式（6-43），就可以根据"以概率 1 成立"的含义，从一次试验所得到的样本函数 $x(t)$ 来确定该过程的均值和自相关函数，即

$$\lim_{T \to +\infty} \frac{1}{T} \int_0^T x(t) \mathrm{d}t = m_X \tag{6-45}$$

和

$$\lim_{T \to +\infty} \frac{1}{T} \int_0^T x(t)x(t+\tau) \mathrm{d}t = R_X(\tau) \tag{6-46}$$

各态历经定理的条件是比较宽的，工程中遇到的多数平稳过程都能满足，但真要证明一个平稳随机过程是否具有各态历经性，却是比较困难的。在工程中，通常先根据经验假定所研究的平稳过程具有各态历经性，求出结果后，再根据结果检验这一假定是否符合实际情况。

6.1.6 平稳随机过程相关函数的性质

用数字特征来描述随机过程，比用分布函数或概率密度要简便，而对于具有各态历经性的平稳过程，又可以根据各态历经定理，用随机过程的一个样本函数确定它的均值和相关函数。在这种情况下，利用均值和相关函数研究随机过程更方便。尤其是对于正态平稳过程，它的均值和相关函数完全描述了该过程的统计特性。因此，均值和相关函数等数字特征在随机过程的研究中具有重要意义。由于平稳过程的均值是常数，所以平稳过程主要的数字特征就是相关函数。

设 $X(t)$ 和 $Y(t)$ 是平稳相关过程，$R_X(\tau)$、$R_Y(\tau)$ 和 $R_{XY}(\tau)$ 分别是它们的自相关函数和互相关函数，则有以下结论成立：

（1）平稳过程的自相关函数在 $\tau = 0$ 处的值为过程的均方值，且非负，即

$$R_X(0) = E\{X^2(t)\} = \Psi_X^2 \geqslant 0 \tag{6-47}$$

（2）$R_X(\tau)$是τ的偶函数，即

$$R_X(-\tau) = R_X(\tau) \tag{6-48}$$

互相关函数既不是偶函数，又不是奇函数，但满足等式

$$R_{XY}(-\tau) = R_{YX}(\tau) \tag{6-49}$$

（3）自相关函数和自协方差函数在$\tau = 0$处取得最大值，即

$$\left|R_X(\tau)\right| \leqslant R_X(0)，\quad \left|C_X(\tau)\right| \leqslant C_X(0) = \sigma_X^2 \tag{6-50}$$

需要注意的是，这一性质并不排除在$\tau \neq 0$处也可以取得最大值。

（4）$R_X(\tau)$是非负的，即对于任意数组$t_1, t_2, \cdots, t_n \in T$和任意实函数$g(t)$都有

$$\sum_{i,j=1}^{n} R_X(t_i - t_j)g(t_i)g(t_j) \geqslant 0 \tag{6-51}$$

（5）如果平稳过程$X(t)$满足条件

$$P\{X(t+T_0)=X(t)\}=1 \tag{6-52}$$

则称之为周期为T_0的平稳过程。周期平稳过程的自相关函数必定是周期函数，且其周期也是T_0。

另外，在实际中，对于各种具有零均值的非周期噪声和干扰，一般当$|\tau|$值适当增大时，$X(t+\tau)$、$X(t)$即呈现独立性或不相关性，即有$\lim\limits_{|\tau| \to \infty} R_X(\tau) = \lim\limits_{|\tau| \to \infty} C_X(\tau) = 0$。

6.1.7　离散随机过程的数字特征及其估计

在数字信号处理中，对连续时间随机过程$X(t)$必须先采样，在其变成离散随机过程$X(n)$后，再进行有关处理，其中，n为整数。离散随机过程的数字特征与连续时间随机过程的数字特征类似，只是把连续时间随机过程中的连续时间变量t变成整数变量n。

离散随机过程$X(n)$的均值$m_X(n)$、自相关函数$R_X(n_1, n_2)$和自协方差函数$C_X(n_1, n_2)$的定义式分别为

$$m_X(n) = E\{X(n)\} \tag{6-53}$$

$$R_X(n_1, n_2) = E\{X(n_1)X(n_2)\} \tag{6-54}$$

$$C_X(n_1, n_2) = E\{[X(n_1) - m_X(n_1)][X(n_2) - m_X(n_2)]\} = R_X(n_1, n_2) - m_X(n_1)m_X(n_2) \tag{6-55}$$

离散随机过程$X(n)$的均方值函数$\Psi_X^2(n)$和方差函数$D_X(n)$的定义式分别为

$$\Psi_X^2(n) = E\{X^2(n)\} \tag{6-56}$$

$$D_X(n) = \sigma_X^2(n) = \mathrm{Var}[X(n)] = E\{[X(n) - m_X(n)]^2\} = E\{X^2(n)\} - m_X^2(n) \tag{6-57}$$

方差函数的算术根$\sigma_X(n)$称为离散随机过程的均方差函数。

两个离散随机过程$X(n)$和$Y(n)$的互相关函数$R_{XY}(n_1, n_2)$和互协方差函数$C_{XY}(n_1, n_2)$的定义式分别为

$$R_{XY}(n_1, n_2) = E\{X(n_1)Y(n_2)\} \tag{6-58}$$

$$C_{XY}(n_1, n_2) = E\{[X(n_1) - m_X(n_1)][Y(n_2) - m_Y(n_2)]\} = R_{XY}(n_1, n_2) - m_X(n_1)m_Y(n_2) \tag{6-59}$$

如果离散随机过程$X(n)$的均值为常数，自相关函数只取决于时间差$m = n_2 - n_1$，即

$$R_X(n_1, n_2) = R_X(n_2 - n_1) = R_X(m) \tag{6-60}$$

则称离散随机过程$X(n)$为宽平稳或广义平稳离散随机过程。除非特别指明：平稳离散随机过程总是指宽平稳或广义平稳离散随机过程。

如果两个离散随机过程$X(n)$和$Y(n)$均是平稳的，并且它们的互相关函数只取决于时间差

$m = n_2 - n_1$，即

$$R_{XY}(n_1, n_2) = R_{XY}(n_2 - n_1) = R(m) \tag{6-61}$$

则称离散随机过程 $X(n)$ 和 $Y(n)$ 为平稳相关的，或称这两个过程是联合平稳的。

离散随机过程 $X(n)$ 的两种平均

$$A\{X(n)\} = \lim_{N \to +\infty} \frac{1}{2N+1} \sum_{n=-N}^{N} X(n) \tag{6-62}$$

和

$$A\{X(n)X(n+m)\} = \lim_{N \to +\infty} \frac{1}{2N+1} \sum_{n=-N}^{N} X(n)X(n+m) \tag{6-63}$$

分别称为离散随机过程 $X(n)$ 的时间均值和时间相关函数。

对于平稳离散过程 $X(n)$，如果

$$A\{X(n)\} = E\{X(n)\} = m_X \tag{6-64}$$

以概率 1 成立，则称离散过程 $X(n)$ 的均值具有各态历经性。如果

$$A\{X(n)X(n+m)\} = E\{X(n)X(n+m)\} = R_X(m) \tag{6-65}$$

以概率 1 成立，则称离散过程 $X(n)$ 的自相关函数具有各态历经性。如果 $X(n)$ 的均值和自相关函数都具有各态历经性，则称 $X(n)$ 是（宽）各态历经过程，或称 $X(n)$ 是各态历经的。

若随机过程为各态历经过程，则可以根据各态历经过程的任意一个样本 $x(n)$ 来确定该过程的数字特征。在实际中，由于只能获得样本 $x(n)$ 的有限长数据，如 $x(0)$，$x(1)$，$\cdots$，$x(N-1)$，因而只能根据这 N 个数据来估计序列 $x(n)$ 的一些参数，以进行各态历经过程的数字特征的估计。从数理统计的角度看，这是典型的参数估计问题。设 θ 为需要估计的确定性参数，θ 的估计量为 $\hat{\theta}$。对于同一个参数，如果采用不同的估计方法，就可能得到不同的估计量，因此需要用一些标准来评价估计的质量。

将参数 θ 的估计量 $\hat{\theta}$ 的偏差定义为该估计量误差的均值，即

$$b(\hat{\theta}) = E\{\hat{\theta} - \theta\} = E\{\hat{\theta}\} - \theta \tag{6-66}$$

如果偏差 $b(\hat{\theta})$ 等于零或

$$E\{\hat{\theta}\} = \theta \tag{6-67}$$

即估计量 $\hat{\theta}$ 的均值等于真实参数 θ，则称估计量 $\hat{\theta}$ 是无偏的，或称 $\hat{\theta}$ 为 θ 的无偏估计量。

估计量 $\hat{\theta}$ 是对真实参数 θ 的渐近无偏估计结果，当样本长度 $N \to \infty$ 时，偏差 $b(\hat{\theta}) \to 0$，即

$$\lim_{N \to \infty} E\{\hat{\theta}_N\} = \theta \tag{6-68}$$

式中，$\hat{\theta}_N$ 为由 N 个样本得到的估计量。

需要指出的是，无偏估计一定是渐近无偏的，但渐近无偏估计不一定是无偏的。

由于 θ 的无偏估计量不是唯一的，设 $\hat{\theta}_1$ 与 $\hat{\theta}_2$ 是 θ 的两个无偏估计量，如果 $\hat{\theta}_1$ 比 $\hat{\theta}_2$ 更密集地聚在 θ 的附近，就认为 $\hat{\theta}_1$ 比 $\hat{\theta}_2$ 更有效。估计量 $\hat{\theta}$ 在 θ 附近的密集程度通常用估计量和真值之间平方误差的均值来衡量，因为估计量 $\hat{\theta}$ 为无偏估计量，平方误差的均值 $E\{(\hat{\theta} - \theta)^2\}$ 即为估计量 $\hat{\theta}$ 的方差，表示为

$$E\{(\hat{\theta} - \theta)^2\} = D(\hat{\theta}) \tag{6-69}$$

一般来说，方差小的无偏估计量更好，即更有效。

设 $\hat{\theta}_1$ 与 $\hat{\theta}_2$ 是 θ 的两个无偏估计量，若

$$\frac{D(\hat{\theta}_1)}{D(\hat{\theta}_2)} < 1 \tag{6-70}$$

则表明 $\hat{\theta}_1$ 比 $\hat{\theta}_2$ 更有效。

在许多情况下，如果估计是有偏的，则方差不再是估计量有效性的唯一合适测度，因为有时估计的偏差较小，但方差可能较大；而有时估计的方差虽然较小，但偏差可能较大。由此，一种合理的做法是同时考虑偏差和方差，即引入估计量的均方误差。

将参数 θ 的估计量 $\hat{\theta}$ 的均方误差定义为

$$M^2(\hat{\theta}) = E\{(\hat{\theta} - \theta)^2\} \tag{6-71}$$

进一步可以推出

$$E\{(\hat{\theta} - \theta)^2\} = E\{[\hat{\theta} - E(\hat{\theta})]^2\} + [E(\hat{\theta}) - \theta]^2 = \sigma_X^2(\hat{\theta}) + b^2(\hat{\theta}) \tag{6-72}$$

式中，$\sigma_X^2(\hat{\theta}) = E\{[\hat{\theta} - E(\hat{\theta})]^2\}$ 为估计量 $\hat{\theta}$ 的方差。对于无偏估计，均方误差等于方差。比较理想的估计应使均方误差尽可能小。

下面考虑各态历经离散随机过程数字特征的估计。设 $x(n)$ 是一个被观测的实际样本，则其均值的估计量为

$$\hat{m}_x = \frac{1}{N} \sum_{n=0}^{N-1} x(n) \tag{6-73}$$

可以证明：上述均值估计是无偏估计。

按照自相关函数的定义，其估计量应表示为

$$\hat{R}_x(m) = \frac{1}{N} \sum_{n=0}^{N-1} x(n)x(n+m), \quad |m| \leqslant N-1 \tag{6-74}$$

在式（6-74）中，要满足自相关函数的要求，应有 $n + |m| \leqslant N-1$，从而 n 的变化上限只能是

$$n = N - |m| - 1 \tag{6-75}$$

因此，式（6-74）应写成

$$\hat{R}_x(m) = \frac{1}{N} \sum_{n=0}^{N-|m|-1} x(n)x(n+m), \quad |m| \leqslant N-1 \tag{6-76}$$

该估计量的均值为

$$E\{\hat{R}_x(m)\} = \frac{1}{N} \sum_{n=0}^{N-|m|-1} E\{x(n)x(n+m)\} = \frac{N-|m|}{N} R_x(m) = \left(1 - \frac{|m|}{N}\right) R_x(m) \tag{6-77}$$

式（6-77）表明：自相关函数的估计是有偏估计，随着 $|m|$ 的增大，估计的偏差也随之增大。为了保证自相关函数估计的精度，间隔 $|m|$ 的值不宜过大。

若均值的估计量已知，则方差的估计量为

$$\hat{\sigma}_x^2 = \frac{1}{N} \sum_{n=0}^{N-1} [x(n) - \hat{m}_x]^2 \tag{6-78}$$

方差估计量的均值为

$$E[\hat{\sigma}_x^2] = \frac{N-1}{N} \sigma_x^2 = \left(1 - \frac{1}{N}\right) \sigma_x^2 \tag{6-79}$$

由式（6-79）可知，方差估计是有偏估计，但却是渐近无偏估计。若方差估计量的定义式为

$$\hat{\sigma}_x^2 = \frac{1}{N-1} \sum_{n=0}^{N-1} [x(n) - \hat{m}_x]^2 \tag{6-80}$$

则方差估计为无偏估计。

6.1.8 高斯随机过程

高斯随机过程（又称正态随机过程）是一种常见的随机过程，常用于噪声理论建模，它是随机过程理论中一个重要的研究对象。下面我们将以这一类型的随机过程为例，做一下简要介绍。这里仅对实高斯随机过程进行讨论，其结果可以很方便地推广到复高斯随机过程中。

如果一个实随机过程 $X(t)$ 的任意 n 个时刻 $t_1, t_2, \cdots, t_n$ 状态的联合概率密度可以用 n 维的正态分布概率密度

$$f(x_1, x_2, \cdots, x_n; t_1, t_2, \cdots, t_n) = \frac{\partial^n F(x_1, x_2, \cdots, x_n; t_1, t_2, \cdots, t_n)}{\partial x_1 \partial x_2 \cdots \partial x_n} = \frac{1}{\sqrt{(2\pi)^n |\boldsymbol{C}|}} e^{-\frac{(x - m_X)^{\mathrm{T}} \boldsymbol{C}^{-1}(x - m_X)}{2}} \quad (6\text{-}81)$$

表示，式中，$\boldsymbol{m}_X$ 是 n 维均值向量；$\boldsymbol{C}$ 为 $n \times n$ 维协方差矩阵；

$$\boldsymbol{m}_X = \begin{bmatrix} m_1 \\ m_2 \\ \vdots \\ m_n \end{bmatrix}, \quad \boldsymbol{C} = \begin{bmatrix} C_{11} & C_{12} & \cdots & C_{1n} \\ C_{21} & C_{22} & \cdots & C_{2n} \\ \vdots & \vdots & \ddots & \vdots \\ C_{n1} & C_{n2} & \cdots & C_{nn} \end{bmatrix}$$

这里，$C_{ij} = C_X(t_i, t_j)$，则称 $X(t)$ 为高斯随机过程（正态随机过程），简称高斯过程（正态过程）。如果高斯随机过程 $X(t)$ 满足 $E\{X(t)\} = m_X$（常数）和 $E\{X(t)X(t+\tau)\} = R_X(\tau)$，那么此高斯过程为宽平稳高斯随机过程。由上面的定义可知，高斯随机过程完全由它的均值和协方差函数决定。高斯过程具有很多重要性质，使其具有数学上的很多优点，下面将介绍其两个重要性质。

【性质 1】高斯随机过程与确定信号之和的概率密度仍然服从正态分布。

证明：设随机信号 $Y(t) = X(t) + s(t)$，其中，$X(t)$ 为随机噪声，$s(t)$ 为确定信号。那么，随机信号 $Y(t)$ 的一维概率密度可以表示为

$$f_Y(y; t) = \int_{-\infty}^{\infty} f_X(x; t) \delta[y - s(t) - x] \mathrm{d}x = f_X(y - s(t); t) \quad (6\text{-}82)$$

这里，$f_X(x; t)$ 是随机噪声 $X(t)$ 的一维概率密度，符合正态分布，所以随机信号 $Y(t)$ 的一维概率密度也是符合正态分布的。同理，随机信号 $Y(t)$ 的 n 维概率密度为

$$f_Y(y_1, y_2, \cdots, y_n; t_1, t_2, \cdots, t_n) = f_X(y_1 - s(t_1), y_2 - s(t_2), \cdots, y_n - s(t_n); t_1, t_2, \cdots, t_n) \quad (6\text{-}83)$$

式（6-83）表明：如果 $X(t)$ 是一个高斯过程，那么 $Y(t)$ 也是一个高斯过程。

【性质 2】如果高斯过程 $\{X(t), t \in T\}$ 在 T 上是均方可微的，那么其导数 $\{X'(t), t \in T\}$ 也是高斯过程。

证明：对于任意的 $t_1, t_2, \cdots, t_n \in T$ 及 Δt，使 $t_1 + \Delta t, t_2 + \Delta t, \cdots, t_n + \Delta t \in T$，根据线性性质，可以得到

$$\left[\frac{X(t_1 + \Delta t) - X(t_1)}{\Delta t} \quad \frac{X(t_2 + \Delta t) - X(t_2)}{\Delta t} \quad \cdots \quad \frac{X(t_n + \Delta t) - X(t_n)}{\Delta t} \right] \quad (6\text{-}84)$$

式（6-84）为 n 维正态分布的随机向量。因为 $X(t)$ 在 T 上均方可微，所以对 t_i 而言，$X(t_i + \Delta t) - X(t_i)/\Delta t$ 均方收敛于 $X'(t_i), 1 \leq i \leq n$。因此，$[X'(t_1) \quad X'(t_2) \quad \cdots \quad X'(t_n)]^{\mathrm{T}}$ 是 n 维正态分布的随机向量，$\{X'(t), t \in T\}$ 即为高斯随机过程。

6.2　随机信号的频域分析

6.2.1　随机过程的谱密度

在信号分析中，常常采用 Fourier 变换这一工具来构建确定性时间函数的频率结构。对随机过程而言，功率谱密度是从频率角度描述随机过程的统计规律的主要特征的。随机过程的谱密度在随机过程的理论研究和实际应用中具有重要作用，我们先对傅里叶变换进行回顾，并由此引出谱密度的概念。

对于时间函数 $x(t)$，$-\infty < t < +\infty$，如果 $x(t)$ 满足狄利克雷条件，且绝对可积，即

$$\int_{-\infty}^{+\infty} |x(t)| \, \mathrm{d}t < +\infty \tag{6-85}$$

则 $x(t)$ 的傅里叶变换及其逆变换存在，即

$$F_x(\Omega) = \int_{-\infty}^{+\infty} x(t) \mathrm{e}^{-\mathrm{j}\Omega t} \mathrm{d}t \tag{6-86}$$

$$x(t) = \frac{1}{2\pi} \int_{-\infty}^{+\infty} F_x(\Omega) \mathrm{e}^{\mathrm{j}\Omega t} \mathrm{d}\Omega \tag{6-87}$$

或者说，信号 $x(t)$ 的频谱 $F_x(\Omega)$ 存在，其共轭函数 $F_x^*(\Omega) = F_x(-\Omega)$。

在信号 $x(t)$ 和频谱 $F_x(\Omega)$ 之间，Parseval 等式成立，即

$$\int_{-\infty}^{+\infty} x^2(t)\mathrm{d}t = \frac{1}{2\pi} \int_{-\infty}^{+\infty} |F_x(\Omega)|^2 \, \mathrm{d}\Omega \tag{6-88}$$

等式右边表示信号 $x(t)(-\infty, +\infty)$ 区间内的总能量，而等式右边的被积函数 $|F_x(\Omega)|^2$ 相应地称为信号 $x(t)$ 的能量谱密度，因此 Parseval 等式也可以理解为总能量的谱表示。

但是，工程技术中许多重要的时间函数的总能量是无限的，而且不满足式（6-85），如常用的正弦函数。随机过程的样本函数一般来讲也是如此，所以随机过程没有通常意义的频谱存在。然而，尽管这类信号的总能量是无限的，但它们的平均功率一般是有限的，即随机过程的样本函数平均功率一般满足傅里叶变换的条件，所以随机过程样本函数平均功率的频谱一般是存在的。

信号 $x(t)$ 的平均功率的定义式为

$$\lim_{T \to \infty} \frac{1}{2T} \int_{-T}^{T} x^2(t) \, \mathrm{d}t \tag{6-89}$$

在以后的讨论中，均假定上述平均功率存在。

为了利用傅里叶变换给出平均功率的谱表示，将信号 $x(t)$ 截断为 $x_T(t)$：

$$x_T(t) = \begin{cases} x(t), & |t| \leqslant T \\ 0, & |t| > T \end{cases} \tag{6-90}$$

当 T 为有限值时，函数 $x_T(t)$ 的傅里叶变换存在，即

$$F_x(\Omega, T) = \int_{-\infty}^{+\infty} x_T(t) \mathrm{e}^{-\mathrm{j}\Omega t} \mathrm{d}t = \int_{-T}^{T} x(t) \mathrm{e}^{-\mathrm{j}\Omega t} \mathrm{d}t \tag{6-91}$$

由 Parseval 等式可得

$$\int_{-\infty}^{+\infty} x_T^2(t)\mathrm{d}t = \frac{1}{2\pi} \int_{-\infty}^{+\infty} |F_x(\Omega, T)|^2 \, \mathrm{d}\Omega \tag{6-92}$$

将式（6-92）两边同时除以 $2T$，并结合式（6-87），可得

$$\frac{1}{2T}\int_{-T}^{T}x^2(t)\mathrm{d}t = \frac{1}{2\pi}\int_{-\infty}^{+\infty}\frac{1}{2T}\,|\,F_x(\varOmega,T)\,|^2\,\mathrm{d}\varOmega \tag{6-93}$$

则信号 $x(t)$ 在 $(-\infty,+\infty)$ 区间内的平均功率为

$$\lim_{T\to+\infty}\frac{1}{2T}\int_{-T}^{T}x^2(t)\mathrm{d}t = \frac{1}{2\pi}\int_{-\infty}^{+\infty}\lim_{T\to+\infty}\frac{1}{2T}\,|\,F_x(\varOmega,T)\,|^2\,\mathrm{d}\varOmega \tag{6-94}$$

与能量谱密度对应，称

$$S_x(\varOmega) = \lim_{T\to+\infty}\frac{1}{2T}\,|\,F_x(\varOmega,T)\,|^2 \tag{6-95}$$

为信号 $x(t)$ 的平均功率谱密度函数，简称功率谱密度，有时也称谱密度。

上述功率谱密度的概念可以推广到随机过程 $X(t)$ 中，$-\infty < t < +\infty$，由式（6-91）和式（6-93）可得

$$F_X(\varOmega,T) = \int_{-T}^{T}X(t)\mathrm{e}^{-\mathrm{j}\varOmega t}\mathrm{d}t \tag{6-96}$$

$$\frac{1}{2T}\int_{-T}^{T}X^2(t)\mathrm{d}t = \frac{1}{2\pi}\int_{-\infty}^{+\infty}\frac{1}{2T}\,|\,F_X(\varOmega,T)\,|^2\,\mathrm{d}\varOmega \tag{6-97}$$

对式（6-97）两边取均值，再使 $T\to+\infty$ 取极限，交换均值和积分顺序，可得

$$\lim_{T\to+\infty}\frac{1}{2T}\int_{-T}^{T}E\{X^2(t)\}\mathrm{d}t = \frac{1}{2\pi}\int_{-\infty}^{+\infty}\lim_{T\to+\infty}\frac{1}{2T}E\{\,|\,F_X(\varOmega,T)\,|^2\}\mathrm{d}\varOmega \tag{6-98}$$

式（6-98）左边即为随机过程 $X(t)$ 在时间 $(-\infty,+\infty)$ 区间内的平均功率，这里，"平均"的含义包括对时间的平均和对随机变量的平均。在频域中，随机过程 $X(t)$ 的功率谱密度记为

$$S_X(\varOmega) = \lim_{T\to+\infty}\frac{1}{2T}E\{\,|\,F_X(\varOmega,T)\,|^2\} \tag{6-99}$$

另外，若 $E\{X^2(t)\}$ 为 $X(t)$ 的均方值函数，即 $\varPsi_X^2(t) = E\{X^2(t)\}$，则由式（6-98）可得

$$A\{\varPsi_X^2(t)\} = \lim_{T\to+\infty}\frac{1}{2T}\int_{-T}^{T}\varPsi_X^2(t)\mathrm{d}t = \frac{1}{2\pi}\int_{-\infty}^{+\infty}S_X(\varOmega)\mathrm{d}\varOmega \tag{6-100}$$

式中，$A\{\varPsi_X^2(t)\}$ 为 $\varPsi_X^2(t)$ 的时间均值。如果 $X(t)$ 为平稳随机过程，则均方值函数与时间无关，根据 $A\{\varPsi_X^2(t)\} = \varPsi_X^2(0) = R_X(0)$，式（6-100）可以改写为

$$R_X(0) = \frac{1}{2\pi}\int_{-\infty}^{+\infty}S_X(\varOmega)\mathrm{d}\varOmega \tag{6-101}$$

$R_X(0)$ 表示平均功率。

谱密度 $S_X(\varOmega)$ 具有以下重要性质：

（1）$S_X(\varOmega)$ 是 $\varOmega$ 的实的、非负的偶函数。

事实上，在式（6-99）中，$|\,F_X(\varOmega,T)\,|^2 = F_X(\varOmega,T)F_X(-\varOmega,T)$ 是 $\varOmega$ 的实的、非负的偶函数，而 $S_X(\varOmega)$ 是量 $|\,F_x(\varOmega,T)\,|^2$ 的均值的极限，所以 $S_X(\varOmega)$ 也是 $\varOmega$ 的实的、非负的偶函数。

（2）设随机过程 $X(t)$ 的自相关函数为

$$R_X(t_1,t_2) = E\{X(t_1)X(t_2)\} = E\{X(t)X(t+\tau)\} = R_X(t,t+\tau)$$

式中，$t = t_1$；$\tau = t_2 - t_1$。则谱密度 $S_X(\varOmega)$ 和自相关函数的时间均值 $A\{R_X(t,t+\tau)\}$ 是一傅里叶变换对，即

$$S_X(\varOmega) = \int_{-\infty}^{+\infty}A\{R_X(t,t+\tau)\}\mathrm{e}^{-\mathrm{j}\varOmega\tau}\mathrm{d}\tau \tag{6-102}$$

$$A\{R_X(t,t+\tau)\} = \frac{1}{2\pi}\int_{-\infty}^{+\infty}S_X(\varOmega)\mathrm{e}^{\mathrm{j}\varOmega\tau}\mathrm{d}\varOmega \tag{6-103}$$

其中，$A\{R_X(t,t+\tau)\} = \lim\limits_{T \to +\infty} \dfrac{1}{2T} \int_{-T}^{T} R_X(t,t+\tau)\mathrm{d}t$

事实上，由式（6-99）可得

$$S_X(\Omega) = \lim_{T \to +\infty} \frac{1}{2T} E\{|F_X(\Omega,T)|^2\}$$

$$= \lim_{T \to +\infty} \frac{1}{2T} E\{F_X(\Omega,T)F_X(-\Omega,T)\}$$

$$= \lim_{T \to +\infty} \frac{1}{2T} E\left\{ \int_{-T}^{T} X(t_2)\mathrm{e}^{-\mathrm{j}\Omega t_2}\mathrm{d}t_2 \int_{-T}^{T} X(t_1)\mathrm{e}^{\mathrm{j}\Omega t_1}\mathrm{d}t_1 \right\}$$

$$= \lim_{T \to +\infty} \frac{1}{2T} \int_{-T}^{T}\int_{-T}^{T} E\{X(t_1)X(t_2)\}\mathrm{e}^{-\mathrm{j}\Omega(t_2-t_1)}\mathrm{d}t_1\mathrm{d}t_2$$

$$= \lim_{T \to +\infty} \frac{1}{2T} \int_{-T}^{T}\int_{-T}^{T} R_X(t_1,t_2)\mathrm{e}^{-\mathrm{j}\Omega(t_2-t_1)}\mathrm{d}t_1\mathrm{d}t_2$$

进行积分变量替换，$t = t_1$，$\tau = t_2 - t_1$，则有

$$S_X(\Omega) = \lim_{T \to +\infty} \frac{1}{2T} \int_{-T-t}^{T-t}\int_{-T}^{T} R_X(t,t+\tau)\mathrm{d}t\,\mathrm{e}^{-\mathrm{j}\Omega\tau}\mathrm{d}\tau$$

$$= \int_{-\infty}^{+\infty} \lim_{T \to +\infty} \frac{1}{2T} \int_{-T}^{T} R_X(t,t+\tau)\mathrm{d}t\,\mathrm{e}^{-\mathrm{j}\Omega\tau}\mathrm{d}\tau \qquad (6\text{-}104)$$

$$= \int_{-\infty}^{+\infty} A\{R_X(t,t+\tau)\}\mathrm{e}^{-\mathrm{j}\Omega\tau}\mathrm{d}\tau$$

则式（6-102）成立，对 $S_X(\Omega)$ 求傅里叶逆变换，即得式（6-103）。

如果 $X(t)$ 为平稳随机过程，则由平稳过程的性质可知

$$R_X(t,t+\tau) = R_X(\tau)$$

从而有

$$\lim_{T \to +\infty} \frac{1}{2T} \int_{-T}^{T} R_X(t,t+\tau)\mathrm{d}t = \lim_{T \to +\infty} \frac{1}{2T} \int_{-T}^{T} R_X(\tau)\mathrm{d}t = R_X(\tau) \qquad (6\text{-}105)$$

将式（6-105）代入式（6-102）和式（6-103），可得

$$S_X(\Omega) = \int_{-\infty}^{+\infty} R_X(\tau)\mathrm{e}^{-\mathrm{j}\Omega\tau}\mathrm{d}\tau \qquad (6\text{-}106)$$

$$R_X(\tau) = \frac{1}{2\pi} \int_{-\infty}^{+\infty} S_X(\Omega)\mathrm{e}^{\mathrm{j}\Omega\tau}\mathrm{d}\Omega \qquad (6\text{-}107)$$

式（6-106）和（6-107）统称为 Wiener-Khintchine（维纳-欣钦）公式。

Wiener-Khintchine 公式即为平稳过程统计特性频域描述（功率谱密度）和时域描述（相关函数）之间的重要关系式，具有重要的理论和应用价值。在式（6-107）中，如令 $\tau = 0$，则可以得到式（6-101）。

由于平稳随机过程的自相关函数 $R_X(\tau)$ 是 τ 的偶函数，而 $S_X(\Omega)$ 是 Ω 的偶函数，则式（6-106）和（6-107）可以写成以下形式：

$$S_X(\Omega) = 2\int_{0}^{+\infty} R_X(\tau)\cos\Omega\tau\mathrm{d}\tau \qquad (6\text{-}108)$$

$$R_X(\tau) = \frac{1}{\pi} \int_{0}^{+\infty} S_X(\Omega)\cos\Omega\tau\mathrm{d}\Omega \qquad (6\text{-}109)$$

上面定义的功率谱密度 $S_X(\Omega)$ 也称为双边谱密度，即对于 Ω 的正负值都是有定义的。由于在工程中 Ω 不可能是负的，因此有时还采用"单边功率谱密度"，其定义式为

$$G_X(\Omega) = \begin{cases} S_X(\Omega), & \Omega \geqslant 0 \\ 0, & \Omega < 0 \end{cases} \tag{6-110}$$

这相当于利用 $S_X(\Omega)$ 的偶函数性质，把负频率范围内的谱密度折算到正频率范围内。

在应用中，有时需要在频域上研究两个随机过程之间的相关性，为此需要定义两个随机过程的互谱密度。

设 $X(t_1)$ 和 $Y(t_2)$ 为两个随机过程，它们的互相关函数为

$$R_{XY}(t_1,t_2) = E\{X(t_1)Y(t_2)\} = E\{X(t)Y(t+\tau)\} = R_{XY}(t,t+\tau)$$

式中，$t = t_1$，$\tau = t_2 - t_1$，仿照式（6-99），随机过程 $X(t_1)$ 和 $Y(t_2)$ 的互谱密度的定义式为

$$S_{XY}(\Omega) = \lim_{T\to+\infty} \frac{1}{2T} E\{F_X(\Omega,T)F_Y^*(\Omega,T)\} \tag{6-111}$$

互谱密度具有以下性质：

（1）$S_{XY}(\Omega)$ 和 $S_{YX}(\Omega)$ 互为共轭函数，即 $S_{XY}(\Omega) = S_{YX}^*(\Omega)$。

（2）$\text{Re}[S_{XY}(\Omega)]$ 和 $\text{Re}[S_{YX}(\Omega)]$ 为 Ω 的偶函数，$\text{Im}[S_{XY}(\Omega)]$ 和 $\text{Im}[S_{YX}(\Omega)]$ 为 Ω 的奇函数。此处，$\text{Re}[\bullet]$ 和 $\text{Im}[\bullet]$ 分别表示取实部和取虚部。

（3）互谱密度和互相关函数的时间均值是一傅里叶变换对，即

$$S_{XY}(\Omega) = \int_{-\infty}^{+\infty} A\{R_{XY}(t,t+\tau)\} e^{-j\Omega\tau} d\tau \tag{6-112}$$

$$A\{R_{XY}(t,t+\tau)\} = \frac{1}{2\pi} \int_{-\infty}^{+\infty} S_{XY}(\Omega) e^{j\Omega\tau} d\Omega \tag{6-113}$$

如果 $X(t_1)$ 和 $Y(t_2)$ 为联合平稳的，则 $R_{XY}(t,t+\tau) = R_{XY}(\tau)$，从而有如下 Wiener-Khintchine 公式

$$S_{XY}(\Omega) = \int_{-\infty}^{+\infty} R_{XY}(\tau) e^{-j\Omega\tau} d\tau \tag{6-114}$$

$$R_{XY}(\tau) = \frac{1}{2\pi} \int_{-\infty}^{+\infty} S_{XY}(\Omega) e^{j\Omega\tau} d\Omega \tag{6-115}$$

与自谱密度具有明确的物理意义不同，互谱密度并不具有物理意义，引入这一概念主要是为了在频域上描述两个随机过程的相关性。

平稳离散随机序列的功率谱分析与上述连续时间随机过程类似。事实上，对于平稳离散随机序列 $X(n)$，其自相关函数 $R_X(m) = E\{X(n)X(n+m)\}$，自相关函数与谱密度是一离散型傅里叶变换对，即

$$S_X(e^{j\omega}) = \sum_{m=-\infty}^{+\infty} R_X(m) e^{-j\omega m} \tag{6-116}$$

$$R_X(m) = \frac{1}{2\pi} \int_{-\pi}^{\pi} S_X(e^{j\omega}) e^{j\omega m} d\omega \tag{6-117}$$

6.2.2 白噪声

白噪声是一种非常重要的随机过程，随机扰动常用白噪声描述，很多随机过程可用由噪声加到一个系统上产生。

对一个随机过程来说，如果它的谱密度等于某个常数 C（$C > 0$），则称之为白噪声过程，简称白噪声。白噪声的"白"字源于白色光，因为白色光由强度相等的各种频率的光组成。需要指出的是，在分析白噪声时，其均值是否为零并非本质问题，但为简化分析，同时为符合大多数实际情况，一般假设均值为零。如果白噪声的分布是高斯的，则称该白噪声为高斯白

噪声。

下面考虑实际中经常采用的离散时间白噪声 $v(k)$，其谱密度等于常数 C（$C > 0$）。设 $v(k)$ 是平稳的，则其自相关函数为

$$R_v(n) = E\{v(k)v(k+n)\} \tag{6-118}$$

根据 Wiener-Khintchine 公式，平稳离散随机序列的自相关函数与谱密度是一离散型傅里叶变换对，将常数 C 代入傅里叶逆变换式，可得

$$R_v(n) = \frac{1}{2\pi}\int_{-\pi}^{\pi} C\mathrm{e}^{\mathrm{j}\omega n}\mathrm{d}\omega = C\delta_n \tag{6-119}$$

其中，δ_n 的定义式为

$$\delta_n = \begin{cases} 1, & n = 0 \\ 0, & n = \pm 1, \pm 2, \cdots \end{cases} \tag{6-120}$$

由式（6-119）可知，离散时间白噪声也可以定义为均值为零、自相关函数为 $C\delta_n$ 函数的离散随机过程，这个过程在 $k_1 \neq k_2$ 时，$v(k_1)$ 和 $v(k_2)$ 是不相关的。

工程中经常将伪随机数作为白噪声来使用。MATLAB 提供了生成伪随机数的有关函数，可以直接采用。

函数 rand 用于生成均匀分布的随机数，其调用格式为

```
Y = rand(m,n)
s = rand('state',inistate)
```

其中，rand(m,n)用于生成 m 行 n 列的矩阵，矩阵元素为(0,1)区间内均匀分布的随机数；s = rand('state',inistate)用于改变随机数发生器的状态，如 rand('state',0)将随机数发生器复位至初始状态。

函数 randn 用于生成正态或高斯分布的随机数，其调用格式为

```
Y = randn(m,n)
s = rand('state',inistate)
```

其中，randn(m,n)用于生成 m 行 n 列的矩阵，矩阵元素为标准正态分布的随机数；s = randn('state',inistate)用于改变正态分布随机数发生器的状态，如 rand('state',0)将正态分布随机数发生器复位至初始状态。

【例 6-3】生成均匀分布随机数序列和正态分布随机数序列。MATLAB 代码如下，仿真结果如图 6-2 所示。

```
% 例 6-3 的 MATLAB 程序
rand('state',0);
v1 = rand(300,1);
randn('state',0);
v2 = randn(300,1);
subplot(2,1,1); plot(v1,'k');
title('均匀分布随机数序列');
xlabel('序号'); ylabel('均匀分布随机数');
subplot(2,1,2); plot(v2,'k');
title('正态分布随机数序列');
xlabel('序号'); ylabel('正态分布随机数');
```

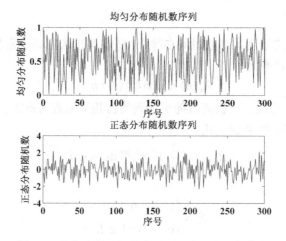

图 6-2　均匀分布随机数序列和正态分布随机数序列

6.2.3　功率谱估计

在实际工程中，通常只能在有限的时间内得到随机过程的有限个样本，因而只能根据这些信息近似估计总体的分布情况。功率谱是从频率这个角度描述随机过程统计规律中最主要的数字特征的。功率谱估计就是根据由随机过程实现的有限长序列来估计随机过程的功率谱密度的。经典功率谱估计是建立在傅里叶变换基础上的。

设离散随机过程的样本 $x(n)$ 的有限个观测值为

$$x_N(n) = \{x(n), n = 0, 1, \cdots, N-1\} \tag{6-121}$$

其自相关函数只能根据这 N 个数据进行估计，根据式（6-76），采样自相关函数为

$$\hat{R}_x(m) = \frac{1}{N} \sum_{n=0}^{N-|m|-1} x(n)x(n+m), \quad |m| \leqslant N-1 \tag{6-122}$$

根据 Wiener-Khintchine 公式，上述采样自相关函数的傅里叶变换可以称为功率谱估计。该方法称为谱估计的自相关法，是 Blackman 与 Tukey 于 1958 年提出的，因此也称为 Blackman-Tukey 方法。

我们注意到，式（6-122）的右端实际上 $x(n)$ 与 $x(-n)$ 的卷积运算。设 $x(n)$ 的傅里叶变换为 $X(\mathrm{e}^{\mathrm{j}\omega})$，则 $x(-n)$ 的傅里叶变换为 $X^*(\mathrm{e}^{\mathrm{j}\omega})$。对式（6-122）的两端取傅里叶变换，即可得到真实功率谱 $S_x(\mathrm{e}^{\mathrm{j}\omega})$ 的估计量：

$$\hat{S}_x(\omega) = \frac{1}{N} X(\mathrm{e}^{\mathrm{j}\omega}) X^*(\mathrm{e}^{\mathrm{j}\omega}) = \frac{1}{N} |X(\mathrm{e}^{\mathrm{j}\omega})|^2 \tag{6-123}$$

这种功率谱估计称为周期图法或直接法。周期图法的历史可以追溯到 19 世纪，但在快速傅里叶变换算法完善之前，基于 Wiener-Khintchine 定理的自相关法一度成为最常用的谱估计方法。1965 年以后，随着快速傅里叶变换算法的完善，离散傅里叶变换走向工程实用，而周期图法也重新取代自相关法而获得了广泛应用。

周期图法和自相关法是功率谱估计的经典方法，这两种方法得到的估计量 $\hat{S}_x(\omega)$ 的性质是一样的。可以证明：它们均为有偏估计，但渐近无偏。

周期图法和自相关法虽然简单，但由这两种方法得到的估计量都不是对功率谱的良好估计。事实上，不管 N 为多大，估计量 $\hat{S}_x(\omega)$ 的方差也不减小。理论分析表明：$\hat{S}_x(\omega)$ 的方差近似等于功率谱真值的平方，也就是说，功率谱真值越大的地方（通常也是我们感兴趣的地方），

经典谱估计的方差越大，也就越不可靠，这是很不理想的结果。

平均法是一种常用的改善经典谱估计性能的方法。平均法适用于数据量比较大的场合，例如给定 $N=1000$ 个数据样本，则可以分为 $k=10$ 个长度为 100 的小段，如图 6-3 所示，每个小段周期图的计算公式为

$$\hat{S}_{100,m}(\omega) = \frac{1}{100}\left|\sum_{k=100(m-1)}^{100m} x_k e^{-jk\omega}\right|^2, \quad m=1,2,\cdots,10 \qquad (6\text{-}124)$$

然后，将这 10 个小段周期图加以平均，即

$$\hat{S}_{100}^{10}(\omega) = \frac{1}{10}\sum_{m=1}^{10}\hat{S}_{100,m}(\omega) \qquad (6\text{-}125)$$

由于这 10 个小段周期图取决于同一过程，因而其均值应该相同，平均之后，方差减小。根据统计学，k 个独立分布随机变量的平均值的方差是单个随机变量的方差的 $1/k$，因而如果这 10 个小段周期图是统计独立的，则平均后的周期图的方差为

$$D[\hat{S}_{100}^{10}(\omega)] = \frac{1}{10}D[\hat{S}_{100,m}(\omega)] \qquad (6\text{-}126)$$

即方差减小为原来的 1/10。在实际中，各小段周期图之间总是存在某种相关性，但若每小段有足够多的样本，则这种相关性较小，从而式（6-126）一般还是能近似成立的。需要注意，在实际使用上述平均法时，每段的数据量 L 不能太少，否则频率分辨率会变差。因而，当总数据量一定时，段数 k 不能太大，即方差减少不会减小很多。解决这一矛盾的一种有效方法是，使数据段之间适当重叠，如图 6-4 所示。例如，将给定数据分为 20 个小段，50%重叠，分别计算这 20 个小段的周期图，然后进行平均。由于数据重叠，段间的相关性变大，因此上述方法不可能将方差减小为原来的 1/20，但通常也会有较大改善。这一方法称为修正周期图法或 Welch（韦尔奇）法，是经典谱估计中常用的方法。

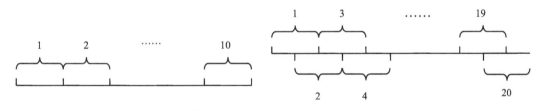

图 6-3　不重叠数据分段　　　　　　图 6-4　有重叠数据分段

MATLAB 提供了采用周期图法和 Welch 法估计功率谱密度的函数，可以直接使用。

函数 periodogram 采用周期图法估计功率谱密度，其调用格式为

```
[Pxx,f] = periodogram(x,window,nfft,fs)
[Pxx,...] = periodogram(x,...,'range')
```

其中，x 为信号序列；window 为选用的窗函数，默认时为矩形窗；nfft 为快速傅里叶变换的数据长度；fs 为采样频率，默认值为 1Hz；'range'为频率范围，可为'oneside'（对应单边功率谱）或'twoside'（对应双边功率谱），'range'可以出现在输入参数表中 window 之后的任意位置。

函数 pwelch 采用 Welch 法估计功率谱密度，其调用格式为

```
[Pxx,f] = pwelch(x,window,noverlap,nfft,fs)
[...] = pwelch(x,window,noverlap,...,'range')
```

其中，x 为输入数据序列；window 为选用的窗函数，默认时为矩形窗；noverlap 为估计功率

谱密度时每段重叠的长度；nfft 为快速傅里叶变换的数据长度；fs 为采样频率，默认值为 1Hz；'range'为频率范围，可为'oneside'（对应单边功率谱）或'twoside'（对应双边功率谱），'range'可以出现在输入参数表中 noverlap 之后的任意位置。

【例 6-4】 设输入数据为受正态分布白噪声干扰的两个正弦波信号，其频率分别为 200Hz 和 300Hz，采用周期图法估计单边功率谱密度。MATLAB 代码如下，仿真结果如图 6-5 所示。

```
% 例 6-4 的 MATLAB 程序
randn('state',0);
Fs = 1000;
t = 0:1/Fs:.3;
x = cos(2*pi*t*200) + cos(2*pi*t*300) + 0.5*randn(size(t));
periodogram(x,[],'onesided',512,Fs)
```

【例 6-5】 设输入数据为受正态分布白噪声干扰的两个正弦波信号，其频率分别为 200Hz 和 300Hz，采用 Welch 法估计单边功率谱密度。窗口长度为 33，重叠长度为 16，MATLAB 代码如下，仿真结果如图 6-6 所示。

```
% 例 6-5 的 MATLAB 程序
randn('state',0);
Fs = 1000;
t = 0:1/Fs:.3;
x = cos(2*pi*t*200) + cos(2*pi*t*300) + 0.5*randn(size(t));
pwelch(x,33,16,[],Fs,'onesided')
```

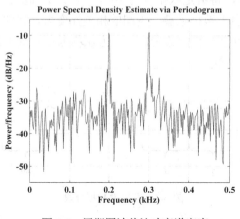

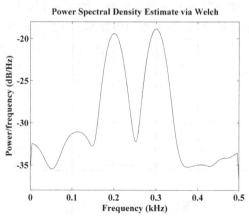

图 6-5　周期图法估计功率谱密度　　　图 6-6　Welch 法估计功率谱密度

6.3　平稳随机信号通过线性系统的分析

在信号分析和处理中，常常会遇到随机信号通过线性系统的问题。由于随机信号通过系统后的输出仍然是随机信号，因而必须根据输入随机信号的统计特征和系统的性质来确定输出的统计特征。本节主要研究输入信号为平稳随机过程时，稳定、线性时不变的实系统输出的统计特性，其中主要是均值、相关函数、自功率谱，以及输出、输入之间的互相关函数和互功率谱等。

6.3.1　平稳随机信号通过线性连续系统的分析

对于稳定、线性时不变的连续系统，设其冲激响应为 $h(t)$，且 $h(t)$ 为实函数，输入为随机过程 $X(t)$，则输出

$$Y(t) = X(t) * h(t) = \int_{-\infty}^{+\infty} h(\tau) X(t-\tau) \mathrm{d}\tau \tag{6-127}$$

也是随机过程。下面分别在时域和频域展开分析。

1. 时域分析

设已知输入随机过程的均值和自相关函数，求系统输出随机过程的均值和自相关函数，以及输入、输出之间的互相关函数。

1）系统输出 $Y(t)$ 的均值

设输入随机过程 $X(t)$ 的均值为 $m_X(t)$，则输出过程 $Y(t)$ 的均值 $m_Y(t)$ 为

$$\begin{aligned}
m_Y(t) &= E\{Y(t)\} \\
&= E\left\{\int_{-\infty}^{+\infty} h(\tau) X(T-\tau) \mathrm{d}\tau\right\} \\
&= \int_{-\infty}^{+\infty} h(\tau) E\{X(t-\tau)\} \mathrm{d}\tau \\
&= \int_{-\infty}^{+\infty} h(\tau) m_X(t-\tau) \mathrm{d}\tau \\
&= h(t) * m_X(t)
\end{aligned} \tag{6-128}$$

由于 $X(t)$ 是平稳随机信号，即有 $m_X(t) = m_X(t-\tau) = m_X$（常数），则输出的均值为

$$m_Y(t) = m_X \int_{-\infty}^{+\infty} h(\tau) \mathrm{d}\tau \tag{6-129}$$

设 $h(t)$ 的傅里叶变换为 $H(\Omega)$，则有

$$H(\Omega)|_{\Omega=0} = \left[\int_{-\infty}^{+\infty} h(\tau) \mathrm{e}^{-\mathrm{j}\Omega\tau} \mathrm{d}\tau\right]\bigg|_{\Omega=0} = \int_{-\infty}^{+\infty} h(\tau) \mathrm{d}\tau = H(0) \tag{6-130}$$

$H(0)$ 是与 t 无关的常数，所以输出的均值 m_Y 也是与 t 无关的常数，即

$$m_Y = m_Y(t) = m_X \int_{-\infty}^{+\infty} h(\tau) \mathrm{d}\tau = m_X H(0) \tag{6-131}$$

2）系统输出 $Y(t)$ 的自相关函数

已知输入随机过程 $X(t)$ 的自相关函数为 $R_X(t, t+\tau)$，则系统输出 $Y(t)$ 的自相关函数 $R_Y(t, t+\tau)$ 为

$$\begin{aligned}
R_Y(t, t+\tau) &= E\{Y(t)Y(t+\tau)\} \\
&= E\left\{\int_{-\infty}^{+\infty} h(\tau_1) X(t-\tau_1) \mathrm{d}\tau_1 \int_{-\infty}^{+\infty} h(\tau_2) X(t+\tau-\tau_2) \mathrm{d}\tau_2\right\} \\
&= \int_{-\infty}^{+\infty}\int_{-\infty}^{+\infty} h(\tau_1) h(\tau_2) E\{X(t-\tau_1) X(t+\tau-\tau_2)\} \mathrm{d}\tau_1 \mathrm{d}\tau_2 \\
&= \int_{-\infty}^{+\infty}\int_{-\infty}^{+\infty} h(\tau_1) h(\tau_2) R_X(t-\tau_1, t+\tau-\tau_2) \mathrm{d}\tau_1 \mathrm{d}\tau_2 \\
&= h(t) * h(t+\tau) * R_X(t, t+\tau)
\end{aligned} \tag{6-132}$$

由于 $X(t)$ 是平稳随机过程，即有 $R_X(t-\tau_1, t+\tau-\tau_2) = R_X(\tau+\tau_1-\tau_2)$，则式（6-132）可写为

$$R_Y(t, t+\tau) = \int_{-\infty}^{+\infty}\int_{-\infty}^{+\infty} h(\tau_1) h(\tau_2) R_X(\tau+\tau_1-\tau_2) \mathrm{d}\tau_1 \mathrm{d}\tau_2 = h(\tau) * h(-\tau) * R_X(\tau) = R_Y(\tau) \tag{6-133}$$

由式（6-133）可知，若输入过程 $X(t)$ 是平稳的，则系统输出 $Y(t)$ 也是平稳的。

3）系统输入与系统输出之间的互相关函数

由互相关函数的定义可知

$$
\begin{aligned}
R_{XY}(t, t+\tau) &= E\{X(t)Y(t+\tau)\} \\
&= E\left\{X(t)\int_{-\infty}^{+\infty} h(\tau_1)X(t+\tau-\tau_1)\mathrm{d}\tau_1\right\} \\
&= \int_{-\infty}^{+\infty} h(\tau_1)E\{X(t)X(t+\tau-\tau_1)\}\mathrm{d}\tau_1 \qquad (6\text{-}134) \\
&= \int_{-\infty}^{+\infty} h(\tau_1)R_X(t, t+\tau-\tau_1)\mathrm{d}\tau_1 \\
&= h(\tau) * R_X(t, t+\tau)
\end{aligned}
$$

若 $X(t)$ 是平稳随机过程，即有 $R_X(t, t+\tau) = R_X(\tau)$，则

$$R_{XY}(\tau) = \int_{-\infty}^{+\infty} h(\tau_1)R_X(\tau-\tau_1)\mathrm{d}\tau_1 = h(\tau) * R_X(\tau) \qquad (6\text{-}135)$$

同理，由 $R_{YX}(t, t+\tau) = E\{Y(t)X(t+\tau)\}$ 可以推出

$$R_{YX}(\tau) = \int_{-\infty}^{+\infty} h(\tau_1)R_X(\tau+\tau_1)\mathrm{d}\tau_1 = h(-\tau) * R_X(\tau) \qquad (6\text{-}136)$$

2. 频域分析

1）系统输出的功率谱

当系统输入和系统输出均为平稳随机过程时，可以通过 Wiener-Khintchine 公式实现频域分析，即有

$$S_X(\Omega) = \int_{-\infty}^{+\infty} R_X(\tau)\mathrm{e}^{-\mathrm{j}\Omega\tau}\mathrm{d}\tau \qquad (6\text{-}137)$$

$$S_Y(\Omega) = \int_{-\infty}^{+\infty} R_Y(\tau)\mathrm{e}^{-\mathrm{j}\Omega\tau}\mathrm{d}\tau \qquad (6\text{-}138)$$

由式（6-133）可得

$$R_Y(\tau) = h(\tau) * h(-\tau) * R_X(\tau) \qquad (6\text{-}139)$$

对式（6-139）两边取傅里叶变换，考虑到 $h(t)$ 为实函数，则有

$$S_Y(\Omega) = H(\Omega) \cdot H(-\Omega) \cdot S_X(\Omega) = H(\Omega) \cdot H^*(\Omega) \cdot S_X(\Omega) = \left|H(\Omega)\right|^2 S_X(\Omega) \quad (6\text{-}140)$$

式中，$H(\Omega)$ 为系统的频率响应函数。工程中称 $\left|H(\Omega)\right|^2$ 为系统的功率增益因子，因而式（6-140）表明：系统输出的功率谱密度等于输入的自功率谱密度与系统的功率增益因子的乘积。此外，利用式（6-140）可以得到

$$\left|H(\Omega)\right| = \sqrt{\frac{S_Y(\Omega)}{S_X(\Omega)}} \qquad (6\text{-}141)$$

2）系统输出与系统输入之间的互功率谱密度

对式（6-135）、式（6-136）两边分别取傅里叶变换，即得互功率谱密度的表达式为

$$S_{XY}(\Omega) = S_X(\Omega)H(\Omega) \qquad (6\text{-}142)$$

$$S_{YX}(\Omega) = S_X(\Omega)H(-\Omega) \qquad (6\text{-}143)$$

由式（6-141）求得系统的频率响应函数为

$$H(\Omega) = \frac{S_{XY}(\Omega)}{S_X(\Omega)} \qquad (6\text{-}144)$$

6.3.2　平稳随机序列通过线性离散系统的分析

在数字信号处理中，需要分析平稳随机序列通过线性离散系统后统计特性的变化。与平稳随机信号通过线性连续系统一样，分析在时域和频域展开。

1．时域分析

设已知输入随机序列的均值和自相关函数，求系统输出随机序列的均值和自相关函数，以及输入、输出之间的互相关函数。

1）系统输出 $Y(n)$ 的均值

设输入随机序列 $X(n)$ 的均值为 $m_X(n)$，则输出随机序列 $Y(n)$ 的均值 $m_Y(n)$ 为

$$m_Y(n) = E\{Y(n)\} = E\left\{\sum_{k=-\infty}^{+\infty} h(k)X(N-k)\right\} = \sum_{k=-\infty}^{+\infty} h(k)E\{X(n-k)\} = \sum_{k=-\infty}^{+\infty} h(k)m_X(n-k) \quad (6\text{-}145)$$

若 $X(n)$ 为平稳随机序列，即有 $m_X(n) = m_X(n-k) = m_X$（常数），从而

$$m_Y = \sum_{k=-\infty}^{+\infty} h(k)m_X = m_X \sum_{k=-\infty}^{+\infty} h(k) \quad (6\text{-}146)$$

2）系统输出 $Y(n)$ 的自相关函数

已知输入随机序列 $X(n)$ 的自相关函数为 $R_X(n, n+m)$，则系统输出 $Y(n)$ 的自相关函数 $R_Y(n, n+m)$ 为

$$\begin{aligned}
R_Y(n, n+m) &= E\{Y(n)Y(n+m)\} \\
&= \sum_{k=-\infty}^{+\infty}\sum_{i=-\infty}^{+\infty} h(k)h(i)E\{X(n-k)X(n+m-i)\} \\
&= \sum_{k=-\infty}^{+\infty}\sum_{i=-\infty}^{+\infty} h(k)h(i)R_X(n-k, n+m-i)
\end{aligned} \quad (6\text{-}147)$$

若 $X(n)$ 为平稳随机序列，则

$$R_Y(m) = \sum_{k=-\infty}^{+\infty}\sum_{i=-\infty}^{+\infty} h(k)h(i)R_X(m+k-i) = h(m)*h(-m)*R_X(m) \quad (6\text{-}148)$$

式（6-148）表明：平稳随机序列的自相关函数只与时间差有关。

3）系统输入与系统输出之间的互相关函数

根据随机序列互相关函数的定义，系统输入 $X(n)$ 和系统输出 $Y(n)$ 之间的互相关函数为

$$\begin{aligned}
R_{XY}(n, n+m) &= E\{X(n)Y(n+m)\} \\
&= E\left\{X(n)\sum_{k=-\infty}^{+\infty} h(k)X(n+m-k)\right\} \\
&= \sum_{k=-\infty}^{+\infty} h(k)E\{X(n)x(n+m-k)\} \\
&= \sum_{k=-\infty}^{+\infty} h(k)R_X(n, n+m-k)
\end{aligned} \quad (6\text{-}149)$$

若 $X(n)$ 是平稳随机序列，则有 $R_X(n, n+m-k) = R_X(m-k)$，因此

$$R_{XY}(m) = \sum_{k=-\infty}^{+\infty} h(k)R_X(m-k) = h(m)*R_X(m) \quad (6\text{-}150)$$

同理可得

$$R_{YX}(m) = \sum_{k=-\infty}^{+\infty} h(k)R_X(m+k) = h(-m)*R_X(m) \quad (6\text{-}151)$$

显然，如果输入随机序列是平稳的，则输出随机序列也是平稳的。

2．频域分析

1）系统输出的功率谱

当系统输入和系统输出均为平稳随机序列时，可以通过 Wiener-Khintchine 公式实现频域分析，即有

$$S_X(\mathrm{e}^{\mathrm{j}\omega}) = \sum_{m=-\infty}^{+\infty} R_X(m)\mathrm{e}^{-\mathrm{j}\omega m} \tag{6-152}$$

$$S_Y(\mathrm{e}^{\mathrm{j}\omega}) = \sum_{m=-\infty}^{+\infty} R_Y(m)\mathrm{e}^{-\mathrm{j}\omega m} \tag{6-153}$$

对式（6-147）两边分别取傅里叶变换，则有

$$S_Y(\mathrm{e}^{\mathrm{j}\omega}) = \left| H(\mathrm{e}^{\mathrm{j}\omega}) \right|^2 S_X(\mathrm{e}^{\mathrm{j}\omega}) \tag{6-154}$$

2）系统输出与系统输入之间的互功率谱密度

对式（6-150）两边分别取傅里叶变换，即得互功率谱密度的表达式为

$$S_{XY}(\mathrm{e}^{\mathrm{j}\omega}) = S_X(\mathrm{e}^{\mathrm{j}\omega})H(\mathrm{e}^{\mathrm{j}\omega}) \tag{6-155}$$

由式（6-155）可以求得系统的频率响应函数为

$$H(\mathrm{e}^{\mathrm{j}\omega}) = \frac{S_{XY}(\mathrm{e}^{\mathrm{j}\omega})}{S_X(\mathrm{e}^{\mathrm{j}\omega})} \tag{6-156}$$

6.3.3　多个随机信号通过线性系统的分析

在实际应用中，经常会遇到多个随机信号同时加到一个线性系统上的问题，现在对两个随机信号通过线性系统的情况进行分析。

设系统输入 $X(t)$ 是两个联合平稳的随机过程 $X_1(t)$ 和 $X_2(t)$ 的和，即

$$X(t) = X_1(t) + X_2(t)$$

由于系统是线性的，则每个输入都产生相应的输出，即

$$Y(t) = Y_1(t) + Y_2(t)$$

对于输入 $X(t)$，有

$$m_X = m_{X_1} + m_{X_2}$$

$$R_X(\tau) = R_{X_1}(\tau) + R_{X_2}(\tau) + R_{X_1 X_2}(\tau) + R_{X_2 X_1}(\tau)$$

则系统输出 $Y(t)$ 的均值和自相关函数分别为

$$m_Y = (m_{X_1} + m_{X_2})\int_{-\infty}^{+\infty} h(\tau)\mathrm{d}\tau = m_{Y_1} + m_{Y_2} = m_Y$$

$$\begin{aligned}
R_Y(\tau) &= R_X(\tau) * h(\tau) * h(-\tau) \\
&= [R_{X_1}(\tau) + R_{X_2}(\tau) + R_{X_1 X_2}(\tau) + R_{X_2 X_1}(\tau)] * h(\tau) * h(-\tau) \\
&= R_{Y_1}(\tau) + R_{Y_2}(\tau) + R_{Y_1 Y_2}(\tau) + R_{Y_2 Y_1}(\tau)
\end{aligned}$$

系统输出 $Y(t)$ 的功率谱密度为

$$S_Y(\Omega) = \left| H(\Omega) \right|^2 \left[S_{X_1}(\Omega) + S_{X_2}(\Omega) + S_{X_1 X_2}(\Omega) + S_{X_2 X_1}(\Omega) \right]$$

当系统输入 $X_1(t)$ 和 $X_2(t)$ 互不相关，且均值为零时，可得以下结果：

$$R_X(\tau) = R_{X_1}(\tau) + R_{X_2}(\tau)$$

$$S_X(\Omega) = S_{X_1}(\Omega) + S_{X_2}(\Omega)$$

$$R_Y(\tau) = [R_{X_1}(\tau) + R_{X_2}(\tau)] * h(\tau) * h(-\tau) = R_{Y_1}(\tau) + R_{Y_2}(\tau)$$

$$S_Y(\Omega) = |H(\Omega)|^2 \left[S_{X_1}(\Omega) + S_{X_2}(\Omega) \right] = S_{Y_1}(\Omega) + S_{Y_2}(\Omega)$$

这表明：两个不相关的零均值平稳随机过程之和的功率谱密度或自相关函数等于各自功率谱密度或自相关函数之和。通过线性系统输出的平稳随机过程的功率谱密度或自相关函数也等于各自输出的功率谱密度或自相关函数之和。

小结

随机信号的数学模型即随机过程，因此在信号处理领域，一般不对随机信号和随机过程加以区分。由于随机信号本身是随机变化的，因此对其描述和分析都是在统计意义下进行的，随机信号分析的主要数学工具就是随机过程理论。

本章的编写主要依据文献[2]、[11]～[12]，部分内容参考了文献[13]～[19]、[41]。

6.4　习题

1．设 $X(t)$ 为随机相位正弦波，即
$$X(t) = a\cos(\omega_0 t + \Phi), \quad -\infty < t < +\infty$$
式中，a 和 ω_0 为正常数；随机变量 Φ 服从在区间$[0,2\pi]$上的均匀分布。求 $X(t)$ 的数学期望、方差和相关函数，并讨论其平稳性。

2．证明宽平稳随机过程 $X(t)$ 的自协方差函数具有下列性质：
$$C_X^* = C_X(-\tau)$$
$$|C_X(\tau)| \leqslant C_X(0)$$

3．证明两个宽平稳随机过程 $X(t)$ 和 $X(t)$ 的互相关函数和互协方差函数具有下列性质：
$$R_{XY}^*(\tau) = R_{YX}(-\tau)$$
$$C_{XY}^*(\tau) = C_{YX}(-\tau)$$
$$|R_{XY}(\tau)|^2 \leqslant R_X(0)R_Y(0)$$

4．设随机过程 $X(t)$ 是另外两个随机过程 $X_1(t)$ 与 $X_2(t)$ 的和，即
$$X(t) = X_1(t) + X_2(t)$$
并且 $X_1(t)$ 和 $X_2(t)$ 的均值都为零，求随机过程 $X(t)$ 的协方差函数 $C_X(\tau)$。

5．设平稳随机过程 $X(t)$ 具有零均值和功率谱密度，则有
$$S_X(\Omega) = \begin{cases} \sigma^2/B, & -B/2 \leqslant \Omega \leqslant B/2 \\ 0, & \Omega\text{取其他值} \end{cases}$$
式中，$\sigma^2 > 0$，求该过程的自相关函数和功率。

6．设平稳随机过程 $X(t)$ 的功率谱密度为
$$S_X(\Omega) = \frac{\Omega^2 + 4}{\Omega^4 + 10\Omega^2 + 9}$$

求 $X(t)$ 的相关函数和平均功率。

7. 设平稳随机过程 $X(t)$ 的相关函数为

$$R_X(\tau) = 5 + 4e^{-3|\tau|}\cos^2 2\tau$$

求谱密度 $S_X(\Omega)$ 。

8. 设 $X_1(t)$ 和 $X_2(t)$ 是两个零均值平稳随机过程，$X(t)$ 为 $X_1(t)$ 与 $X_2(t)$ 的和，即

$$X(t) = X_1(t) + X_2(t)$$

若 $X_1(t)$ 和 $X_2(t)$ 相互独立，并且它们的自相关函数分别为

$$R_{X_1}(\tau) = e^{-\alpha|\tau|}$$

和

$$R_{X_2}(\tau) = \beta\delta(\tau)$$

求 $X(t)$ 的功率谱密度。

9. 设随机过程 $X(t)$ 是一个可微分的平稳随机过程，其功率谱密度为 $S_X(\Omega)$ 。若

$$Y(t) = \frac{dX(t)}{dt}$$

求 $Y(t)$ 的功率谱密度。

10. 若 $X(n)$ 是一个独立的实序列，其均值为零，方差为 σ^2 ，证明 $X(n)$ 是一个白噪声序列。

11. 对线性定常系统输入一个白噪声，即 $R_X(\tau) = S_0\delta(\tau)$ ，常数 $S_0 > 0$ ，求输入与输出的互相关函数和互谱密度。

自适应滤波

在实际应用中，系统不仅受到控制输入的作用，而且受到各种扰动的影响，这些扰动通常既不能控制也不能在模型中确定。同时，传感器也受到各种噪声的污染，使测量结果包含噪声，不能直接获得有用信号。例如，在传输或测量信号 $x(k)$ 时，由于存在信道噪声或测量噪声 $v(k)$，接收或测量到的数据 $y(k)$ 将与 $x(k)$ 不同。为了从 $y(k)$ 中提取或恢复原始信号 $x(k)$，需要设计一种估计器，用于对 $x(k)$ 进行估计，使其输出 $\hat{x}(k)$ 尽可能逼近 $x(k)$。估计性能用特定的性能准则来衡量。对性能准则的要求是能反映估计效果和易于计算。按照不同的要求，可采用不同的性能准则，从而得到不同的估计方法。在信号处理领域，估计通常也称为滤波。考虑到实际应用中多以离散时间信号的处理为主，本章只讨论离散时间信号的滤波问题。

7.1 最优波形估计

7.1.1 最优波形估计概述

设信号 $x(k)$ 为 n 维随机列向量，现用 m 维观测序列 $y(1), y(2), \cdots, y(j)$ 估计时刻 k 时的信号 $x(k)$，记为

$$\begin{aligned}
\hat{x}(k \mid j) &= \hat{x}(k \mid y(1), y(2), \cdots, y(j)) \\
&= \hat{x}(k \mid \mathscr{Y}(j)) \\
&= g(\mathscr{Y}(j))
\end{aligned} \tag{7-1}$$

其中，g 为 $j \times m$ 维向量。

$$\mathscr{Y}(j) = [y^{\mathrm{T}}(1) \quad y^{\mathrm{T}}(2) \quad \cdots \quad y^{\mathrm{T}}(j)]^{\mathrm{T}} \tag{7-2}$$

观测向量 $y(1), y(2), \cdots, y(j)$ 通常是随机向量，它们含有随机观测误差，因此信号估计量 $\hat{x}(k \mid j)$ 也是随机向量。由于信号本身是随时间变化的，在滤波理论中，称此类估计为时变信号估计或波形估计。波形估计的实质就是对随机过程的估计，因此波形估计也称为过程估计。

根据 k 和 j 的关系，波形估计可以分为以下 3 类：

（1）当 $k > j$ 时，称为预测，即用 j 时刻及其以前的观测数据估计未来某时刻 k 的信号。

（2）当 $k = j$ 时，称为滤波，即用 k 时刻及其以前的观测数据估计 k 时刻的信号。

（3）当 $k < j$ 时，称为平滑，即用现在时刻 j 及其以前的观测数据估计 k 时刻的信号。平滑主要用于对已获得观测数据的事后分析。

在准则函数 $g(\cdot)$ 取不同形式时，有不同的估计量 $\hat{x}(k \mid j)$。最优估计就是根据观测数据，按某种性能准则确定函数 $g(\cdot)$，而由此得到的使性能准则最优的估计量 $\hat{x}(k \mid j)$ 称为信号 $x(k)$ 的最优估计量。最常用的性能准则是最小估计误差准则。

定义估计误差为

$$\tilde{x}(k) = x(k) - \hat{x}(k \mid j) \tag{7-3}$$

则估计误差均方阵为

$$E\{\tilde{x}(k)\tilde{x}^{T}(k)\} = E\{[x(k) - \hat{x}(k \mid j)][x(k) - \hat{x}(k \mid j)]^{T}\} \tag{7-4}$$

若有估计量 $\hat{x}_{mv}(k \mid j)$，当 $\hat{x}(k \mid j) = \hat{x}_{mv}(k \mid j)$ 时，

$$E\{[x(k) - \hat{x}(k \mid j)]^{T}[x(k) - \hat{x}(k \mid j)]\} = \min \tag{7-5}$$

则称 $\hat{x}_{mv}(k \mid j)$ 为 $x(k)$ 的最小方差（Minimum Variance）估计。

估计量 $\hat{x}_{mv}(k \mid j)$ 最优的直观意义是很明显的。事实上，如设 $x(k) = [x_1(k)\ x_2(k)\ \cdots\ x_n(k)]^{T}$，$\hat{x}(k \mid j) = [\hat{x}_1(k \mid j)\ \hat{x}_2(k \mid j)\ \cdots\ \hat{x}_n(k \mid j)]^{T}$，当 $\hat{x}(k \mid j) = \hat{x}_{mv}(k \mid j)$ 时，式（7-5）可以写成

$$\sum_{i=1}^{n} E\{[x_i(k) - \hat{x}_i(k \mid j)]^2\} = \min \tag{7-6}$$

因此，式（7-5）实际上表明：估计量 $\hat{x}_{mv}(k \mid j)$ 各分量对被估计量 $x(k)$ 各对应分量的均方误差之和为最小。这就是最小方差估计 $\hat{x}_{mv}(k \mid j)$ 为最优的意义。该准则称为最小均方差（Minimum Mean-Square Error，MMSE）准则。

对于最小方差估计，有以下定理：

定理 7-1　设 $x(k)$ 和 $\mathcal{Y}(j)$ 是联合分布的，则

$$\hat{x}_{mv}(k \mid j) = E\{x(k) \mid \mathcal{Y}(j)\} \tag{7-7}$$

即 $x(k)$ 的最小方差估计 $\hat{x}_{mv}(k \mid j)$ 等于观测 $\mathcal{Y}(j)$ 条件下 $x(k)$ 的数学期望。

最小方差估计有以下性质：

（1）最小方差估计是无偏的，即 $E\{\hat{x}_{mv}(k \mid j)\} = E\{x(k)\}$，由此可知

$$E\{\tilde{x}_{mv}(k)\} = E\{x(k) - \hat{x}_{mv}(k \mid j)\} = 0 \tag{7-8}$$

（2）由于最小方差估计是无偏的，最小方差估计的估计误差均方阵 $E\{\tilde{x}_{mv}(k)\tilde{x}_{mv}^{T}(k)\}$ 等于估计误差方差阵 $\mathrm{Var}\{\tilde{x}_{mv}(k)\}$，即

$$E\{\tilde{x}_{mv}(k)\tilde{x}_{mv}^{T}(k)\} = E\{[x(k) - \hat{x}_{mv}(k \mid j)][x(k) - \hat{x}_{mv}(k \mid j)]^{T}\} = \mathrm{Var}\{\tilde{x}_{mv}(k)\} \tag{7-9}$$

（3）任何其他估计的均方误差阵或任何其他无偏估计的方差阵都大于最小方差估计的误差方差阵，即最小方差估计具有最小的估计误差方差阵。由于误差方差阵是无偏估计的，也就是估计误差的二阶距表示误差分布在零附近的密集程度，因此最小方差估计是一种最接近真值 $x(k)$ 的估计。

最小方差估计的精度高，但需要知道被估计量与观测值的概率分布，这在非正态情况下是很难做到的，要放松对概率分布的要求，可以对估计量的函数类型加以限制。一般情况下，把估计量限制为观测值的线性函数比较方便，因而经常采用线性最小方差估计。所谓线性最小方差估计，就是估计量是观测值的线性函数，估计误差的方差最小。

设

$$\hat{x}(k \mid j) = \alpha + B\mathcal{Y}(j) \tag{7-10}$$

式中，$\boldsymbol{\alpha}$ 为 n 维非随机向量；$\boldsymbol{B}$ 为 $n \times p$ 阶非随机矩阵。若有估计量 $\hat{\boldsymbol{x}}_{\mathrm{L}}(k \mid j) = \boldsymbol{\alpha}_{\mathrm{L}} + \boldsymbol{B}_{\mathrm{L}} \mathscr{Y}(j)$，当 $\hat{\boldsymbol{x}}(k \mid j) = \hat{\boldsymbol{x}}_{\mathrm{L}}(k \mid j)$ 时，

$$E\{[\boldsymbol{x}(k) - \hat{\boldsymbol{x}}(k \mid j)]^{\mathrm{T}} [\boldsymbol{x}(k) - \hat{\boldsymbol{x}}(k \mid j)]\} = \min \tag{7-11}$$

则称 $\hat{\boldsymbol{x}}_{\mathrm{L}}(k \mid j)$ 为 $\boldsymbol{x}(k)$ 在 $\mathscr{Y}(j)$ 上的线性最小方差（Linear Minimum Variance）估计。线性最小方差估计在线性估计中具有最小误差方差阵。

关于线性最小方差估计有以下定理：

定理 7-2　被估计量 $\boldsymbol{x}(k)$ 在观测 $\mathscr{Y}(j) = [\boldsymbol{y}^{\mathrm{T}}(1) \quad \boldsymbol{y}^{\mathrm{T}}(2) \quad \cdots \quad \boldsymbol{y}^{\mathrm{T}}(j)]^{\mathrm{T}}$ 上的线性最小方差估计 $\hat{\boldsymbol{x}}_{\mathrm{L}}(k \mid j)$ 满足以下无偏正交条件：

$$E\{\tilde{\boldsymbol{x}}_{\mathrm{L}}(k)\} = E\{\boldsymbol{x}(k) - \hat{\boldsymbol{x}}_{\mathrm{L}}(k \mid j)\} = 0 \tag{7-12}$$

$$E\{\tilde{\boldsymbol{x}}_{\mathrm{L}}(k) \boldsymbol{y}^{\mathrm{T}}(j)\} = E\{[\boldsymbol{x}(k) - \hat{\boldsymbol{x}}_{\mathrm{L}}(k \mid j)] \boldsymbol{y}^{\mathrm{T}}(j)\} = 0 , \quad \forall j \tag{7-13}$$

由定理 7-2 可知，线性最小方差估计不仅是无偏估计，而且估计误差与用于估计的所有观测数据正交，这一结果称为正交性原理。事实上，由正交性原理可以进一步推出

$$E\{\tilde{\boldsymbol{x}}_{\mathrm{L}}(k) \hat{\boldsymbol{x}}_{\mathrm{L}}^{\mathrm{T}}(k \mid j)\} = E\{[\boldsymbol{x}(k) - \hat{\boldsymbol{x}}_{\mathrm{L}}(k \mid j)] \hat{\boldsymbol{x}}_{\mathrm{L}}^{\mathrm{T}}(k \mid j)\} = 0 \tag{7-14}$$

即估计误差也正交于最优估计量 $\hat{\boldsymbol{x}}_{\mathrm{L}}(k \mid j)$。

正交性原理经常作为定理使用，它是线性最优估计理论中的重要定理。此外，正交性原理也为验证线性估计器是否工作于最优状态提供了理论依据。

7.1.2　投影定理

由正交性原理可知，线性最小方差估计的估计误差与用于估计的所有观测数据正交。从几何的角度看，线性最小方差估计实际上就是被估计量在观测子空间上的正交投影，图 7-1 所示为向量 $\boldsymbol{x}$ 在线性子空间 $\mathscr{Y}$ 上的投影。下面给出投影定理及其证明。

在初等几何中，一个点到一条直线的最短距离为垂直距离。与此对应，从一个点到一个子空间的最短距离是点与子空间正交的距离。如果 $\boldsymbol{x} \in H$，而 M 是向量空间 H 的有限维子空间，并且 $\boldsymbol{x}$ 不在子空间 M 内，则最短距离问题就是求使向量 $\boldsymbol{x} - \boldsymbol{y}$ 的长度最短的 $\boldsymbol{y}(\boldsymbol{y} \in M)$。

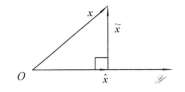

图 7-1　向量 $\boldsymbol{x}$ 在线性子空间 $\mathscr{Y}$ 上的投影

定理 7-3（投影定理）　设 $\boldsymbol{y}_1, \boldsymbol{y}_2, \cdots, \boldsymbol{y}_n$ 和 $\boldsymbol{x}$ 是欧几里得空间中的元素，$\mathscr{Y}$ 是 $\boldsymbol{y}_1, \boldsymbol{y}_2, \cdots, \boldsymbol{y}_n$ 张成的线性子空间，则必定存在一个唯一的元素 $\hat{\boldsymbol{x}} \in \mathscr{Y}$，使得

$$\|\boldsymbol{x} - \hat{\boldsymbol{x}}\| = \min_{\boldsymbol{z} \in \mathscr{Y}} \|\boldsymbol{x} - \boldsymbol{z}\| \tag{7-15}$$

证明：设 $\hat{\boldsymbol{x}}$ 是 $\boldsymbol{x}$ 在 $\mathscr{Y}$ 上的正交投影，则

$$\langle \boldsymbol{x} - \hat{\boldsymbol{x}}, \boldsymbol{y}_i \rangle = 0, \quad i = 1, 2, \cdots, n \tag{7-16}$$

任取一向量 $\boldsymbol{z} \in \mathscr{Y}$，且

$$\boldsymbol{z} = \sum_{i=1}^{n} a_i \boldsymbol{y}_i \tag{7-17}$$

则有

$$\langle \boldsymbol{x} - \hat{\boldsymbol{x}}, \boldsymbol{z} \rangle = \left\langle \boldsymbol{x} - \hat{\boldsymbol{x}}, \sum_{i=1}^{n} a_i \boldsymbol{y}_i \right\rangle = \sum_{i=1}^{n} a_i \langle \boldsymbol{x} - \hat{\boldsymbol{x}}, \boldsymbol{y}_i \rangle = 0 \tag{7-18}$$

由式（7-17）和式（7-18）可知，$\boldsymbol{x} - \hat{\boldsymbol{x}}$ 与任一 $\boldsymbol{y}_i(i = 1, 2, \cdots, n)$ 及它们的任何线性组合都是垂直

的，因而有

$$\|x-z\|^2 = \langle x-z, x-z\rangle$$
$$= \langle (x-\hat{x})-(z-\hat{x}), (x-\hat{x})-(z-\hat{x})\rangle$$
$$= \langle x-\hat{x}, x-\hat{x}\rangle - 2\langle x-\hat{x}, z-\hat{x}\rangle + \langle z-\hat{x}, z-\hat{x}\rangle \qquad (7\text{-}19)$$
$$= \|x-\hat{x}\|^2 + \|z-\hat{x}\|^2$$

即

$$\|x-z\|^2 \geqslant \|x-\hat{x}\|^2 \qquad (7\text{-}20)$$

式（7-20）表明：$\|x-\hat{x}\|^2$ 是最小值，只有当 $z=\hat{x}$ 时，式（7-20）才取等号，即取最小值。

综上，正交投影 $\hat{x}$ 是唯一的，并且满足 $\|x-\hat{x}\| = \min\limits_{z\in\mathscr{Y}}\|x-z\|$。证明完毕。

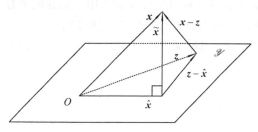

图 7-2　$\mathscr{Y}$ 是 2 维线性子空间时的投影定理示意图

为了形象说明投影定理的几何意义，图7-2所示为 $\mathscr{Y}$ 是 2 维线性子空间时的投影定理示意图。在图中，$\hat{x}$ 表示 x 在 $\mathscr{Y}$ 上的正交投影，z 表示 x 在 $\mathscr{Y}$ 上的任意非正交投影，则有 $\hat{x}, z, z-\hat{x}\in\mathscr{Y}$，$\tilde{x}=x-\hat{x}$ 为正交投影误差，且 $x-z\geqslant\tilde{x}$。其中，$\tilde{x}$ 是各种投影误差的最小值，只有在 $z=\tilde{x}$ 时，该式取等号，说明正交投影是唯一的。

7.1.3　线性最优滤波

线性离散滤波器是一类应用广泛的滤波器。从应用的角度出发，线性滤波器的数学分析和处理比较容易，而离散时间滤波器便于数字化实现。图 7-3 所示为线性离散时间滤波器的原理框图。滤波器的输入序列为 $u(0), u(1), u(2), \cdots$，滤波器的冲激响应为 $w_0, w_1, w_2, \cdots$。令 $y(k)$ 代表滤波器在离散时刻 k 时的输出，希望它是期望响应 $d(k)$ 的估计量。估计误差的定义为期望响应 $d(k)$ 与滤波器输出 $y(k)$ 的差，即 $e(k)=d(k)-y(k)$。对滤波器的要求是使估计误差在某种统计意义下尽可能小。

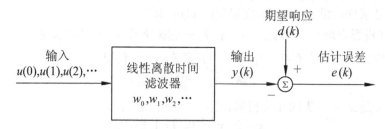

图 7-3　线性离散时间滤波器的原理框图

根据冲激响应是有限长的还是无限长的，线性离散时间滤波器可以分为有限冲激响应（FIR）滤波器和无限冲激响应（IIR）滤波器，FIR 滤波器是实际使用最为广泛的线性滤波器。图 7-4 所示为 FIR 滤波器的示意图，FIR 滤波器有时也称为线性横向滤波器（Linear Transversal Filter）。

估计误差在某种统计意义下尽可能小的滤波器称为这一统计意义下的最优滤波器。采用最小均方差准则的线性滤波器称为线性最小均方差滤波器，常用的 Wiener 滤波器和 Kalman 滤波器都是线性最小均方差滤波器。

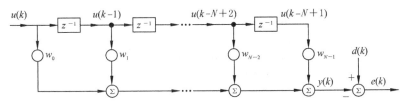

图 7-4　FIR 滤波器的示意图

线性离散时间滤波器的最优设计问题可以表述如下：

给定输入序列 $u(0),u(1),u(2),\cdots$，设计一个线性离散时间滤波器，其输出 $y(k)$ 为期望响应 $d(k)$ 的一个估计量，并且使其估计误差 $e(k)=d(k)-y(k)$ 的均方误差 $E\left\{\left|e(k)\right|^2\right\}$ 为最小。

当输入信号、期望响应及滤波器系数均在实数域内时，均方误差 $E\{|e(k)|^2\}=E\{e^2(k)\}$。如没有特别指明，本章以下内容均在实数域内讨论。

7.2　Wiener（维纳）滤波

7.2.1　Wiener（维纳）滤波与 Wiener-Hopf（维纳–霍普夫）方程

设接收信号 $x(k)$ 由原始信号 $s(k)$ 与一加性干扰 $v(k)$ 的和构成，即

$$x(k)=s(k)+v(k) \tag{7-21}$$

为了从 $x(k)$ 中提取或恢复原始信号 $s(k)$，需要设计一种滤波器，用于对 $x(k)$ 进行滤波，使其输出 $y(k)$ 在某一准则下为 $s(k)$ 的最优估计量 $\hat{s}(k)$。

Wiener 滤波器是一个线性时不变系统，设其冲激响应为 $w(k)$，输入为 $x(k)=s(k)+v(k)$，输出为 $y(k)=\hat{s}(k)$，则有

$$\hat{s}(k)=\sum_i w(i)x(k-i) \tag{7-22}$$

其中，冲激响应 $w(i)$ 按照最小均方差准则确定，即

$$J(k)=E\{e^2(k)\}=\min \tag{7-23}$$

式中，$e(k)$ 为估计误差，其定义式为

$$e(k)=s(k)-\hat{s}(k) \tag{7-24}$$

式（7-21）中没有指定 i 的取值范围，这是为了使该式适用于 FIR、因果 IIR 和非因果 IIR 等不同情况。

为了按式（7-23）所示的最小均方差准则来确定 Wiener 滤波的冲激响应，令 $J(k)$ 对 $w(j)$ 的导数等于零，即

$$\frac{\partial J(k)}{\partial w(j)}=2E\left\{e(k)\frac{\partial e(k)}{\partial w(j)}\right\}=-2E\{e(k)x(k-j)\}=0 \tag{7-25}$$

由此得到

$$E\{e(k)x(k-j)\}=0，\quad \forall j \tag{7-26}$$

式（7-26）称为正交方程，它表明任何时刻的估计误差都与用于估计的所有数据正交（参见 7.1.1 节的正交性原理）。

将式（7-24）和式（7-21）代入正交方程（7-26），得

$$R_{sx}(m) = \sum_i w(i)R_x(m-i), \quad \forall m \tag{7-27}$$

式中，$R_{sx}(m)$为$s(k)$与$x(k)$的互相关函数；$R_x(m)$为$x(k)$的自相关函数。二者的定义式分别为

$$R_{sx}(m) = E\{s(k)x(k+m)\} \tag{7-28}$$

$$R_x(m) = E\{x(k)x(k+m)\} \tag{7-29}$$

式（7-27）称为 Wiener 滤波器的标准方程或 Wiener-Hopf 方程。如果已知 $R_{sx}(m)$和 $R_x(m)$，则可以通过求解此方程获得 Wiener 滤波器的冲激响应。

根据式（7-27）中 i 的取值范围，可以将 Wiener 滤波器分为以下 3 种情况：

（1）FIR Wiener 滤波器，i 从 0 到 $N-1$ 取有限个整数值。

（2）因果 IIR Wiener 滤波器，i 从 0 到 $+\infty$ 取无限个整数值。

（3）非因果 IIR Wiener 滤波器，i 从 $-\infty$ 到 $+\infty$ 取所有整数值。

Wiener 滤波器可以用于信号的预测、滤波和平滑。

7.2.2　FIR Wiener（维纳）滤波器

Wiener 滤波器的设计和计算可以归结为根据已知的 $R_{sx}(m)$ 和 $R_x(m)$求解 Wiener-Hopf 方程，以得到冲激响应或传输函数。需要指出的是，Wiener-Hopf 方程的求解并不容易，但如果采用 FIR 滤波器获取期望响应的估计量，Wiener-Hopf 方程的求解将大大简化，由此获得的最优滤波器称为 FIR Wiener 滤波器。

设滤波器冲激响应序列的长度为 N，冲激响应向量为

$$\boldsymbol{w} = [w(0) \quad w(1) \quad \cdots \quad w(N-1)]^{\mathrm{T}} \tag{7-30}$$

滤波器的输入向量为

$$\boldsymbol{x}(k) = [x(k) \quad x(k-1) \quad \cdots \quad x(k-N+1)]^{\mathrm{T}} \tag{7-31}$$

则滤波器的输出为

$$y(k) = \hat{s}(k) = \boldsymbol{x}^{\mathrm{T}}(k)\boldsymbol{w} = \boldsymbol{w}^{\mathrm{T}}\boldsymbol{x}(k) \tag{7-32}$$

由上可见，式（7-27）所示的 Wiener-Hopf 方程可以表示为

$$\boldsymbol{r}^{\mathrm{T}} = \boldsymbol{w}^{\mathrm{T}}\boldsymbol{R} \text{ 或 } \boldsymbol{r} = \boldsymbol{R}\boldsymbol{w} \tag{7-33}$$

其中，N 维列向量

$$\boldsymbol{r} = E\{s(k)\boldsymbol{x}(k)\} \tag{7-34}$$

是 $s(k)$与 $\boldsymbol{x}(k)$的互相关函数；N 阶方阵 $\boldsymbol{R}$ 是 $\boldsymbol{x}(k)$的自相关函数，即

$$\boldsymbol{R} = E\{\boldsymbol{x}(k)\boldsymbol{x}^{\mathrm{T}}(k)\} \tag{7-35}$$

利用矩阵求逆的方法直接求解式（7-33），可得

$$\boldsymbol{w}_{\mathrm{opt}} = \boldsymbol{R}^{-1}\boldsymbol{r} \tag{7-36}$$

$\boldsymbol{w}_{\mathrm{opt}}$ 就是 FIR Wiener 滤波器的冲激响应。

Wiener 滤波器的输出 $\hat{s}(k)$ 就是信号 $s(k)$在输入数据子空间上的正交投影，它是信号的最优估计量。

7.3　Kalman（卡尔曼）滤波

7.3.1　状态估计与 Kalman（卡尔曼）滤波

20 世纪 60 年代，Kalman 等人提出了著名的 Kalman 滤波算法。Kalman 滤波实际上是一种数据处理的递推算法，它克服了 Wiener 滤波需要所有历史数据和求解困难的缺点，只需处理每一时刻获得的最新观测值，以递推方式得到当前时刻的信号估计量。Kalman 滤波不仅可以应用于平稳过程，而且可以推广到非平稳过程，为随机信号滤波的发展做出了重大贡献，并得到了广泛应用。

Kalman 滤波主要针对以下线性时变随机系统：

$$\boldsymbol{x}(k+1) = \boldsymbol{\Phi}(k+1,k)\boldsymbol{x}(k) + \boldsymbol{\Gamma}(k+1,k)\boldsymbol{w}(k) \tag{7-37}$$

$$\boldsymbol{y}(k) = \boldsymbol{H}(k)\boldsymbol{x}(k) + \boldsymbol{v}(k) \tag{7-38}$$

式中，整数为离散时间变量 $k, k \geqslant 0$；$\boldsymbol{x}(k) \in \mathbf{R}^n$ 为信号向量；$\boldsymbol{y}(k) \in \mathbf{R}^m$ 为观测向量；$\boldsymbol{w}(k)$ 为 q 维过程噪声；$\boldsymbol{v}(k)$ 为 r 维观测噪声；状态转移矩阵 $\boldsymbol{\Phi} \in \mathbf{R}^{n \times n}$；观测矩阵 $\boldsymbol{H} \in \mathbf{R}^{m \times n}$；变换矩阵 $\boldsymbol{\Gamma} \in \mathbf{R}^{n \times q}$；过程噪声 $\boldsymbol{w}(k)$ 和观测噪声 $\boldsymbol{v}(k)$ 分别为 q 维和 r 维的零均值白噪声。$\boldsymbol{w}(k)$ 和 $\boldsymbol{v}(k)$ 互不相关，并具有以下统计特性：

$$E\{\boldsymbol{w}(k)\} = \boldsymbol{0}, \quad k \geqslant 0 \tag{7-39}$$

$$\mathrm{Cov}\{\boldsymbol{w}(k), \boldsymbol{w}(j)\} = \boldsymbol{Q}(k)\delta_{kj}, \quad \forall k, j \geqslant 0 \tag{7-40}$$

$$E\{\boldsymbol{v}(k)\} = \boldsymbol{0}, \quad k \geqslant 0 \tag{7-41}$$

$$\mathrm{Cov}\{\boldsymbol{v}(k), \boldsymbol{v}(j)\} = \boldsymbol{R}(k)\delta_{kj}, \quad \forall k, j \geqslant 0 \tag{7-42}$$

$$\mathrm{Cov}\{\boldsymbol{w}(k), \boldsymbol{v}(j)\} = \boldsymbol{0}, \quad \forall k, j \geqslant 0 \tag{7-43}$$

其中，$\boldsymbol{Q}(k)$ 为对称非负定矩阵；$\boldsymbol{R}(k)$ 为对称正定矩阵；δ_{kj} 为克罗内克（Kronecker）δ 函数，即

$$\delta_{kj} = \begin{cases} 1, & k = j \\ 0, & k \neq j \end{cases}$$

初始状态 $\boldsymbol{x}(0)$ 为随机向量，且与 $\boldsymbol{w}(k)$ 和 $\boldsymbol{v}(k)$ 统计独立：

$$E\{\boldsymbol{x}(0)\} = \boldsymbol{m}_x(0) \tag{7-44}$$

$$\mathrm{Var}\{\boldsymbol{x}(0)\} = \boldsymbol{R}_x(0) \tag{7-45}$$

$$\mathrm{Cov}\{\boldsymbol{x}(0), \boldsymbol{w}(k)\} = \boldsymbol{0} \tag{7-46}$$

$$\mathrm{Cov}\{\boldsymbol{x}(0), \boldsymbol{v}(k)\} = \boldsymbol{0} \tag{7-47}$$

Kalman 滤波的基本思想：利用观测数据对状态变量的预测估计量进行修正，以得到状态变量的最优估计量，即

最优估计量＝预测估计量＋修正量

这里采用的最优估计量是在最小方差准则下得到的。

7.3.2　Kalman（卡尔曼）滤波递推算法

Kalman 滤波算法的推导有多种方法，在此介绍应用正交投影定理的推导方法。简单起见，分 3 步推导 Kalman 滤波算法。

（1）滤波递推方程。

为了根据 k 时刻及其以前的观测数据 $\mathscr{Y}(k) = \{y(1), y(2), \cdots, y(k)\}$ 求得 k 时刻状态 $x(k)$ 的最优线性估计量 $\hat{x}(k|k)$，先研究状态的一步预测估计量 $\hat{x}(k|k-1)$。为此，假定根据观测序列 $\mathscr{Y}(k-1) = \{y(1), y(2), \cdots, y(k-1)\}$ 已求得了 $k-1$ 时刻状态 $x(k-1)$ 的最优滤波估计量 $\hat{x}(k-1|k-1)$，在没有获得新的（k 时刻的）观测数据 $y(k)$ 时，可以先根据已有观测数据 $\mathscr{Y}(k-1)$ 对 k 时刻状态进行预测估计，即求估计量 $\hat{x}(k|k-1)$。下面推导 $\hat{x}(k|k-1)$ 与已知的 $k-1$ 时刻状态的滤波估计量 $\hat{x}(k-1|k-1)$ 之间的关系。

状态的线性最小方差估计，按投影定理解释，就是该状态向量在线性观测空间 $\mathscr{Y}$ 上的正交投影。再根据投影定理中投影的线性运算性质，即知状态估计也服从式（7-37），对于预测估计量 $\hat{x}(k|k-1)$，则有

$$\hat{x}(k|k-1) = \boldsymbol{\Phi}(k, k-1)\hat{x}(k-1|k-1) + \hat{\boldsymbol{P}}_{\mathscr{Y}}\{\boldsymbol{\Gamma}(k, k-1)w(k-1) | \mathscr{Y}(k-1)\}$$

式中，$\hat{\boldsymbol{P}}_{\mathscr{Y}}\{\bullet\}$ 为向量在空间 $\mathscr{Y}$ 上的正交投影。由于 $\mathscr{Y}(k-1)$ 和 $\hat{x}(k-1|k-1)$ 及 $w(k-1)$ 无关，所以该式最后一项为零，即零均值白噪声的最优滤波估计量或预测估计量为零，因而可得

$$\hat{x}(k|k-1) = \boldsymbol{\Phi}(k, k-1)\hat{x}(k-1|k-1) \tag{7-48}$$

再根据观测方程（7-38），k 时刻观测值的预测估计量只能是

$$\hat{y}(k|k-1) = \boldsymbol{H}(k)\hat{x}(k|k-1) \tag{7-49}$$

因为 $v(k)$ 是不知道的，所以其预测估计量也为零。在获得 k 时刻的观测值 $y(k)$ 后，由式（7-49）求得的估计量 $\hat{y}(k|k-1)$ 必然与 $y(k)$ 有偏差，即存在误差

$$\tilde{y}(k|k-1) = y(k) - \hat{y}(k|k-1) \tag{7-50}$$

利用式（7-38）和式（7-49），有

$$\begin{aligned}\tilde{y}(k|k-1) &= \boldsymbol{H}(k)x(k) + v(k) - \boldsymbol{H}(k)\hat{x}(k|k-1) \\ &= \boldsymbol{H}(k)[x(k) - \hat{x}(k|k-1)] + v(k)\end{aligned} \tag{7-51}$$

根据投影定理，最小方差估计误差 $[x(k) - \hat{x}(k|k-1)]$ 与空间 $\mathscr{Y}(k-1)$ 正交，$v(k)$ 与 $\mathscr{Y}(k-1)$ 无关、正交，所以偏差 $\tilde{y}(k|k-1)$ 也与 $\mathscr{Y}(k-1)$ 正交。但是，$\tilde{y}(k-1|k-2)$ 处在空间 $\mathscr{Y}(k-1)$ 中，或者说，$\tilde{y}(k-1|k-2)$ 是 $\mathscr{Y}(k-1)$ 的线性函数，所以 $\tilde{y}(k|k-1)$ 与 $\tilde{y}(k-1|k-2)$ 正交，同理可证 $\tilde{y}(k-1|k-2)$ 与 $\tilde{y}(k-2|k-3)$ 正交，由此可知，$\{\tilde{y}(k|k-1)\}$ 是一个白噪声序列。

既然 $\{\tilde{y}(k|k-1)\}$ 是一个白噪声序列，而对于不同时刻，白噪声序列是不相关的，因此 $\tilde{y}(k|k-1)$ 可以认为是在时刻 k 获得的新信息，它可以用来改善对状态 $x(k)$ 的估计。在估计理论中，$\tilde{y}(k|k-1)$ 就称为新息。这样，有了新的观测数据 $y(k)$ 后，利用新息 $\tilde{y}(k|k-1)$ 对原来的预测估计量 $\hat{x}(k|k-1)$ 进行校正，k 时刻状态 $x(k)$ 的估计量就变为

$$\hat{x}(k|k) = \hat{x}(k|k-1) + \boldsymbol{K}(k)\tilde{y}(k|k-1)$$

或

$$\hat{x}(k|k) = \hat{x}(k|k-1) + \boldsymbol{K}(k)[y(k) - \boldsymbol{H}(k)\hat{x}(k|k-1)] \tag{7-52}$$

式（7-52）就是最优线性滤波递推方程。其中，$\hat{x}(k|k)$ 为状态 $x(k)$ 的滤波估计量，易知 $\hat{x}(k|k)$ 是 $\mathscr{Y}(k)$ 的线性函数；$\boldsymbol{K}(k)$ 为 Kalman 滤波增益矩阵，它根据估计误差的方差达到最小这一准则来确定。

（2）滤波增益矩阵算法。

根据式（7-52）和式（7-38），滤波估计误差为

$$\begin{aligned}\tilde{x}(k|k) &= x(k) - \hat{x}(k|k) \\ &= x(k) - \hat{x}(k|k-1) - \boldsymbol{K}(k)[y(k) - \boldsymbol{H}(k)\hat{x}(k|k-1)] \\ &= \tilde{x}(k|k-1) - \boldsymbol{K}(k)[\boldsymbol{H}(k)\tilde{x}(k|k-1) + v(k)]\end{aligned} \tag{7-53}$$

为使估计误差达到最小，根据正交投影定理，$\tilde{x}(k|k)$ 应与 $y(k)$ 正交，即有

$$E\{\tilde{x}(k|k)y^{\mathrm{T}}(k)\} = 0 \tag{7-54}$$

把式（7-53）和式（7-38）代入式（7-54），并考虑到 $\tilde{x}(k|k-1)$、$\hat{x}(k|k-1)$ 与 $v(k)$ 的正交性，则有

$$E\{[\tilde{x}(k|k-1) - K(k)H(k)\tilde{x}(k|k-1) - K(k)v(k)][H(k)x(k) + v(k)]^{\mathrm{T}}\}$$
$$= E\{[\tilde{x}(k|k-1) - K(k)H(k)\tilde{x}(k|k-1) - K(k)v(k)]$$
$$\times [H(k)\tilde{x}(k|k-1) + H(k)\hat{x}(k|k-1) + v(k)]^{\mathrm{T}}\}$$
$$= 0$$

或

$$E\{\tilde{x}(k|k-1)\tilde{x}^{\mathrm{T}}(k|k-1)\}H^{\mathrm{T}}(k) - K(k)H(k)$$
$$\times E\{\tilde{x}(k|k-1)x^{\mathrm{T}}(k|k-1)\}H^{\mathrm{T}}(k) - K(k)E\{v(k)v^{\mathrm{T}}(k)\} \tag{7-55}$$
$$= 0$$

若令预测估计误差的方差

$$E\{\tilde{x}(k|k-1)\tilde{x}^{\mathrm{T}}(k|k-1)\} = P(k|k-1) \tag{7-56}$$

则根据式（7-55）和式（7-42），滤波估计误差达到最小的增益矩阵为

$$K(k) = P(k|k-1)H^{\mathrm{T}}(k)[H(k)P(k|k-1)H^{\mathrm{T}}(k) + R(k)]^{-1} \tag{7-57}$$

（3）滤波估计误差的方差。

根据式（7-56）和式（7-53），滤波估计误差的方差为

$$P(k|k) = E\{\tilde{x}(k|k)\tilde{x}^{\mathrm{T}}(k|k)\}$$
$$= [I - K(k)H(k)]P(k|k-1)[I - K(k)H(k)]^{\mathrm{T}} + K(k)R(k)K^{\mathrm{T}}(k) \tag{7-58}$$

式中，预测估计误差的方差

$$P(k|k-1) = E\{\tilde{x}(k|k-1)\tilde{x}^{\mathrm{T}}(k|k-1)\} = \mathrm{Var}\{\tilde{x}(k|k-1)\}$$

而

$$\tilde{x}(k|k-1) = x(k) - \hat{x}(k|k-1)$$
$$= \Phi(k,k-1)x(k-1) + \Gamma(k,k-1)w(k-1) - \Phi(k,k-1)\hat{x}(k-1|k-1)$$
$$= \Phi(k,k-1)\tilde{x}(k-1|k-1) + \Gamma(k,k-1)w(k-1),$$

考虑到 $\tilde{x}(k-1|k-1)$ 和 $w(k-1)$ 具有正交性，可以得到

$$P(k|k-1) = \Phi(k,k-1)P(k-1|k-1)\Phi^{\mathrm{T}}(k,k-1) + \Gamma(k,k-1)Q(k-1)\Gamma^{\mathrm{T}}(k,k-1) \tag{7-59}$$

若再对式（7-58）进行简单的推导，$P(k|k)$ 还可写成

$$P(k|k) = [I - K(k)H(k)]P(k|k-1) \tag{7-60}$$

根据式（7-60）和式（7-57），滤波增益的另一种表达式为

$$K(k) = P(k|k)H^{\mathrm{T}}(k)R^{-1}(k) \tag{7-61}$$

综上，离散 Kalman 滤波递推算法可以归纳为表 7-1。

表 7-1 离散Kalman滤波递推算法归纳

状态模型	$x(k+1) = \Phi(k+1,k)x(k) + \Gamma(k+1,k)w(k)$
观测方程	$y(k) = H(k)x(k) + v(k)$
验前统计特性	$E\{w(k)\} = 0,\ \mathrm{Cov}\{w(k),w(j)\} = Q(k)\delta_{kj}$ $E\{v(k)\} = 0,\ \mathrm{Cov}\{v(k),v(j)\} = R(k)\delta_{kj}$ $\mathrm{Cov}\{w(k),v(j)\} = 0$ $E\{x(0)\} = m_x(0),\ \mathrm{Var}\{x(0)\} = R_x(0)$ $\mathrm{Cov}\{x(0),w(k)\} = 0,\ \mathrm{Cov}\{x(0),v(k)\} = 0$

续表

滤波算法	$\hat{x}(k\,|\,k)=\hat{x}(k\,|\,k-1)+K(k)[y(k)-H(k)\hat{x}(k\,|\,k-1)]$
一步预测估计	$\hat{x}(k\,|\,k-1)=\boldsymbol{\Phi}(k,k-1)\hat{x}(k-1\,|\,k-1)$
滤波增益	$\boldsymbol{K}(k)=\boldsymbol{P}(k\,|\,k-1)\boldsymbol{H}^{\mathrm{T}}(k)[\boldsymbol{H}(k)\boldsymbol{P}(k\,|\,k-1)\boldsymbol{H}^{\mathrm{T}}(k)+\boldsymbol{R}(k)]^{-1}$ $\quad\ =\boldsymbol{P}(k\,|\,k)\boldsymbol{H}^{\mathrm{T}}(k)\boldsymbol{R}^{-1}(k)$
滤波误差方差	$\boldsymbol{P}(k\,|\,k)=[\boldsymbol{I}-\boldsymbol{K}(k)\boldsymbol{H}(k)]\boldsymbol{P}(k\,|\,k-1)[\boldsymbol{I}-\boldsymbol{K}(k)\boldsymbol{H}(k)]^{\mathrm{T}}+\boldsymbol{K}(k)\boldsymbol{R}(k)\boldsymbol{K}^{\mathrm{T}}(k)$ $\quad\ =[\boldsymbol{I}-\boldsymbol{K}(k)\boldsymbol{H}(k)]\boldsymbol{P}(k\,|\,k-1)$
一步预测估计误差方差	$\boldsymbol{P}(k\,|\,k-1)=\boldsymbol{\Phi}(k,k-1)\boldsymbol{P}(k-1\,|\,k-1)\boldsymbol{\Phi}^{\mathrm{T}}(k,k-1)+\boldsymbol{\Gamma}(k,k-1)\boldsymbol{Q}(k-1)\boldsymbol{\Gamma}^{\mathrm{T}}(k,k-1)$
初始条件	$\hat{x}(0\,|\,0)=\hat{x}(0)=\boldsymbol{m}_x(0)$ $\boldsymbol{P}(0\,|\,0)=\mathrm{Var}\{\boldsymbol{x}(0)-\hat{x}(0\,|\,0)\}$

在应用上述 Kalman 滤波递推公式进行计算时，先要确定初始条件 $\hat{x}(0\,|\,0)$ 和 $\boldsymbol{P}(0\,|\,0)$，然后随着观测数据的不断到来，依次按照 $\hat{x}(k\,|\,k-1)\rightarrow\boldsymbol{P}(k\,|\,k-1)\rightarrow\boldsymbol{K}(k)\rightarrow\hat{x}(k\,|\,k)\rightarrow\boldsymbol{P}(k\,|\,k)$ 的顺序逐步递推、求解状态估计量 $\hat{x}(k\,|\,k)$。

对上述 Kalman 滤波的说明如下：

（1）Kalman 滤波算法以"预测——新观测数据——校正"的方式递推进行，它不需要存储任何历史观测数据，所以便于实时计算。

（2）增益阵序列 $\{\boldsymbol{K}(k)\}$ 和误差方差阵序列 $\{\boldsymbol{P}(k\,|\,k)\}$ 及 $\{\boldsymbol{P}(k\,|\,k-1)\}$ 等与观测数据无关，所以可将它们事先计算好并存储起来，以进一步加快实时计算速度。

（3）由 $\{\boldsymbol{P}(k\,|\,k)\}$ 和 $\{\boldsymbol{P}(k\,|\,k-1)\}$ 可以获知滤波性能的相关信息。

（4）误差方差阵与 $\boldsymbol{Q}(k)$、$\boldsymbol{R}(k)$ 紧密相关，对于不同的 $\boldsymbol{Q}(k)$ 和 $\boldsymbol{R}(k)$，方差随时间的传播特性就不一样。增大过程噪声强度 $\boldsymbol{Q}(k)$ 或增加状态方程中的不确定性因素，$\boldsymbol{P}(k\,|\,k-1)$ 增大，但 $\boldsymbol{K}(k)$ 也随之增大；这说明，当系统的不确定提高、一步预测估计的可信性下降时，Kalman 滤波器能根据新的观测数据加强对原估计量的校正，从而保证滤波估计量 $\hat{x}(k\,|\,k)$ 与 $\boldsymbol{x}(k)$ 的接近度。当 $\boldsymbol{R}(k)$ 较大时，说明观测误差较大，观测数据不可靠，校正应减弱。由式（7-57）可知，当 $\boldsymbol{R}(k)$ 增大时，$\boldsymbol{K}(k)$ 的确是下降的。

（5）Kalman 滤波估计是无偏估计。可以证明：只要初始估计准确，即初始估计满足

$$\hat{x}(0\,|\,0)=E\{\boldsymbol{x}(0)\}=\boldsymbol{m}_x(0)$$

则式（7-62）对一切 k 成立。

$$E\{\hat{x}(k\,|\,k)\}=E\{\hat{x}(k\,|\,k-1)\}=E\{\boldsymbol{x}(k)\} \tag{7-62}$$

即滤波估计和预测估计都是无偏的。

（6）新息序列 $\{\tilde{y}(k\,|\,k-1)\}$ 是一个零均值白噪声序列。

【例 7-1】考虑如下线性系统：

$$\boldsymbol{x}(k+1)=\boldsymbol{\Phi}\boldsymbol{x}(k)+\boldsymbol{\Gamma}w(k)$$

$$y(k)=\boldsymbol{H}\boldsymbol{x}(k)+v(k)$$

其中，$\boldsymbol{\Phi}=\begin{bmatrix}1.1269 & -0.4940 & 0.1129\\ 1 & 0 & 0\\ 0 & 1 & 0\end{bmatrix}$；$\boldsymbol{\Gamma}=\begin{bmatrix}-0.3832\\ 0.5919\\ 0.5191\end{bmatrix}$；$\boldsymbol{H}=\begin{bmatrix}1 & 0 & 0\end{bmatrix}$；$w(k)$ 和 $v(k)$ 均为零均值白噪声，它们的方差分别为 $Q=1$ 和 $R=0.25$。初始条件：$\hat{x}(0\,|\,0)=\boldsymbol{0}$，$\boldsymbol{P}(0\,|\,0)=\boldsymbol{\Gamma}Q\boldsymbol{\Gamma}^{\mathrm{T}}$。根据 Kalman 滤波递推算法，可以求得状态的最优估计量。图 7-5 所示为 Kalman 滤波器的滤波响应，包括真实响应 $y_{\mathrm{t}}(k)=\boldsymbol{H}\boldsymbol{x}(k)$ 与滤波响应 $y_{\mathrm{e}}(k)=\boldsymbol{H}\hat{x}(k\,|\,k)$。图 7-6 所示为 Kalman 滤波器的误差，包括量测输出误差 $y_{\mathrm{t}}(k)-y(k)$ 与估计输出误差 $y_{\mathrm{t}}(k)-y_{\mathrm{e}}(k)$。由图 7-5 和图 7-6

可知，Kalman 滤波器可以有效地对状态进行估计。

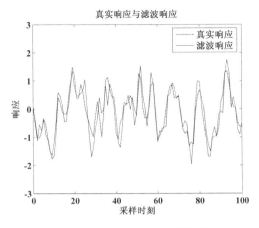
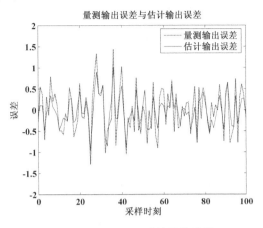

图 7-5　Kalman 滤波器的滤波响应　　　　　图 7-6　Kalman 滤波器的误差

7.4　自适应滤波器的原理

　　对一般的 FIR 数字滤波器和 IIR 数字滤波器设计而言，其作用就是确定滤波器的系数，使滤波器满足某些预期的技术指标。然而，在实际应用中，很多问题不能用固定系数滤波器很好地解决，这是因为信号环境经常是未知和时变的，我们没有足够的信息去设计固定系数滤波器。解决此类问题的一种有效方法是使用自适应滤波器。自适应滤波器是一种能够自动调整本身参数的滤波器，它在设计时，通常不需要事先知道信号的统计知识，而是能够在运行过程中自动调整自身参数，以期找到使滤波器达到或接近最优性能的参数。当信号的统计特性发生变化时，自适应滤波器又能够自动跟踪这种变化，重新调整自身参数，以使滤波器性能重新达到或接近最优。

7.4.1　自适应滤波器的基本概念

　　一般来讲，自适应滤波器包括三个基本模块：可调滤波器、性能评价和自适应算法。图 7-7 所示为自适应滤波器的原理图。可调滤波器模块通过对输入信号进行滤波，形成输出信号。在实际使用中，可调滤波器模块可以采用 FIR 滤波器或 IIR 滤波器等来实现。通常，可调滤波器模块的结构是预先确定的，但其参数是可以调整的。性能评价模块采用某一性能准则对滤波器的性能进行评估，以确定是否与特定要求相符合。从应用的角度出发，性能准则不仅要反映滤波器的实际性能，还要便于数学处理和有利于实际系统的设计。自适应算法根据性能评价结果、滤波器输入和期望响应等信息来确定如何修改滤波器参数，以改善滤波器的性能。

　　需要指出的是，对某些应用来说，期望响应对于自适应滤波器是不可用的，因而自适应通常又分为有监督型和无监督型两类。

　　在有监督自适应中，自适应滤波器可以预先知道每一时刻的期望响应，从而可以计算期望响应和实际响应的差，并以此为依据调整滤波器的系数。对有监督型自适应滤波器而言，图 7-7 可以简化为图 7-8，即输入信号 $x(k)$ 在通过可调滤波器后产生输出信号 $y(k)$，对 $y(k)$ 与

期望响应信号 $d(k)$ 进行比较，形成估计误差 $e(k)$，采用某种自适应算法，对滤波器系数进行调整，最终使估计误差最小。

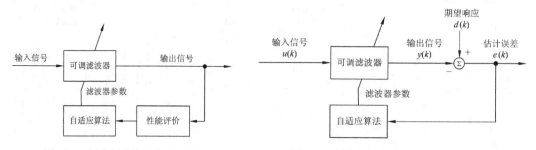

图 7-7　自适应滤波器的原理图　　　　　　图 7-8　有监督型自适应滤波器的原理图

在无监督自适应中，由于期望响应不可知，自适应滤波器无法准确计算出误差，也无法根据所得误差来改进性能，因而无监督型自适应滤波器需要额外的信息来弥补期望响应不可知所带来的问题。这些额外信息的形式取决于特定应用，并且会对自适应算法的性能和设计带来很大的影响。本章只讨论监督型自适应滤波器。

对于自适应滤波器，FIR 滤波器和 IIR 滤波器两种形式都可以考虑，但 FIR 滤波器是实际应用最广泛的滤波器。原因很简单，FIR 滤波器仅有可调零点，因此它没有 IIR 滤波器因为兼有可调极点和零点而带来的稳定性问题。然而，我们不能由此断定自适应 FIR 滤波器总是稳定的。事实上，自适应滤波器的稳定性不仅取决于滤波器结构本身，还取决于调整其系数的自适应算法。图 7-9 所示为自适应 FIR 滤波器（线性横向滤波器）的原理图。

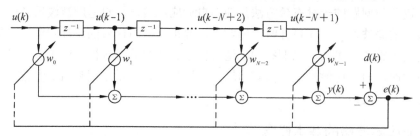

图 7-9　自适应 FIR 滤波器（线性横向滤波器）的原理图

7.4.2　均方误差与下降算法

自适应滤波器设计最常用的准则仍然是使滤波器实际输出与期望响应之间的均方误差最小化的最小均方差准则。

考虑图 7-9 所示的自适应 FIR 滤波器，其输入向量为

$$\boldsymbol{u}(k) = [u_1(k)\ u_2(k)\ \cdots\ u_N(k)]^{\mathrm{T}} = [u(k)\ u(k-1)\ \cdots\ u(k-N+1)]^{\mathrm{T}} \tag{7-63}$$

加权向量（滤波器参数向量）为

$$\boldsymbol{w}(k) = [w_0(k)\ w_1(k)\ \cdots\ w_{N-1}(k)]^{\mathrm{T}} \tag{7-64}$$

滤波器的输出为

$$y(k) = \boldsymbol{w}^{\mathrm{T}}(k)\boldsymbol{u}(k) = \boldsymbol{u}^{\mathrm{T}}(k)\boldsymbol{w}(k) \tag{7-65}$$

则滤波器在 k 时刻的估计误差为

$$e(k) = d(k) - y(k) = d(k) - \boldsymbol{w}^{\mathrm{T}}(k)\boldsymbol{u}(k) = d(k) - \boldsymbol{u}^{\mathrm{T}}(k)\boldsymbol{w}(k) \tag{7-66}$$

定义均方误差

$$J(k) = E\{e^2(k)\} = E\{[d(k) - \boldsymbol{w}^{\mathrm{T}}(k)\boldsymbol{u}(k)]^2\} \qquad (7\text{-}67)$$

为准则函数。

由式（7-25）可知，准则函数 $J(k)$ 相对于滤波器参数向量 $\boldsymbol{w}$ 的梯度为

$$\nabla_m J(k) = -2E\{u(k-m)e(k)\} = -2E\{u(k-m)[d(k) - \boldsymbol{w}^{\mathrm{T}}(k)\boldsymbol{u}(k)]\}, \quad m = 0, 1, \cdots, N-1 \quad (7\text{-}68)$$

定义梯度向量为

$$\nabla J(k) = [\nabla_0 J(k) \ \ \nabla_1 J(k) \ \ \cdots \ \ \nabla_{N-1} J(k)]^{\mathrm{T}}$$

$$= \left[\frac{\partial J(k)}{\partial w_0(k)} \ \ \frac{\partial J(k)}{\partial w_1(k)} \ \ \cdots \ \ \frac{\partial J(k)}{\partial w_{N-1}(k)} \right]^{\mathrm{T}} \qquad (7\text{-}69)$$

根据式（7-68），式（7-69）可以进一步表示为如下向量形式：

$$\nabla J(k) = -2E\{\boldsymbol{u}(k)[d(k) - \boldsymbol{u}^{\mathrm{T}}(k)\boldsymbol{w}(k)]\} \qquad (7\text{-}70)$$

或

$$\nabla J(k) = -2\boldsymbol{r} + 2\boldsymbol{R}\boldsymbol{w}(k) \qquad (7\text{-}71)$$

式中

$$\boldsymbol{R} = E\{\boldsymbol{u}(k)\boldsymbol{u}^{\mathrm{T}}(k)\} \qquad (7\text{-}72)$$

$$\boldsymbol{r} = E\{\boldsymbol{u}(k)d(k)\} \qquad (7\text{-}73)$$

最常用的自适应算法形式为下降算法，下降算法采用迭代方式计算权向量：

$$\boldsymbol{w}(k+1) = \boldsymbol{w}(k) + \mu(k)\boldsymbol{v}(k) \qquad (7\text{-}74)$$

式中，$\boldsymbol{w}(k+1)$ 和 $\boldsymbol{w}(k)$ 分别为 $k+1$ 时刻和 k 时刻的权向量；$\mu(k)$ 为 k 时刻的更新步长；$\boldsymbol{v}(k)$ 为 k 时刻的更新方向向量。

下降算法式（7-73）有两种主要实现方式：自适应梯度算法和自适应 Newton（牛顿）算法。自适应梯度算法包括最小均方（Least Mean Square，LMS）类算法，自适应 Newton 算法则包括递推最小二乘（Recursive Least Squares，RLS）算法及其各种变形和改进算法。下面将介绍 LMS 算法和 RLS 算法。

7.5 最小均方（LMS）自适应算法

7.5.1 最速下降与最小均方（LMS）算法

最常用的下降算法为梯度下降法，也称为最速下降算法。在最速下降算法中，k 时刻的更新方向向量 $\boldsymbol{v}(k)$ 取 k 时刻的准则函数 $J(k)$ 的负梯度，即最速下降算法的统一形式为

$$\boldsymbol{w}(k+1) = \boldsymbol{w}(k) - \frac{1}{2}\mu(k)\nabla J(k) \qquad (7\text{-}75)$$

系数 1/2 的引入是为了数学上处理方便。

将式（7-71）代入式（7-75），可以得到权向量的更新方式：

$$\boldsymbol{w}(k+1) = \boldsymbol{w}(k) + \mu(k)[\boldsymbol{r} - \boldsymbol{R}\boldsymbol{w}(k)], \quad k = 1, 2, \cdots \qquad (7\text{-}76)$$

对上述更新方式进行以下几点说明：

（1）$\boldsymbol{r} - \boldsymbol{R}\boldsymbol{w}(k)$ 为误差向量，由它确定权向量的更新方向。

（2）参数 $\mu(k)$ 为 k 时刻的更新步长，由该参数决定更新算法的收敛速度。

（3）若自适应算法趋于收敛，则 $\boldsymbol{r} - \boldsymbol{R}\boldsymbol{w}(k) \to 0$（当 $k \to \infty$ 时），即有

$$\lim_{k\to\infty} \boldsymbol{w}(k) = \boldsymbol{R}^{-1}\boldsymbol{r} \qquad (7\text{-}77)$$

也就是说，权向量收敛于式（7-36）所指的 Wiener 滤波器。

由上可知，如果可以精确获得每一时刻 k 的梯度向量 $\nabla J(k)$，而且步长参数选择合适，则由最速下降算法获得的权向量将会收敛于最优的 Wiener 解。但当算法运行于未知环境时，不可能获得梯度向量的精确值，此时只能根据观测数据，对梯度向量进行估计。

为了推导梯度向量 $\nabla J(k)$ 的估计方法，最明显的策略是利用式（7-70），将数学期望项 $E\{\boldsymbol{u}(k)d(k)\}$ 和 $E\{\boldsymbol{u}(k)\boldsymbol{u}^{\mathrm{T}}(k)\}$ 分别用它们各自的瞬时值 $\boldsymbol{u}(k)d(k)$ 和 $\boldsymbol{u}(k)\boldsymbol{u}^{\mathrm{T}}(k)$ 代替，以得到真实梯度向量的估计量

$$\hat{\nabla}J(k) = -2\boldsymbol{u}(k)d(k) + 2\boldsymbol{u}(k)\boldsymbol{u}^{\mathrm{T}}(k)\boldsymbol{w}(k) \qquad (7\text{-}78)$$

$\hat{\nabla}J(k)$ 习惯上称为瞬时梯度。求式（7-78）梯度估计的期望值，可得

$$E\{\hat{\nabla}J(k)\} = -2E\{\boldsymbol{u}(k)d(k) + 2\boldsymbol{u}(k)\boldsymbol{u}^{\mathrm{T}}(k)\boldsymbol{w}(k)\} = -2\boldsymbol{r} + 2\boldsymbol{R}\boldsymbol{w}(k) = \nabla J(k) \qquad (7\text{-}79)$$

即瞬时梯度向量是对真实梯度向量的无偏估计。

将梯度算法式（7-75）中的真实梯度向量 $\nabla J(k)$ 用瞬时梯度向量 $\hat{\nabla}J(k)$ 代替，即得到瞬时梯度算法：

$$\begin{aligned}
\boldsymbol{w}(k+1) &= \boldsymbol{w}(k) + \mu(k)\boldsymbol{u}(k)[d(k) - \boldsymbol{u}^{\mathrm{T}}(k)\boldsymbol{w}(k)] \\
&= \boldsymbol{w}(k) + \mu(k)\boldsymbol{u}(k)[d(k) - \boldsymbol{w}^{\mathrm{T}}(k)\boldsymbol{u}(k)]
\end{aligned} \qquad (7\text{-}80)$$

式（7-80）就是著名的最小均方（LMS）算法，它是 Widrow 和 Hoff 于 20 世纪 60 年代初提出的。为了便于理解和分析 LMS 算法，将式（7-80）进一步表示为以下 3 个基本公式：

（1）滤波输出公式：

$$y(k) = \boldsymbol{w}^{\mathrm{T}}(k)\boldsymbol{u}(k) \qquad (7\text{-}81)$$

（2）估计误差公式：

$$e(k) = d(k) - y(k) \qquad (7\text{-}82)$$

（3）权向量自适应公式：

$$\boldsymbol{w}(k+1) = \boldsymbol{w}(k) + \mu(k)\boldsymbol{u}(k)e(k) \qquad (7\text{-}83)$$

在上述 LMS 算法中，由步长参数 μ 控制该算法达到最优解的收敛速度。μ 的取值大，则收敛速度较快。然而，如果 μ 的取值太大，算法会变得不稳定，为了保证稳定，μ 的取值通常按照式（7-84）选择。

$$0 < \mu < \frac{2}{NP_{\mathrm{in}}} \qquad (7\text{-}84)$$

式中，N 为滤波器的长度；P_{in} 为滤波器抽头输入信号的功率，P_{in} 可以根据输入信号的采样值来估计。

为了实现上述 LMS 算法的递推计算，需要初始值 $\boldsymbol{w}(0)$，如果对于滤波器抽头权向量有足够的先验知识，可以选择一个合适的 $\boldsymbol{w}(0)$，否则可以设 $\boldsymbol{w}(0) = \boldsymbol{0}$。

综上，自适应 FIR 滤波器的基本 LMS 算法可以总结为表 7-2。

表 7-2　自适应 FIR 滤波器的基本 LMS 算法总结

参数	$0 < \mu < \dfrac{2}{NP_{\mathrm{in}}}$
	其中，N 为滤波器的长度；P_{in} 为滤波器抽头输入信号的功率；μ 为步长参数
初始化	如果对于滤波器抽头权向量有足够的先验知识，可以选择一个合适的 $\boldsymbol{w}(0)$，否则设 $\boldsymbol{w}(0) = \boldsymbol{0}$

续表

数据	给定 k 时刻的抽头输入 $\boldsymbol{u}(k)=[u(k)\ u(k-1)\ \cdots\ u(k-N+1)]^{\mathrm{T}}$ 和期望响应 $d(k)$，需要估计 $k+1$ 时刻的抽头权向量 $\boldsymbol{w}(k+1)$
计算步骤	对于 $k=0,1,2,\cdots$，迭代计算 $y(k)=\boldsymbol{w}^{\mathrm{T}}(k)\boldsymbol{u}(k)$ $e(k)=d(k)-y(k)$ $\boldsymbol{w}(k+1)=\boldsymbol{w}(k)+\mu(k)\boldsymbol{u}(k)e(k)$

为了使 LMS 算法的数字实现稳定，可以采用所谓的泄漏技巧（对应着输入参数 leakage）。与基本 LMS 算法采用最小均方准则不同，在泄漏 LMS 算法中，准则函数的表达式为

$$J(k)=e^2(k)+\alpha\boldsymbol{w}^{\mathrm{T}}(k)\boldsymbol{w}(k) \tag{7-85}$$

式中，α 为一个正的控制参数；$e^2(k)$ 为估计误差的平方；$\boldsymbol{w}^{\mathrm{T}}(k)\boldsymbol{w}(k)$ 为抽头权向量 $\boldsymbol{w}(k)$ 中包含的能量。

通过将上述准则函数最小化，可以求得泄漏 LMS 算法抽头权向量的更新方程：

$$\boldsymbol{w}(k+1)=[1-\mu(k)\alpha]\boldsymbol{w}(k)+\mu(k)e(k)\boldsymbol{u}(k) \tag{7-86}$$

式中，α 为正数，且满足

$$0\leqslant\alpha<\frac{1}{\mu(k)} \tag{7-87}$$

除了式（7-86）中的泄漏因子 $1-\mu(k)\alpha$，泄漏 LMS 算法与基本 LMS 算法具有相同的数学形式。

MATLAB（版本 7）的滤波器设计工具箱提供了 LMS 算法实现函数，其调用格式为

```
ha = adaptfilt.lms(l,step,leakage,coeffs,states)
```

adaptfilt.lms 函数参数说明如表 7-3 所示。

表 7-3　adaptfilt.lms 函数参数说明

输入参数	参数描述
l	自适应滤波器长度（滤波器抽头系数的个数）。l 必须为正值，默认值为 10
step	LMS 算法步长。step 为非负值，可以采用 maxstep 函数为被处理信号确定一个合理的步长范围。step 的默认值为 0.1
leakage	LMS 算法泄漏因子。leakage 的值在 0 和 1 之间。当 leakage 的值小于 1 时，adaptfilt.lms 用于实现泄漏 LMS 算法。leakage 的默认值为 1，即采用无泄漏 LMS 算法
coeffs	长度为 l 的滤波器系数初始值向量。coeffs 默认为长度为 l 的零向量
states	长度为 l-1 的滤波器初始状态向量。states 默认为长度为 l-1 的零向量

【例 7-2】LMS 自适应 FIR 滤波器仿真：首先，设计一个具有 32 个系数的 FIR 滤波器，并用它生成测试信号；然后，根据测试信号，利用 LMS 算法对原滤波器进行辨识，并对辨识结果与原滤波器进行比较。MATLAB 代码如下，仿真结果如图 7-10 和图 7-11 所示。

```
% 例 7-2 的 MATLAB 程序
ns = 500;              % 迭代次数
nf = 32;               % 滤波器系数的个数
x  = randn(1,ns);      % 滤波器输入
b  = fir1(nf-1,0.5);   % FIR 系统
n  = 0.1*randn(1,ns);  % 观测噪声
d  = filter(b,1,x)+n;  % 期望信号
mu = 0.008;            % LMS 算法步长

ha = adaptfilt.lms(nf,mu);
[y,e] = filter(ha,x,d);
```

```
t = 1:ns;
subplot(3,1,1); plot(t,d,'k');
axis([0,ns,-5,5]);
title('FIR 滤波器自适应(LMS)');
xlabel('时刻'); ylabel('期望信号');
subplot(3,1,2); plot(t,y,'k');
axis([0,ns,-5,5]);
xlabel('时刻'); ylabel('输出信号');
subplot(3,1,3); plot(t,e,'k');
xlabel('时刻'); ylabel('误差');
figure
subplot(2,1,1); stem(b,'k');
title('FIR 滤波器系数(LMS)');
xlabel('系数序号'); ylabel('实际系数值'); grid on;
subplot(2,1,2); stem(ha.coefficients','k');
xlabel('系数序号'); ylabel('估计系数值'); grid on;
```

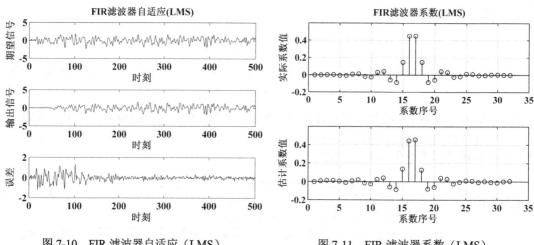

图 7-10　FIR 滤波器自适应（LMS）　　　图 7-11　FIR 滤波器系数（LMS）

7.5.2　归一化最小均方（LMS）算法

自适应 LMS 算法简单，它既不需要计算输入信号的相关函数，也不需要求矩阵的逆，因而得到了广泛的应用。但是，由于 LMS 算法采用梯度向量的瞬时估计，它有大的方差，以致不能获得最优滤波性能。此外，LMS 自适应滤波器收敛速度较慢。归一化 LMS（Normalized LMS，NLMS）算法是一种常用的采用变步长方法加快算法收敛的改进 LMS 算法。

NLMS 算法的权向量更新迭代公式为

$$w(k+1) = w(k) + \frac{\overline{\mu}}{\gamma + u^{\mathrm{T}}(k)u(k)} \, u(k)e(k) \tag{7-88}$$

式中，$\overline{\mu} \in (0,2)$ 为固定的步长因子；$\gamma(\gamma > 0)$ 是为避免 $u^{\mathrm{T}}(k)u(k)$ 过小导致步长值太大而设置的正常数。

MATLAB（版本 7）的滤波器设计工具箱提供了 NLMS 算法实现函数，其调用格式为

```
ha = adaptfilt.nlms(l,step,leakage,offset,coeffs,states)
```

adaptfilt.nlms 函数参数说明如表 7-4 所示。

表 7-4　adaptfilt.nlms函数参数说明

输入参数	参数描述
l	自适应滤波长度（滤波器抽头系数的个数）。l 必须为正值，默认值为 10
step	NLMS 算法步长。step 必须是 0 和 2 之间的数。将 step 设为 1 可以获得最快的收敛速度。step 的默认值为 1
leakage	NLMS 算法泄漏因子。leakage 的值在 0 和 1 之间。当 leakage 的值小于 1 时，adaptfilt.nlms 用于实现泄漏 LMS 算法。leakage 的默认值为 1，即采用无泄漏 LMS 算法
offset	offset 为步长归一化项分母中的可选偏移量。offset 大于或等于 0。offset 为正可避免输入信号过小导致的步长值太大。如果省略 offset 项，offset 的默认值为 0
coeffs	长度为 l 的滤波器系数初始值向量。coeffs 默认为长度为 l 的零向量
states	长度为 l-1 的滤波器初始状态向量。states 默认为长度为 l-1 的零向量

【例 7-3】NLMS 自适应 FIR 滤波器仿真：首先，设计一个具有 32 个系数的 FIR 滤波器，并用它生成测试信号；然后，根据测试信号，利用 NLMS 算法对原滤波器进行辨识，并对辨识结果与原滤波器进行比较。MATLAB 代码如下，仿真结果如图 7-12 和图 7-13 所示。

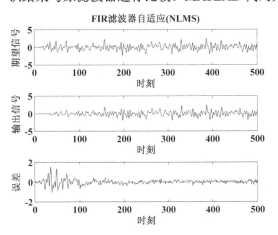

图 7-12　FIR 滤波器自适应（NLMS）

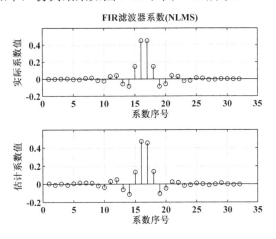

图 7-13　FIR 滤波器系数（NLMS）

```
% 例 7-3 的 MATLAB 程序
ns = 500;                 % 迭代次数
nf = 32;                  % 滤波器系数的个数
x  = randn(1,ns);         % 滤波器输入
b  = fir1(nf-1,0.5);      % FIR 系统
n  = 0.1*randn(1,ns);     % 观测噪声
d  = filter(b,1,x)+n;     % 期望信号
mu = 1;                   % NLMS 算法步长
offset = 50;              % NLMS 算法偏移
ha = adaptfilt.nlms(nf,mu,1,offset);
[y,e] = filter(ha,x,d);
t = 1:ns;
subplot(3,1,1); plot(t,d,'k');
axis([0,ns,-5,5]);
title('FIR 滤波器自适应(NLMS)');
xlabel('时刻'); ylabel('期望信号');
subplot(3,1,2); plot(t,y,'k');
axis([0,ns,-5,5]);
xlabel('时刻'); ylabel('输出信号');
```

```
subplot(3,1,3); plot(t,e,'k');
xlabel('时刻'); ylabel('误差');
figure
subplot(2,1,1); stem(b','k');
title('FIR 滤波器系数(NLMS)');
xlabel('系数序号'); ylabel('实际系数值'); grid on;
subplot(2,1,2); stem(ha.coefficients','k');
xlabel('系数序号'); ylabel('估计系数值'); grid on;
```

7.5.3 分块最小均方（LMS）算法

虽然 LMS 算法简单且易于实现，但是 LMS 算法针对一个样点就调整一次滤波器权值，计算量比较大。为了减小计算量，同时提升算法的稳定性，在 LMS 算法的基础上进行改进，提出了块处理 LMS（Block LMS，BLMS）算法。BLMS 算法针对一个包含若干样点的数据块才更新一次滤波器的权值。

输入数据序列经过串—并变换器，被分成若干长度为 L 的数据块，然后将这些数据块一次一块地送入长度为 M 的滤波器中，在收集到每一数据块的输出后，才进行滤波器抽头权值的更新。分块 LMS 算法中滤波器的自适应过程是逐块进行的，而不是像传统 LMS 算法那样逐个值进行。假设长度 L 的输入数据块表示为 $\begin{bmatrix} u(k) & u(k+1) & \cdots & u(k+L-1) \end{bmatrix}^{\mathrm{T}}$，可以按照下面的式子更新滤波器权值：

$$w(k+1) = w(k) + \mu(k)u(k)e(k)$$
$$w(k+2) = w(k+1) + \mu(k+1)u(k+1)e(k+1)$$
$$\cdots$$
$$w(k+L) = w(k+L-1) + \mu(k+L-1)u(k+L-1)e(k+L-1)$$

在块更新过程中，步长参数被认为是保持不变的，即 $\mu(k)=\mu(k+1)=\cdots=\mu(k+L-1)=\mu$，那么将上面的式子全部相加，中间的式子左右相消，就可以得出 BLMS 算法权值的更新公式：

$$w(k+L) = w(k) + \mu \sum_{i=0}^{L-1} u(k+i)e(k+i) \tag{7-89}$$

为了表示方便，我们将式（7-89）中的变量 k 替换为 nL，则得到式（7-90）。

$$w(n+1) = w(n) + \mu \sum_{i=0}^{L-1} u(nL+i)e(nL+i) \tag{7-90}$$

7.6 递推最小二乘（RLS）自适应算法

7.6.1 最小二乘法

最小二乘（Least Squares）法是 1795 年著名数学家高斯（Gauss）为了解决行星轨道参数估计问题而提出的。高斯认为，在根据观测数据推断未知参数时，未知参数最合适的数值是这样一个值，它使各项实际观测值与计算值之间差值的平方乘以度量其精确度的数值以后的和最小。最小二乘法是目前应用十分广泛的估计方法。

递推最小二乘（Recursive Least Squares，RLS）算法是一类以最小二乘准则为依据的迭代算法。与 LMS 算法相比，RLS 算法收敛速度更快，但运算量显著增加。

考虑图 7-9 所示的自适应 FIR 滤波器，RLS 算法的关键是使误差二乘方时间平均最小化。具体来讲，就是要对初始时刻到当前时刻所有误差的平方进行平均，使其结果最小化，再按照这一准则确定自适应滤波器的权向量，即 RLS 算法的准则函数为

$$\varepsilon(k) = \sum_{i=0}^{k} e^2(i) = \min \tag{7-91}$$

其中

$$e(i) = d(i) - y(i) \tag{7-92}$$

式中，$d(i)$ 为期望响应；$y(i)$ 为 FIR 滤波器的输出响应，即

$$y(i) = \boldsymbol{w}^{\mathrm{T}}\boldsymbol{u}(i) = \boldsymbol{u}^{\mathrm{T}}(i)\boldsymbol{w} \tag{7-93}$$

对于跟踪非平稳输入信号，常引入一个指数加权因子对式（7-91）进行修正，即

$$\varepsilon(k) = \sum_{i=0}^{n} \lambda^{k-i} e^2(i) \tag{7-94}$$

式中，指数加权因子 $\lambda(0 < \lambda < 1)$ 称为遗忘因子，其作用是对不同时刻的误差加不同的权重，即新数据比旧数据更重要，旧数据的权值按指数规律衰减，越旧的数据对 $\varepsilon(k)$ 的影响越小。

按照式（7-94）最小化准则确定最佳权向量。对式（7-91）求导，并令其等于零，可得

$$\frac{\partial \varepsilon(k)}{\partial \boldsymbol{w}} = -2 \sum_{i=0}^{k} \lambda^{k-i} \boldsymbol{u}(i) e(i) = 0 \tag{7-95}$$

式（7-95）即为最小二乘准则所对应的正交方程，经整理，得到标准方程：

$$\sum_{i=0}^{k} \lambda^{k-i} \boldsymbol{u}(i)[d(i) - \boldsymbol{w}^{\mathrm{T}}\boldsymbol{u}(i)] = 0 \tag{7-96}$$

根据式（7-93），式（7-96）可以表示为

$$\left[\sum_{i=0}^{k} \lambda^{k-i} \boldsymbol{u}(i)\boldsymbol{u}^{\mathrm{T}}(i) \right] \boldsymbol{w} = \sum_{i=0}^{k} \lambda^{k-i} \boldsymbol{u}(i)d(i) \tag{7-97}$$

定义

$$\boldsymbol{R}(k) = \sum_{i=0}^{k} \lambda^{k-i} \boldsymbol{u}(i)\boldsymbol{u}^{\mathrm{T}}(i) \tag{7-98}$$

$$\boldsymbol{r}(k) = \sum_{i=0}^{k} \lambda^{k-i} \boldsymbol{u}(i)d(i) \tag{7-99}$$

则标准方程可以表示为

$$\boldsymbol{R}(k)\boldsymbol{w} = \boldsymbol{r}(k) \tag{7-100}$$

该方程的解为

$$\boldsymbol{w} = \boldsymbol{R}^{-1}(k)\boldsymbol{r}(k) \tag{7-101}$$

注意：$\boldsymbol{R}(k)$ 和 $\boldsymbol{r}(k)$ 都与 k 有关，所以 $\boldsymbol{w}$ 实际上是 k 的函数。因此，式（7-101）可写成

$$\boldsymbol{w}(k) = \boldsymbol{R}^{-1}(k)\boldsymbol{r}(k) = \boldsymbol{P}(k)\boldsymbol{r}(k) \tag{7-102}$$

其中

$$\boldsymbol{P}(k) = \boldsymbol{R}^{-1}(k) \tag{7-103}$$

式（7-102）表明：指数加权最小二乘问题的解 $\boldsymbol{w}(k)$ 再次成为 Wiener 滤波器。

7.6.2　递推最小二乘（RLS）算法

在实际应用中，一般希望算法具有递推形式，以加快运算。下面推导递推计算的 RLS 算

法。为此，首先将式（7-98）和式（7-99）写成递推形式：

$$R(k) = \lambda R(k-1) + u(k)u^{\mathrm{T}}(k) \tag{7-104}$$

$$r(k) = \lambda r(k-1) + u(k)d(k) \tag{7-105}$$

根据式（7-103），式（7-104）可写成

$$P(k) = [\lambda P^{-1}(k-1) + u(k)u^{\mathrm{T}}(k)]^{-1} \tag{7-106}$$

利用矩阵求逆的恒等式为

$$(A + BCD)^{-1} = A^{-1} - A^{-1}B(C^{-1} + DA^{-1}B)^{-1}DA^{-1}$$

式（7-106）可写成

$$P(k) = \frac{1}{\lambda}\left[P(k-1) - \frac{P(k-1)u(k)u^{\mathrm{T}}(k)P(k-1)}{\lambda + u^{\mathrm{T}}(k)P(k-1)u(k)} \right] \tag{7-107}$$

由式（7-102）可得

$$w(k-1) = P(k-1)r(k-1)$$

并将式（7-105）和式（7-107）代入式（7-102），得到

$$w(k) = w(k-1) + L(k)e(k\,|\,k-1) \tag{7-108}$$

其中，增益 $L(k)$ 和误差 $e(k\,|\,k-1)$ 的定义式分别为

$$L(k) = \frac{P(k-1)u(k)}{\lambda + u^{\mathrm{T}}(k)P(k-1)u(k)} \tag{7-109}$$

$$e(k\,|\,k-1) = d(k) - w^{\mathrm{T}}(k-1)u(k) \tag{7-110}$$

误差 $e(k\,|\,k-1)$ 通常称为先验估计误差。

式（7-108）具有 Kalman 滤波器的形式。$w(k-1)$ 是根据 $k-1$ 及以前所有数据得到的最优滤波器，根据它来预测 $w(k)$ 是合理的，$e(k\,|\,k-1)$ 就是这种预测所得的误差。对预测进行校正便可得到 $w(k)$。

利用式（7-107），增益公式（7-109）可以写成

$$L(k) = P(k)u(k) = R^{-1}(k)u(k) \tag{7-111}$$

则式（7-108）变成

$$w(k) = w(k-1) + R^{-1}(k)u(k)e(k\,|\,k-1) \tag{7-112}$$

式（7-112）与 LMS 算法的差别在于权向量校正中出现了因子 $R^{-1}(k)$。事实上，$R(k)$ 是自相关矩阵 $E\{u(k)u^{\mathrm{T}}(k)\}$ 的一种量度，$R^{-1}(k)$ 因子的出现使得 RLS 算法具有快速收敛的性质。

为了实现 RLS 算法的递推运算，必须知道 $P(0)$ 和 $w(0)$。

在非平稳情况下，$P(0)$ 的初始值由式（7-113）决定。

$$P(0) = R^{-1}(0) = \left[\sum_{i=-n_0}^{0} \lambda^{-i}u(i)u^{\mathrm{T}}(i) \right]^{-1} \tag{7-113}$$

因此，相关矩阵的表达式可以为

$$R(k) = \sum_{i=1}^{k} \lambda^{k-i}u(i)u^{\mathrm{T}}(i) + R(0) \tag{7-114}$$

鉴于 λ 的遗忘作用，自然认为 $R(0)$ 在 $R(k)$ 计算中起的作用越小越好，考虑到这一点，可以用一个很小的单位矩阵来近似表示 $R(0)$，即

$$R(0) = \delta I \tag{7-115}$$

式中，δ 为一很小的正数。则 $P(0)$ 的初始值由式（7-116）给出。

$$P(0) = \delta^{-1} I \tag{7-116}$$

如果对权向量有一定的先验知识，可以选择一个合适的初始估计向量 $w(0)$ ，否则可以设 $w(0) = \mathbf{0}$ 。

遗忘因子 λ 的数值对上述 RLS 算法影响很大。算法的有效记忆长度用 t_0 来度量，t_0 的定义式为

$$t_0 = \frac{\sum_{k=0}^{\infty} n\lambda^k}{\sum_{k=0}^{\infty} \lambda^k} = \frac{\lambda}{1-\lambda} \tag{7-117}$$

遗忘因子 λ 越小，对应的 t_0 就越小，也就意味着对信号非平稳性的跟踪性能越好。但如果 λ 太小，t_0 会小于信号每个平稳段的有效时间，这就不能充分利用所有能够获取的采样数据（这些数据本来覆盖着整个平稳段），结果所算出来的权向量 $w(k)$ 将受到噪声的严重影响。对于平稳信号，λ 的最佳值为 1。

现将基本 RLS 算法总结如下：

（1）初始化：如果对权向量有一定先验知识，则选择一个合适的初始估计向量 $w(0)$ ，否则设 $w(0) = \mathbf{0}$ ，$P(0) = \delta^{-1} I$ ，其中，δ 为一很小的正数。

（2）更新：对于 $k = 1, 2, \cdots$ ，计算

$$e(k \mid k-1) = d(k) - w^{\mathrm{T}}(k-1)u(k)$$

$$L(k) = \frac{P(k-1)u(k)}{\lambda + u^{\mathrm{T}}(k)P(k-1)u(k)}$$

$$P(k) = \frac{1}{\lambda} \left[P(k-1) - L(k)u^{\mathrm{T}}(k)P(k-1) \right]$$

$$w(k) = w(k-1) + L(k)e(k \mid k-1)$$

滤波器输出响应 $y(k)$ 和 $e(k)$ 分别为 $y(k) = w^{\mathrm{T}}(k)u(k)$ 和 $e(k) = d(k) - y(k)$ 。

MATLAB（版本 7）的滤波器设计工具箱提供了 RLS 算法实现函数，其调用格式为

```
ha = adaptfilt.rls(l,lambda,invcov,coeffs,states)
```

adaptfilt.rls 函数参数说明如表 7-5 所示。

表 7-5　adaptfilt.rls函数参数说明

输入参数	参数描述
l	自适应滤波长度（滤波器抽头系数的个数）。l 必须为正值，默认值为 10
lambda	RLS 算法遗忘因子。lambda 大于 0，小于等于 1。lambda 的默认值为 1
invcov	输入信号相关矩阵的逆。为了得到最好性能，该矩阵应初始化为正定矩阵
coeffs	长度为 l 的滤波器系数初始值向量。coeffs 默认为长度为 l 的零向量
states	长度为 l-1 的滤波器初始状态向量。states 默认为长度为 l-1 的零向量

【例 7-4】RLS 自适应 FIR 滤波器仿真：首先，设计一个具有 32 个系数的 FIR 滤波器，并用它生成测试信号；然后，根据测试信号，利用 RLS 算法对原滤波器进行辨识，并对辨识结果与原滤波器进行比较。MATLAB 代码如下，仿真结果如图 7-14 和图 7-15 所示。

```
% 例 7-4 的 MATLAB 程序
ns = 500;              % 迭代次数
nf = 32;               % 滤波器系数的个数
x  = randn(1,ns);      % 滤波器输入
```

```
b = fir1(nf-1,0.5);         % FIR 系统
n = 0.1*randn(1,ns);        % 观测噪声
d = filter(b,1,x)+n;        % 期望信号
P0 = 10*eye(nf);            % 输入信号相关矩阵的逆的初始值
lam = 0.99;                 % RLS 算法遗忘因子
ha = adaptfilt.rls(nf,lam,P0);
[y,e] = filter(ha,x,d);
t = 1:ns;
subplot(3,1,1); plot(t,d,'k');
axis([0,ns,-5,5]);
title('FIR 滤波器自适应(RLS)');
xlabel('时刻'); ylabel('期望信号');
subplot(3,1,2); plot(t,y,'k');
axis([0,ns,-5,5]);
xlabel('时刻'); ylabel('输出信号');
subplot(3,1,3); plot(t,e,'k');
xlabel('时刻'); ylabel('误差');
figure
subplot(2,1,1); stem(b','k');
title('FIR 滤波器系数(RLS)');
xlabel('系数序号'); ylabel('实际系数值'); grid on;
subplot(2,1,2); stem(ha.coefficients','k');
xlabel('系数序号'); ylabel('估计系数值'); grid on;
```

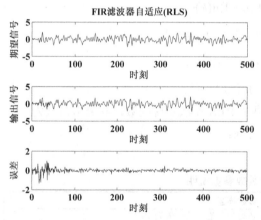

图 7-14　FIR 滤波器自适应（RLS）

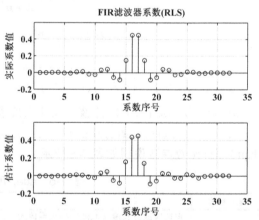

图 7-15　FIR 滤波器系数（RLS）

　　为了进一步了解 RLS 算法的收敛特性，对 LMS、NLMS 和 RLS 三种自适应算法的收敛特性进行仿真比较，如图 7-16 所示。图中 3 条曲线分别代表 3 种算法平方误差 $e^2(k)$ 的平均收敛曲线，它们是通过将例 7-2、例 7-3 和例 7-4 分别独立运行 200 次，然后计算平方误差 $e^2(k)$ 的平均值而得到的。由图可知，NLMS 算法的收敛速度快于 LMS 算法，而 RLS 算法的收敛速度比 LMS 和 NLMS 算法快得多。

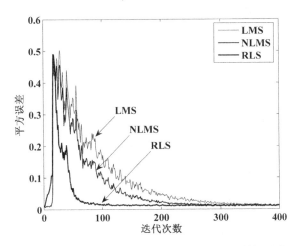

图 7-16　LMS、NLMS 和 RLS 算法的收敛特性比较

小结

滤波是一种从含有噪声的观测数据中抽取信号的过程。在线性滤波理论中，Wiener 滤波所要解决的是最小均方差准则下的线性滤波问题。Wiener 滤波是在已知信号与噪声的相关函数或功率谱的情况下，通过求解 Wiener-Hopf 方程，对平稳随机信号进行滤波的。Kalman 滤波是线性无偏最小方差递推滤波，它的估计性能是最优的，而递推计算形式又能适应实时处理的需要。在设计 Kalman 滤波器时，需要了解信号和噪声的统计特性。自适应滤波只需要很少或根本不需要信号和噪声的先验统计知识，它通过自学习来适应未知或变化的环境。本章主要介绍了 LMS 和 RLS 两类自适应算法。一般来讲，LMS 算法计算量比较小，但收敛速度比较慢；RLS 算法收敛速度相对较快，但运算量也较大。应用中应根据具体情况进行选择。

本章的编写主要依据文献[15]、[20]～[22]，部分内容参考了文献[23]～[30]。

7.7　习题

1．计算 FIR Wiener 滤波器产生的最小均方差值。

2．考虑一个 FIR Wiener 滤波器问题，其滤波器输入向量 $x(k)$ 的相关矩阵 R 为

$$R = \begin{bmatrix} 1 & 0.5 \\ 0.5 & 1 \end{bmatrix}$$

输入向量与期望响应的互相关向量 r 为

$$r = \begin{bmatrix} 0.5 & 0.25 \end{bmatrix}^{\mathrm{T}}$$

计算 Wiener 滤波器的抽头权值和这个 Wiener 滤波器所产生的最小均方差值。

3．设状态变量服从以下模型：

$$x(k) = 0.8x(k-1) + w(k)$$

式中，$w(k)$ 为白噪声，其均值为零，方差为 1。用 Kalman 滤波器估计状态变量，求 $\hat{x}(k)$ 的表达式。

4. 设时变系统的状态方程和观测方程分别为

$$x(k) = \begin{bmatrix} 1/2 & 1/8 \\ 1/8 & 1/2 \end{bmatrix} x(k-1) + w(k)$$

和

$$y(k) = x(k) + v(k)$$

式中，$w(k)$ 和 $v(k)$ 均为零均值白噪声，且满足

$$E\{w(k)w^{\mathrm{T}}(j)\} = \begin{cases} \sigma_1^2 I, & k = j \\ O, & k \neq j \end{cases}$$

$$E\{v(k)v^{\mathrm{T}}(j)\} = \begin{cases} \sigma_2^2 I, & k = j \\ O, & k \neq j \end{cases}$$

$$E\{w(k)v^{\mathrm{T}}(j)\} = O, \quad \forall k, j$$

$$E\{x(1)x^{\mathrm{T}}(1)\} = I$$

其中，O 和 I 分别为零矩阵和单位矩阵。求 $x(k)$ 的更新公式。

5. 在泄漏 LMS 算法中，准则函数的表达式为

$$J(k) = e^2(k) + \alpha w^{\mathrm{T}}(k)w(k)$$

式中，α 为一个正的控制参数；$e^2(k)$ 为估计误差的平方。证明泄漏 LMS 算法抽头权向量的更新方程为

$$w(k+1) = [1 - \mu(k)\alpha]w(k) + \mu(k)e(k)u(k)$$

6. 考虑过程 $x(k)$，其差分方程为

$$x(k) = -a_1 x(k-1) - a_2 x(k-2) + v(k)$$

式中，$v(k)$ 为零均值、方差为 0.1^2 的加性白噪声；$a_1 = 0.1$；$a_2 = -0.8$。给定输入 $x(k)$，分别利用 LMS 滤波器和 RLS 滤波器估计未知参数 a_1 和 a_2，并对两种滤波器的性能进行比较。

时频分析与小波变换

信号分析可以在时域进行，也可以通过傅里叶变换在频域进行。傅里叶变换的重要性在于它是域变换，即它把时域和频域联系了起来。许多在时域内难以观察的现象和规律，在频域内却十分清楚。但是，傅里叶变换只适用于统计特性不随时间变化的平稳信号，而实际信号的统计特性往往是时变的，这类信号统称为非平稳信号。由于非平稳信号的统计特性是随时间变化的，因此对非平稳信号的分析来说，就需要了解其局部统计特性。傅里叶变换是信号的全局变换，因而对非平稳信号而言，傅里叶变换不再是有效的分析工具。信号局部特性的分析需要信号的局部变换。另一方面，信号的时域描述和频域描述都只能描述信号的部分特性，为了精确描述信号的局部特性，经常需要使用信号的时域和频域的二维联合表示。非平稳信号的时域、频域联合分析称为信号的时频分析。

8.1 时频分析

8.1.1 时频分析概述

傅里叶变换是信号分析与处理的重要工具，但傅里叶变换是一种全局变换，不能用于信号的局部分析。事实上，对于给定信号 $x(t)$，$-\infty < t < +\infty$，如果 $x(t)$ 满足狄利克雷条件，且绝对可积，则 $x(t)$ 的傅里叶变换及其逆变换存在

$$X(\Omega) = \int_{-\infty}^{+\infty} x(t)\,\mathrm{e}^{-\mathrm{j}\Omega t}\mathrm{d}t \tag{8-1}$$

$$x(t) = \frac{1}{2\pi}\int_{-\infty}^{+\infty} X(\Omega)\,\mathrm{e}^{\mathrm{j}\Omega t}\mathrm{d}\Omega \tag{8-2}$$

由上述傅里叶变换的定义可知，对给定的某一频率，如 Ω_0，为求得该频率处的傅里叶变换 $X(\Omega_0)$，$x(t)$ 对 t 的积分需要从 $-\infty$ 到 $+\infty$，即需要信号 $x(t)$ 在整个时域的信息。反之，如果要求出某一时刻 t_0 处的值 $x(t_0)$，$X(\Omega)$ 对 Ω 的积分也需要从 $-\infty$ 到 $+\infty$，同样需要 $X(\Omega)$ 在整个频域的信息。实际上，傅里叶变换 $X(\Omega)$ 是信号 $x(t)$ 在整个时间域 $(-\infty, +\infty)$ 上所具有的频率特征的平均表示。反之，信号 $x(t)$ 在某一时刻的状态也是由频谱 $X(\Omega)$ 在整个频率域 $(-\infty, +\infty)$ 上的贡献来决定的。一个著名的例子就是 Dirac（狄拉克）引入的 $\delta(t)$ 函数，时间上的点脉冲

在频域上具有正负无限伸展的均匀频谱。因此，信号 $x(t)$ 和频谱 $X(\Omega)$ 彼此是整体刻画，不能反映各自在局部区域上的特征，也就不能用于信号的局部分析。下面看两个例子。

【例 8-1】 图 8-1 和图 8-2 所示为两个频率突变信号及其频谱。这两个信号均是由两种频率分量 $\sin 8\pi t$ 和 $\sin 16\pi t$ 组成的，但两个频率分量在两个信号中出现的顺序不同。对于信号 1，频率分量 $\sin 8\pi t$ 和 $\sin 16\pi t$ 分别占信号持续过程的前一半和后一半。信号 2 则正好相反，频率分量 $\sin 16\pi t$ 占信号持续过程的前一半，后一半为 $\sin 8\pi t$。对比两个信号的频谱可以看出，不同的时间过程却对应着相同的频谱，这说明，仅采用频谱不能区分这两个信号。

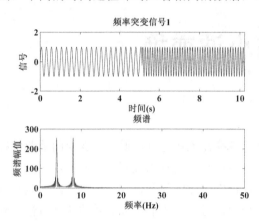

图 8-1 频率突变信号 1 及其频谱

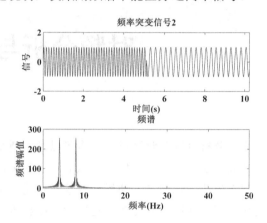

图 8-2 频率突变信号 2 及其频谱

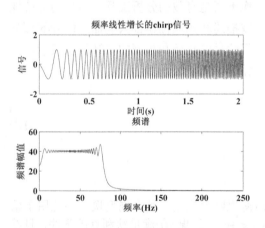

图 8-3 一个频率线性增长的 chirp 信号
（啁啾信号）及其频谱

【例 8-2】 图 8-3 所示为一个频率线性增长的 chirp 信号（啁啾信号）及其频谱。由 chirp 信号的频谱可以知道该信号包含哪些频率成分，但是从频谱曲线上看不出该信号的频率随时间线性增长的特点。

上述两个例子中的信号都是时变信号，其显著特点是频率随时间变化。很多关于信号分析与处理的文献称这种频率随时间变化的信号为非平稳信号，而把频率不随时间变化的信号称为平稳信号。值得注意的是，此处的"平稳"和"不平稳"与随机过程理论中的"平稳随机信号"和"非平稳随机信号"的意义不同。因此，如果说一个信号是平稳信号，除非上下文明确，否则需要指明是频率不随时间变化的信号，还是随机过程理论中的平稳随机信号。

由上述两例可以看出，傅里叶变换不能反映信号频率随时间变化的特征。对于频率随时间变化的非平稳信号（时变信号），傅里叶变换只能给出一个总的平均效果。为了分析和处理非平稳信号，需要使用信号的时域和频域的二维联合表示，即时频分析。

时频分析的基本目的是构造一个能反映信号时变特性的时频联合分布，它可以描述信号的时频联合特性。具体来讲，对于给定的信号 $x(t)$，希望找到一个二维函数 $F_x(t,\Omega)$，它应具有以下基本性质：

（1）$F_x(t,\Omega)$ 是时间 t 和频率的联合分布函数。

（2）$F_x(t,\Omega)$ 能够反映信号 $x(t)$ 的能量随时间 t 和频率变化的特征。

（3）既具有较好的时间分辨率，又具有较好的频率分辨率。

早在 1932 年，Wigner（维格纳）在量子力学的研究中就提出了时频联合分布的概念。1948 年，Ville（维尔）将这一概念引入信号分析领域，这就是著名的 Wigner-Ville（维格纳-维尔）时频分布。1946 年，Gabor（加博）提出了短时傅里叶变换和 Gabor（加博）变换的概念，对非平稳信号的时、频域联合分析进行了深入研究。1966 年，Cohen（科恩）提出了时频分布的一般形式，给定不同的权函数，就可得到不同的时频分布，Wigner-Ville 分布就是它的一个特例。20 世纪 80 年代后期发展起来的小波变换不仅扩展了信号时、频域联合分析的概念，而且在信号的分辨率方面具有对信号特点的适应性，近年来获得了广泛应用。

8.1.2　短时傅里叶变换（STFT）

短时傅里叶变换（Short-Time Fourier Transform，STFT）是非平稳信号分析中应用十分广泛的方法，它在傅里叶变换的框架内，将非平稳信号看成是由一系列短时平稳信号构成的，短时性通过在时域加窗来实现，并通过平移参数来平移覆盖整个时域。具体来讲，就是采用窗函数与非平稳信号的乘积，实现窗口中心附近的开窗和平移，再进行傅里叶变换，因而短时傅里叶变换也称为加窗傅里叶变换。

给定平方可积信号 $x(t)\in L^2(\mathbf{R})$，给定窗函数 $g(\tau)$，$g(\tau)$ 为对称实函数，用基函数

$$g_{t,\Omega}(\tau)=g(\tau-t)\mathrm{e}^{\mathrm{j}\Omega\tau} \tag{8-3}$$

代替傅里叶变换中的基函数 $\mathrm{e}^{\mathrm{j}\Omega t}$，信号 $x(t)$ 的短时傅里叶变换的定义式为

$$\mathrm{STFT}_x(t,\Omega)=\int_{-\infty}^{+\infty}x(\tau)g_{t,\Omega}^*(\tau)\mathrm{d}\tau=\int_{-\infty}^{+\infty}x(\tau)g^*(\tau-t)\mathrm{e}^{-\mathrm{j}\Omega\tau}\mathrm{d}\tau=\left\langle x(\tau),g(\tau-t)\mathrm{e}^{-\mathrm{j}\Omega\tau}\right\rangle \tag{8-4}$$

式（8-4）的意义实际上是用 $g(\tau)$ 沿着 t 轴平移，不断截取一段一段的信号，然后对其进行傅里叶变换，这些傅里叶变换的集合就是 $\mathrm{STFT}_x(t,\Omega)$。显然，$\mathrm{STFT}_x(t,\Omega)$ 是 (t,Ω) 的二维函数。由于 $g(\tau)$ 是窗函数，因此它在时域应为有限支撑的（定义域有限长），而由于 $\mathrm{e}^{\mathrm{j}\Omega t}$ 在频域是线谱，因此短时傅里叶变换的基函数 $g(\tau-t)\mathrm{e}^{\mathrm{j}\Omega\tau}$ 在时域和频域都应是有限支撑的。这样，短时傅里叶变换应具有对 $x(t)$ 进行时频定位的功能。

在应用上述短时傅里叶变换时，窗函数的选择是十分重要的。窗函数的主要特征体现在窗口宽度和形状。将非平稳信号片段作为近似平稳信号来分析，即从提高时间分辨率的角度考虑，窗口宽度应该越小越好，但问题是时域窗口宽度越小，相应的局部频谱的分辨率就越低。为了保持局部频谱的分辨率，就应该采用宽窗口，但当窗口宽度超过非平稳信号的局域平稳长度时，窗口内的信号将是非平稳的，又会使相邻的频谱混叠，从而不能正确表现局部频谱。因此，窗口宽度应该与信号的局域平稳长度相适应。事实上，可以证明：对于给定窗函数的短时傅里叶变换，时间分辨率和频率分辨率的乘积是一个定值，即时间分辨率和频率分辨率不可能同时任意提高，在提高一个分辨率的同时，另一个分辨率必定降低。

对式（8-4）两边取模平方，有

$$|\mathrm{STFT}_x(t,\Omega)|^2=\left|\int x(\tau)g^*(\tau-t)\mathrm{e}^{-\mathrm{j}\Omega\tau}\mathrm{d}\tau\right|^2=S_x(t,\Omega) \tag{8-5}$$

式中，$S_x(t,\Omega)$ 称为 $x(t)$ 的谱图或短时傅里叶谱。由谱图的定义可知，谱图恒正，而且是实函数。事实上，谱图 $S_x(t,\Omega)$ 是信号 $x(t)$ 在时刻 t 的能量谱密度。

短时傅里叶变换也存在逆变换，不过，短时傅里叶逆变换有着不同的表示形式。如果用

短时傅里叶变换的一维逆变换表示，即对式（8-4）两边求逆变换，有

$$\frac{1}{2\pi}\int_{-\infty}^{+\infty}\text{STFT}_x(t,\Omega)e^{j\Omega\mu}d\Omega = x(\mu)g(\mu-t)$$

令 $\mu=t$，则

$$x(t)=\frac{1}{2\pi g(0)}\int_{-\infty}^{+\infty}\text{STFT}_x(t,\Omega)e^{j\Omega t}d\Omega \tag{8-6}$$

如果用短时傅里叶变换的二维逆变换来表示，则有

$$x(\tau)=\frac{1}{2\pi}\int_{-\infty}^{+\infty}\int_{-\infty}^{+\infty}\text{STFT}_x(t,\Omega)g(\tau-t)e^{j\Omega\tau}dtd\Omega \tag{8-7}$$

需要指出的是，尽管式（8-6）在形式上是一重积分，但由于算法中假定 $\mu=t$，这实际上就包含了时间 t 的变化过程。

短时傅里叶变换也满足 Parseval 定理，即

$$\int_{-\infty}^{+\infty}|x(\tau)|^2 d\tau = \frac{1}{2\pi}\int_{-\infty}^{+\infty}\int_{-\infty}^{+\infty}|\text{STFT}_x(t,\Omega)|^2 dtd\Omega \tag{8-8}$$

离散序列 $\{x(n),n=0,1,\cdots,L-1\}$ 的短时傅里叶变换的定义式为

$$\text{STFT}_x(m,e^{j\omega})=\sum_n x(n)g(n-mN)e^{-j\omega n} \tag{8-9}$$

式中，N 为在时间轴上窗函数移动的步长；ω 为圆周频率。式（8-9）对应离散时间傅里叶变换（DTFT），为了进行数字信号处理，将频率 ω 离散化，令

$$\omega_k=\frac{2\pi}{M}k \tag{8-10}$$

则

$$\text{STFT}_x(m,\omega_k)=\sum_n x(n)g(n-mN)e^{-j\frac{2\pi}{M}nk} \tag{8-11}$$

式（8-11）实际上就是一个 M 点离散傅里叶变换（DFT），若窗函数 $g(n)$ 的窗口宽度正好也是 M 点，则式（8-11）可写成

$$\text{STFT}_x(m,k)=\sum_{n=0}^{M-1}x(n)g(n-mN)W_M^{nk},\ k=0,1,\cdots,M-1 \tag{8-12}$$

在应用中，若 $g(n)$ 的窗口宽度小于 M，则可采用补零的方法使其长度变为 M；若 $g(n)$ 的窗口宽度大于 M，则应增大 M，使之等于窗函数的宽度。

步长 N 的大小决定了窗函数沿时间轴移动的间距。若 $N=1$，则窗函数在 $x(n)$ 的时间方向上每隔一个点移动一次，根据式（8-12），此时总共需要进行 $L/N=L$ 次 M 点离散傅里叶变换。

与式（8-12）对应的逆变换是

$$x(n)=\frac{1}{M}\sum_m\sum_{k=0}^{M-1}\text{STFT}_x(m,k)W_M^{-nk} \tag{8-13}$$

式中，m 的求和范围取决于数据长度 L 及窗函数移动步长 N。

MATLAB 提供了计算谱图的函数 spectrogram，其调用格式为

```
S = spectrogram(x,window,noverlap,nfft,fs)
```

其中，x 为信号序列；window 为选用的窗函数（如果 window 是一个整数，则序列将 x 分成长度等于 window 长度的片段，并采用汉明窗；如果 window 是一个向量，则将序列 x 分成长度等于 window 长度的片段，并采用向量 window 确定的窗函数）；noverlap 为信号片段之间的重叠长度；nfft 为 FFT 的数据长度；fs 为采样频率，默认值为 1Hz。此外，还可以使

用 spectrogram(...,'freqloc')的句法来控制频率轴的显示,freqloc 的值可以为"xaxis"或"yaxis",即 x 轴和 y 轴中的一个为频率轴,另一个为时间轴。默认 x 轴是频率轴。

【例 8-3】利用短时傅里叶变换分析例 8-1 中的两个频率突变信号。应用 MATLAB 函数 spectrogram 绘出这两个信号的谱图,输入参数 window=256,noverlap=250,nfft=256,输出结果如图 8-4 和图 8-5 所示。分析这两个信号的谱图,可以知道两个频率分量在两个信号中出现的顺序,即短时傅里叶变换具有一定的时、频域联合分析功能。为了理解窗口宽度对时间和频率分辨率的影响,计算采用如下两组参数时频率突变信号 1 的谱图:

（1）window=128,noverlap=125,nfft=128。

（2）window=512,noverlap=500,nfft=512。

计算结果如图 8-6 和图 8-7 所示。由图 8-6 和图 8-7 可知,当时域窗口宽度减小时,时间分辨率提高,但频率分辨率下降;当时域窗口宽度增大时,频率分辨率提高,但时间分辨率下降。

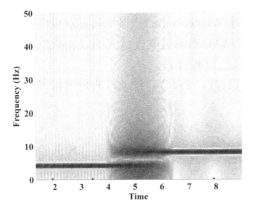

图 8-4　频率突变信号 1 的谱图

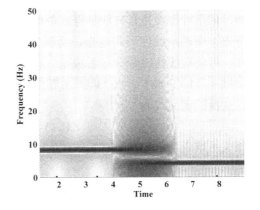

图 8-5　频率突变信号 2 的谱图

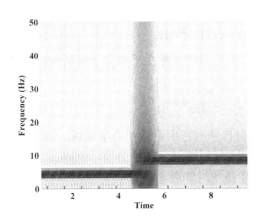

图 8-6　频率突变信号 1 的谱图（窄时窗）

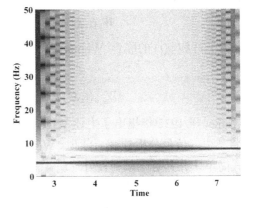

图 8-7　频率突变信号 1 的谱图（宽时窗）

【例 8-4】利用短时傅里叶变换分析例 8-2 中频率线性增长的 chirp 信号及其频谱。应用 MATLAB 函数 spectrogram 绘出该 chirp 信号的谱图,输入参数 window=256,noverlap=250,nfft=256,输出结果如图 8-8 所示。从该 chirp 信号的谱图中可以看出信号频率线性增长的特点。

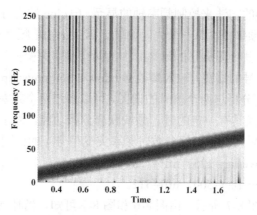

图 8-8　频率线性增长的 chirp 信号的谱图

8.1.3　Wigner-Ville（维格纳–维尔）分布

短时傅里叶变换是具有线性形式的时频分布，而 Wigner-Ville 分布是具有双线性形式的时频分布。所谓双线性形式是指，所研究的信号在时频分布的数学表达式中以相乘的形式出现两次。可将双线性时频分布看成是一种特殊的非线性时频分布。

令确定性信号 $x(t)$、$y(t)$ 的傅里叶变换分别是 $X(\Omega)$、$Y(\Omega)$，则 $x(t)$ 的瞬时相关函数或双线性变换的定义式为

$$r_x(t,\tau) = x(t+\tau/2)x^*(t-\tau/2) \tag{8-14}$$

瞬时相关函数表示信号在瞬时相关域 (t,τ) 的瞬时相关程度。$x(t)$ 与 $y(t)$ 的瞬时互相关函数的定义式为

$$r_{x,y}(t,\tau) = x(t+\tau/2)y^*(t-\tau/2) \tag{8-15}$$

对于随机信号，瞬时相关函数只要在上述定义式右边取均值即可。

信号 $x(t)$ 的自 Wigner 分布的定义为其瞬时相关函数关于滞后 τ 的傅里叶变换：

$$W_x(t,\Omega) = \int_{-\infty}^{+\infty} x(t+\tau/2)x^*(t-\tau/2)\mathrm{e}^{-\mathrm{j}\Omega\tau}\mathrm{d}\tau \tag{8-16}$$

信号 $x(t)$ 和 $y(t)$ 的联合 Wigner 分布的定义为它们的瞬时互相关函数关于滞后 τ 的傅里叶变换：

$$W_{x,y}(t,\Omega) = \int_{-\infty}^{+\infty} x(t+\tau/2)y^*(t-\tau/2)\mathrm{e}^{-\mathrm{j}\Omega\tau}\mathrm{d}\tau \tag{8-17}$$

Wigner 于 1932 年提出了上述 Wigner 分布的概念，并把它用于量子力学领域。1948 年，Ville 将其引入信号分析领域，自此，Wigner 分布也被称为 Wigner-Ville 分布。Wigner-Ville 分布形式简单，并具有一系列良好性质，是应用十分广泛的时频分布。

信号 $x(t)$ 的 Wigner-Ville 分布也可以用信号的频谱定义为

$$W_x(t,\Omega) = \frac{1}{2\pi}\int_{-\infty}^{+\infty} X(\Omega+\xi/2)X^*(\Omega-\xi/2)\mathrm{e}^{\mathrm{j}\xi t}\mathrm{d}\xi \tag{8-18}$$

信号 $x(t)$ 和 $y(t)$ 的联合 Wigner-Ville 分布的定义式为

$$W_{x,y}(t,\Omega) = \frac{1}{2\pi}\int_{-\infty}^{+\infty} X(\Omega+\xi/2)Y^*(\Omega-\xi/2)\mathrm{e}^{\mathrm{j}\xi t}\mathrm{d}\xi \tag{8-19}$$

Wigner-Ville 分布具有许多良好性质，其主要性质如下：

（1）实值性，即信号 $x(t)$ 的自 Wigner-Ville 分布是 t 和 Ω 的实函数：

$$W_x(t,\Omega)\in \mathbf{R}, \quad \forall(t,\Omega) \tag{8-20}$$

（2）时移不变性。若 $x'(t)=x(t-t_0)$，则

$$W_{x'}(t,\Omega)=W_x(t-t_0,\Omega) \tag{8-21}$$

（3）频移不变性。若 $x'(t)=x(t)\mathrm{e}^{\mathrm{j}\Omega_0 t}$，则

$$W_{x'}(t,\Omega)=W_x(t,\Omega-\Omega_0) \tag{8-22}$$

（4）时间边缘特性。

$$\begin{aligned}
\frac{1}{2\pi}\int_{-\infty}^{+\infty}W_x(t,\Omega)\mathrm{d}\Omega &= \frac{1}{2\pi}\int_{-\infty}^{+\infty}\int_{-\infty}^{+\infty}x(t+\tau/2)x^*(t-\tau/2)\mathrm{e}^{-\mathrm{j}\Omega\tau}\mathrm{d}\Omega\,\mathrm{d}\tau\\
&= \int_{-\infty}^{+\infty}x(t+\tau/2)x^*(t-\tau/2)\left(\frac{1}{2\pi}\int_{-\infty}^{+\infty}\mathrm{e}^{-\mathrm{j}\Omega\tau}\mathrm{d}\Omega\right)\mathrm{d}\tau\\
&= \int_{-\infty}^{+\infty}x(t+\tau/2)x^*(t-\tau/2)\delta(\tau)\mathrm{d}\tau\\
&= |x(t)|^2
\end{aligned} \tag{8-23}$$

式（8-23）表明：信号 $x(t)$ 的自 Wigner-Ville 分布沿频率轴的积分等于该信号在 t 时刻的瞬时能量。

（5）频率边缘特性。

$$\begin{aligned}
\int_{-\infty}^{+\infty}W_x(t,\Omega)\mathrm{d}t &= \frac{1}{2\pi}\int_{-\infty}^{+\infty}\int_{-\infty}^{+\infty}X(\Omega+\xi/2)X^*(\Omega-\xi/2)\mathrm{e}^{\mathrm{j}\xi t}\mathrm{d}\xi\,\mathrm{d}t\\
&= \int_{-\infty}^{+\infty}X(\Omega+\xi/2)X^*(\Omega-\xi/2)\left(\frac{1}{2\pi}\int_{-\infty}^{+\infty}\mathrm{e}^{\mathrm{j}\xi t}\mathrm{d}t\right)\mathrm{d}\xi\\
&= \int_{-\infty}^{+\infty}X(\Omega+\xi/2)X^*(\Omega-\xi/2)\delta(\xi)\mathrm{d}\xi\\
&= |X(\Omega)|^2
\end{aligned} \tag{8-24}$$

式（8-24）表明：信号 $x(t)$ 的自 Wigner-Ville 分布沿时间轴的积分等于该信号在频率 Ω 处的瞬时能量。

由上述性质（4）和性质（5）可知，Wigner-Ville 分布具有能量分布性质。但是，由于 Wigner-Ville 分布不能保证在整个平面上是正的，因此 Wigner-Ville 分布不满足一个真正的时频能量分布不能为负的原则，也正是这一原因，Wigner-Ville 分布有时会导致无法解释的结果。

如信号 $x(t)$ 为两个信号的和，即 $x(t)=x_1(t)+x_2(t)$，则

$$\begin{aligned}
W_x(t,\Omega) &= \int_{-\infty}^{+\infty}[x_1(t+\tau/2)+x_2(t+\tau/2)][x_1^*(t-\tau/2)+x_2^*(t-\tau/2)]\mathrm{e}^{-\mathrm{j}\Omega\tau}\mathrm{d}\tau\\
&= W_{x_1}(t,\Omega)+W_{x_2}(t,\Omega)+2\,\mathrm{Re}[W_{x_1,x_2}(t,\Omega)]
\end{aligned} \tag{8-25}$$

式（8-25）说明：两个信号之和的 Wigner-Ville 分布并不等于它们各自 Wigner-Ville 分布的和。式（8-25）中的 $2\,\mathrm{Re}[W_{x_1,x_2}(t,\Omega)]$ 称为交叉项，它是由信号相加引进的干扰。一般地，若信号 $x(t)$ 有 N 个分量，则这些分量之间总共产生 $N(N-1)/2$ 个互项的干扰。

互 Wigner-Ville 分布存在同样的问题，例如信号 $x(t)=x_1(t)+x_2(t)$，$y(t)=y_1(t)+y_2(t)$，则 $x(t)$ 和 $y(t)$ 的联合 Wigner-Ville 分布为

$$W_{x,y}(t,\Omega)=W_{x_1,y_1}(t,\Omega)+W_{x_2,y_2}(t,\Omega)+W_{x_1,y_2}(t,\Omega)+W_{x_2,y_1}(t,\Omega) \tag{8-26}$$

后两项也是交叉项干扰。

交叉项的存在是 Wigner-Ville 分布的一个严重缺点，因此 Wigner-Ville 分布研究中的一个重要问题就是，如何对其进行改进，以去除或减轻交叉项对分析的影响。

【例 8-5】若信号 $x(t) = Ae^{j\Omega_0 t}$，则其 Wigner-Ville 分布为

$$W_x(t,\Omega) = \int_{-\infty}^{+\infty} Ae^{j\Omega_0(t+\tau/2)} A^* e^{-j\Omega_0(t-\tau/2)} e^{-j\Omega\tau} d\tau$$

$$= |A|^2 \int_{-\infty}^{+\infty} e^{-j(\Omega-\Omega_0)\tau} d\tau$$

$$= 2\pi |A|^2 \delta(\Omega - \Omega_0)$$

该式与 t 无关，即信号 $Ae^{j\Omega_0 t}$ 的 Wigner-Ville 分布是位于 $\Omega = \Omega_0$ 处的带状冲激函数。

【例 8-6】设 $s_1(t)$ 与 $s_2(t)$ 为两个频率线性增长 chirp 信号，两个信号的和 $s(t) = s_1(t) + s_2(t)$。信号 $s_1(t)$ 的波形及 Wigner-Ville 分布分别如图 8-9 及图 8-10 所示，信号 $s_2(t)$ 的波形及 Wigner-Ville 分布分别如图 8-11 及图 8-12 所示，信号 $s(t) = s_1(t) + s_2(t)$ 的波形及 Wigner-Ville 分布分别如图 8-13 及图 8-14 所示。对于单个 chirp 信号，由 Wigner-Ville 分布可以明确看出信号频率随时间线性增长。对于多分量信号，Wigner-Ville 分布出现了很多的交叉项。

需要说明的是，本例给出的虽然是连续时间信号，但实际在计算机上实现时，时间变量和频率变量都需要离散化。图 8-10、图 8-12、图 8-14 中的频率均为归一化频率。

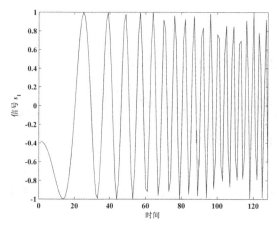

图 8-9　信号 $s_1(t)$ 的波形

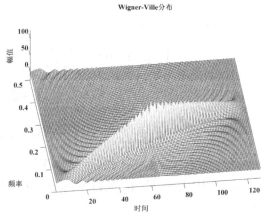

图 8-10　信号 $s_1(t)$ 的 Wigner-Ville 分布

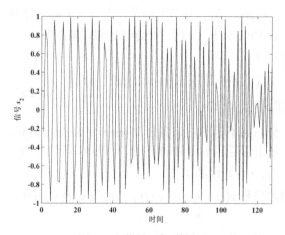

图 8-11　信号 $s_2(t)$ 的波形

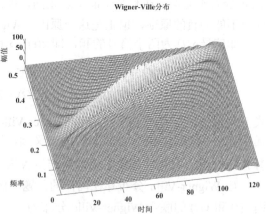

图 8-12　信号 $s_2(t)$ 的 Wigner-Ville 分布

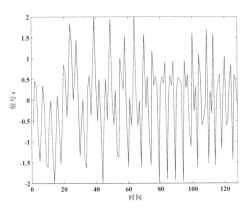

图 8-13　信号 $s(t) = s_1(t) + s_2(t)$ 的波形

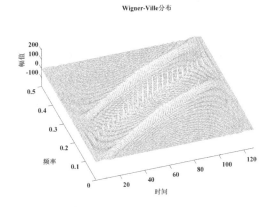

图 8-14　信号 $s(t)$ 的 Wigner-Ville 分布

8.2　小波变换

小波变换是当前应用数学中一个比较热门的研究领域。小波的研究实际上可以追溯到 20 世纪初。20 世纪 80 年代，法国工程师 J. Morlet、物理学家 A. Grossman 及数学家 Y. Meyer 等人的创新性工作，小波迅速成为全球范围内的研究热点。期间，数学家 I. Daubechies 和 S. Mallat 等人也对小波的发展做出了重要贡献。

8.2.1　空间与基的概念

由于小波理论涉及较多的实变函数与泛函分析的内容，因此需要简单介绍一下空间与基的概念。

设 X 是任一集合，如果对于 X 中的任意两个元素 x 和 y，均有一个确定的实数 $\rho(x,y)$ 与它们对应，且满足以下条件：

（1）非负性：

$$\rho(x,y) \geqslant 0 \text{，且 } \rho(x,y) = 0 \Leftrightarrow x = y \tag{8-27}$$

（2）对称性：

$$\rho(x,y) = \rho(y,x) \tag{8-28}$$

（3）三角不等式：

$$\rho(x,y) \leqslant \rho(x,z) + \rho(y,z), \quad \forall z \in X \tag{8-29}$$

则称 $\rho(x,y)$ 是 X 上的一个距离，而称 X 是以 $\rho(x,y)$ 为距离的距离空间。条件（1）～（3）称为距离公理，距离空间中的元素有时也称为点。

信号就是函数。为了定义距离，考虑一个具有范数的空间 H。若对于任意的 $f \in H$，有一个确定的非负实数 $\|f\|$ 与之对应，并满足

$$\|f\| \geqslant 0 \text{，且 } \|f\| = 0 \Leftrightarrow f = 0 \tag{8-30}$$

$$\forall \lambda \in \mathbf{C}, \quad \|\lambda f\| = |\lambda| \|f\| \tag{8-31}$$

$$\forall f, g \in H, \quad \|f + g\| \leqslant \|f\| + \|g\| \tag{8-32}$$

则称 $\|f\|$ 为 f 的范数。

利用此范数，空间 H 中的 $\{f_n\}_{n\in\mathbb{N}}$ 收敛于 f 是指

$$\lim_{n\to+\infty} f_n = f \Leftrightarrow \lim_{n\to+\infty} \|f_n - f\| = 0 \tag{8-33}$$

为保证极限仍在 H 中，需要利用 Cauchy（柯西）序列的概念引入一个完备性条件。序列 $\{f_n\}_{n\in\mathbb{N}}$ 称为一个 Cauchy 序列，对于任意的 $\varepsilon > 0$，当 n 和 p 足够大时，有 $\|f_n - f_p\| < \varepsilon$。若空间 H 中任意一个 Cauchy 序列均收敛于 H 中的一个元素，则称 H 是完备的，或称 H 为 Banach（巴拿赫）空间。

对任一整数 $p > 0$，设 $f(n)$ 是一个离散序列，定义

$$\|f\|_p = \left(\sum_{n=-\infty}^{+\infty} |f(n)|^p\right)^{1/p} \tag{8-34}$$

则空间 $l^p = \{f : \|f\|_p < +\infty\}$ 是具有范数 $\|f\|_p$ 的一个 Banach 空间。

空间 $L^p(\mathbf{R})$ 由 $\mathbf{R}$ 中满足以下条件的可测函数 f 组成：

$$\|f\|_p = \left(\int_{-\infty}^{+\infty} |f(t)|^p \, \mathrm{d}t\right)^{1/p} < +\infty \tag{8-35}$$

式（8-35）中的积分定义了一个范数。如果把几乎处处相等的函数看成是同一函数，$L^p(\mathbf{R})$ 就是一个 Banach 空间。

Hilbert 空间 H 是具有内积的 Banach 空间。内积是从 $H\times H \to \mathbf{C}$ 的一个函数 $\langle \bullet, \bullet \rangle$，若对于任意的 $f, g, h \in H$，满足

$$\forall \alpha, \beta \in \mathbf{C}, \quad \langle \alpha f + \beta g, h \rangle = \alpha\langle f, h\rangle + \beta\langle g, h\rangle \tag{8-36}$$

$$\langle f, g \rangle = \langle g, f \rangle^* \tag{8-37}$$

$$\langle f, f \rangle \geqslant 0 \text{ 且 } \langle f, f \rangle = 0 \Leftrightarrow f = 0 \tag{8-38}$$

则可以验证 $\|f\| = \langle f, f \rangle^{1/2}$ 是一个范数。对于内积，有以下 Cauchy-Schwarz（柯西-施瓦茨）不等式成立：

$$\langle f, g \rangle \leqslant \|f\|\|g\| \tag{8-39}$$

其中，当且仅当 f 和 g 线性相关时，等号成立。

离散信号 $f(n)$ 和 $g(n)$ 之间的内积为

$$\langle f, g \rangle = \sum_{n=-\infty}^{+\infty} f(n)g^*(n) \tag{8-40}$$

它对应范数

$$\|f\| = \langle f, f \rangle^{1/2} = \left(\sum_{n=-\infty}^{+\infty} |f(n)|^2\right)^{1/2} \tag{8-41}$$

因此，有限能量序列空间 $l^2(\mathbf{Z})$ 是一个 Hilbert 空间，由 Cauchy-Schwarz 不等式可得

$$\left|\sum_{n=-\infty}^{+\infty} f(n)g^*(n)\right| \leqslant \left(\sum_{n=-\infty}^{+\infty} |f(n)|^2\right)^{1/2} \left(\sum_{n=-\infty}^{+\infty} |g(n)|^2\right)^{1/2} \tag{8-42}$$

连续时间模拟信号 $f(t)$ 和 $g(t)$ 之间的内积为

$$\langle f, g \rangle = \int_{-\infty}^{+\infty} f(t)g^*(t)\mathrm{d}t \tag{8-43}$$

它对应范数

$$\|f\| = \langle f, f \rangle^{1/2} = \left(\int_{-\infty}^{+\infty} |f(t)|^2 \, dt \right)^{1/2} \tag{8-44}$$

因此，有限能量函数空间 $L^2(\mathbf{R})$ 是一个 Hilbert 空间，由 Cauchy-Schwarz 不等式可得

$$\left| \int_{-\infty}^{+\infty} f(t) g^*(t) \mathrm{d}t \right| \leqslant \left(\int_{-\infty}^{+\infty} |f(t)|^2 \, \mathrm{d}t \right)^{1/2} \left(\int_{-\infty}^{+\infty} |g(t)|^2 \, \mathrm{d}t \right)^{1/2} \tag{8-45}$$

$L^2(\mathbf{R})$ 中的两个函数 $f_1(t)$ 和 $f_2(t)$ 被认为是同一函数，若

$$\|f_1 - f_2\|^2 = \int_{-\infty}^{+\infty} |f_1(t) - f_2(t)|^2 \, \mathrm{d}t = 0 \tag{8-46}$$

及对几乎一切 $t \in \mathbf{R}$ 有 $f_1(t) = f_2(t)$。

设 $\{e_n\}_{n \in \mathbf{N}}$ 为函数族，H 表示由 $\{e_n\}_{n \in \mathbf{N}}$ 所有可能的线性组合构成的集合，即

$$H = \left\{ \sum_n a_n e_n; a_k \in \mathbf{R}, n \in \mathbf{N} \right\} \tag{8-47}$$

则称 H 为由序列 $\{e_n\}_{n \in \mathbf{N}}$ 张成的线性空间，记为

$$H = \mathrm{span}\{e_n\} \tag{8-48}$$

即对于任意的 $f \in H$，有

$$f = \sum_n a_n e_n \tag{8-49}$$

若 $\{e_n\}_{n \in \mathbf{N}}$ 是线性无关的，并使得对于任意的 $f \in H$，式（8-49）中的系数 a_n 取唯一值，则称 $\{e_n\}_{n \in \mathbf{N}}$ 为空间 H 的一个基底。

设 x 和 y 是内积空间 H 的两个元素，如果

$$\langle x, y \rangle = 0 \tag{8-50}$$

则称 x 和 y 为正交的。

对于 Hilbert 空间 H 中的正交元素族 $\{e_n\}_{n \in \mathbf{N}}$，即对于 $n \neq p$，有

$$\langle e_n, e_p \rangle = 0 \tag{8-51}$$

若对于任意的 $f \in H$，总存在序列 $\{\lambda_n\}_{n \in \mathbf{N}}$，使得

$$\lim_{N \to +\infty} \left\| f - \sum_{n=0}^{N} \lambda_n e_n \right\| = 0 \tag{8-52}$$

则称 $\{e_n\}_{n \in \mathbf{N}}$ 为 H 的一组正交基。称具有正交基的 Hilbert 空间是可分的。Hilbert 空间 $l^2(\mathbf{Z})$ 和 $L^2(\mathbf{R})$ 都是可分的。如果基对于一切 $n \in \mathbf{N}$ 满足 $\|e_n\| = 1$，则称之为规范正交基或标准正交基。

若 $\{e_n\}_{n \in \mathbf{N}}$ 为 Hilbert 空间 H 的一组标准正交基，对于任意的 $f \in H$，可以证明存在以下等式：

$$f = \sum_{n=0}^{+\infty} \langle f, e_n \rangle e_n \tag{8-53}$$

$$\|f\|^2 = \sum_{n=0}^{+\infty} |\langle f, e_n \rangle|^2 \tag{8-54}$$

式（8-54）也称为普朗歇尔（Plancherel）公式，它反映了能量守恒定律。

设 $\{\psi_n\}_{n \in \mathbf{N}}$ 为 Hilbert 空间 H 中的元素族，若对于任意的 $f \in H$，存在 $0 < A < B < +\infty$ 使得式（8-55）成立：

$$A\|f\|^2 \leqslant \sum_n |\langle f, \psi_n \rangle|^2 \leqslant B\|f\|^2 \tag{8-55}$$

则称 $\{\psi_n\}_{n \in \mathbf{N}}$ 为一个框架（Frame），称 A 和 B 分别为框架的上界和下界。若 $A = B$，则称此框

架为紧框架（Tight Frame）。若 $\{e_n\}_{n\in\mathbb{N}}$ 是满足 $A=B=1$ 的紧框架，并且所有框架元素都具有单位范数，则 $\{e_n\}_{n\in\mathbb{N}}$ 是标准正交基。

称元素族 $\{e_n\}_{n\in\mathbb{N}}$ 是 Hilbert 空间 H 的一个 Riesz（里斯）基，如果它是线性无关的，且存在 $A>0$ 和 $B>0$，使得对于任意的 $f\in H$，总可以找到序列 $\{\lambda_n\}_{n\in\mathbb{N}}$ 满足

$$f = \sum_{n=0}^{+\infty} \lambda_n e_n \tag{8-56}$$

且

$$\frac{1}{B}\|f\|^2 \leqslant \sum_n |\lambda_n|^2 \leqslant \frac{1}{A}\|f\|^2 \tag{8-57}$$

可以证明，存在 $\tilde{e}_n$ 使得 $\lambda_n = \langle f, \tilde{e}_n \rangle$，并且由式（8-57）可以推出

$$\frac{1}{B}\|f\|^2 \leqslant \sum_n |\langle f, \tilde{e}_n \rangle|^2 \leqslant \frac{1}{A}\|f\|^2 \tag{8-58}$$

进一步可以证明，对于一切 $f\in H$，有

$$A\|f\|^2 \leqslant \sum_n |\langle f, e_n \rangle|^2 \leqslant B\|f\|^2 \tag{8-59}$$

且

$$f = \sum_{n=0}^{+\infty} \langle f, \tilde{e}_n \rangle e_n = \sum_{n=0}^{+\infty} \langle f, e_n \rangle \tilde{e}_n \tag{8-60}$$

对偶族 $\{\tilde{e}_n\}_{n\in\mathbb{N}}$ 是线性无关的，并且也是一组 Riesz 基。对偶基之间存在如下关系：

$$\langle e_n, \tilde{e}_p \rangle = \delta(n-p) \tag{8-61}$$

该关系称为双正交关系，因而该对偶基也称为双正交基。

8.2.2 连续小波变换

小波（Wavelet）的物理意义就是"小区域的波"，即时域上有限支撑且振荡的一类函数。图 8-15 和图 8-16 所示为两种小波的时域波形。

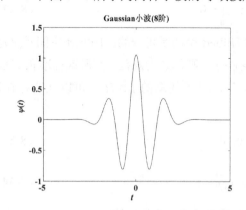

图 8-15　Gaussian（高斯）小波（8 阶）的时域波形　　图 8-16　Haar（哈尔）小波的时域波形

下面给出小波函数的确切定义：

设 $\psi(t)$ 为一平方可积函数，即 $\psi(t)\in L^2(\mathbf{R})$，若其傅里叶变换 $\Psi(\Omega)$ 满足条件

$$C_\psi = \int_{-\infty}^{+\infty} \frac{|\Psi(\Omega)|^2}{\Omega} \mathrm{d}\Omega < \infty \tag{8-62}$$

则称 $\psi(t)$ 为一个基本小波或母小波，并称式（8-62）为小波函数的容许条件。

由小波函数的容许条件可以得出以下推论：能做基本小波的 $\psi(t)$ 的函数必须满足 $\Psi(\Omega)\big|_{\Omega=0} = 0$，即直流分量为零，所以 $\psi(t)$ 必是有正负交替的振荡波形，以使其平均值为零。

在应用中，经常假设基本小波的能量是归一化的，即

$$\int \left| \psi(t) \right|^2 \mathrm{d}t = 1$$

【例 8-7】Haar 小波源自数学家 Haar 于 1910 年提出的 Haar 正交函数集，其定义式为

$$\psi(t) = \begin{cases} 1, & 0 \leqslant t < 1/2 \\ -1, & 1/2 \leqslant t < 1 \\ 0, & t\text{取其他值} \end{cases}$$

其时域波形如图 8-16 所示。$\psi(t)$ 的傅里叶变换是

$$\Psi(\Omega) = \mathrm{j}\frac{4}{\Omega}\sin^2\left(\frac{\Omega}{4}\right)\mathrm{e}^{-\mathrm{j}\frac{\Omega}{2}}$$

Haar 小波在时域是紧支撑的，即其非零区间为 $[0,1)$，而且是对称的。

【例 8-8】Morlet（莫雷特）小波是一个具有高斯包络的单频率复正弦函数：

$$\psi(t) = \mathrm{e}^{-t^2/2}\mathrm{e}^{\mathrm{j}\Omega_0 t}$$

其傅里叶变换为

$$\Psi(\Omega) = \sqrt{2\pi}\mathrm{e}^{-(\Omega-\Omega_0)^2/2}$$

Morlet 小波的时、频两域的局部性能均比较好（虽然严格来讲，它并不是有限支撑的）。此外，由于 $\Psi(\Omega)\big|_{\Omega=0} \neq 0$，Morlet 小波也不满足容许条件。不过，当 $\Omega_0 \geqslant 5$ 时，便近似满足容许条件。考虑到工程中的实际信号一般是实信号，所以在 MATLAB 中，将 Morlet 小波修改为以下形式：

$$\psi(t) = \mathrm{e}^{-t^2/2}\cos \Omega_0 t$$

并取 $\Omega_0 = 5$，图 8-17 所示为 Morlet 小波的时域、频域波形。

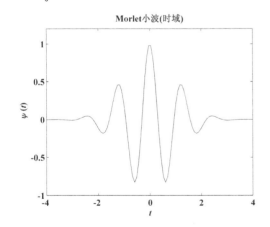
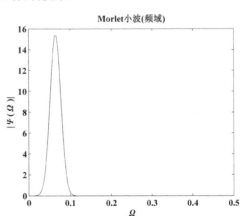

图 8-17　Morlet 小波的时域、频域波形

【例 8-9】（Marr 小波）Marr 小波的定义式为

$$\psi(t) = \frac{2}{\sqrt{3}}\pi^{1/4}(1-t^2)\mathrm{e}^{-t^2/2}$$

其傅里叶变换为

$$\Psi(\Omega) = \sqrt{2\pi}\,\frac{2}{\sqrt{3}}\,\pi^{1/4}\Omega^2 \mathrm{e}^{-\Omega^2/2}$$

Marr 小波的时域、频域波形图 8-18 所示。该小波满足容许条件，但它不是紧支撑的。由于该小波沿着中心轴旋转一周所得到的三维图形犹如一顶墨西哥草帽，因此也称之为墨西哥草帽小波。

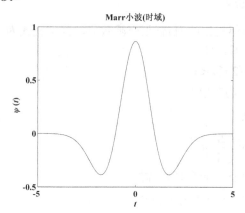
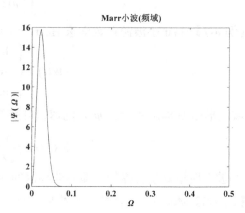

图 8-18　Marr 小波的时域、频域波形

给定一个基本小波 $\psi(t)$，令

$$\psi_{a,\tau}(t) = \frac{1}{\sqrt{a}}\psi\!\left(\frac{t-\tau}{a}\right) \tag{8-63}$$

式中，a 和 τ 分别为尺度因子和平移因子，且 $a>0$（在工程中 $a<0$ 无实际意义）。尺度因子 a 的作用是对小波函数做伸缩，a 越大，小波函数的时宽就越大。平移因子 τ 的作用是把小波函数在时间轴上平移。图 8-19 和图 8-20 所示分别为尺度因子 a 和平移因子 τ 对基本小波 $\psi(t)$ 的作用。若 a 和 τ 不断地变化，则可得到一族函数 $\psi_{a,\tau}(t)$，称之为小波基函数，简称小波基。

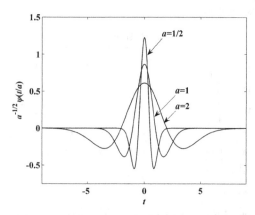
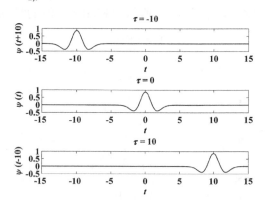

图 8-19　尺度因子 a 对基本小波 $\psi(t)$ 的伸缩作用　　图 8-20　平移因子 τ 对基本小波 $\psi(t)$ 的平移作用

式（8-63）中因子 $1/\sqrt{a}$ 的作用是使不同 a 值下 $\psi_{a,\tau}(t)$ 的能量始终与基本小波的能量保持相等。事实上，由式（8-63）可得

$$\int \left|\psi_{a,\tau}(t)\right|^2 \mathrm{d}t = \frac{1}{a}\int \left|\psi\!\left(\frac{t-\tau}{a}\right)\right|^2 \mathrm{d}t$$

令 $\dfrac{t-\tau}{a}=t'$，则 $\mathrm{d}t=a\mathrm{d}t'$，即有

$$\int \left| \psi_{a,\tau}(t)\right|^2 \mathrm{d}t = \frac{1}{a}\int \left| \psi(t')\right|^2 a\mathrm{d}t' = \int \left| \psi(t)\right|^2 \mathrm{d}t$$

给定平方可积的信号 $x(t)$，即 $x(t)\in L^2(\mathbf{R})$，则 $x(t)$ 的小波变换的定义式为

$$\mathrm{WT}_x(a,\tau) = \frac{1}{\sqrt{a}}\int x(t)\psi^*\left(\frac{t-\tau}{a}\right)\mathrm{d}t = \langle x(t),\psi_{a,\tau}(t)\rangle \tag{8-64}$$

式中，a、τ 和 t 均是连续变量，因此式（8-64）又称为连续小波变换（Continuous Wavelet Transform，CWT）。式（8-64）中的平移因子 τ 确定了对信号 $x(t)$ 进行分析的中心位置，尺度因子 a 确定了对信号 $x(t)$ 进行分析的时间宽度。

令 $x(t)$ 的傅里叶变换为 $X(\Omega)$，$\psi(t)$ 的傅里叶变换为 $\Psi(\Omega)$，根据傅里叶变换的性质，$\psi_{a,\tau}(t)$ 的傅里叶变换为

$$\Psi_{a,\tau}(\Omega) = \sqrt{a}\Psi(a\Omega)\mathrm{e}^{-\mathrm{j}\Omega\tau} \tag{8-65}$$

根据 Parseval 等式，式（8-64）可重新写成

$$\mathrm{WT}_x(a,\tau) = \frac{1}{2\pi}\langle X(\Omega),\Psi_{a,\tau}(\Omega)\rangle = \frac{\sqrt{a}}{2\pi}\int_{-\infty}^{+\infty} X(\Omega)\Psi^*(a\Omega)\mathrm{e}^{\mathrm{j}\Omega\tau}\mathrm{d}\Omega \tag{8-66}$$

式（8-66）即为对小波变换的等效频域表示。

比较式（8-64）和式（8-66）小波变换的两个定义式可以看出，如果 $\psi_{a,\tau}(t)$ 在时域是有限支撑的，那么它和 $x(t)$ 的内积在时域也是有限支撑的，从而实现时域定位功能，也就是 $\mathrm{WT}_x(a,\tau)$ 可以反映 $x(t)$ 在 τ 附近的性质。同样，若 $\Psi_{a,\tau}(\Omega)$ 围绕中心频率是有限支撑的，那么 $\Psi_{a,\tau}(\Omega)$ 和 $X(\Omega)$ 的内积也将反映 $X(\Omega)$ 在中心频率处的局部性质，从而实现频率定位性质。

令基本小波 $\psi(t)$ 的傅里叶变换为 $\Psi(\Omega)$，则小波基函数 $\psi_{a,\tau}(t) = \dfrac{1}{\sqrt{a}}\psi\left(\dfrac{t-\tau}{a}\right)$，其傅里叶变换 $\Psi_{a,\tau}(\Omega) = \sqrt{a}\Psi(a\Omega)\mathrm{e}^{-\mathrm{j}\Omega\tau}$。设 $\psi(t)$ 的波形中心为 t_0，时宽为 Δt，$\Psi(\Omega)$ 的中心频率为 Ω_0，带宽为 $\Delta\Omega$，则 $\psi_{a,\tau}(t)$ 的波形中心为

$$t_{a,\tau} = at_0 + \tau \tag{8-67}$$

时宽为

$$\Delta t_{a,\tau} = a\Delta t \tag{8-68}$$

而 $\Psi_{a,\tau}(\Omega)$ 的中心频率为

$$\Omega_{a,\tau} = \frac{\Omega_0}{a} \tag{8-69}$$

带宽为

$$\Delta\Omega_{a,\tau} = \frac{\Delta\Omega}{a} \tag{8-70}$$

由此可见，小波基函数 $\psi_{a,\tau}(t)$ 的时域、频域中心及宽度都是随尺度因子 a 的变化而伸缩的。由

$$\Delta t_{a,\tau}\Delta\Omega_{a,\tau} = a\Delta t\frac{\Delta\Omega}{a} = \Delta t\Delta\Omega \tag{8-71}$$

可知，小波基函数 $\psi_{a,\tau}(t)$ 的时宽与带宽的乘积不随参数 a 和 τ 的变化而变化，而是一常数，即时宽和带宽的大小是相互制约的。当时宽减小时，带宽将相应增大，而当时宽减到无穷小时，

带宽将变成无穷大，这就是说，小波基函数 $\psi_{a,\tau}(t)$ 的时宽与带宽不可能同时趋于无穷小，这也正是不确定性原理（海森伯测不准原理）告诉我们的。

基本小波在频域具有带通特性，由其伸缩和平移生成的小波基函数 $\psi_{a,\tau}(t)$ 可以被看成一组带通滤波器。定义带通滤波器的带宽与中心频率的比值为其品质因数，即 $\Psi(\Omega)$ 的品质因数为 $Q = \dfrac{\Delta\Omega}{\Omega_0}$，$\Psi(\Omega)$ 经过尺度伸缩，其品质因数为 $Q_{a,\tau} = \dfrac{\Delta\Omega_{a,\tau}}{\Omega_{a,\tau}} = \dfrac{\Delta\Omega/a}{\Omega_0/a} = \dfrac{\Delta\Omega}{\Omega_0} = Q$，所以小波基函数 $\psi_{a,\tau}(t)$ 是一组品质因数恒定的带通滤波器。从物理上看，信号的小波变换就是信号通过一组品质因数恒定带通滤波器的过程。值得指出的是，品质因数恒定是小波变换的一个重要性质，也是小波变换被广泛采用的一个重要原因。图 8-21 绘出了 $\sqrt{a}\Psi(a\Omega)$ 的中心频率及带宽随尺度因子 a 变化的情况，对照起见，同时绘出相应的小波函数 $\dfrac{1}{\sqrt{a}}\psi\left(\dfrac{t}{a}\right)$ 的时宽随尺度因子 a 变化的情况。

从时频分析的角度看，小波变换在时频平面上的基本分析单元具有图 8-22 所示的特点，当 a 值较小时，时间轴上的观察范围小，而在频域上相当于用高频小波进行细致观察；当 a 值较大时，时间轴上的观察范围大，而在频域上相当于用低频小波进行概貌观察。分析频率有高低变化，但在各分析频段内分析的品质因数保持恒定。小波变换的上述特点与信号时频分析的实际需要是比较符合的，因为如果希望在时域上观察得比较细致，就需要减小观察范围，并提高分析频率。此外，实际信号在被分解后，经常表现出高频分量持续时间较短、低频分量持续时间较长的特点。这也和小波分析的性质相吻合。

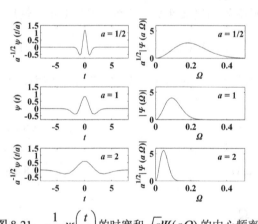

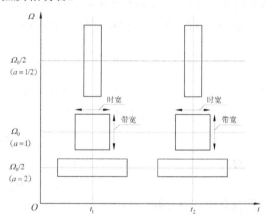

图 8-21　$\dfrac{1}{\sqrt{a}}\psi\left(\dfrac{t}{a}\right)$ 的时宽和 $\sqrt{a}\Psi(a\Omega)$ 的中心频率

随尺度因子 a 的变化

图 8-22　小波基本分析单元的特点

由于小波变换具有品质因数恒定及自动调节对信号进行分析的时宽和带宽等优点，因而被誉为信号分析的数学显微镜。

连续小波变换具有如下性质：

（1）叠加性质。

若 $x_1(t)$ 和 $x_2(t)$ 的连续小波变换分别是 $\mathrm{WT}_{x_1}(a,\tau)$ 和 $\mathrm{WT}_{x_2}(a,\tau)$，则 $x(t) = k_1 x_1(t) + k_2 x_2(t)$ 的连续小波变换为

$$\mathrm{WT}_x(a,\tau) = k_1 \mathrm{WT}_{x_1}(a,\tau) + k_2 \mathrm{WT}_{x_2}(a,\tau) \tag{8-72}$$

这是线性变换的基本性质。

（2）时移性质。

若 $x(t)$ 的连续小波变换是 $\mathrm{WT}_x(a,\tau)$ ，那么 $x(t-t_0)$ 的连续小波变换是 $\mathrm{WT}_x(a,\tau-t_0)$ 。

（3）尺度转换性质。

若 $x(t)$ 的连续小波变换是 $\mathrm{WT}_x(a,\tau)$ ，令 $y(t)=x(\lambda t)$ ，则

$$\mathrm{WT}_y(a,\tau)=\frac{1}{\sqrt{\lambda}}\mathrm{WT}_x(\lambda a,\lambda\tau) \tag{8-73}$$

（4）微分性质。

若 $x(t)$ 的连续小波变换是 $\mathrm{WT}_x(a,\tau)$ ，令 $y(t)=\dfrac{\mathrm{d}x(t)}{\mathrm{d}t}$ ，则

$$\mathrm{WT}_y(a,\tau)=\frac{\partial}{\partial\tau}\mathrm{WT}_x(a,\tau) \tag{8-74}$$

（5）小波变换的内积定理。

设 $x_1(t)$ 、 $x_2(t)$ 和 $\psi(t)$ 均为平方可积函数， $\psi(t)$ 的傅里叶变换为 $\Psi(\Omega)$ ， $x_1(t)$ 的连续小波变换为 $\mathrm{WT}_{x_1}(a,\tau)=\left\langle x_1(t),\psi_{a,\tau}(t)\right\rangle$ ， $x_2(t)$ 的连续小波变换为 $\mathrm{WT}_{x_2}(a,\tau)=\left\langle x_2(t),\psi_{a,\tau}(t)\right\rangle$ ，其中， $\psi_{a,\tau}(t)=\dfrac{1}{\sqrt{a}}\psi\left(\dfrac{t-\tau}{a}\right)$ ，则有

$$\left\langle \mathrm{WT}_{x_1}(a,\tau),\mathrm{WT}_{x_2}(a,\tau)\right\rangle=C_\psi\left\langle x_1(t),x_2(t)\right\rangle \tag{8-75}$$

其中

$$C_\psi=\int_0^{+\infty}\frac{|\Psi(\Omega)|^2}{\Omega}\mathrm{d}\Omega \tag{8-76}$$

特别需要指出的是，上述内积定理的成立是以 $C_\psi=\displaystyle\int_0^{+\infty}\frac{|\Psi(\Omega)|^2}{\Omega}\mathrm{d}\Omega<\infty$ 为条件的。进一步地，如令 $x_1(t)=x_2(t)=x(t)$ ，可以推出

$$\int_{-\infty}^{+\infty}|x(t)|^2\mathrm{d}t=\frac{1}{C_\psi}\int_0^{+\infty}\int_{-\infty}^{+\infty}\frac{\mathrm{d}a}{a^2}\left|\mathrm{WT}_x(a,\tau)\right|^2\mathrm{d}\tau \tag{8-77}$$

即小波变换的幅度平方的加权积分等于信号的总能量，因此也可以将式（8-77）看成小波变换的 Parseval 等式。

为了利用小波变换重建原信号，需要考虑其逆变换。对连续小波变换而言，可以证明：若采用的小波满足可容许条件式（8-62），则其逆变换存在，即可以根据信号的小波变换系数精确恢复原信号，并满足以下连续小波变换的逆变换公式：

$$x(t)=\frac{1}{C_\psi}\int_0^{+\infty}\frac{\mathrm{d}a}{a^2}\int_{-\infty}^{+\infty}\mathrm{WT}_x(a,\tau)\psi_{a,\tau}(t)\mathrm{d}\tau=\frac{1}{C_\psi}\int_0^{+\infty}\frac{\mathrm{d}a}{a^2}\int_{-\infty}^{+\infty}\mathrm{WT}_x(a,\tau)\frac{1}{\sqrt{a}}\psi\left(\frac{t-\tau}{a}\right)\mathrm{d}\tau \tag{8-78}$$

其中， $C_\psi=\displaystyle\int_0^{+\infty}\frac{|\Psi(\Omega)|^2}{\Omega}\mathrm{d}\Omega<\infty$ 就是对 $\psi(t)$ 提出的容许条件。

由上述讨论可知，并不是时域任一函数都可以用作小波，小波需要满足容许条件式（8-62）。与此类似，并不是 (a,τ) 平面上的任何一个二维函数 $\mathrm{WT}(a,\tau)$ 都对应某一函数的小波变换。 $\mathrm{WT}(a,\tau)$ 如果是某一时域信号的小波变换，则它满足以下条件：

设 (a_0,τ_0) 是 (a,τ) 平面上的任意一点， $\mathrm{WT}_x(a,\tau)$ 是 (a,τ) 平面上的二维函数， $\mathrm{WT}_x(a_0,\tau_0)$

是 $\mathrm{WT}_x(a,\tau)$ 在 (a_0,τ_0) 处的值，则 $\mathrm{WT}_x(a,\tau)$ 是某一函数的小波变换的充要条件是它满足重建核方程

$$\mathrm{WT}_x(a_0,\tau_0) = \int_0^{+\infty} \frac{\mathrm{d}a}{a^2} \int_{-\infty}^{+\infty} \mathrm{WT}_x(a,\tau) K_\psi(a_0,\tau_0;a,\tau)\mathrm{d}\tau \tag{8-79}$$

式中

$$K_\psi(a_0,\tau_0;a,\tau) = \frac{1}{C_\psi}\int \psi_{a,\tau}(t)\psi_{a_0,\tau_0}^*(t)\mathrm{d}t = \frac{1}{C_\psi}\langle \psi_{a,\tau}(t),\psi_{a_0,\tau_0}(t)\rangle \tag{8-80}$$

称为重建核。

由重建核的定义可知，K_ψ 反映了 $\psi_{a,\tau}(t)$ 和 $\psi_{a_0,\tau_0}(t)$ 的相关性。当 $a=a_0$，$\tau=\tau_0$ 时，即两个小波重合时，K_ψ 取最大值。当 (a,τ) 偏离 (a_0,τ_0) 时，K_ψ 衰减较快，就说明两者的相关性比较小。如果能满足条件 $K_\psi = \delta(a-a_0,\tau-\tau_0)$，则 (a,τ) 平面上各点的小波变换值互不相关，这就要求对任意尺度 a 及位移 τ，由基本小波 $\psi(t)$ 形成的小波基函数 $\psi_{a,\tau}(t)$ 两两正交。不过，当 a 和 τ 连续变化时，是很难满足这一条件的。因此，连续小波变换的信息是有冗余的。

8.2.3 离散小波变换

尺度及位移均连续变化的连续小波基是一种过度完全基。任意一个随机信号，其连续小波变换系数在尺度-位移平面上都具有一定的相关关系，相关区域的大小由重建核给出。为了减少小波变换系数的冗余度，可以将小波基函数 $\psi_{a,\tau}(t) = \frac{1}{\sqrt{a}}\psi\left(\frac{t-\tau}{a}\right)$ 中 a 和 τ 的取值限定在一些离散点上。

对尺度 a 离散化的最常用方法就是对尺度 a 按幂级数进行离散化，即取

$$a = a_0^m, \quad a_0 > 0, \quad m \in \mathbf{Z} \tag{8-81}$$

若取 $a_0 = 2$，则

$$\psi_{m,\tau}(t) = \frac{1}{\sqrt{2^m}}\psi\left(\frac{t-\tau}{2^m}\right) \tag{8-82}$$

称为半离散化二进小波，而

$$\mathrm{WT}_x(m,\tau) = \langle x(t),\psi_{m,\tau}(t)\rangle = \frac{1}{\sqrt{2^m}}\int x(t)\psi^*\left(\frac{t-\tau}{2^m}\right)\mathrm{d}t \tag{8-83}$$

称为二进小波变换。

对 τ 离散化最简单的方法是均匀抽样，如令 $\tau = n\tau_0$，τ_0 的选择应保证能由 $\mathrm{WT}_x(m,n)$ 恢复出 $x(t)$。当 $m \neq 0$ 时，将 a 由 a_0^{m-1} 变成 a_0^m 就是将 a 扩大了 a_0 倍，这时小波 $\psi_{m,n}(t)$ 的中心频率变为 $\psi_{m-1,n}(t)$ 的中心频率的 $1/a_0$，前者的带宽也变为后者的 $1/a_0$，因而此时对 τ 进行抽样的间隔也可相应地扩大 a_0 倍。由此可知，如果尺度 a 分别取 $a_0^0, a_0^1, a_0^2, \cdots$，则对 τ 进行抽样的间隔可以取 $a_0^0\tau_0, a_0^1\tau_0, a_0^2\tau_0, \cdots$，因此将 a 和 τ 限定在一些离散点的小波基函数为

$$\psi_{m,n}(t) = \frac{1}{\sqrt{a_0^m}}\psi\left(\frac{t-na_0^m\tau_0}{a_0^m}\right) = a_0^{-m/2}\psi(a_0^{-m}t - n\tau_0) \tag{8-84}$$

这里 $\psi_{0,0}(t) = \psi(t)$。

由上述离散化小波基函数定义信号 $x(t)$ 的离散小波变换为

$$\mathrm{WT}_x(m,n) = \langle s(t), \psi_{m,n}(t) \rangle = a_0^{-m/2} \int_{-\infty}^{+\infty} x(t) \psi^*(a_0^{-m}t - n\tau_0) \mathrm{d}t \qquad (8\text{-}85)$$

值得指出的是，上述定义式中的 t 仍是连续变量。这样，(a,τ) 平面上离散栅格的取点如图 8-23 所示。图 8-23 中的尺度轴取对数坐标。由该图可看出小波分析的变焦距作用，即在不同的尺度下，对时域的分析点数是不相同的。

图 8-23　(a,τ) 平面上离散栅格的取点

在实际应用中，希望利用离散小波变换的结果重构原信号。对于具有紧支集的基本小波 $\psi(t)$，只要选取合适的离散参数 a_0 和 τ_0，由离散小波基函数 $\{\psi_{m,n}(t)\}_{(m,n)\in \mathbf{Z}^2}$ 构成 $L^2(\mathbf{R})$ 的框架，就能利用式（8-60），由离散小波变换的结果重构原信号：

$$x(t) = \sum_{m=-\infty}^{+\infty} \sum_{n=-\infty}^{+\infty} \langle x(t), \psi_{m,n}(t) \rangle \tilde{\psi}_{m,n}(t) \qquad (8\text{-}86)$$

式中，$\tilde{\psi}_{m,n}(t)$ 为 $\psi_{m,n}(t)$ 的对偶小波。

Daubecheis 给出了由 $\{\psi_{m,n}(t)\}_{(m,n)\in \mathbf{Z}^2}$ 构成 $L^2(\mathbf{R})$ 的框架的必要条件和充分条件。

若由 $\psi_{m,n}(t) = a_0^{-m/2}\psi(a_0^{-m}t - n\tau_0)$（$(m,n)\in \mathbf{Z}^2$），构成 $L^2(\mathbf{R})$ 中的一个框架，且框架边界分别为 A 和 B，则基本小波 $\psi(t)$ 须满足

$$\frac{\tau_0 \ln a_0}{2\pi} A \leqslant \int_0^{+\infty} \frac{|\Psi(\Omega)|^2}{\Omega} \mathrm{d}\Omega \leqslant \frac{\tau_0 \ln a_0}{2\pi} B \qquad (8\text{-}87)$$

$$\frac{\tau_0 \ln a_0}{2\pi} A \leqslant \int_{-\infty}^{0} \frac{|\Psi(\Omega)|^2}{\Omega} \mathrm{d}\Omega \leqslant \frac{\tau_0 \ln a_0}{2\pi} B \qquad (8\text{-}88)$$

上述条件为由 $\{\psi_{m,n}(t)\}_{(m,n)\in \mathbf{Z}^2}$ 构成 $L^2(\mathbf{R})$ 的框架的必要条件。值得指出的是，上述条件隐含了基本小波 $\psi(t)$ 的容许条件。

若由 $\{\psi_{m,n}(t)\}_{(m,n)\in \mathbf{Z}^2}$ 构成紧框架，即 $A = B$，则其框架边界为

$$A = \frac{2\pi}{\tau_0 \ln a_0} \int_0^{+\infty} \frac{|\Psi(\Omega)|^2}{\Omega} \mathrm{d}\Omega = \frac{2\pi}{\tau_0 \ln a_0} \int_{-\infty}^{0} \frac{|\Psi(\Omega)|^2}{\Omega} \mathrm{d}\Omega \qquad (8\text{-}89)$$

若由 $\{\psi_{m,n}(t)\}_{(m,n)\in \mathbf{Z}^2}$ 构成 $L^2(\mathbf{R})$ 中的标准正交基，则

$$\int_0^{+\infty} \frac{|\Psi(\Omega)|^2}{\Omega} \mathrm{d}\Omega = \int_{-\infty}^{0} \frac{|\Psi(\Omega)|^2}{|\Omega|} \mathrm{d}\Omega = \frac{\tau_0 \ln a_0}{2\pi} \qquad (8\text{-}90)$$

如果定义

$$\beta(s) = \sup_{\Omega} \sum_{m=-\infty}^{+\infty} |\Psi(a_0^m \Omega)| |\Psi(a_0^m \Omega + s)| \qquad (8\text{-}91)$$

和

$$\Delta = \sum_{\substack{k=-\infty \\ k\neq 0}}^{+\infty} \left[\beta\left(\frac{2\pi k}{\tau_0}\right) \beta\left(\frac{-2\pi k}{\tau_0}\right) \right]^{1/2} \qquad (8\text{-}92)$$

且 a_0 和 τ_0 使得

$$A_0 = \frac{2\pi}{\tau_0} \left(\inf_{1\leq|\Omega|\leq a_0} \sum_{m=-\infty}^{+\infty} \left|\Psi(a_0^m\Omega)\right|^2 - \Delta \right) > 0 \qquad (8\text{-}93)$$

$$B_0 = \frac{2\pi}{\tau_0} \left(\sup_{1\leq|\Omega|\leq a_0} \sum_{m=-\infty}^{+\infty} \left|\Psi(a_0^m\Omega)\right|^2 + \Delta \right) < +\infty \qquad (8\text{-}94)$$

则由 $\{\psi_{m,n}(t)\}_{(m,n)\in \mathbf{Z}^2}$ 构成 $L^2(\mathbf{R})$ 中的一个框架。A_0 是 A 的下界，B_0 是 B 的上界。若 Δ 与 $\inf_{1\leq|\Omega|\leq a_0} \sum_{j=-\infty}^{+\infty} \left|\Psi(a_0^m\Omega)\right|^2$ 相比较小，则 A_0 和 B_0 分别靠近最优框架边界 A 和 B。条件式（8-93）和式（8-94）为由 $\{\psi_{m,n}(t)\}_{(m,n)\in \mathbf{Z}^2}$ 构成 $L^2(\mathbf{R})$ 的框架的充分条件。

若 $\{\psi_{m,n}(t)\}_{(m,n)\in \mathbf{Z}^2}$ 是由基本小波 $\psi(t)$ 通过伸缩与移位生成的 $L^2(\mathbf{R})$ 上的二维函数族，并且存在常数 A 和 B，使得

$$A\left\|\{c_{m,n}\}\right\|_2^2 \leq \left\|\sum_{m=-\infty}^{+\infty}\sum_{n=-\infty}^{+\infty} c_{m,n}\psi_{m,n}\right\|_2^2 \leq B\left\|\{c_{m,n}\}\right\|_2^2 \qquad (8\text{-}95)$$

对于所有满足平方可和的序列 $\{c_{m,n}\}_{(m,n)\in\mathbf{Z}^2}$ 成立，式中

$$\left\|\{c_{m,n}\}\right\|_2^2 = \sum_{m=-\infty}^{+\infty}\sum_{n=-\infty}^{+\infty} \left|c_{m,n}\right|^2 < +\infty \qquad (8\text{-}96)$$

则称 $\{\psi_{m,n}(t)\}_{(m,n)\in\mathbf{Z}^2}$ 是 $L^2(\mathbf{R})$ 上的一个 Riesz 基，常数 A 和 B 分别称为 Riesz 基的下界和 Riesz 的上界。

Riesz 基可以比框架更大程度地去除冗余度。此外，生成 Riesz 基 $\{\psi_{m,n}(t)\}_{(m,n)\in\mathbf{Z}^2}$ 的母小波 $\psi(t)$ 称为 Riesz 函数。

若 Riesz 基 $\{\psi_{m,n}(t)\}_{(m,n)\in\mathbf{Z}^2}$ 满足

$$\left\langle\psi_{m,n}(t),\psi_{m',n'}(t)\right\rangle = \delta(m-m')\delta(n-n') \qquad (8\text{-}97)$$

即 $\psi_{m,n}(t)$ 在不同的伸缩或平移下是正交的，则称生成 $\psi_{m,n}(t)$ 的基本小波 $\psi(t)$ 为正交小波。

若 $\{\psi_{m,n}(t)\}_{(m,n)\in\mathbf{Z}^2}$ 和其对偶小波 $\{\tilde{\psi}_{m,n}(t)\}_{(m,n)\in\mathbf{Z}^2}$ 之间满足

$$\left\langle\psi_{m,n},\tilde{\psi}_{m',n'}\right\rangle = \delta(m-m')\delta(n-n') \qquad (8\text{-}98)$$

则称生成 $\psi_{m,n}(t)$ 的 $\psi(t)$ 为双正交小波。双正交小波指的是 $\psi(t)$ 和其对偶 $\tilde{\psi}(t)$ 之间的关系，一个正交小波必定是双正交的，但反过来不成立。

在离散小波基中，当取 $a_0=2$，$\tau_0=1$ 时，得到二进小波基函数

$$\psi_{m,n}(t) = 2^{-m/2}\psi(2^{-m}t-n) \qquad (8\text{-}99)$$

其中，设 $\psi_{0,0}(t)=\psi(t)$。若选择正交小波 $\psi(t)$，使得 $\psi_{m,n}(t)$ 正交，即

$$\left\langle\psi_{m,n}(t),\psi_{m',n'}(t)\right\rangle = \delta(m-m')\delta(n-n') \qquad (8\text{-}100)$$

则信号的正交小波变换为

$$\mathrm{WT}_x(m,n) = \left\langle x(t),\psi_{m,n}(t)\right\rangle = 2^{-m/2}\int_{-\infty}^{+\infty} x(t)\psi^*(2^{-m}t-n)\mathrm{d}t \qquad (8\text{-}101)$$

由于上述变换采用的是二进正交小波基，因此也称为二进正交小波变换，相应的信号重构公

式为

$$x(t) = \sum_{m=-\infty}^{+\infty} \sum_{n=-\infty}^{+\infty} \langle x(t), \psi_{m,n}(t) \rangle \psi_{m,n}(t) \tag{8-102}$$

连续小波变换存在冗余度，但正交小波变换可以消除变换中的冗余度，使得变换结果的图案更能反映信号本身的性质，所以正交小波变换比连续小波变换具有更为优良的性质。

值得指出的是，要对信号进行正交小波变换，首先需要解决的问题就是如何构造出满足要求的正交小波。事实上，前面介绍过的 Haar 小波就是正交小波，而且 Haar 小波还是目前唯一一个既具有对称性又是有限支撑的正交小波，但 Haar 小波是不连续小波，其傅里叶变换 $\Psi(\Omega)$ 在 $\Omega = 0$ 处只有一阶零点，使得 Haar 小波在信号分析与处理中的应用受到了限制。目前提出并经常使用的正交小波大致可以分为四种，即 Meyer（迈耶尔）小波、Daubechies（多贝西）小波、对称小波和 Coiflet 小波。这几种小波的时域波形如图 8-24 所示。

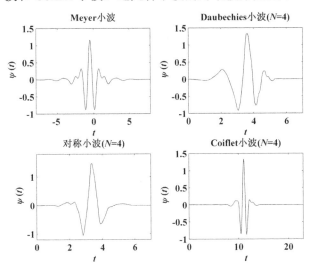

图 8-24 正交小波的时域波形

8.2.4 多分辨率分析

自然界和工程技术中经常遇到的是复杂而瞬变的信号，不过它们无论是在时域还是在频域，都可以分解为慢变部分（低频）和瞬变部分（高频）的叠加，前者反映信号的主要特征或轮廓，后者反映信号的细节或纹理。这就要求，在对信号进行分析或综合时，既要有中心频率不同的带通滤波器组，又要有带宽不同的低通滤波器组，如图 8-25 所示。

对正交小波变换信号重构公式——式（8-101）在各种尺度上（对应于不

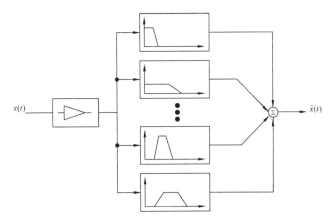

图 8-25 信号分解的滤波器组示意图

同的尺度级 m）进行细化处理，补充细部特征，其实这没有必要。在用尺度的观点分析各种信号时，超过某一特定尺度级 m_0（$m > m_0$）后，是基本特征（而不是细部特征）起主要作用。此时，可将式（8-102）以 m_0 为界分成两部分，m_0 以下各尺度级作为细化特征的近似，而 m_0 以上各尺度级用于基本特征的提取。从滤波的观点看，就是 m_0 以下各尺度级对应于中心频率不同的带通滤波器组，m_0 以上各尺度级对应于带宽不同的低通滤波器组。按此思路，可将信号重构公式表示为

$$x(t) = \sum_{m=-\infty}^{m_0} \sum_{n=-\infty}^{+\infty} \langle x(t), \psi_{m,n}(t) \rangle \psi_{m,n}(t) + \sum_{m=m_0+1}^{+\infty} \sum_{n=-\infty}^{+\infty} \langle x(t), \psi_{m,n}(t) \rangle \psi_{m,n}(t) \quad （8\text{-}103）$$

式（8-103）的第一项表示在尺度级 m_0 时，补充到整体特征（第二项）中的细节。若以 $\varphi_{m,n}(t)$ 表示具有不同带宽的低通滤波器，则式（8-103）可以近似表示为

$$x(t) = \sum_{m=-\infty}^{m_0} \sum_{n=-\infty}^{+\infty} \langle x(t), \psi_{m,n}(t) \rangle + \sum_{n=-\infty}^{+\infty} \langle x(t), \varphi_{m_0,n}(t) \rangle \varphi_{m_0,n}(t) \quad （8\text{-}104）$$

其中

$$\varphi_{m,n}(t) = 2^{-m/2} \varphi(2^{-m}t - n)$$

是函数 $\varphi(t) = \varphi_{0,0}(t)$ 经过伸缩平移的结果，$\varphi(t)$ 称为尺度函数。式（8-81）右边第二部分是被分析信号 $x(t)$ 的尺度为 2^{m_0} 的模糊的像，第一部分是对信号 $x(t)$ 所做的细节补充，尺度级从 $-\infty$ 到 m_0。

式（8-104）说明：尺度大于 2^{m_0} 的信号 $x(t)$ 的全部特征可以通过尺度函数 $\varphi(t)$ 以固定标尺 2^{m_0} 对由整个 n 平移形成的线性组合进行近似表示。用 $P_{m_0}x(t)$ 表示该近似式，即

$$P_{m_0}x(t) = \sum_{n=-\infty}^{+\infty} \langle x(t), \varphi_{m_0,n}(t) \rangle \varphi_{m_0,n}(t) \quad （8\text{-}105）$$

定义

$$Q_m x(t) = \sum_{n=-\infty}^{+\infty} \langle x(t), \psi_{m,n}(t) \rangle \psi_{m,n}(t) \quad （8\text{-}106）$$

则式（8-104）变成

$$x(t) = P_{m_0}x(t) + \sum_{m=-\infty}^{m_0} Q_m x(t) \quad （8\text{-}107）$$

因为 m_0 是任意的，所以可得

$$x(t) = P_{m_0-1}x(t) + \sum_{m=-\infty}^{m_0-1} Q_m x(t) \quad （8\text{-}108）$$

将式（8-107）和式（8-108）两式相减可得

$$P_{m_0-1}x(t) = P_{m_0}x(t) + Q_{m_0}x(t) \quad （8\text{-}109）$$

或者写成一般形式

$$P_{m-1}x(t) = P_m x(t) + Q_m x(t) \quad （8\text{-}110）$$

式（8-110）刻画了正交小波分解的基本结构，正如前面提到的——$P_m x(t)$ 包含了尺度大于 2^m 的有关 $x(t)$ 特性的全部信息。由式（8-110）可以看出，当从尺度 2^m 移到下一个更小的尺度 2^{m-1} 时，对 $P_m x(t)$ 来讲，就增加了由 $Q_m x(t)$ 给出的一些细节。因此，可以说 $Q_m x(t)$ 即一个函数在任一尺度 2^m 的小波扩展，刻画了信号在两个不同尺度 2^m 和 2^{m-1} 之间的差别，也就是在两个不同分辨率下的差别。下面给出多分辨率分析的数学定义：

将分辨率 2^{-m} 定义为尺度参数 2^m 的倒数，则平方可积空间 $L^2(\mathbf{R})$ 的多分辨率分析（又称多

尺度逼近或多分辨率逼近）是指构造 $L^2(\mathbf{R})$ 的一个闭子空间序列 $\{V_m\}_{m\in\mathbf{Z}}$，使之满足以下条件：

（1）$\forall (m,n) \in \mathbf{Z}^2$，$f(t) \in V_m \Leftrightarrow f(t-2^m n) \in V_m$，即对于任何和尺度 2^m 成比例的平移，V_m 都是不变的。

（2）$\forall m \in \mathbf{Z}$，$V_{m+1} \subset V_m$，即分辨率 2^{-m} 上的逼近包含了计算较粗分辨率 2^{-m-1} 上逼近的所有必需信息。

（3）$\forall m \in \mathbf{Z}$，$f(t) \in V_m \Leftrightarrow f\left(\dfrac{t}{2}\right) \in V_{m+1}$，这说明 V_m 中膨胀两倍的函数定义了在较粗分辨率 2^{-m-1} 上的一个逼近。

（4）$\lim\limits_{m \to +\infty} V_m = \bigcap\limits_{m=-\infty}^{+\infty} V_m = \{\mathbf{0}\}$，即当分辨率 2^{-m} 趋于 0 时，将丢失信号 f 的所有细节。

（5）$\lim\limits_{m \to -\infty} V_m = \mathrm{Closure}(\bigcup\limits_{m=-\infty}^{+\infty} V_m) = L^2(\mathbf{R})$，即当分辨率 2^{-m} 趋于 $+\infty$ 时，信号逼近收敛于原始信号。

（6）存在 θ，使得 $\{\theta(t-n)\}_{n\in\mathbf{Z}}$ 是 V_0 的一组 Riesz 基。

设 $\{V_m\}_{m\in\mathbf{Z}}$ 是 $L^2(\mathbf{R})$ 空间的一个多分辨率逼近，则存在唯一函数 $\varphi(t) \in L^2(\mathbf{R})$，使其伸缩和平移

$$\varphi_{m,n}(t) = 2^{-m/2}\varphi(2^{-m}t-n) \tag{8-111}$$

必是 V_m 的一个标准正交基，而 $\varphi(t)$ 称为该分辨率逼近的尺度函数。

尺度函数 $\varphi(t)$ 具有以下基本性质：

（1）低通性（容许条件）：

$$\int_{-\infty}^{+\infty} \varphi(t)dt = 1 \tag{8-112}$$

（2）自身的平移正交性：

$$\int_{-\infty}^{+\infty} \varphi(t)\varphi^*(t-n)\mathrm{d}t = \delta(n)，\quad \forall n \in \mathbf{Z} \tag{8-113}$$

（3）跨尺度满足尺度函数的双尺度方程。由多分辨率分析的性质可知 $V_0 \subset V_{-1}$，所以 $\varphi(t) = \varphi_{0,0}(t) \in V_0$ 可以利用 V_{-1} 中的基函数 $\varphi_{-1,n}(t)$ 展开，设展开系数为 $h(n)$，则

$$\varphi(t) = \sqrt{2}\sum_{n=-\infty}^{+\infty} h(n)\varphi(2t-n) \tag{8-114}$$

此即尺度函数 $\varphi(t)$ 所满足的双尺度方程，其中，展开系数 $h(n)$ 称为尺度系数。

（4）小波函数 $\psi(t)$ 与尺度函数 $\varphi(t)$ 彼此是有关联的，事实上，$\psi(t)$ 可以表示为

$$\psi(t) = \sqrt{2}\sum_{n=-\infty}^{+\infty} g(n)\varphi(2t-n) \tag{8-115}$$

其中，展开系数 $g(n)$ 称为小波系数。式（8-115）说明：小波可以由尺度函数的伸缩和平移的线性组合获得。这就给出了构造小波正交基的一条途径。

（5）小波函数 $\psi(t)$ 与尺度函数 $\varphi(t)$ 满足正交关系：

$$\langle \varphi(t),\psi(t) \rangle = \int_{-\infty}^{+\infty} \varphi(t)\psi^*(t)\mathrm{d}t = 0 \tag{8-116}$$

值得指出的是，多分辨率分析理论为构造二进正交小波奠定了基础，只要求解相关的方程组，就可以构造相应的二进正交小波，如著名的 Daubechies 正交小波。

事实上，可以证明如下结果：

（1）尺度系数 $h(n)$ 满足方程

$$|H(\omega)|^2 + |H(\omega+\pi)|^2 = 1 \qquad (8\text{-}117)$$

其中

$$H(\omega) = \frac{1}{\sqrt{2}} \sum_{n=-\infty}^{+\infty} h(n)\mathrm{e}^{-\mathrm{j}\omega n} \qquad (8\text{-}118)$$

（2）小波系数 $g(n)$ 满足方程

$$|G(\omega)|^2 + |G(\omega+\pi)|^2 = 1 \qquad (8\text{-}119)$$

式中

$$G(\omega) = \frac{1}{\sqrt{2}} \sum_{n=-\infty}^{+\infty} g(n)\mathrm{e}^{-\mathrm{j}\omega n} \qquad (8\text{-}120)$$

（3）尺度系数 $h(n)$ 和小波系数 $g(n)$ 满足方程

$$H(\omega)G^*(\omega) + H(\omega+\pi)G^*(\omega+\pi) = 0 \qquad (8\text{-}121)$$

构造二进正交小波就是求解由式（8-117）、式（8-119）及（8-121）组成的方程组。进一步地，式（8-117）、式（8-119）及式（8-121）可以写成以下矩阵乘积形式：

$$\begin{bmatrix} H(\omega) & H(\omega+\pi) \\ G(\omega) & G(\omega+\pi) \end{bmatrix} \begin{bmatrix} H^*(\omega) & G^*(\omega) \\ H^*(\omega+\pi) & G^*(\omega+\pi) \end{bmatrix} = \begin{bmatrix} 1 & 0 \\ 0 & 1 \end{bmatrix} \qquad (8\text{-}122)$$

由于式（8-122）左边两矩阵的乘积为单位矩阵，因此可以交换乘积顺序，即

$$\begin{bmatrix} H^*(\omega) & G^*(\omega) \\ H^*(\omega+\pi) & G^*(\omega+\pi) \end{bmatrix} \begin{bmatrix} H(\omega) & H(\omega+\pi) \\ G(\omega) & G(\omega+\pi) \end{bmatrix} = \begin{bmatrix} 1 & 0 \\ 0 & 1 \end{bmatrix} \qquad (8\text{-}123)$$

由此可得，功率互补条件

$$|H(\omega)|^2 + |G(\omega)|^2 = 1 \qquad (8\text{-}124)$$

和正交条件

$$H(\omega)H^*(\omega+\pi) + G(\omega)G^*(\omega+\pi) = 0 \qquad (8\text{-}125)$$

即小波系数和尺度系数互为滤波器组理论中所谓的正交镜像滤波器。这样，小波变换就和滤波器组联系起来，从而为离散信号的小波变换的快速实现提供了有效途径，由此可以引出著名的 Mallat（马拉特）算法。

由式（8-110）可知，信号的多分辨率逼近就是不断地将信号 $x(t)$ 的每个多分辨率逼近 $P_m x(t)$ 分解为较粗糙的逼近 $P_{m+1}x(t)$ 与细节 $Q_{m+1}x(t)$。事实上，式（8-110）可以写成

$$P_m x(t) = P_{m+1}x(t) + Q_{m+1}x(t) = \sum_{n=-\infty}^{+\infty} a_{m+1}(n)\varphi_{m+1,n}(t) + \sum_{n=-\infty}^{+\infty} d_{m+1}\psi_{m+1,n}(t) \qquad (8\text{-}126)$$

其中

$$a_{m+1}(n) = \langle x(t), \varphi_{m+1,n}(t) \rangle \qquad (8\text{-}127)$$

$$d_{m+1}(n) = \langle x(t), \psi_{m+1,n}(t) \rangle \qquad (8\text{-}128)$$

而

$$P_m x(t) = \sum_{n=-\infty}^{+\infty} a_m(n)\varphi_{m,n}(t) \qquad (8\text{-}129)$$

$$a_m(n) = \langle x(t), \varphi_{m,n}(t) \rangle \qquad (8\text{-}130)$$

Mallat 算法就是利用多分辨率理论，建立上述分解系数 $a_m(n)$ 与 $a_{m+1}(n)$ 和 $d_{m+1}(n)$ 的直接关系，下面直接给出相关结果。

（1）小波分解：

$$a_{m+1}(n) = \sum_{l=-\infty}^{+\infty} a_m(l)h(l-2n) = (a_m * \overline{h})(2n) \qquad （8-131）$$

$$d_{m+1}(n) = \sum_{l=-\infty}^{+\infty} a_m(l)g(l-2n) = (a_m * \overline{g})(2n) \qquad （8-132）$$

其中，h 和 g 是满足式（8-114）和式（8-115）的二尺度差分方程的两个滤波器，$\overline{h} = h(-n)$，$\overline{g} = g(-n)$。正交小波分解的 Mallat 算法如图 8-26 所示，图中的"↓2"表示二抽取。

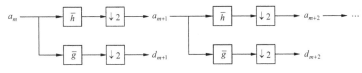

图 8-26　正交小波分解的 Mallat 算法

（2）小波重构：

$$a_m(n) = \sum_{l=-\infty}^{+\infty} a_{m+1}(l)h(n-2l) + \sum_{l=-\infty}^{+\infty} d_{m+1}(l)g(n-2l) \qquad （8-133）$$

正交小波重构的 Mallat 算法如图 8-27 所示，图中的"↑2"表示二插值。

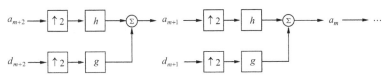

图 8-27　正交小波重构的 Mallat 算法

8.2.5　小波变换的应用

小波变换目前已成为国际上极为活跃的研究领域，并广泛应用于非平稳信号分析、图像处理、模式识别、语音合成、地质勘探、故障诊断等信号分析与处理的各个方面。

MATLAB 提供了小波工具箱，这对于小波的实际应用很有帮助。下面就结合这一工具箱，看几个简单的信号分析的例子，以了解小波变换的一些特点。

【例 8-10】采用连续小波变换分析 MATLAB 提供的染噪正弦信号（Noissin）：

$$x(t) = \sin 0.03t + w(t)$$

式中，$w(t)$ 为白噪声。MATLAB 源代码见程序 8-10，其中，利用函数 cwt 进行小波变换，小波采用 Daubechies 小波 db4，输出结果如图 8-28 所示。该图反映了信号在不同尺度下的小波变换系数，从中可以清楚看出信号是由正弦波和高频噪声组成的。

```
% 程序 8-10
clear; load noissin;
s=noissin(1:500); ssz = get(0,'ScreenSize');
figure('Position',[ssz(3)/5 ssz(4)/5 2*ssz(3)/3 3*ssz(4)/4]);
subplot(4,2,1), plot(s); title('染噪正弦信号 noissin');
xlabel('\itt'); ylabel('{\itx}({\itt})');
scales=2; ccfs=cwt(s,scales,'db4');
subplot(4,2,3); plot(ccfs); title('连续小波变换（  {\ita}=2）');
xlabel('\itt'); ylabel('{\itWT}_{\itx}');
scales=64; ccfs=cwt(s,scales,'db4');
```

```
subplot(4,2,5); plot(ccfs); title('连续小波变换 (   {\ita}=64)') ;
xlabel('\itt'); ylabel('{\itWT}_{\itx}');
scales=128; ccfs=cwt(s,scales,'db4');
subplot(4,2,7); plot(ccfs); title('连续小波变换 (   {\ita}=128)');
xlabel('\itt'); ylabel('{\itWT}_{\itx}');
%在1与128之间的所有整数尺度上进行连续小波变换
subplot(4,2,[2,4]);
ccfs = cwt(s,1:128,'db4','lvl');
title('连续小波变换   {\itWT}_{\itx}');
xlabel('时间 \itt'); ylabel('尺度 \ita')
subplot(4,2,[6,8]); mesh(ccfs); colormap(hsv);
title('连续小波变换'); axis([0,500,0,128,-10,10])
xlabel('时间 \itt'); ylabel('尺度 \ita'); zlabel('{\itWT_x}');
```

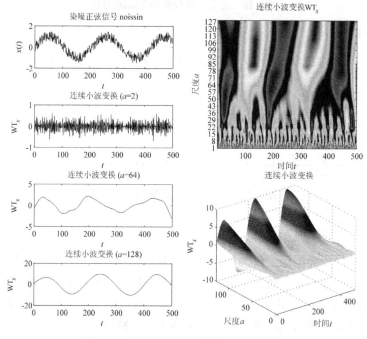

图 8-28　染噪正弦信号的连续小波变换

在信号处理中，经常需要对信号进行多分辨率分解与重构，以便分析和处理信号中的各种频率成分。

【例 8-11】考虑由 3 个不同频率的正弦波叠加而成的信号：

$$x(t) = \sin 2\pi t + \sin 20\pi t + \sin 40\pi t$$

采样频率 $f_s = 100\text{Hz}$，数据长度 $N=500$。对信号进行多分辨率分解。MATLAB 源代码见程序 8-11，其中主要利用函数 wavedec 进行多级小波分解，小波采用 Daubechies 小波 db4，输出结果如图 8-29 所示。由该图可知，经过三级小波分解，3 个频率分量已经全部分开，分别在 d_2、d_3 和 a_3 中。

```
% 程序8-11
clear;
N=500; fs=100; t=0:N;
s=sin(1*2*pi/fs*t)+sin(10*2*pi/fs*t)+sin(20*2*pi/fs*t);
ssz = get(0,'ScreenSize');
```

```
figure('Position',[ssz(3)/10 ssz(4)/10 2*ssz(3)/3 3*ssz(4)/4])
subplot(4,2,1), plot(s); axis([0,N,-5,5]);
ylabel('\itx'); title('信号与近似');
subplot(4,2,2), plot(s); axis([0,N,-5,5]);
ylabel('\itx'); title('信号与细节');
[ccfs,l]=wavedec(s,3,'db4');
[d1,d2,d3]=detcoef(ccfs,l,[1,2,3]);
a3=appcoef(ccfs,l,'db4',3); a2=appcoef(ccfs,l,'db4',2);
a1=appcoef(ccfs,l,'db4',1);
subplot(4,2,3); plot(1:l(1),a3);
axis([0,N/2^3,-5,5]); ylabel('{\ita}_3');
subplot(4,2,4); plot(1:l(2),d3);
axis([0,N/2^3,-5,5]); ylabel('{\itd}_3');
subplot(4,2,5); plot(1:l(3),a2);
axis([0,N/2^2,-5,5]); ylabel('{\ita}_2');
subplot(4,2,6); plot(1:l(3),d2);
axis([0,N/2^2,-5,5]); ylabel('{\itd}_2');
subplot(4,2,7); plot(1:l(4),a1);
axis([0,N/2,-5,5]); ylabel('{\ita}_1');
subplot(4,2,8); plot(1:l(4),d1);
axis([0,N/2,-5,5]); ylabel('{\itd}_1');
```

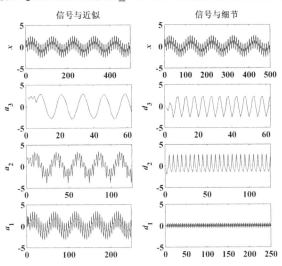

图 8-29　信号的多分辨率分解

　　小波变换也可以用于非平稳信号的时频分析，尤其是对信号的各种突变具有很好的检测效果。

　　【例 8-12】考虑 MATLAB 提供的频率突变信号（Freqbrk）：

$$x(n) = \begin{cases} \sin 0.03n, & 1 \leqslant n \leqslant 500 \\ \sin 0.3n, & 501 \leqslant n \leqslant 1000 \end{cases}$$

数据长度 $N=1000$。对信号进行多分辨率分解，并对频率突变点进行定位。MATLAB 源代码见程序 8-12，其中主要利用函数 wavedec 进行多级分解，小波采用 Daubechies 小波 db4，输出结果如图 8-30 所示。由该图可知，第一级和第二级细节系数清楚地反映出信号频率的不连续性。对照例 8-3 中短时傅里叶变换对频率间断信号的谱图可知，小波对频率突变位置的定位是非常准确的。

```
% 程序 8-12
clear; N=1000;
load freqbrk; s=freqbrk(1:N);
ssz = get(0,'ScreenSize');
figure('Position',[ssz(3)/10 ssz(4)/10 2*ssz(3)/3 3*ssz(4)/4])
subplot(5,2,1), plot(s); set(gca,'Xlim',[0 N]);
ylabel('\itx'); title('信号与近似');
subplot(5,2,2), plot(s); set(gca,'Xlim',[0 N]);
ylabel('\itx'); title('信号与细节');
[ccfs,l]=wavedec(s,4,'db4');
[d1,d2,d3,d4]=detcoef(ccfs,l,[1,2,3,4]);
a4=appcoef(ccfs,l,'db4',4); a3=appcoef(ccfs,l,'db4',3);
a2=appcoef(ccfs,l,'db4',2); a1=appcoef(ccfs,l,'db4',1);
subplot(5,2,3); plot(1:l(1),a4);
set(gca,'Xlim',[0 N/2^4]); ylabel('{\ita}_4');
subplot(5,2,4); plot(1:l(2),d4);
set(gca,'Xlim',[0 N/2^4]); ylabel('{\itd}_4');
subplot(5,2,5); plot(1:l(3),a3);
set(gca,'Xlim',[0 N/2^3]); ylabel('{\ita}_3');
subplot(5,2,6); plot(1:l(3),d3);
set(gca,'Xlim',[0 N/2^3]); ylabel('{\itd}_3');
subplot(5,2,7); plot(1:l(4),a2);
set(gca,'Xlim',[0 N/2^2]); ylabel('{\ita}_2');
subplot(5,2,8); plot(1:l(4),d2);
set(gca,'Xlim',[0 N/2^2]); ylabel('{\itd}_2');
subplot(5,2,9); plot(1:l(5),a1);
set(gca,'Xlim',[0 N/2]); ylabel('{\ita}_1');
subplot(5,2,10); plot(1:l(5),d1);
set(gca,'Xlim',[0 N/2]); ylabel('{\itd}_1');
```

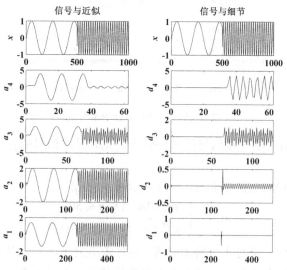

图 8-30　频率间断点的检测

【例 8-13】考虑 MATLAB 提供的两接近间断信号（Nearbrk）：

$$s(n) = \begin{cases} 3t, & 1 \leqslant n \leqslant 499 \\ 1500, & 500 \leqslant n \leqslant 510 \\ 3t-30, & 511 \leqslant n \leqslant 1000 \end{cases}$$

可以将该信号看成是一阶多项式信号（直线）中间某点产生了平移，即由一个非常短的平台连接信号的两个部分。为了更符合实际情况，我们加入少量观测噪声，即假设实际观测信号为

$$x(n) = s(n) + w(n)$$

式中，观测噪声 $w(n)$ 为正态分布白噪声，其均值为零，标准差为 0.05。分别采用 Daubechies 小波 db2 和 db7 对信号进行分解，MATLAB 源代码见程序 8-13，输出结果如图 8-31 所示。由该图可知，在信号 $x(n)$ 的原始波形上，平台的边缘很难分辨，但在两种小波分解下，平台的边缘就很容易定位。此外，对两种小波的分解结果进行比较可知，db2 小波的定位更加精确，可以精确得到两个间断点的位置；而在 db7 小波的分解结果中，只能看出平台的整体位置，不能精确定位两个间断点。由此可知，对于不同类型的信号，不同小波的分析性能也有所不同，应该根据实际情况选择。

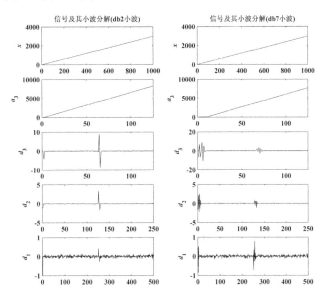

图 8-31 两接近间断信号及其小波分解

```
% 程序 8-13
clear; N=1000; load nearbrk; s=nearbrk(1:N);
s=s+0.05*randn(1,N);
ssz = get(0,'ScreenSize');
figure('Position',[ssz(3)/10 ssz(4)/10 2*ssz(3)/3 3*ssz(4)/4])
subplot(5,2,1), plot(s); set(gca,'Xlim',[0 N]);
ylabel('\itx'); title('信号及其小波分解(db2 小波)');
[cdb2,l]=wavedec(s,3,'db2');
[d1,d2,d3]=detcoef(cdb2,l,[1,2,3]);
a3=appcoef(cdb2,l,'db2',3);
subplot(5,2,3); plot(1:l(1),a3);
set(gca,'Xlim',[0 N/2^3]); ylabel('{\ita}_3');
subplot(5,2,5); plot(1:l(2),d3);
set(gca,'Xlim',[0 N/2^3]); ylabel('{\itd}_3');
subplot(5,2,7); plot(1:l(3),d2);
set(gca,'Xlim',[0 N/2^2]); ylabel('{\itd}_2');
subplot(5,2,9); plot(1:l(4),d1);
axis([0,N/2,-1,1]); ylabel('{\itd}_1');
subplot(5,2,2), plot(s); set(gca,'Xlim',[0 N]);
ylabel('\itx'); title('信号及其小波分解(db7 小波)');
[cdb7,l]=wavedec(s,3,'db7');
[d1,d2,d3]=detcoef(cdb7,l,[1,2,3]);
a3=appcoef(cdb7,l,'db7',3);
```

```
subplot(5,2,4); plot(1:l(1),a3);
set(gca,'Xlim',[0 N/2^3]); ylabel('{\ita}_3');
subplot(5,2,6); plot(1:l(2),d3);
set(gca,'Xlim',[0 N/2^3]); ylabel('{\itd}_3');
subplot(5,2,8); plot(1:l(3),d2);
set(gca,'Xlim',[0 N/2^2]); ylabel('{\itd}_2');
subplot(5,2,10); plot(1:l(4),d1);
set(gca,'Xlim',[0 N/2]); ylabel('{\itd}_1');
```

在实际问题中，信号经常受到各种噪声的干扰，有时很难分析其变化趋势。此时，可以尝试利用小波分解获得信号的总体变化趋势。

【例 8-14】设实际观测信号为

$$x(n) = s(n) + w(n)$$

其中

$$s(n) = \begin{cases} 1.0, & 1 \leqslant n \leqslant 2000 \\ 0.8, & 2001 \leqslant n \leqslant 4000 \\ 1.0, & 4001 \leqslant n \leqslant 6000 \end{cases}$$

观测噪声 $w(n)$ 为正态分布白噪声，其均值为零，标准差为 0.3。图 8-32 所示为信号 $x(n)$ 及其 6 级 db5 小波分解的近似系数。由该图可知，由于噪声比较大，从观测信号的波形上很难看出信号的变化趋势。但经过小波分解，在信号的近似系数 a_1 到 a_6 中，信号的总体变化趋势越来越明显，第六级的近似系数已经比较清楚地反映出信号中间有一段下降区域。

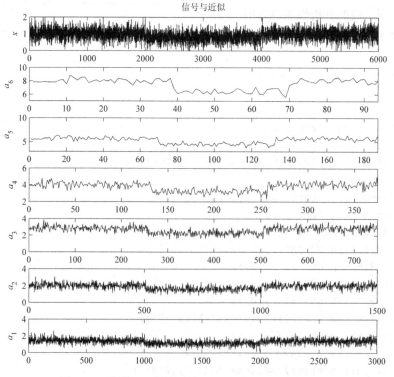

图 8-32 信号 $x(n)$ 及其 6 级 db5 小波分解的近似系数

值得指出的是，目前小波变换理论已经相对完善，其应用日益广泛。上面几个例子虽然简单，但也能初步看出小波变换的特点。

小结

时频分析与小波变换是现代信号分析与处理的重要内容，在非平稳信号分析与处理中广泛应用。由于时频分析与小波变换的研究需要较多数学与信号方面的知识，本章只是在基本工科数学的基础上介绍了时频分析与小波变换的基本概念，许多内容都没有涉及。考虑到目前已有多个基于 MATLAB 的时频分析与小波工具箱，如能尝试利用这些工具箱，则不仅有助于掌握时频分析与小波变换的基本理论和方法，而且对实际应用有很大帮助。

本章的编写主要依据文献[15]、[31]～[33]，部分内容参考了文献[34]～[40]。

8.3 习题

1. 令窗函数

$$g(\tau) = \left(\frac{\alpha}{\pi}\right)^{1/4} e^{-\frac{\alpha}{2}\tau^2}$$

求高斯信号

$$x(t) = \left(\frac{\beta}{\pi}\right)^{1/4} e^{-\frac{\beta}{2}t^2}$$

的短时傅里叶变换。

2. 设 $z(t)$ 为线性调频信号。

$$z(t) = e^{j\frac{1}{2}mt^2}$$

式中，m 为调频斜率，求其 Wigner-Ville 分布。

3. 求高斯信号

$$z(t) = \left(\frac{\alpha}{\pi}\right)^{1/4} e^{-\frac{\alpha}{2}t^2}$$

的 Wigner-Ville 分布。

4. 证明小波变换的内积定理，即对于平方可积函数 $x_1(t)$、$x_2(t)$ 和 $\psi(t)$，$\psi(t)$ 的傅里叶变换为 $\Psi(\Omega)$，$x_1(t)$ 的连续小波变换为 $\mathrm{WT}_{x_1}(a,\tau) = \langle x_1(t), \psi_{a,\tau}(t) \rangle$，$x_2(t)$ 的连续小波变换为 $\mathrm{WT}_{x_2}(a,\tau) = \langle x_2(t), \psi_{a,\tau}(t) \rangle$，其中，$\psi_{a,\tau}(t) = \dfrac{1}{\sqrt{a}}\psi\left(\dfrac{t-\tau}{a}\right)$，则有

$$\langle \mathrm{WT}_{x_1}(a,\tau), \mathrm{WT}_{x_2}(a,\tau) \rangle = C_\psi \langle x_1(t), x_2(t) \rangle$$

其中

$$C_\psi = \int_0^{+\infty} \frac{|\Psi(\Omega)|^2}{\Omega} \mathrm{d}\Omega$$

5. 考虑信号

$$x(t) = \sin 3t + \sin 0.3t + \sin 0.03t$$

利用 MATLAB 的小波工具箱，对该信号进行多分辨率分解，并分析其特点。

附录 A　MATLAB 信号处理常用函数表

表A-1　波形产生

函　数　名	功　　能
sawtooth	产生锯齿波或三角波
square	产生方波
sinc	产生 sinc 函数或函数 $\sin(\pi t)/\pi t$
diric	产生狄利克雷函数或周期 sinc 函数

表A-2　滤波器分析和实现

函　数　名	功　　能
abs	求绝对值（幅值）
angle	求相角
conv	求卷积
fftfilt	重叠相加法快速傅里叶变换滤波器实现
filter	直接滤波器实现
filtfilt	零相位数字滤波
filtie	filter 函数初始条件选择
freqs	模拟滤波器频率响应
freqspace	频率响应中的频率间隔
freqz	数字滤波器频率响应
grpdelay	平均滤波器延迟（群延迟）
impz	数字滤波器的冲激响应
zplane	离散系统零、极点图

表A-3　线性系统变换

函　数　名	功　　能
convmtx	卷积矩阵
ploy2rc	从多项式系数中计算反射系数
rc2poly	从反射系数中计算多项式系数
residuez	z 变换部分分式展开或留数计算
sos2ss	变系统二阶分割形式为状态空间形式
sos2ff	变系统二阶分割形式为传递函数形式
sos2zp	变系统二阶分割形式为零、极点增益形式
ss2sos	变系统状态空间形式为二阶分割形式
ss2tf	变系统状态空间形式为传递函数形式
ss2zp	变系统状态空间形式为零、极点增益形式
tf2ss	变系统传递函数形式为状态空间形式
tf2zp	变系统传递函数形式为零、极点增益形式
zp2sos	变系统零、极点增益形式为二阶分割形式
zp2ss	变系统零、极点增益形式为状态空间形式
zp2tf	变系统零、极点增益形式为传递函数形式

表A-4 IIR滤波器设计

函 数 名	功 能
besself	Bessel（贝塞尔）模拟滤波器设计
butter	Butterworth 模拟滤波器设计
cheby1	Chebyshev Ⅰ型模拟滤波器设计
cheby2	Chebyshev Ⅱ型模拟滤波器设计
ellip	椭圆滤波器设计
yulewalk	递归数字滤波器设计

表A-5 IIR滤波器阶次的选择

函 数 名	功 能
buttord	Butterworth 滤波器阶次的选择
cheb1ord	Chebyshev Ⅰ型滤波器阶次的选择
cheb2ord	Chebyshev Ⅱ型滤波器阶次的选择
ellipord	椭圆滤波器阶次的选择

表A-6 模拟原型滤波器设计

函 数 名	功 能
besselap	Bessel 模拟低通滤波器原型
buttap	Butterworth 模拟低通滤波器原型
cheb1ap	Chebyshev Ⅰ型模拟低通滤波器原型
cheb2ap	Chebyshev Ⅱ型模拟低通滤波器原型
ellipap	椭圆模拟低通滤波器原型

表A-7 频 率 变 换

函 数 名	功 能
lp2bp	低通模拟滤波器至带通模拟滤波器的变换
lp2hp	低通模拟滤波器至高通模拟滤波器的变换
lp2bs	低通模拟滤波器至带阻模拟滤波器的变换
lp2lp	低通模拟滤波器至低通模拟滤波器的变换

表A-8 滤波器离散化

函 数 名	功 能
hlinear	双线性变换
lmplnvar	冲激响应不变法

表A-9 FIR滤波器设计

函 数 名	功 能
fir1	基于窗函数的 FIR 滤波器设计——标准响应
fir2	基于窗函数的 FIR 滤波器设计——任意响应
firls	最小二乘线性相位 FIR 滤波器设计
intfilt	内插 FIR 滤波器设计
remez	Parks-McCellan（帕克斯-麦克莱伦）最优 FIR 滤波器设计
remezord	Parks-McCellan（帕克斯-麦克莱伦）最优 FIR 滤波器阶次的估计

表A-10 窗函数

函 数 名	功 能
boxcar	矩形窗
triang	三角窗
bartlett	Bartlett（巴特利特）窗
hamming	Hamming（汉明）窗
hanning	Hanning（汉宁）窗

函　数　名	功　　能
blackman	Blackman（布莱克曼）窗
chebwin	Chebyshev（切比雪夫）窗
kaiser	Kaiser（凯泽）窗

表A-11　变　换

函　数　名	功　　能
czt	线性调频 z 变换
dct	离散余弦变换（DCT）
idct	逆离散余弦变换
dftmtx	离散傅里叶变换矩阵
fft	一维快速傅里叶变换
ifft	一维快速傅里叶逆变换
fftshift	重新排列快速傅里叶变换的输出
hilbert	Hilbert（希尔伯特）变换

表A-12　统计信号处理

函　数　名	功　　能
cov	协方差矩阵
xcov	互协方差函数估计
corrcoef	相关系数矩阵
xcorr	互相关系数估计
cohere	相关函数平方幅值估计
csd	互谱密度（CSD）估计
psd	功率谱密度（PSD）估计
tfe	从输入、输出估计传递函数
periodogram	采用周期图法估计功率谱密度
pwelch	采用 Welch（韦尔奇）方法估计功率谱密度
rand	用于生成均匀分布的随机数
randn	用于生成正态分布的随机数

表A-13　自适应滤波器

函　数　名	功　　能
adaptfilt.lms	最小均方（LMS）自适应算法
adaptfilt.nlms	归一化最小均方（NLMS）自适应算法
adaptfilt.rls	递推最小二乘（RLS）自适应算法

表A-14　时频分析与小波变换

函　数　名	功　　能
spectrogram	短时傅里叶谱
waveinfo	介绍小波工具箱中所有小波的信息
cwt	连续一维小波变换
dwt	单级离散一维小波变换
idwt	单级离散一维小波逆变换
wavedec	多级离散一维小波分解
appcoef	一维小波变换近似系数
detcoef	一维小波变换细节系数

表A-15　二维信号处理

函　数　名	功　　能
conv2	二维卷积

函　数　名	功　　能
fft2	二维快速傅里叶变换
ifft2	二维快速傅里叶逆变换
filter2	二维数字滤波器
xcorr2	二维互相关参数
dwt2	单级离散二维小波变换
idwt2	单级离散二维小波逆变换
waverec2	多级离散二维小波分解

参考文献

[1] 郑君里，应启珩，杨为理. 信号与系统[M]. 2 版. 北京：高等教育出版社，2000.

[2] 周浩敏，王睿. 测试信号处理技术[M]. 北京：北京航空航天大学出版社，2004.

[3] 徐守时. 信号与系统理论、方法和应用[M]. 合肥：中国科学技术大学出版社，1999.

[4] 程佩青. 数字信号处理教程[M]. 2 版. 北京：清华大学出版社，2001.

[5] PROAKIS J G，MANOLAKIS G D，数字信号处理：原理、算法与应用[M]. 3 版. 张晓林，译. 北京：电子工业出版社，2004.

[6] 王宝样，胡航. 信号与系统习题及精解[M]. 哈尔滨：哈尔滨工业大学出版社，1998.

[7] 高西全，丁玉美. 《数字信号处理（第二版）》学习指导[M]. 西安：西安电子科技大学出版社，2001.

[8] 华容. 信号分析与处理[M]. 北京：高等教育出版社，2004.

[9] 陈怀琛. 数字信号处理教程——MATLAB 释义与实现[M]. 北京：电子工业出版社，2004.

[10] 张志涌. 精通 MATLAB 6.5 版[M]. 北京：北京航空航天大学出版社，2003.

[11] 盛骤，谢式千，潘承毅. 概率论与数理统计[M]. 2 版. 北京：高等教育出版社，1989.

[12] 汪荣鑫. 研究生教材：随机过程[M]. 2 版. 西安：西安交通大学出版社，2006.

[13] 胡广书. 数字信号处理：理论、算法与实现[M]. 2 版. 北京：清华大学出版社，2003.

[14] 王水德，王军. 随机信号分析基础[M]. 2 版. 北京：电子工业出版社，2003.

[15] 张贤达. 现代信号处理[M]. 2 版. 北京：清华大学出版社，2002.

[16] 张贤达. 现代信号处理习题与解答[M]. 北京：清华大学出版社，2003.

[17] 常建平，李海林. 随机信号分析[M]. 北京：科学出版社，2006.

[18] 徐科军. 信号分析与处理[M]. 北京：清华大学出版社，2006.

[19] The Math Works, Inc.. Signal processing toolbox user's guide [M]. Natick, MA：The MathWorks，Inc.，2002.

[20] 姚天任，孙洪. 现代数字信号处理[M]. 武汉：华中科技大学出版社，1999.

[21] 蔡尚峰. 随机控制理论[M]. 上海：上海交通大学出版社，1987.

[22] 郑政谋，朱志样. 随机控制引论[M]. 西安：西安电子科技大学出版社，1991.

[23] HAYKIN S. 自适应滤波器原理[M]. 5 版. 郑宝玉，等译. 北京：电子工业出版社，2016.

[24] 郭尚来. 随机控制[M]. 北京：清华大学出版社，1999.

[25] MANOLAKIS D G，INGLE V K，KOGON S M. 统计与自适应信号处理[M]. 周正，等译. 北京：电子工业出版社，2003.

[26] 沈凤麟，叶中付，钱玉美. 信号统计分析与处理[M]. 合肥：中国科技大学出版社，2001.

[27] 龚耀寰. 自适应滤波[M]. 2 版. 北京：电子工业出版社，2003.

[28] 何振亚. 自适应信号处理[M]. 北京：科学出版社，2002.

[29] The MathWorks, Inc.. Filter design toolbox user's guide[M]. Natick，MA：The MathWorks, Inc.，2005.

[30] INGLE K，PROAKIS J G. Digital signal processing using MATLAB V.4[M]. Boston，MA：PWS Publishing Company，1997.

[31] 胡广书. 现代信号处理教程[M]. 北京：清华大学出版社，2004.

[32] 刘本永. 非平稳信号分析导论[M]. 北京：国防工业出版社，2006.

[33] MALLAT S. 信号处理的小波导引[M]. 杨力华，等译. 北京：机械工业出版社，2002.

[34] 杨福生. 小波变换的工程分析与应用[M]. 北京：科学出版社，1999.

[35] 彭玉华. 小波变换与工程应用[M]. 北京：科学出版社，1999.

[36] Misiti M. Wavelet toolbox user's guide[M]. Natick，MA：The Math Works，Inc.，2002.

[37] 赵松年，熊小芸. 子波变换与子波分析[M]. 北京：电子工业出版社，1996.

[38] QIAN S E. Introduction to time-frequency and wavelet transforms[M]. Upper Saddle River，NJ，Prentice Hall，2002.

[39] 董长虹，高志，余啸海. MATLAB 小波分析工具箱原理与应用[M]. 北京：国防工业出版社，2004.

[40] DAUBECHIES I. Ten lectures on wavelets [M]. Philadelphia：SIAM，1992.

[41] 郭业才. 随机信号分析简明教程[M]. 北京：清华大学出版社，2020.